河北省住房和城乡建设领域施工现场专业人员岗位培训系列用书

质量员

（土建方向）

U1002240

河北省建设工程质量研究会 组织编写

中国建材工业出版社

图书在版编目（CIP）数据

质量员．土建方向/河北省建设工程质量研究会组织编写．--北京：中国建材工业出版社，2018.9

河北省住房和城乡建设领域施工现场专业人员岗位培训系列用书

ISBN 978-7-5160-2005-0

Ⅰ.①质… Ⅱ.①河… Ⅲ.①建筑工程－质量管理－岗位培训－自学参考资料 ②土木工程－工程质量－质量管理－岗位培训－自学参考资料 Ⅳ.①TU712

中国版本图书馆 CIP 数据核字（2017）第 207333 号

质量员（土建方向）

河北省建设工程质量研究会 组织编写

出版发行：中国建材工业出版社

地　　址：北京市海淀区三里河路 1 号

邮　　编：100044

经　　销：全国各地新华书店

印　　刷：北京鑫正大印刷有限公司

开　　本：787mm×1092mm　1/16

印　　张：22.25

字　　数：561.6 千字

版　　次：2018 年 9 月第 1 版

印　　次：2018 年 9 月第 1 次

定　　价：66.00 元

本社网址：www.jccbs.com　**微信公众号：**zgjcgycbs

编 委 会

主编单位 河北省建设工程质量研究会

参编单位 河北工业大学

中铁十七局集团第三工程有限公司

中太建设集团股份有限公司

河北省建筑科学研究院

河北建工集团装饰工程有限公司

河北博大工程项目管理公司

河北大地建设科技有限公司

秦皇岛海三建设工程发展股份有限公司

金环建设集团有限公司

审核委员（排名不分先后）

焦印通　徐　菊　王振国　张俊花　张兴锋

张振栓　杨际梅　赵德卯

编写委员（排名不分先后）

孟志军　温永宽　冯东文　李全锁　王　军

张　强　李桂花　姚海玲　孙俊梅　叶云波

王勋吉　袁雅杰　程　志　杨金玉　王强强

李红运　杨德灿

前　　言

住房城乡建设部颁布了《建筑与市政工程施工现场专业人员职业标准》(JGJ/T 250—2011)，于 2012 年 1 月 1 日起实施。为满足我省质量员的培训、考评需要，由编者组织具有较高理论水平和丰富实践经验的专家和学者，编写了建筑与市政工程施工现场专业人员岗位培训系列用书《质量员（土建方向)》。在编写内容中，以现行国家工程建设有关技术规范和标准为依据，结合河北省工程应用的实际和相关政策，将规范、标准要求具体化、系统化，使理论与实践有机地融为一体，有助于读者对知识的掌握以及实际操作能力的培养，具有实用性、针对性和通俗性，可作为土建质量员通用与基础知识及岗位与技能知识的培训和考核用书。

本书依据住房城乡建设部颁布的《建筑与市政工程施工现场专业人员考核评价大纲》编写，主要内容包括七章：第一章地基与基础工程，第二章砌体工程，第三章混凝土结构工程，第四章钢结构工程，第五章屋面工程，第六章防水工程，第七章建筑节能。

在编写过程中，得到了河北省多家建筑业企业和建筑类院校的大力支持，在此表示诚挚的谢意。本书虽经过多次推敲修改，但由于时间仓促，加之编者水平有限，书中如有疏漏之处，恳请广大读者和专家学者批评指正，以便修订时加以补充、修改，使之更加完善。

编　者

目　　录

第一章 地基与基础工程

基础是将结构所承受的各种荷载传递到地基上的结构组成部分，是建筑地面以下的承重构件。基础承受建筑物上部结构传下来的全部荷载，并把这些荷载连同本身的重量一起传到地基上。地基则是承受由基础传下的荷载的土体或岩体。地基承受建筑物荷载而产生的应力和应变随着土层深度的增加而减小，在达到一定深度后可忽略不计。直接承受建筑荷载的土层为持力层，持力层以下的土层为下卧层。

根据《建筑地基基础设计规范》GB 50007—2011 的分类方法，作为建筑地基的岩土，可分为岩石、碎石土、砂土、粉土、黏性土和人工填土。

地基与基础工程是建筑施工的重要分部工程之一，也是建筑施工技术最为复杂、难度较大、占投资较多的分部工程。

依据现行国家标准《建筑工程施工质量验收统一标准》GB 50300—2013，地基与基础工程是 10 个分部工程之一，包括 7 个子分部工程及相应的分项工程。

地基与基础工程包括的子分部工程：地基工程、基础工程、基坑支护工程、地下水控制工程、土方工程、边坡工程、地下防水工程。

地基与基础工程相关的规范标准如下：

1.《建筑地基基础设计规范》GB 50007—2011。

2.《工程测量规范》GB 50026—2007。

3.《土工试验方法标准》GB /T50123—1999。

4.《建筑地基基础工程施工质量验收规范》GB 50202—2002。

5.《建筑工程施工质量验收统一标准》GB 50300—2013。

6.《建筑边坡工程技术规范》GB 50330—2013。

7.《建筑基坑工程监测技术规范》GB 50497—2009。

8.《建筑变形测量规范》JGJ 8—2016。

9.《建筑地基处理技术规范》JGJ 79—2012。

10.《建筑桩基技术规范》JGJ 94—2008。

11.《建筑基桩检测技术规范》JGJ 106—2014。

12.《建筑基坑支护技术规程》JGJ 120—2012。

第一节 土方工程

土方工程是地基与基础分部工程的一个重要子分部工程。土方工程包括场地平整、土方开挖以及土方回填等。

一、一般规定

1. 勘察施工现场，进行现场清理。

2. 研究制定场地平整以及基坑开挖方案，经审批后方可使用。

3. 土方挖、填方平衡计算以及平衡调配。通过计算确定土方运距最短、运程合理和施工工序合理的土方平衡调配方案，并将杂土一次性运到指定弃土场，减少重复挖运。

4. 当土方工程挖方较深时，应采取措施防止基坑底部土的隆起，并避免危害周边环境。

5. 在挖方前，应做好地面排水和降低地下水位工程。

6. 土方工程施工，对坐标控制点和标高控制点应采取可靠的保护措施、定期复测和检查。

7. 土方开挖、土方回填和场地平整工程，一般每个单项工程划分为一个检验批。

8. 施工测量的坐标控制点和标高控制点，也应定期进行复测和检查。

二、场地平整

（一）场地平整施工工艺流程

施工前准备 → 标定平整范围 → 方格网布置 → 确定工作量 → 平整土方 → 场地碾压 → 检验、验收

（二）施工质量控制要点

1. 当确定平整工程后，施工人员首先应了解场地地形、地貌和周围环境。根据建筑总平面及施工部署，确定现场平整场地的大致范围。

2. 平整前必须把场地平整范围内的障碍物如树木、电线、电杆、管道、房屋以及坟墓等清理干净。

3. 根据总图要求的标高，从水准基点引进基准标高作为确定土方量计算的基点。土方量的计算有方格网法和横截面法，可根据地形具体情况采用。现场抄平的程序和方法由确定的计算方法进行。通过抄平测量，可计算出该场地按设计要求平整需挖土和回填的土方量，再考虑基础开挖还有多少挖出的土方量，并进行挖填方的平衡计算，做好土方平衡调配，减少重复挖运。

4. 大面积平整土方宜采用机械进行，如用推土机或铲运机推运平整土方；大量挖方应用挖土机等进行。平整过程中要交错用压路机压实。

5. 平整场地的表面坡度应符合设计要求，如设计无要求时，一般应向排水沟方向做成不小于0.2%的坡度。

6. 平整后的场地表面应逐点检查，检查点为每100～400m^{2}取1点，但不少于10点；长度、宽度和边坡均为每20m取1点，每边不少于1点。

7. 场地平整应经常测量和校核平面位置、水平标高和边坡坡度是否符合设计要求。平面控制桩和水准控制点应采取可靠措施加以保护，定期复测和检查，土方不应堆在边坡边缘。

三、土方开挖

（一）土方开挖施工工艺流程

施工前准备 → 土方分步开挖 ⇄ 分步基坑支护 → 开挖至标高 → 天然地基钎探 → 验槽

施工质量控制要点：

1. 在土方工程施工测量中，应对平面位置（包括控制边界线、分界线、边坡的上口线和底口线等）、边坡坡度（包括放坡线与变坡线等）和标高（包括各个地段的标高）等经常进行测量，校核是否符合设计要求。

2. 挖土堆放不能离基坑上边缘太近。

3. 土方开挖应具有一定的边坡坡度，临时性挖方的边坡值可参考表 1-1 的规定。

表 1-1　临时性挖方边坡值

<table>
<tr><th colspan="2">土的类别</th><th>边坡值（高：宽）</th></tr>
<tr><td colspan="2">砂土（不包括细砂和粉砂）</td><td>1：1.25～1：1.50</td></tr>
<tr><td rowspan="3">一般黏性土</td><td>硬</td><td>1：0.75～1：1.00</td></tr>
<tr><td>硬、塑</td><td>1：1.00～1：1.25</td></tr>
<tr><td>软</td><td>1：1.50 或更缓</td></tr>
<tr><td rowspan="2">碎石类土</td><td>充填坚硬、硬塑黏性土</td><td>1：0.50～1：1.00</td></tr>
<tr><td>充填砂土</td><td>1：1.00～1：1.50</td></tr>
</table>

注：1. 设计有要求时，应符合设计标准。
2. 如采用降水或其他加固措施，可不受本表限制，但应计算复核。
3. 开挖深度，对软土不应超过 4m，对硬土不应超过 8m。

4. 为了使建（构）筑物沉降均匀，对地基应进行严格的检验，与地质勘察报告进行核对，检查地基土与工程地质勘察报告、设计图纸是否相符，有无破坏原状土的结构或发生较大的扰动现象。

（二）检验批质量验收

土方开挖工程的质量检验标准应符合表 1-2 的规定。

表 1-2　土方开挖工程质量检验标准（mm）

<table>
<tr><th rowspan="3">分类项</th><th rowspan="3">序号</th><th rowspan="3">项目</th><th colspan="5">允许偏差或允许值</th><th rowspan="3">检验方法</th></tr>
<tr><th rowspan="2">柱基基抗基槽</th><th colspan="2">挖方场地平整</th><th rowspan="2">管沟</th><th rowspan="2">地（路）面基层</th></tr>
<tr><th>人工</th><th>机械</th></tr>
<tr><td rowspan="3">主控项目</td><td>1</td><td>标高</td><td>−50</td><td>±30</td><td>±50</td><td>−50</td><td>−50</td><td>水准仪</td></tr>
<tr><td>2</td><td>长度、宽度（由设计中心线向两边量）</td><td>+200
−50</td><td>+300
−100</td><td>+500
−150</td><td>+100</td><td>—</td><td>经纬仪，用钢尺量</td></tr>
<tr><td>3</td><td>边坡</td><td colspan="5">设计要求</td><td>用坡度尺检查</td></tr>
<tr><td rowspan="2">一般项目</td><td>1</td><td>表面平整度</td><td>20</td><td>20</td><td>50</td><td>20</td><td>20</td><td>用 2m 靠尺和楔形塞尺检查</td></tr>
<tr><td>2</td><td>基底土性</td><td colspan="5">设计要求</td><td>观察或土样分析</td></tr>
</table>

注：地（路）面基层的偏差只适用于直接在挖、填方上做地（路）面的基层。

（三）常见工程质量问题与防治

1. 在挖方过程中或挖方后，基坑（槽）边坡土方局部或大面积塌落或滑塌。

1）原因分析：基坑（槽）开挖较深，放坡不够；或挖方尺寸不够，将坡脚挖去；或通过不同土层时，没有根据土的特性分别放成不同坡度，致使边坡失去稳定而造成塌方：或在有地表水、地下水作用的土层开挖基坑（槽）时，未采取有效的降、排水措施，使土层湿化，黏聚力降低，在重力作用下失稳而引起塌方；或边坡顶部堆载过大，或受施工设备、车辆等外力振动影响；或土质松软，开挖次序、方法不当而造成塌方等，使地基土受到扰动，承载力降低，严重的会影响周边建筑物的稳定和施工安全。

2）防治措施：

(1) 根据土的种类、物理力学性质（土的内摩擦角、黏聚力、湿度、密度以及休止角等）确定适当的边坡坡度。

(2) 做好地面排水措施，避免在影响边坡稳定的范围内积水，造成边坡塌方。当基坑（槽）开挖范围内有地下水时，应采取降、排水措施，将水位降至基底 0.5m 以下方可开挖，并持续降、排水到基坑（槽）回填完毕。

(3) 土方开挖应自上而下分段分层、依次进行，按规定放坡，以利泄水，防止先挖坡脚，造成坡体失稳。相邻基坑（槽）和管沟开挖时，应遵循先深后浅或同时进行的施工顺序，并及时做好基础或铺管，尽量防止对地基的扰动。

(4) 塌方治理：对沟坑（槽）塌方，可将坡脚塌方清除，并作临时性支护（如堆装土编织袋或草袋、设支撑以及砌砖石护坡墙等）措施；对永久性边坡局部塌方，可将坍方清除，用块石填砌或回填灰土嵌补，与土接触部位做成台阶搭接，防止错动；或将坡顶线后移；或将坡度改缓。

2. 基坑（槽）坡顶土面出现裂缝或局部下沉，或边坡土方滑移、塌坍。

1）原因分析：边坡坡度值选用不当，坡度过陡；或对地表水没有采取截流和排除措施，使土含水率升高，抗剪强度降低；或坑底出现流砂；或坡顶堆放大量土方或材料、设备；或选用不适当的开挖顺序和方法；基坑（槽）土坡长期暴露，在日晒、雨淋或外力作用下造成塌坍等，导致地基土受到扰动，降低承载力，影响建筑物的稳定和安全施工。

2）防治措施：

(1) 选用合适的边坡坡度；做好地面排水和降低地下水位工作，地下水位应降低至基底以下 0.5m，方可开挖，并持续降低地下水位到回填完成为止。

(2) 在基坑（槽）边坡顶上堆土或材料；或行驶施工机械时，堆土应距边缘不少于 2.0m，堆置高度不应超过 1.5m；起重机距边缘不少于 4.0m，汽车不少于 3.0m。

(3) 开挖土方时，应合理确定开挖顺序和分层开挖深度，自上而下、分层分段进行。

(4) 边坡发生失稳后，应清除塌落的土方，针对现象及危害和场地条件，分别采取改缓边坡坡度，卸去坡顶荷载，或对土壁进行支护（如堆砌装土草袋、设支撑或打设简易板桩等）后，再继续施工。

3. 基坑挖好后，地基土表层局部或大部分出现松动、浸泡等情况。

1）原因分析：基坑挖好后，未及时浇筑垫层，施工机械及车辆、操作工人在基土上行走，造成扰动；或地基长时间暴晒、失水；或冬期施工，地基表层受冻胀；或基坑周围未做好排、降水措施，被雨水、地表水或地下水浸泡等，导致原土结构遭受破坏，承载力降低，基土下沉。

2）防治措施：

（1）基坑挖好后，立即浇筑混凝土垫层保护地基，不能立即浇筑垫层时，应预留一层150～200mm厚土层不挖，待下道工序开始再挖至设计标高。雨期施工时，基坑应挖好一段浇筑一段混凝土垫层。冬期施工时，如基底不能浇筑垫层，应在表面进行适当覆盖保温，或预留一层200～300mm厚土层后挖，以防冻胀。

（2）基坑挖好后，避免在基土上行驶施工机械和车辆或大量堆放材料，必要时，应铺路或填道木保护。

（3）基坑四周应做好排降水措施，降水工作应持续到基坑回填土完毕。

（4）治理方法一般是：对已扰动的地基上，可根据具体情况采取厚土碾压、夯实，或填碎石、小块石夯实；对扰动较严重的采用换土方法，用灰土或砂砾石回填夯实，或换去松散土层，加深基础；局部扰动可挖去松散土，用砂石填补夯实。

4. 开挖中产生的“时空效应”。

1）原因分析：基坑开挖过程中，当因某种原因需暂停一段时间，而基坑围护墙体的变形、基坑周边地层的位移和沉降仍在进行，直到稳定或引起基坑因变形过大而破坏为止，这一现象称为开挖过程中的“时间效应”。另外，基坑开挖引起周边围护墙体的变形，周边地层的移动还与分层、分块开挖的空间几何尺寸、围护墙体无支撑暴露面积有关，分层、分块的空间几何尺寸越大，围护墙无支撑暴露面积越大，变形也越大，这一现象称为基坑开挖过程中的“空间效应”。时间效应和空间效应统称“时空效应”，两者密切相关，共同作用，会导致围护墙体产生较大变形，基坑周边地层产生较大的位移和沉降，使基坑失稳。

2）防治措施：

（1）应考虑时空效应的基坑开挖施工参数（时间参数以及空间参数）和合理的施工顺序，使时空效应减小到最低限度。

（2）减少开挖过程中的土体扰动范围，采用分层或分块开挖，且使空间几何尺寸能最大限度地限制围护墙体的变形和基坑周土体的位移与沉降。

（3）尽量缩短基坑开挖卸荷后无支撑暴露时间。对一、二级基坑，每一层挖至设计标高后，钢支撑的安装周期不宜超过1d；钢筋混凝土支撑的完成时间不宜超过2d。

（4）基坑开挖应遵循对称、均衡的原则，使基坑受力均衡。

（5）可靠而合理地利用土体自身在开挖过程中控制位移的能力，安全、经济地解决基坑工程中的稳定和变形问题。

（四）质量记录表格清单

1. 开工报告。
2. 工程地质勘察报告以及水文地质勘察报告。
3. 工程设计文件。
4. 施工方案。
5. 工程技术交底记录。
6. 工程定位测量记录。

7. 土方开挖工程质量验收记录。

四、地基基槽验收

土方开挖完成后，应组织有关单位进行地基基槽验收。

1. 观察检查

1）根据槽壁土层分布情况及走向，初步判明全部基底是否已挖至设计所要求的土层。

2）检查槽底是否已挖至原（老）土，是否需继续下挖或进行处理。

3）检查整个槽底土的颜色是否均匀一致；土的坚硬程度是否一样，有无局部过松软或过坚硬的部位；有无局部含水量异常现象等。如有异常，应会同设计等有关单位进行处理。

2. 轻型动力触探（钎探）

1）先绘制基槽平面图，在图上根据要求确定钎探点的平面位置，并依次编号制成钎探平面图。钎探时按钎探平面图标定的钎探点顺序进行，最后整理成钎探记录表。

2）钎探的钢钎直径为22～25mm，钎尖呈60°尖锥状，长度为1.8～2.0m，落锤质量为10kg，落距为50cm。

3）钎孔布置和钎探深度应根据地基土质的复杂情况和基槽宽度、形状而定，可参考表1-3。

表1-3　钎孔布置表（m）

槽宽	排列方式	检验间距	钎探深度
<0.8	中心一排	1～2	1.2
0.8～2.0	两排错开	1～2	1.5
>2.0	梅花形	1～2	2.1
柱基	梅花形	1～2	≥1.5m，并不浅于短边宽度

注：对于较软弱的新近堆积黏性土和人工杂填土的地基，钎孔间距不应大于1.5m。

4）全部钎探完后，对钎探记录30cm的锤击数和累计锤击数进行对比分析，将明显过多或过少的钎孔标出并进行复查，必要时会同勘察或设计单位进行处理。

五、土方回填

（一）土方回填施工工艺流程

施工质量控制要点：

1. 土方回填前应清除基底的垃圾、树根等杂物，抽除坑穴积水、淤泥，验收基底标高。如在耕植土或松土上填方，应将基底压实后再进行。

2. 填方基底处理属于隐蔽工程，必须按设计要求施工，并做好隐蔽工程验收，基底经验收合格后，才能进行填方和压实。

3. 经中间验收合格的填方区域场地应基本平整，并有0.2%坡度有利排水，填方区域有陡于1/5的坡度时，应留阶宽不小于1m的阶梯形台阶，台阶面口严禁上抬造成台阶上积水。

4. 回填土的含水量控制：土的最佳含水率和最少压实遍数可通过试验求得。土的最佳含水率和最大干密度也可参考表1-4。

表1-4　土的最佳含水量和最大干密度参考表

项次	土的种类	变动范围	
		最佳含水量（质量百分比，%）	最大干密度（g/cm³）
1	砂土	8～12	1.80～1.88
2	黏土	19～23	1.58～1.70
3	粉质黏土	12～15	1.85～1.95
4	粉土	16～22	1.61～1.80

注：1. 表中的最大干密度应以现场实际达到的数字为准。
2. 一般性的回填可不做此项测定。

5. 填土的边坡控制，见表1-5。

表1-5　填土的边坡控制

项次	土的种类	填方高度（m）	边坡坡度
1	黏土类土、黄土、类黄土	6	1∶1.50
2	粉质黏土、泥灰岩土	6～7	1∶1.50
3	中砂和粗砂	10	1∶1.50
4	砾石和碎石土	10～12	1∶1.50
5	易风化的岩土	12	1∶1.50
6	轻微风化、尺寸在25cm内的石料	6以内 6～12	1∶1.33 1∶1.50
7	轻微风化、尺寸大于25cm的石料，边坡用最大石块、分排整齐铺砌	12以内	1∶1.50～1∶0.75
8	轻微风化、尺寸大于40cm的石料，其边坡分排整齐	5以内 5～10 >10	1∶0.50 1∶0.65 1∶1.00

注：1. 当填方高度超过表规定限值时，其边坡可做成折线形，填方下部的边坡坡度应为1∶1.75～1∶2.00。
2. 凡永久性填方，土的种类未列入本表者，其边坡坡度不得大于$\varphi+45°/2$，φ为土的自然倾斜角。

6. 对填方土料应按设计要求验收后方可填入。

7. 填方施工过程中应检查排水措施，控制每层填筑厚度、含水量以及压实度。

8. 填筑厚度及压实遍数应根据土质、压实系数及所用机具确定。如无试验依据，可参考表1-6的规定。

表 1-6　填土施工时的分层厚度及压实遍数

压实机具	分层厚度（mm）	每层压实遍数
平　碾	250～300	6～8
振动压实机	250～350	3～4
柴油打夯机	200～250	3～4
人工打夯	<200	3～4

9. 分层压实系数 λ_0 的检查方法按设计规定方法进行。

当设计没有规定时，分层压实系数 λ_0 采用环刀取样测定土的干密度，求出土的压实系数（$\lambda_0=\rho_d/\rho_{max}$，$\rho_d$ 为土的实测干密度，ρ_{max}为土的最大干密度）。压密系数均应符合设计要求的压密系数。

（二）检验批质量验收

填方施工结束后，应检查标高、边坡坡度以及压实程度等，检验标准可参考表 1-7 的规定。

表 1-7　填土工程质量检验标准

项	序	项目	允许偏差或允许值					检验方法
			柱基基坑基槽	场地平整		管沟	地（路）面基层	
				人工	机械			
主控项目	1	标高	－50	±30	±50	－50	－50	水准仪
主控项目	2	分层压实系数	设计要求					按规定方法
一般项目	1	回填土料	20	20	50	20	20	用 2m 靠尺和楔形塞尺检查
一般项目	2	分层厚度及含水量	设计要求					观察或土样分析
一般项目	3	表面平整度	20	20	30	20	20	用塞尺或水准仪

（三）常见工程质量问题与防治

1. 基坑（槽）填土局部或大面积沉陷。

1）原因分析：基坑（槽）中的积水、淤泥杂物未清除就回填；或基础两侧用松土回填，未经分层夯实；或槽边松土落入基坑（槽），夯填前未认真进行处理，回填后土受到水的浸泡产生沉陷；或基槽宽度较窄，采用手夯回填夯实，未达到要求的密实度；或回填土料中夹有大量干土块，受水浸泡产生沉陷；或采用含水量大的黏性土、淤泥质土、碎块草皮作土料，回填质量不合格。

2）防治措施：

（1）基坑（槽）回填前，应将槽中积水排净，并将淤泥、松土等杂物清理干净，如有地下水或地表滞水，应有排水措施。

（2）回填土严格分层回填、夯实。每层虚铺土厚度不得大于 300mm。土料和含水量应符合规定。回填土密实度要接规定抽样检查。

（3）填土土料中不得含有大于 50mm 直径的土块，不应有较多的干土块。

(4) 因回填土沉陷引起结构物下沉时，应会同设计部门采取加固措施。

2. 基础完成后，长期不回填，基底岩土性质变坏，地基变形加大。

1) 原因分析：基坑（槽）未及时回填，受地表滞水、雨水浸泡；或基底为泥岩或页岩，受日晒、雨淋很容易风化，从而导致地基变形加大，承载力下降，使上部结构变形或开裂。

2) 防治措施：

(1) 基础工程完成后，应及早回填夯压密实。

(2) 因基坑（槽）未及时回填，导致地基不均匀沉降所造成的结构变形、开裂，对不严重的可采用局部封闭裂缝等方法处理；如严重变形裂缝，应会同有关方面协商处理。

（四）质量记录表格清单

1. 施工方案。
2. 工程技术交底记录。
3. 工程设计文件。
4. 验槽资料。
5. 施工及隐蔽工程验收资料。
6. 回填土试验报告。

六、季节性施工

（一）雨期施工

土方工程施工应尽可能避开雨期，或安排在雨期之前，也可安排在雨期之后进行。对于无法避开雨期的土方工程，可采取以下措施：

1. 大型基坑或施工周期长的地下工程，应先在基础边坡四周做好截水沟、挡水堤，防止场内雨水灌槽。

2. 一般挖槽要根据土的种类、性质、湿度和挖槽深度，按照安全规程放坡，挖土过程中加强对边坡和支撑的检查。必要时放缓边坡或加设支撑，以保证边坡的稳定。

3. 雨期施工，土方开挖面不宜过大，应逐段、逐片分期完成。

4. 挖出的土方应集中运至场外，以避免场内积水或造成塌方。留作回填的土应集中堆置于槽边 3m 以外。机械在槽外侧行驶应距槽边 5m 以外，手推车运输应距槽边 1m 以外。

5. 回填土时，应先排除槽内积水，然后方可填土夯实。

6. 雨期进行灰土基础垫层施工时，应做到“四随”（即随筛、随拌、随运、随打），如未经夯实而淋雨时，应挖出重做。

（二）冬期施工

土方工程不宜在冬期施工。如必须在冬期施工，其施工方法应经过技术经济比较后确定。施工前应周密计划、充分准备，做到连续施工。

1. 凡冬季施工期间新开工程，可根据地下水位、地质情况确定施工方案。

2. 冬季施工期间，原则上尽量不开挖冻土。如必须在冬期开挖基础土方时，应预先采取防冻措施，即沿槽两侧各加宽 30～40cm，于冻结前，用保温材料覆盖或将表面不小于 30cm 厚的土层翻松。此外，也可以采用机械开冻土法或白灰（石灰）开冻法。

3. 开挖基坑（槽）或管沟时，必须防止基土遭受冻结。如基坑（槽）开挖完毕至垫层和基础施工之间有间歇时间，应在基底的标高之上留适当厚度的松土或保温材料覆盖。

4. 冬期开挖土方时，如可能引起邻近建筑物（或构筑物）的地基或地下设施产生冻结破坏时，应预先采取防冻措施。

5. 冬季施工基础应及时回填，并用土覆盖表面免遭冻结。用于房心回填的土应采取保温防冻措施。不得在冻土层上做地面垫层，防止地面的下沉或开裂。

6. 室内的基坑（槽）或管沟不得用含有冻块的土回填，以防常温后发生沉陷。

7. 灰土应尽量错开严冬季节施工，灰土不允许受冻，如必须在冬期施工，要做到随拌、随打、随覆盖。当气温低于－10℃时，不宜进行灰土施工。

第二节　地基处理工程

依据现行国家标准《建筑工程施工质量验收统一标准》（GB 50300—2013），地基包括素土、灰土地基、砂和砂石地基、土工合成材料地基、粉煤灰地基、强夯地基、注浆地基、预压地基、砂石桩复合地基、高压旋喷注浆地基、水泥土搅拌桩地基、土和灰土挤密桩复合地基、水泥粉煤灰碎石桩复合地基、夯实水泥土桩复合地基。

地基处理的目的是对地基土进行加固，改良地基土的工程特性，以提高地基土的抗剪切强度，降低地基的压缩性，改善地基的透水特性。

一、一般规定

（一）施工准备

1. 搜集经审查通过的岩土工程勘察资料以及工程设计图纸资料等。
2. 调查邻近建筑物和地下设施类型、分布及结构质量情况。
3. 熟悉工程设计图纸，了解设计要求及需要达到的标准、检验手段。
4. 施工方案经审核通过。
5. 现场水电、道路、轴线及标高均已交接。
6. 施工机具、仪器以及设备经国家计量部门检定合格，施工人员按计划到场。
7. 现场安全设施已就位，进行安全教育和技术交底。
8. 施工所需材料已按计划进场，并按要求复检合格。

（二）材料的质量与检验

为了保证基础工程的质量，对地基与基础所使用的材料（砂、石子、水泥、钢材、石灰或粉煤灰等）进行检验，材料的质量、检验项目、批量和检验方法，均应符合现行标准的规定。

（三）间歇期的确定

地基施工结束后，宜在一个间歇期后进行质量检验。间歇期是地基土的密实，孔隙水压力消散，水泥或化学浆液的固结时间。间歇期的时间在规范中提供了参照期，可根据设计要求确定。考虑有些规模较大的基础工程，施工周期长，对已达到间歇要求的部分工程，可先进行质量检验。

（四）地基加固施工

地基的加固，应先施工试验段后再正式施工，使工程质量满足设计要求，避免返工。为验证加固效果的载荷试验，其施加载荷应不低于承载力特征值的2倍。

（五）检查验收

1. 对于地基处理工程，每个单项工程可划为一个检验批。

2. 对地基处理后的质量检验指标应按设计要求而定，各种指标的检验方法应按地方标准执行，无地方标准时，按国家规范及标准执行。

3. 复合地基中的增强体（桩）是主要施工对象，应着重进行检验，检验方法应按当地现行标准执行，当地无相应标准时，应按国家相应规范及标准执行。

4. 检验数量应根据场地复杂程度、建筑物的重要性及地基处理施工技术的可靠性确定，并满足国家现行规范标准和地方规范标准，对重要的部位应增加检验数量。

5. 抽检位置应按下列要求综合确定：

1）抽检点宜随机、均匀和有代表性分布。

2）设计人员认为重要的部位。

3）局部岩土特性复杂，可能影响施工质量的部位。

4）施工中出现异常的部位。

二、换填垫层地基

换填垫层是挖除基础底面下一定范围内的软弱土层或不均匀土层，回填其他性能稳定、无侵蚀性、强度较高的材料，并夯压密实形成的垫层。适用于浅层软弱土层或不均匀土层的地基处理。具有施工工艺简单、取材容易和费用较低等特点。换填垫层的厚度应根据置换软弱土的深度以及下卧土层的承载力确定，厚度不宜小于0.5m，也不宜大于3m。根据换填材料不同可分为土、石垫层和土工合成材料加筋垫层。

（一）换填垫层地基施工工艺流程

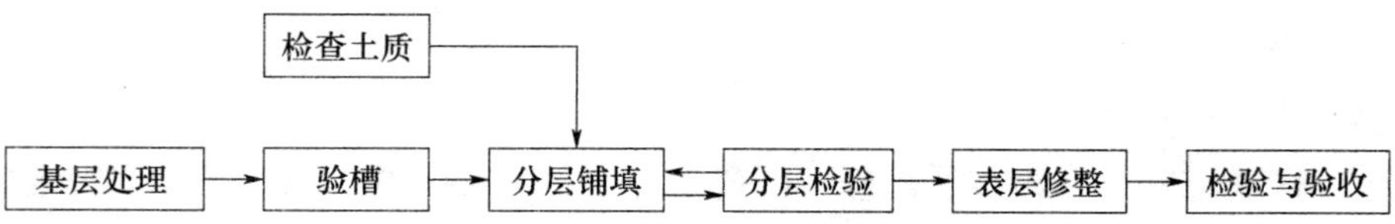

施工质量控制要点：

1. 垫层施工应根据不同的换填材料选择施工机械。粉质黏土以及灰土垫层宜采用平碾、振动碾或羊足碾，中小型工程也可采用蛙式夯或柴油夯；砂石垫层等宜用振动碾；粉煤灰垫层宜采用平碾、振动碾、平板振动器或蛙式夯；矿渣垫层宜采用平板振动器或平碾，也可采用振动碾。

2. 垫层施工方法、分层铺填厚度以及每层压实遍数等宜通过试验确定。除接触下卧软土层的垫层底部应根据施工机械设备及下卧层土质条件确定厚度外，一般情况下，垫层的分层铺填厚度可取200～300mm。为保证分层压实质量，应控制机械碾压速度。

3. 粉质黏土和灰土垫层土料的施工含水量宜控制在最优含水量$\omega_{op}\pm2\%$的范围内，粉煤灰垫层的施工含水量宜控制在$\omega_{op}\pm4\%$的范围内。最优含水量可通过击实试验确定，也可按当地经验取用。

4. 当垫层底部存在古井、古墓、洞穴、旧基础或暗塘等软硬不均的部位时，应根据建筑对不均匀沉降的要求予以处理，并经检验合格后，方可铺填垫层。

5. 基坑开挖时应避免坑底土层受扰动，可保留约 200mm 厚的土层暂不挖去，待铺填垫层前再挖至设计标高。严禁扰动垫层下的软弱土层，防止其被践踏、受冻或受水浸泡。在碎石或卵石垫层底部宜设置 150～300mm 厚的砂垫层或铺一层土工织物，以防止软弱土层表面的局部破坏，同时必须防止基坑边坡坍土混入垫层。

6. 换填垫层施工应注意基坑排水，不得在浸水条件下施工，必要时应采用降低地下水位的措施。

7. 垫层底面宜设在同一标高上，如深度不同，基坑底土面应挖成阶梯或斜坡搭接，并按先深后浅的顺序进行垫层施工，搭接处应夯压密实。

8. 粉质黏土、灰土及粉煤灰垫层施工，应符合下列规定：

1）粉质黏土及灰土垫层分段施工时，不得在柱基、墙角及承重窗间墙下接缝。

2）上下两层的缝距不得小于 500mm，且接缝处应夯压密实。

3）灰土应拌合均匀后，当日进行铺填夯压；灰土夯压密实后，3d 内不得受水浸泡。

4）粉煤灰垫层铺填后，宜当天压实，每层验收后应及时铺填上层或封层，防止干燥后松散起尘污染，同时应禁止车辆碾压通行。

5）竣工验收合格后，应及时进行基础施工与基坑回填。

9. 铺设土工合成材料施工，应符合以下要求：

1）下铺地基土层顶面应平整，防止土工合成材料被刺穿或顶破。

2）土工合成材料应先铺纵向后铺横向，且铺设时应把土工合成材料张拉平整、绷紧，严禁有折皱。

3）土工合成材料的连接宜采用搭接法、缝接法或胶接法，连接强度不应低于原材料抗拉强度，端部应采用有效固定方法，防止筋材拉出。

4）应避免土工合成材料暴晒或裸露，阳光暴晒时间不应大于 8h。

（二）材料要求

垫层可选用下列材料：

1. 砂石。宜选用碎石、卵石、角砾、圆砾、砾砂、粗砂、中砂或石屑，应级配良好，不含植物残体和垃圾等杂质。当使用粉细砂或石粉时，应掺入不少于总重 30% 的碎石或卵石。砂石的最大粒径不宜大于 50mm。对湿陷性黄土地基，不得选用砂石等透水材料。

2. 粉质黏土。土料中有机质含量不得超过 5%，也不得含有冻土或膨胀土。当含有碎石时，其粒径不宜大于 50mm。用于湿陷性黄土或膨胀土地基的粉质黏土垫层，土料中不得夹有砖、瓦和石块。

3. 灰土。体积配合比宜为 2∶8 或 3∶7，土料宜用粉质黏土，不宜使用块状黏土，不得含有松软杂质，并应过筛，其颗粒不得大于 15mm。石灰宜用新鲜的消石灰，其颗粒不得大于 5mm。

4. 粉煤灰。可用于道路、堆场和小型建筑以及构筑物等的换填垫层。

5. 矿渣。主要用于堆场、道路和地坪，也可用于小型建筑物、构筑物地基。

6. 其他工业废渣。在有充分依据或成功经验时，也可采用质地坚硬、性能稳定、透水性强、无腐蚀性的其他工业废渣材料，但必须经过现场试验证明其经济效果良好及施工措施完善方能应用。

土工合成材料加筋垫层所用土工合成材料的品种与性能及填料的土类应根据工程特性和地基土条件，按照现行国家标准《土工合成材料应用技术规范》(GB 50290) 的要求，通过现场试验后确定其适用性。

（三）检验批质量验收

1. 对粉质黏土、灰土、粉煤灰和砂石垫层的施工质量检验可用环刀法、静力触探、轻型动力触探或标准贯入试验检验；对砂石、矿渣垫层可用重型动力触探检验，并均应通过现场试验以设计压实系数所对应的贯入度为标准检验垫层的施工质量。

2. 垫层的施工质量检验必须分层进行，应在每层的压实系数符合设计要求后铺设上层土。

3. 采用环刀法检验垫层的施工质量时，取样点应位于每层厚度的 2/3 深度处。检验点数量，条形基础下垫层每 10m～20m 不应少于 1 个点，独立柱基、单个基础下垫层不应少于 1 个点，其他基础下垫层每 50～100m^2 不应少于 1 个点。采用动力触探检验垫层的施工质量时，每分层平面上检验点的间距应大于 4m。

4. 竣工验收采用载荷试验检验垫层承载力时，每个单体工程不宜少于 3 点；对于大型工程则应按单体工程的数量或工程划分的面积确定检验点数。

5. 换填垫层地基的质量验收标准可参考表 1-8～表 1-11 的规定。

表 1-8　灰土地基质量检验标准

项目	序	检查项目	允许偏差或允许值		检查方法
			单位	数值	
主控项目	1	地基承载力	设计要求		按规定方法
	2	配合比	设计要求		按拌合时的体积比
	3	压实系数	设计要求		现场实测
一般项目	1	石灰粒径	mm	≤5	筛分法
	2	土料有机质含量	%	≤5	试验室焙烧法
	3	土颗粒粒径	mm	≤15	筛分法
	4	含水量（与要求的最优含水量比较）	%	±2	烘干法
	5	分层厚度偏差（与设计要求比较）	mm	±50	水准仪

表 1-9　砂及砂石地基质量检验标准

项目	序	检查项目	允许偏差或允许值		检查方法
			单位	数值	
主控项目	1	地基承载力	设计要求		按规定方法
	2	配合比	设计要求		按拌和时的体积比或重量比
	3	压实系数	设计要求		现场实测
一般项目	1	砂石料有机质含量	mm	≤5	焙烧法
	2	砂石料含泥量	%	≤5	水洗法
	3	石料粒径	mm	≤100	筛分法
	4	分层厚度（与设计要求比较）	mm	±50	水准仪

表 1-10　粉煤灰地基质量检验标准

项目	序	检查项目	允许偏差或允许值		检查方法
			单位	数值	
主控项目	1	压实系数	设计要求		现场实测
	2	地基承载力	设计要求		按规定方法
一般项目	1	粉煤灰粒径	mm	0.001～2.000	过筛
	2	氧化铝及二氧化硅含量	%	≥70	试验室化学分析
	3	烧失量	%	≤12	试验室烧结法
	4	每层铺筑厚度	mm	±50	水准仪
	5	含水量（与最优含水量比较）	%	±2	取样后试验室确定

表 1-11　土工合成材料地基质量检验标准

项目	序	检查项目	允许偏差或允许值		检查方法
			单位	数值	
主控项目	1	土工合成材料强度	%	≤5	置于夹具上做拉伸试验（结果与设计标准相比）
	2	土工合成材料延伸率	%	≤3	置于夹具上做拉伸试验（结果与设计标准相比）
	3	地基承载力	设计要求		按规定方法
一般项目	1	土工合成材料搭接长度	mm	≥300	用钢尺量
	2	土石料有机质含量	%	≤5	焙烧法
	3	层面平整度	mm	≤20	用 2m 靠尺
	4	每层铺设厚度	mm	±25	水准仪

说明：上面表中第 1～4 条规定的主控项目及检验数量是至少应达到的，其他主控项目及检验数量由设计确定，一般项目可根据实际情况，随时抽查，做好记录。

（四）常见工程质量问题与防治

1. 灰土松散、密实性差。

1）原因分析：土料不符合要求；石灰质量差、含氧化钙低、未消解充分；灰土铺填未及时夯打，未按分层厚度铺设，虚铺厚度超过夯实机械的有效影响深度，导致灰土地基承载力稳定性、抗渗性降低。

2）防治措施：

（1）选用合格的土料并过筛，石灰选用新鲜块石灰，并消化过筛。

（2）在场地或槽壁上标出每层铺设厚度，按要求铺设，分层及时夯打至密实为止。

2. 接缝错位，接槎处不密实。

1）原因分析：没有分层留槎，位置未按规范要求；上下两层接槎未错开 500mm 以上，并未做成直槎；接槎处铺设夯打未超过一定距离后再挖去，导致接槎处强度降低，出现不均匀沉降。

2）防治措施：

（1）接槎位置应按规范规定位置留设；

（2）分段施工时，不得留在墙角、柱墩及承重窗间墙下接缝，上下两层的接缝位置距离不得小于 500mm，接缝处应夯实，并做成直槎；当灰土地基高度不同时，应做成阶梯状，每阶宽不少于 500mm，如图 1-1 所示；

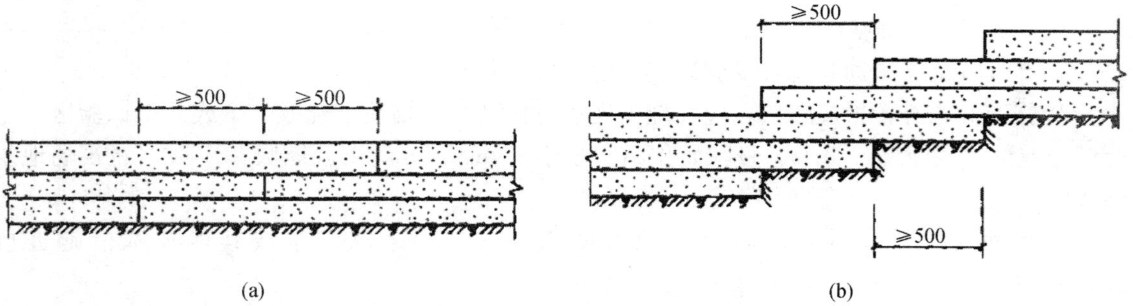

图 1-1　灰土地基接槎方法

（a）分层平接法；（b）阶梯式接槎法

（3）注意接槎质量，每层虚土应从留缝处向前延伸 500mm，夯实时应夯过接缝 300mm 以上；接缝时，用铁锹在留缝处垂直切齐，再铺下段夯实。

（五）质量记录表格清单

1. 工程地质勘察报告、水文地质勘察报告。
2. 工程设计文件。
3. 施工方案。
4. 工程技术交底记录。
5. 测量放线复核记录。
6. 材料出厂合格证及检验报告。
7. 地基隐蔽工程验收记录。
8. 地基承载力检验报告。
9. 土工击实试验报告。
10. 回填土试验报告。
11. 地基质量验收记录。
12. 施工记录。

三、强夯地基和强夯置换地基

强夯地基是利用大吨位起重机械或再配龙门架，反复将夯锤提到高处使其自由落下，给地基以冲击和振动能量，将地基土密实处理形成密实墩体，墩与墩间土形成复合地基，以提高地基承载力，减小沉降的地基。强夯置换地基是利用重锤高落差产生的高冲击能将碎石、片石及矿渣等性能较好的材料强力挤入地基土中，在地基中形成粒料墩形成的复合地基。强夯法适用于处理碎石土、砂土、低饱和度的粉土与黏性土、湿陷性黄土、素填土和杂填土等；强夯置换适用于处理高饱和度的粉土与软塑、流塑的黏性土等对变形控制要求不严的工程。

（一）工艺流程

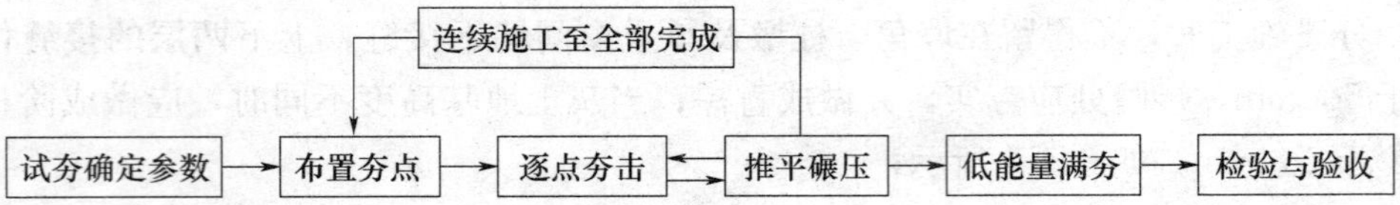

施工质量控制要点：

1. 在设计前必须通过现场试验确定其适用性和处理效果。

2. 强夯和强夯置换施工前，应在施工现场有代表性的场地上选取一个或几个试验区，进行试夯或试验性施工。每个试验区面积不宜小于20m×20m，试验区数量应根据建筑场地复杂程度、建筑规模及建筑类型确定。

3. 场地地下水位高，影响施工或夯实效果时，应采取降水或其他技术措施进行处理。

4. 强夯地基的夯锤，质量可取10～60t，其底面形式宜采用圆形或多边形，锤底面积宜按土的性质确定，锤底静接地压力值可取25～80kPa，单击夯击能高时取大值，单击夯击能低时取小值，对于细颗粒土锤底静接地压力宜取较小值。锤的底面宜对称设置若干个与其顶面贯通的排气孔，孔径可取300～400mm。

5. 强夯置换地基的夯锤，底面形式宜采用圆柱形，夯锤底静接地压力值宜大于80kPa。

6. 宜采用带有自动脱钩装置的履带式起重机，夯锤的质量不应超过起重机械额定起重质量。履带式起重机应在臂杆端部设置辅助门架或采取其他安全措施，防止落锤时机架倾覆。

7. 当场地表土软弱或地下水位较高，夯坑底积水影响施工时，宜采用人工降低地下水位或铺填一定厚度的砂石材料的施工措施。施工前，宜将地下水位降低至坑底面以下2m。施工时，坑内或场地积水应及时排除。对细颗粒土，应经过晾晒等措施降低含水量。当地基土的含水量低，影响处理效果时，宜采取增湿措施。

8. 施工前，应查明施工影响范围内地下构筑物和地下管线的位置，并采取必要的保护措施。

9. 当强夯施工所引起的振动和侧向挤压对邻近建构筑物产生不利影响时，应设置监测点，并采取挖隔振沟等隔振或防振措施。

10. 施工过程中应有专人负责下列监测工作：

1）开夯前应检查夯锤质量和落距，以确保单击夯击能量符合设计要求；

2）在每一遍夯击前，应对夯点放线进行复核，夯完后检查夯坑位置，发现偏差或漏夯应及时纠正；

3）按设计要求检查每个夯点的夯击次数、每击的夯沉量、最后两级的平均夯沉量和总夯沉量、夯点施工起止时间。对强夯置换施工，尚应检查置换深度；

4）施工过程中，应对各项参数及施工情况进行详细记录。

11. 施工结束后，应根据地基土的性质及采用的施工工艺，待土层休止期后，方可进行基础施工。

（二）检验批质量验收

1. 强夯地基承载力检验应根据静载荷试验、其他原位测试和室内土工试验等方法综合确定。强夯置换地基除应采用单墩静载荷试验进行承载力检验外，尚应采用动力触探等查明置换墩着底情况及密度随深度的变化情况。

2. 质量检验规定：

1）检查施工过程中的各项测试数据和施工记录，不符合设计要求时应补夯或采取其他有效措施。

2）地基承载力检验应在施工结束后间隔一定时间进行，对于碎石土和砂土地基，其间隔时间宜为 7～14d；粉土和黏性土地基宜为 14～28d。强夯置换地基，间隔时间宜为 28d。

3）强夯地基均匀性检验，可采用动力触探试验或标准贯入试验、静力触探试验等原位测试，以及室内土工试验。检验点的数量，可根据场地复杂程度和建筑物的重要性确定，对于简单场地上的一般建筑物，按每 400m^2 不少于 1 个检测点，且不少于 3 点；对于复杂场地或重要建筑地基，每 300m^2 不少于 1 个检验点，且不少于 3 点。强夯置换地基，可采用超重型或重型动力触探等方法，检查置换墩着底情况及承载力与密度随深度的变化，检测数量不应少于墩点数的 3%，且不少于 3 点。

4）强夯地基承载力检验的数量，应根据场地复杂程度和建筑物的重要性确定，对于简单场地上的一般建筑物，每个建筑地基的载荷试验检验点不应少于 3 点；对于复杂场地或重要建筑地基应增加检验点数。检测结果的评价，应考虑夯点和夯间位置的差异。强夯置换地基单墩载荷试验数量不应少于墩点数的 1%，且不少于 3 点；对饱和粉土地基，当处理后墩间土能形成 2.0m 以上厚度的硬层时，其地基承载力可通过现场单墩复合地基静载荷试验确定，检验数量不应少于墩点数的 1%，且每个建筑荷载试验检验点不应少于 3 点。

3. 强夯地基的质量验收标准可参考表 1-12 的规定。

表 1-12　强夯地基质量检验标准

项目	序	检查项目	允许偏差或允许值		检查方法
			单位	数值	
主控项目	1	地基强度	设计要求		按规定方法
	2	地基承载力	设计要求		按规定方法
一般项目	1	夯锤落距	mm	±300	钢索设标志
	2	锤重	kg	±100	称重
	3	夯击遍数及顺序	设计要求		计数法
	4	夯点间距	mm	±500	用钢尺量
	5	夯击范围（超出基础范围距离）	设计要求		用钢尺量
	6	前后两遍间歇时间	设计要求		

说明：上面表中第1～2条规定的主控项目及检验数量是至少应达到的，其他主控项目及检验数量由设计确定，一般项目可根据实际情况，随时抽查，做好记录。

（三）常见工程质量问题与防治

1. 强夯影响深度不够。

1）原因分析：土质不均匀，下部存在砂卵石夹层，部分夯击能被吸收；选用锤重、落距、夯击或夯击遍数不够，夯击能过小；或选用夯击能过大，造成地基土流动，隆起量增大，使土体破坏，下部没有压密；夯击点过密，在浅处叠加而形成硬层，影响夯击能向深部传递；两遍之间间隔时间不够或没有间隔，造成实际加固深度，局部或大部分未达到要求，加固后的地基强度未达到设计要求。

2）防治措施：

（1）强夯前，探明地质情况，对存在砂卵石夹层的部位适当提高夯击能量。

（2）锤重、落距、夯击数、间隔时间等强夯工艺参数应通过试夯测试确定；两遍强夯间应间隔一定时间，对黏性土和冲积土，一般为3～4周，无地下水的砂类土层，可只间隔1～2周。

（3）影响深度不够，可采取增加夯击遍数，或调节锤击功的大小，一般增大锤击功，可使土的密实度和影响深度显著提高。

2. 地面隆起和翻浆。

1）原因分析：夯点选择不合适，使夯击压缩变形的扩散角重叠，土从侧向挤出；夯击后间隔时间短，孔隙水压力未完全消散，使土隆起；含水量大的土夯击数过多易出现翻浆；雨季施工或土质含水量超过一定量时，夯坑周围也常出现隆起及夯点翻浆，造成地基强度不均匀。

2）防治措施：

（1）适当调整夯点间距、落距与夯击数，使之不出现地面隆起和翻浆为准。

（2）施工前通过试夯确定各夯点相互干扰的数据、各夯点压缩变形的角、夯击遍数以及夯击间隔时间等参数；

（3）在易翻浆的饱和黏性土上，铺设砂石垫层，以有利于孔隙水压力的消散。

（4）雨季施工要搞好现场排水，减少夯击数，延长两遍夯击间隔时间。

（四）质量记录表格清单

1. 工程地质勘察报告、水文地质勘察报告。

2. 工程设计文件。

3. 施工方案。

4. 工程技术交底记录。

5. 强夯施工记录。

6. 强夯地基承载力检验报告（含地基均匀性检测）。

四、注浆加固地基

注浆加固是指将水泥浆或其他化学浆液注入地基土层中，增强土颗粒间的联结，使土体强度提高、变形减少、渗透性降低的地基处理方法，适用于建筑地基和既有建筑地基的局部加固处理，适用于砂土、粉土、黏性土和人工填土等地基加固。加固材料可选用水泥浆液、硅化浆液和碱液等固化剂。对地基承载力和变形有特殊要求的建筑地基，注浆加固宜与其他地基处理方法联合使用。

（一）注浆加固地基施工工艺流程

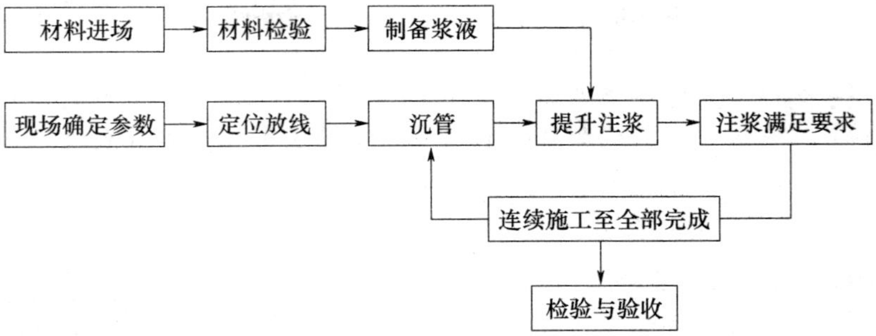

施工质量控制要点：

1. 水泥为主剂的注浆施工应符合下列规定：

1）施工场地应预先平整，并沿钻孔位置开挖沟槽和集水坑。

2）注浆施工时，宜采用自动流量和压力记录仪，并应及时对资料进行整理分析。

3）注浆孔的孔径宜为70～110mm，垂直度允许偏差应为±1%。

4）花管注浆法施工可按下列步骤进行：

（1）钻机与注浆设备就位。

（2）钻孔或采用振动法将花管置入土层。

（3）当采用钻孔法时，应从钻杆内注入封闭泥浆，然后插入孔径为50mm的金属花管。

（4）待封闭泥浆凝固后，移动花管自下而上或自上而下进行注浆。

5）压密注浆施工可按下列步骤进行：

（1）～（3）步与花管相同。

（4）待封闭泥浆凝固后，捅去注浆管的活络堵头，然后提升注浆管自下而上或自上而下进行注浆。

6）浆液黏度应为80～90s，封闭泥浆7d后立方体试块（边长为70.7mm的抗压强度应为0.3～0.5MPa。

7）浆液宜用普通硅酸盐水泥。注浆时可部分掺用粉煤灰，掺入量可为水泥重量的20%～50%。根据工程需要，可在浆液拌制时加入速凝剂、减水剂和防析水剂。

8）注浆用水pH值不得小于4。

9）水泥浆的水灰比可取0.6～2.0，常用的水灰比为1.0。

10）注浆的流量可取7～10L/min，对充填型注浆，流量不宜大于20L/min。

11）当用花管注浆和带有活堵头的金属管注浆时，每次上拔或下钻的高度宜为0.5m。

12）浆体应经过搅拌机充分搅拌均匀后，方可压注，注浆过程中不停缓慢搅拌，搅拌时间应小于浆液初凝时间。浆液在泵送前液压经过筛网过滤。

13）水温不得超过30～35℃；盛浆桶和注浆管路在注浆体静止状态不得暴露于阳光下，防止浆液凝固；当日平均温度低于5℃或最低温度低于－3℃的条件下注浆时，应采取措施防止浆液冻结。

14）应采用跳孔间隔注浆，且先外围后中间的注浆顺序。当地下水流速较大时，应从水头高的一端开始注浆。

15）对渗透系数相同的土层，先应注浆封顶，后由下而上进行注浆，防止浆液上冒。如土层的渗透系数随深度而增大，则应自下而上注浆。对互层地层，应先对渗透性或孔隙率大的地层进行注浆。

16）对既有建筑地基进行注浆加固时，应对既有建筑及其邻近建筑、地下管线和地面的沉降、倾斜、位移和裂缝进行监测。并应采用多孔间隔注浆和缩短浆液凝固时间等措施，减少既有建筑基础因注浆而产生的附加沉降。

2. 硅化浆液注浆施工应符合下列规定：

1）压力灌浆溶液的施工步骤应符合下列规定：

(1) 向土中打入灌注管和灌注溶液，应自基础底面标高起向下分层进行，达到设计深度后，应将管拔出，清洗干净可继续使用。

(2) 加固既有建筑物地基时，应采用沿基础侧向，先外排后内排的施工顺序。

(3) 灌注溶液的压力值由小逐渐增大，但最大压力不宜超过 200kPa。

2）溶液自渗的施工步骤，应符合下列要求：

(1) 在基础侧向，将设计布置的灌注孔分批或全部打或钻至设计深度。

(2) 将配好的硅酸钠溶液注满各灌注孔，溶液面宜高出基础底面标高 0.50m，使溶液自行渗入土中。

(3) 在溶液自渗过程中，每隔 2～3h，向孔内添加一次溶液，防止孔内溶液渗干。

3）待溶液量全部注入土中后，所有注浆孔宜用 2∶8 灰土分层回填夯实。

3. 碱液注浆施工应符合下列规定：

1）灌注孔可用洛阳铲、螺旋钻成孔或用带有尖端的钢管打入土中成孔，孔径宜为 60～100mm，孔中填入粒径为 20～40mm 的石子到注液管下端标高处，再将内径 20mm 的注液管插入孔中，管底以上 300mm 高度内填入粒径为 2～5mm 的小石子，上部宜用体积比为 2∶8 灰土填入夯实。

2）碱液可用固体烧碱或液体烧碱配制，每加固 $1m^3$ 黄土宜用氢氧化钠溶液 35～45kg。碱液浓度不应低于 90g/L，常用浓度为 90～100g/L；双液加固时，氯化钙溶液的浓度为 50～80g/L。

3）配溶液时，应先放水，而后徐徐放入碱块或浓碱液。溶液加碱量可按下列公式计算：

(1) 采用固体烧碱配制每 $1m^3$ 液度为 M 的碱液时，每 $1m^3$ 水中的加碱量应符合下式规定：

$$G_s=\frac{1000M}{P}$$

式中 G_s——每 $1m^3$ 碱液中投入的固体烧碱量，kg；

M——配制碱液的浓度，g/L；

P——固体烧碱中，NaOH 含量的百分数，%。

(2) 采用液体烧碱配制每 $1m^3$ 浓度为的碱液时，投入的液体烧碱量 V_1 和加水量 V_2 应符合下列公式规定：

$$V_1 = 1000\frac{M}{d_N N}$$

$$V_2 = 1000\left(1 - \frac{M}{d_N N}\right)$$

式中 V_1——液体烧碱体积，L；

V_2——加水的体积，L；

d_N——液体烧碱的相对密度；

N——液体烧碱的质量分数。

4）应在盛溶液桶中将碱液加热到90℃以上方能进行灌注，灌注过程中，桶内溶液温度不应低于80℃。

5）灌注碱液的速度，宜为2～5L/min。

6）碱液加固施工，应合理安排灌注顺序和控制灌注速率。宜间隔1～2孔灌注，分段施工，相邻两孔灌注的间隔时间不宜少于3d。同时灌注的两孔间距不应小于3m。

7）当采用双液加固时，应先灌注氢氧化钠溶液，待间隔8～12h后，再灌注氯化钙溶液，氯化钙溶液用量为氢氧化钠溶液的1/2～1/4。

（二）检验批质量验收

1. 水泥为主剂的注浆加固质量检验应符合下列规定：

1）注浆检验时间应在注浆结束28d后进行。可选用标准贯入、轻型动力触探、静力触探或面波等方法进行加固地层均匀性检测。

2）按加固土体深度范围每间隔1m取样进行室内试验，测定土体压缩性、强度或渗透性。

3）注浆检验点不应少于注浆孔数的2%～5%。检验点合格率小于80%时，应对不合格的注浆区实施重复注浆。

2. 硅化注浆加固质量检验应符合下列规定：

1）硅酸钠溶液灌注完毕，应在7～10d后，对加固的地基土进行检验。

2）应采用动力触探或其他原位测试检验加固地基的均匀性。

3）工程设计对土的压缩性和湿陷性有要求时，尚应在加固土的全部深度内，每隔1m取土样进行室内试验，测定其压缩性和湿陷性。

3. 碱液加固质量检验应复合下列规定：

1）碱液加固施工应作好施工记录，检查碱液浓度及每孔注入量是否符合设计要求。

2）开挖或钻孔取样，对加固土体进行无侧限抗压强度试验和水稳性试验。取样部位应在加固土体中部，试块数不少于3个，28d龄期的无侧限抗压强度平均值不得低于设计值的90%。将试块浸泡在自来水中，无崩解。当需要查明加固土体的外形和整体性时，可对有代表性加固土体进行开挖，量测其有效加固半径和加固深度。

3）检验数量不应少于注浆孔数的2%～5%。

4. 注浆加固处理后地基的承载力应进行静载荷试验检验。

5. 每个单体建筑的静载荷试验检验数量不应少于3点。

6. 注浆地基的质量验收标准可参考表1-13的规定。

表 1-13　注浆地基质量检验标准

项	序	检查项目		允许偏差或允许值		检查方法
				单位	数值	
主控项目	1	原材料检验	水泥	设计要求		检查产品合格证书或抽样送检
			注浆用砂：①粒径； ②细度模数； ③含泥量及有机物含量	mm %	＜2.5 ＜2.0 ＜3	试验室试验
			注浆用黏土：①塑性指数； ②黏粒含量； ③含砂量； ④有机物含量	 % % %	＞14 ＞25 ＜5 ＜3	试验室试验
			粉煤灰：①细度； ②烧失量	不粗于同时使用的水泥 %	 ＜3	试验室试验
			水玻璃：模数	2.5～3.3		抽样送检
			其他化学浆液	设计要求		查产品合格证书或抽样送检
	2	注浆体强度		设计要求		取样检验
	3	地基承载力		设计要求		按规定方法
一般项目	1	各种注浆材料称量误差		%	＜3	抽查
	2	注浆孔位		mm	±20	用钢尺量
	3	注浆孔深		mm	±100	量测注浆管长度
	4	注浆压力（与设计参数比）		%	±10	检查压力表读数

注：上面表中第1～5条规定的主控项目及检验数量是至少应达到的，其他主控项目及检验数量由设计确定，一般项目可根据实际情况，随时抽查，做好记录。

（三）常见工程质量问题与防治

1. 注浆管沉入困难，未达到设计深度，且偏斜过大。

1）原因分析：注浆管沉入遇到障碍物；采取沉管措施不合理；打入（钻）入浆管未采用导向装置，注浆管底端的距离偏差较大等，造成加固体不均匀，达不到设计深度要求。

2）防治措施：

（1）打（钻）注浆管前，应用钎查探找地下孤石，树根等障碍物，以便及时排除。

（2）打（钻）注浆管应采用向导装置，注浆管底端间距的偏差不得超过20%，上端孔位偏差一般不宜大于20mm。超过时，应打补充注浆管或拔出重打。

（3）场地要坚实平坦，钻架要双向校正，以保证沉管垂直。

（4）注浆前应先行试注浆，了解沉管难易程度，校核设计参数，确定有效注浆方案。注浆操作工序包括：打管（钻孔、下管）、冲管、试水、灌浆和拔管五道工序，应先进行试验。

（5）设置注浆管宜用打入法，如土层较深，宜先钻孔至所需加固区域顶面以上2～3m，然后用打入法，钻孔的孔径应小于注浆管的外径。

2. 注浆过程中浆液从附近钻孔中流出的现象。

1）原因分析：主要是岩土层中存在较多裂隙，特别横向裂隙较多，互相串通构成注浆孔之间互相连通所致，使浆液大量流失，降低注浆加固效果。

2）防治措施：

(1) 加大注浆间孔距；适当延长两个孔注浆间隔时间；相邻孔错开 1～2 个施工高程注浆。

(2) 在注浆方法上尽量采用自上而下的注浆方式；串浆孔如为待注孔，可采取同时并联注浆的方法。

3. 施工中发现注浆岩土体质量不均匀。

1）原因分析：注浆采用双液注浆时由于胶结剂、固化剂系分别加入，在土中出现浆液混合不均匀，影响加固体均匀性；浆液的稠度、浓度、温度、配合比和凝合时间控制不严；注浆管孔眼被堵塞；灌浆不充分；使用不合理或过期变质材料等，造成加固体密实性、强度不均匀，达不到设计加固要求。

2）防治措施：

(1) 使用双液注浆，应克服双液灌注混合不均匀的疵病，加强操作控制；根据不同土层，选用合适的加固剂的浓度、稠度、配合比和凝固时间进行正常施工，确保加固质量。

(2) 向土中注入混合液时，使注浆压力保持定值（一般为 0.2～0.3MPa)，使浆液均匀压入土中，加固体强度均匀。

(3) 每个孔注入浆应采取同一由上而下灌注次序，使加固体强度达到均匀；

(4) 为了防止注浆管和喷嘴堵塞，注浆前应冲管和试水。注浆宜用高压喷射，保持压力均匀，边灌边旋转向上提升，连续进行，一气呵成。灌注溶液的压力，一般不超过 0.3MPa；拔出注浆管后，留下的空洞应用水泥砂浆或土料填塞密实。

（四）质量记录表格清单

1. 工程地质勘察报告、水文地质勘察报告。
2. 工程设计文件、施工现场平面图。
3. 控制桩点的测量资料。
4. 地基施工方案。
5. 工程技术交底记录。
6. 材料、构配件进场检验记录。
7. 施工记录及隐蔽工程验收资料。
8. 地基承载力试验报告。

五、预压地基

预压地基是指建筑物施工前，对地基进行堆载预压或真空预压，或联合使用堆载和真空预压，形成固结压密后的地基。适用于淤泥质土、淤泥和冲填土等饱和黏性土地基的处理。其中真空预压适用于处理以黏性土为主的软弱地基。当存在粉土、砂土、等透水或透气层时，加固区周边应采取保证膜下真空压力满足设计要求的密封措施。对塑性指数大于 25 且含水量大于 85%的淤泥，应通过现场试验确定其适用性。加固土层上覆盖有厚度大于 5m 以上的回填土或承载力较高的黏性土层时，不宜采用真空预压加固。

（一）预压地基施工工艺流程

堆载预压施工工艺流程：

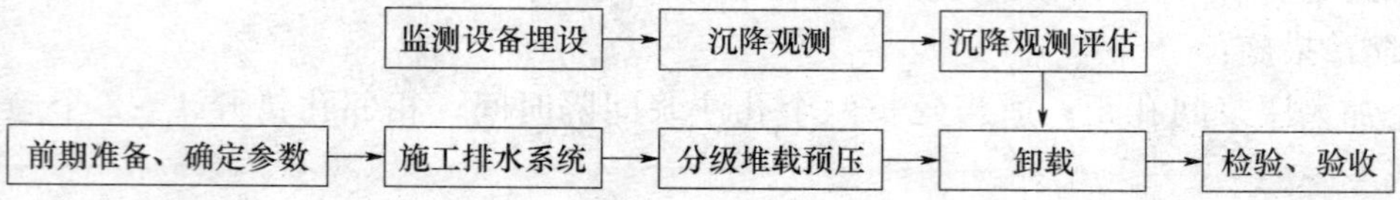

真空预压施工工艺流程：

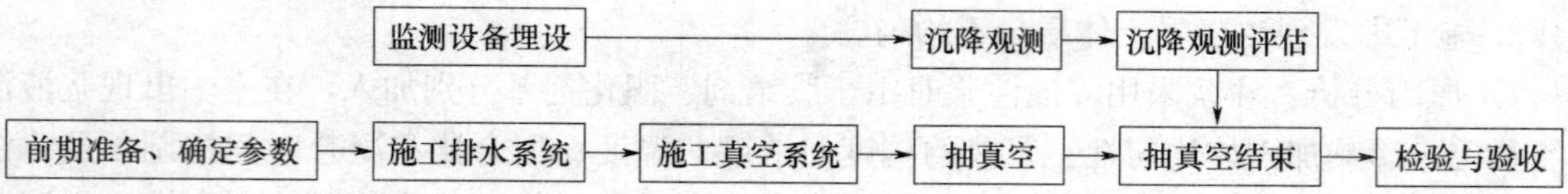

真空-堆载联合预压施工工艺流程：

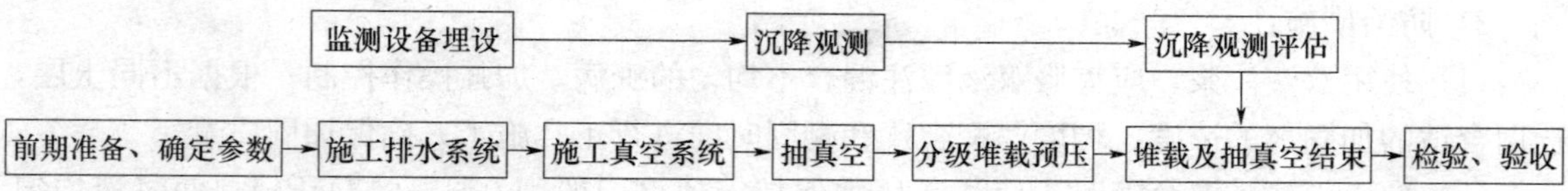

施工质量控制要点：

1. 预压处理地基应先进行勘察，查明土层在水平和竖直方向的分布、层理变化，查明透水层的位置、地下水类型及水源补给情况等。并应通过土工试验确定土层的先期固结压力、孔隙比与固结压力的关系、渗透系数、固结系数、三轴试验抗剪强度指标，通过原位十字板试验确定土的抗剪强度。根据试验区获得的监测资料确定加载速率控制指标、推算土的固结系数、固结度及最终竖向沉降量。

2. 对重要工程，应在现场选择试验区进行预压试验，在预压过程中应进行地基竖向变形、侧向位移、孔隙水压力以及地下水位等项目的监测并进行原位十字板剪切试验和室内土工试验变形等，分析地基处理效果，对原设计进行修正，并指导全场的设计与施工。

3. 堆载预压：

1）塑料排水带的性能指标应符合设计要求，并应在现场妥善保护，防止阳光照射、破损或污染，破损或污染的塑料排水带不得在工程中使用。

2）砂井的灌砂量，应按井孔的体积和砂在中密状态时的干密度计算，其实际灌砂量不得小于计算值的 95%。

3）灌入砂袋中的砂宜用干砂，并应灌制密实。

4）塑料排水带和袋装砂井施工时，宜配置能检测其深度的设备。

5）塑料排水带需接长时，应采用滤膜内芯带平搭接的连接方法，搭接长度宜大于 200mm。

6）塑料排水带施工所用套管应保证插入地基中的带子不扭曲。袋装砂井施工所用套管内径略大于砂井直径。

7）塑料排水带和袋装砂井施工时，平面井距偏差不应大于井径，垂直度偏差应为±1.5%，深度应满足设计要求。

8）塑料排水带和袋装井砂袋埋入砂垫层中的长度不应小于 500mm。

9）堆载预压工程在加载过程中，应满足地基承载力和稳定控制要求，并应进行竖向变形、水平位移及孔隙水压力的监测。堆载预压加载速率，应满足下列要求：

（1）竖井地基最大竖向变形量不应超过 15mm/d。

（2）天然地基最大竖向变形量不应超过 10mm/d。

（3）堆在预压边缘处水平位移不应超过 5mm/d。

（4）根据上述观察资料综合分析、判断地基的承载力和稳定性。

4. 真空预压：

1）真空预压的抽气设备宜采用射流真空泵，真空泵空抽时吸力不应低于 95kPa。真空泵的设置应根据预压面积、形状、真空泵效率和工程经验确定，每块预压区设置的真空泵不应少于两台。

2）真空管路设置应符合下列规定：

（1）真空管路的连接应密封，真空管路中应设置止回阀和截门。

（2）水平向分布滤水管可采用条状、梳齿状及羽毛状等形式，滤水管布置宜形成回路。

（3）滤水管应设在砂垫层中，上覆砂层厚度宜为 100～200mm。

（4）滤水管可采用钢管或塑料管，应外包尼龙纱或土工织物等滤水材料。

3）密封膜应符合下列规定：

（1）密封膜应采用抗老化性能好、韧性好、抗穿刺性能强的不透气材料。

（2）密封膜热合时，宜采用双热合缝的平搭接，搭接宽度应大于 15mm。

（3）密封膜宜铺设三层，膜周边可采用挖沟埋膜，平铺并用黏土覆盖压边、围埝沟内及膜上覆水等方法进行密封。

4）地基土渗透性强时应设置黏土密封墙。黏土密封墙宜采用双排搅拌桩，搅拌桩直径不宜小于 700mm；当搅拌桩深度小于 15m 时，搭接宽度不宜小于 200mm；当搅拌桩深度大于 15m 时，搭接宽度不宜小于 300mm；搅拌桩成桩搅拌应均匀，黏土密封墙的渗透系数应满足设计要求。

5. 真空和堆载联合预压：

1）采用真空和堆载联合预压时，应先抽真空，当真空压力达到设计要求并稳定后，再进行堆载，并继续抽真空。

2）堆载前，应在膜上铺设编织布或无纺布等土工编织布保护层。保护层上铺设 100～300mm 厚砂垫层。

3）堆载施工时可采用轻型运输工具，不得损坏密封膜。

4）上部堆载施工时，应观测膜下真空度的变化，发现漏气应及时处理。

5）堆载加载过程中，应满足地基稳定性设计要求，对竖向变形、边缘水平位移及孔隙水压力的监测应满足下列要求：

（1）地基向加固区外的侧移速率不应大于 5mm/d。

（2）地基沉降速率不应大于 30mm/d。

（3）根据上述观察资料综合分析、判断地基的稳定性。

6）真空和堆载联合预压施工除上述规定外，尚应符合堆载预压和真空预压的有关规定。

（二）检验批质量验收

1. 施工过程质量检验和监测应包括下列内容：

1）对塑料排水带应进行纵向通水量、复合体抗拉强度、滤膜抗拉强度、滤膜渗透系数和等效孔径等进行性能指标现场随机抽样测试。

2）对不同来源的砂井和砂垫层砂料，应取样进行颗粒分析和渗透性试验。

3）对于以地基抗滑稳定性控制的工程，应在预压区内预留孔位，在加载的不同阶段进行原位十字板剪切试验和取土进行室内土工试验；加固前的地基土检测，应在打设排水塑料板前进行。

4）对预压工程，应进行地基竖向变形、侧向位移和孔隙水压力等监测。

5）真空预压、真空和堆载联合预压工程，除应进行地基变形、孔隙水压力的监测外，尚应进行膜下真空度和地下水位的监测。

2. 预压地基竣工验收检验应符合下列规定：

1）排水竖井处理深度范围内和竖井底面以下受压土层，经预压所完成的竖向变形和平均固结度应满足设计要求。

2）应对预压的地基土进行原位试验和室内土工试验。

3. 原位试验可采用十字板剪切试验或静力触探，检验深度不应小于设计处理深度。原位试验和室内土工试验，应在卸载 3～5d 后进行。检验数量按每个处理分区不少于 6 点进行检测，对于堆载斜坡处应增加检验数量。

4. 预压处理后的地基承载力静载荷试验按每个处理分区不应少于 3 点进行检验。

5. 预压地基的质量验收标准可参考表 1-14 的规定。

表 1-14　预压地基和塑料排水带质量检验标准

项	序	检查项目	允许偏差或允许值		检查方法
			单位	数值	
主控项目	1	预压载荷	%	≤2	水准仪
	2	固结度（与设计要求比）	%	≤2	根据设计要求采用不同的方法
	3	承载力或其他性能指标	设计要求		按规定方法
一般项目	1	沉降速率（与控制值比）	%	±10	水准仪
	2	砂井或塑料排水带位置	mm	±100	用钢尺量
	3	砂井或塑料排水带插入深度	mm	±200	插入时用经纬仪检查
	4	插入塑料排水带时的回带长度	mm	≤500	用钢尺量
	5	塑料排水带或砂井高出砂垫层距离	mm	≥200	用钢尺量
	6	插入塑料排水带的回带根数	%	<5	目测

说明：表中第 1～4 条规定的的主控项目及检验数量是至少应达到的，其他主控项目及/检验数量由设计确定，一般项目可根据实际情况，随时抽查，做好记录。

（三）常见工程质量问题与防治

1. 加固土层预压荷载时发生剪切破坏：

1）原因分析：加载过大过快，与地基强度的增长不相适应；塑料排水带堆载预压后孔隙水消散慢，造成土层结构破坏。

2）防治措施：

（1）地基预压荷载时，应采取分级进行，并注意控制每级加载重量的大小和加荷速率，使之地基的强度增长相适应，待前一级荷载作用下达到固结后，再施加下一级荷载。

（2）压载后待孔隙水分充分消散，方可继续加载。

2. 铺设密封膜时，如出现密封搭接长度不足，或热合欠火或过火会造成黏结强度低，薄膜搭接脱开，缝隙漏气。

1）原因分析：密封膜密封性差，导致膜内真空度低，大气压载不够。密封膜内真空度低，地基达不到设计要求的强度。

2）防治措施：

（1）密封膜要选用密封性好、抗老化能力强、韧性好，抗穿刺能力强、有一定抗拉强度的材料。

（2）热黏合时采用平接法，搭接长 15～20mm，在两块薄膜的尽端各热合一条缝。根据薄膜材料、厚度、黏结料性能及使用说明，选用合适的热合温度、热合压力和时间，以热合缝黏结牢固而不熔为准。

（四）质量记录表格清单

1. 工程地质勘察报告、水文地质勘察报告。
2. 工程设计文件、施工现场平面图。
3. 控制桩点的测量资料。
4. 施工方案。
5. 工程技术交底记录。
6. 材料、构配件进场检验记录。
7. 施工记录及隐蔽工程验收资料。
8. 预压过程中监测记录。
9. 现场预压试验记录（重要工程）。
10. 堆载预压后室内土工试验报告。
11. 固结度、承载力或其他性能指标试验报告。

六、振冲碎石桩和沉管砂石桩复合地基

振冲碎石桩、沉管砂石桩复合地基适用于挤密处理松散砂土、粉土、粉质黏土、素填土或杂填土等地基，以及用于处理可液化地基。饱和黏土地基，如对变形控制不严格，可采用砂石桩置换处理。

（一）振冲碎石桩、沉管砂石桩施工工艺流程

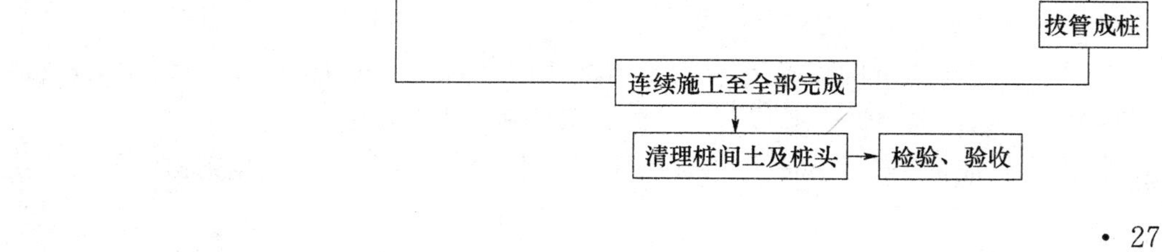

施工质量控制要点：

1. 振冲碎石桩施工应符合下列规定：

1）振冲施工可根据设计荷载的大小、原土强度的高低、设计桩长等条件选用不同功率的振冲器。施工前应在现场进行试验，以确定水压、振密电流和留振时间等各种施工参数。

2）升降振冲器的机械可用起重机、自行井架式施工平车或其他合适的设备。施工设备应配有电流、电压和留振时间自动信号仪表。

3）振冲施工可按下列步骤进行：

（1）清理平整施工场地，布置桩位。

（2）施工机具就位，使振冲器对准桩位。

（3）启动供水泵和振冲器，水压宜为200～600kPa，水量可用200～400L/min，将振冲器徐徐沉入土中，造孔速度宜为0.5～2.0m/min，直至达到设计深度；记录振冲器经各深度的水压、电流和留振时间。

（4）造孔后边提升振冲器，边冲水直至孔口，再放至孔底，重复两三次，扩大孔径并使孔内泥浆变稀，然后开始填料制桩。

（5）大功率振冲器投料可不提出孔口，小功率振冲器下料困难时，可将振冲器提出孔口填料，每次填料厚度不宜大于500mm。将振冲器沉入填料中进行振密制桩，当电流达到规定的密实电流值和规定的留振时间后，将振冲器提升300～500mm。

（6）重复以上步骤，自下而上逐段制作桩体直至孔口，记录各段深度的填料量、最终电流值和留振时间。

（7）关闭振冲器和水泵。

4）施工现场应事先开设泥水排放系统，或组织好运浆车辆将泥浆运至预先安排的存放地点，应尽可能设置沉淀池重复使用上部清水。

5）桩体施工完毕后应将顶部预留的松散桩体挖除，铺设垫层并压实。

6）不加填料振冲加密宜采用大功率振冲器，造孔速度宜为8～10m/min，到达深度后将，宜将射水量减至最小，留振至密实电流达到规定时，上提0.5m，逐段振密直至孔口，每米振密时间约1min。在粗砂施工中，如遇下沉困难，可在振冲器两侧增焊辅助水管，加大造孔水量，降低造孔水压。

7）振密孔施工顺序宜沿直线逐点逐行进行。

2. 沉管砂石桩施工应符合下列规定：

1）砂石桩施工可采用振动沉管、锤击沉管或冲击成孔等成桩法。当用于消除粉细砂及粉土液化时，宜用振动沉管成桩法。

2）施工前应进行成桩工艺和成桩挤密试验。当成桩质量不能满足设计要求时，应调整施工参数后，重新进行试验或设计。

3）振动沉管成桩法施工，应根据沉管和挤密情况，控制填砂石量、提升高度和速度、挤压次数和时间、电机的工作电流等。

4）施工中应选用能顺利出料和有效挤压桩孔内砂石料的桩尖结构。当采用活瓣桩靴时，对砂土和粉土地基宜选用尖锥形；一次性桩尖可采用混凝土锥形桩尖。

5）锤击沉管成桩法施工可采用单管法或双管法。锤击法挤密应根据锤击的能量，控制分段的填砂石量和成桩的长度。

6）砂石桩桩孔内材料填料量，应通过现场试验确定，估算时，可按设计桩孔体积乘以充盈系数确定，充盈系数可取1.2～1.4。

7）砂石桩的施工顺序：对砂土地基宜从外围或两侧向中间进行。

8）施工时桩位偏差不应大于套管外径的30%，套管垂直度允许偏差应为±1%。

9）砂石桩施工后，应将表层的松散层挖除或夯压密实，随后铺设并压实砂石垫层。

（二）检验批质量验收

1. 振冲碎石桩、沉管砂石桩复合地基的质量检验应符合下列规定：

1）检查施工各项记录，如有遗漏或不符合要求的桩，应补桩或采取有效的补救措施。

2）施工后，应间隔一定时间方可进行质量检验。对粉质黏土地基不宜少于21d，对粉土地基不宜少于14d，对砂土和杂填土地基不宜少于7d。

3）桩的施工质量检验，对桩体可采用重型动力触探试验，对桩间土可采用标准贯入、静力触探、动力触探或其他原位测试等方法；对消除液化的地基检验应采用标准贯入试验。桩间土质量的检测位置应在等边三角形或正方形的中心，检测数量不应少于桩孔总数的2%。

2. 竣工验收时，地基承载力检验应采用复合地基静载荷板试验，检验数量不应少于总桩数的1%，且每个单体建筑不应少于3点。

3. 振冲碎石桩、沉管砂石桩复合地基的质量验收标准可参考表1-15的规定。

表1-15　振冲碎石桩、沉管砂石桩复合地基质量检验标准

项	序	检查项目	允许偏差或允许值		检查方法
			单位	数值	
主控项目	1	填料粒径	设计要求		抽样检查
	2	密实电流（黏性土） 密实电流（砂性土或粉土） （以上为功率30kw振冲器） 密实电流（其他类型振冲器）	A A A	50～55 40～50 1.5～2.0	电流表读数，A_0为空振电流
	3	地基承载力	设计要求		按规定方法
一般项目	1	填料含泥量	%	<5	抽样检查
	2	振冲器喷水中心与孔径中心偏差	mm	≤50	用钢尺量
	3	成孔中心与设计孔位中心偏差	mm	≤100	用钢尺量
	4	桩体直径	mm	<50	用钢尺量
	5	孔深	mm	±200	量钻杆或重锤测

说明：上面表中第1～2条规定的主控项目及检验数量是至少应达到的，其他主控项目及检验数量由设计确定，一般项目可根据实际情况，随时抽查，做好记录。

（三）常见工程质量问题与防治

1. 桩顶部密实度不够。

1）原因分析：成桩至顶部，由于离地表面近，土层覆盖压力和桩周边约束力减弱，密实电流难以达到，导致桩顶部振捣不实，出现疏松，当受荷载后会使桩顶部变形下陷或向四侧挤出破坏，降低地基承载力。

2）防治措施：

（1）在设计桩顶标高以上增加 0.5m 浮桩长度，在桩顶部位留振时间适当加长。

（2）加固区的振冲桩施工完毕，在振冲最上 1m 左右，由于土覆压力小，桩的密实度难以保证，可予以挖除，另作垫层；或另用振动碾压机进行碾压密实处理。

2. 地基经振冲后，密实度和复合地基的承载力未能达到设计要求。

1）原因分析：振冲密实砂土时，水量不足，未能使砂土达到饱和；在振冲时，留振时间不足，未能使砂土充分液化；黏性土地基振冲施工时，未能适当控制水压、电流，导致填料量不足或桩体密实度欠佳等，造成被加固地基强度不够，承载力达不到设计要求。

2）防治措施：

（1）振冲密实砂土地基应严格控制水量，但不可过大，以免将砂粒冲走，影响地基密实度；振冲器应以 1～2m/min 速度提升，每提升 0.3～0.5m，留振 30～60s，以保证能充分液化，与此同时应严格控制密实电流，一般应超过振冲器空转电流 10～15A。

（2）对黏性土地基，应视软硬情况调节水压，造孔时水压应适当加大些，填料时，应适当降低；当振冲器沉至加固深度以上约 0.3～0.5m 时，应将振冲器以 5～6m/min 的速度提升至孔口，再以同样速度下沉至原来深度；填料时，可以分几次或连续填料，视土质情况而定，填料量应不少于一根桩的体积容量，以确保达到设计要求的置换率；在黏性土地基中，其密实电流量一般应超过振冲器空转电流 15～20A，每次振实时，均应留片刻，观察电流的稳定情况。

（四）质量记录表格清单

1. 工程地质勘察报告、水文地质勘察报告。
2. 工程设计文件、施工现场平面图。
3. 施工方案。
4. 工程技术交底记录。
5. 材料、构配件进场检验记录。
6. 填料检验报告复试报告。
7. 施工记录期隐蔽工程验收资料。
8. 振冲地基承载力检验报告。

七、旋喷桩复合地基

旋喷桩复合地基是把高压水泥浆通过钻杆有水平方向的喷嘴喷出，形成喷射流，以此切割土体并与土拌合形成水泥土增强体的复合地基。适用于处理淤泥、淤泥质土（流塑、软塑和可塑）、粉土、砂土、黄土、素填土和碎石土等地基。对土中含有较多的大直径块石、大量植物根茎和高含量的有机质，以及地下水流速较大的工程，应根据现场试验结果确定其适应性。旋喷桩施工，可分别采用单管法、双管法和三管法。高压旋喷注浆用于土层加固或用于基坑工程防水可按照本节规定使用。

（一）旋喷桩施工工艺流程

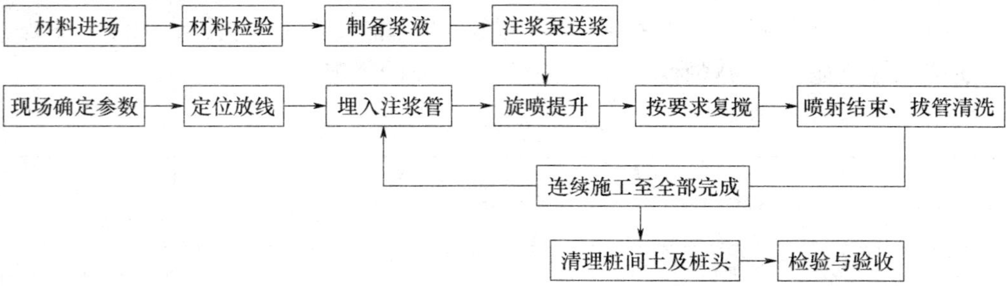

施工质量控制要点：

1. 施工前应根据现场环境和地下埋设物的位置等情况，复核高压喷射注浆的设计孔位。

2. 高压旋喷注桩的施工参数应根据土质条件、加固要求，通过试验或根据工程经验确定。单管法、双管法高压水泥浆和三管法高压水的压力应大于 20MPa，流量大于 30L/min，气流压力宜大于 0.7MPa，提升速度宜为 0.1～0.2m/min。

3. 旋喷注浆，宜采用强度等级为 42.5 级的普通硅酸盐水泥，可根据需要可加入适量的外加剂及掺合料。外加剂和掺合料的用量，应通过试验确定。

4. 水泥浆液的水灰比宜为 0.8～1.2。

5. 旋喷桩的施工工序为：机具就位、贯入喷射管、喷射注浆、拔管和冲洗等。

6. 喷射孔与高压注浆泵的距离不宜大于 50m。钻孔位置允许偏差应为±50mm。垂直度允许偏差应为±1%。

7. 当喷射注浆管贯入土中，喷嘴达到设计标高时，即可喷射注浆。在喷射注浆参数达到规定值后，随即按旋喷的工艺要求，提升喷射管，由下而上旋转喷射注浆。喷射管分段提升的搭接长度不得小于 100mm。

8. 对需要局部扩大加固范围或提高强度的部位，可采用复喷措施。

9. 在旋喷注浆过程中出现压力骤然下降、上升或冒浆异常时，应查明原因并及时采取措施。

10. 旋喷注浆完毕，应迅速拔出喷射管。为防止浆液凝固收缩影响桩顶高程，可在原孔位采用冒浆回灌或第二次注浆等措施。

11. 施工中应做好废泥浆处理，及时将废泥浆运出或在现场短期堆放后作土方运出。

12. 施工中应严格按照施工参数和材料用量施工，用浆量和提升速度应采用自动记录装置，并做好各项施工记录。

（二）检验批质量验收

1. 高压旋喷桩可根据工程要求和当地经验采用开挖检查、钻孔取芯、标准贯入试验、动力触探和静载荷试验等方法进行检验。

2. 检验点应布置在下列部位：

1）有代表性的桩位。

2）施工中出现异常情况的部位。

3）地基情况复杂，可能对旋喷桩质量产生影响的部位。

3. 成桩质量检验点的数量不少于施工孔数的 2%，并不应少于 6 点。

4. 承载力检验宜在成桩 28d 后进行。

5. 竣工验收时，旋喷桩复合地基承载力检验应采用复合地基静载荷试验和单桩静载荷试验。检验数量不得少于总桩数的 1%，且每项单体工程复合地基静载荷试验的数量不得少于 3 点。

6. 旋喷桩复合地基的质量验收标准可参考表 1-16 的规定。

表 1-16　旋喷桩复合地基质量检验标准

项	序	检查项目	允许偏差或允许值		检查方法
			单位	数值	
主控项目	1	水泥及外掺剂质量	符合出厂要求		查产品合格证书或抽样送检
	2	水泥用量	设计要求		查看流量表及水泥浆水灰比
	3	桩体强度或完整性检验	设计要求		按规定方法
	4	地基承载力	设计要求		按规定方法
一般项目	1	钻孔位置	mm	≤50	用钢尺量
	2	钻孔垂直度	%	≤1.5	经纬仪测钻杆或实测
	3	孔深	mm	±200	用钢尺量
	4	注浆压力	按设定参数指标		查看压力表
	5	桩体搭接	mm	>200	用钢尺量
	6	桩体直径	mm	≤50	开挖后用钢尺量
	7	桩身中心允许偏差		≤0.2D	开挖后桩顶下 500mm 处用钢尺量，D 为桩径

说明：上面第 1～4 条规定的主控项目及检验数量是至少应达到的，其他主控项目及检验数量由设计确定，一般项目可根据实际情况，随时抽查，做好记录，但应保证 20%的抽查量。

（三）常见工程质量问题与防治

1. 旋喷设备钻孔困难，并出现偏斜过大及冒浆现象。

1）原因分析：遇有地下障碍物，地面不坚实平整，未校正钻机，垂直度超过 1.5%；注浆量与实际需要量相差甚多，造成桩体倾斜、松散、强度不足，降低加固地基承载力。

2）防治措施：

（1）注浆前应在桩位钎探，遇有障碍物，应清除或移桩位。

（2）场地要整平压实、钻机架设对钻杆要双向校正，使垂直度控制在 1.5%范围以内。

（3）采用侧口式喷头，减小出浆口孔径，提高喷射压力，使压浆量与实际需要量相当，以减少冒浆量。

（4）采取控制好水泥浆配合比、提升、旋转与注浆等工序；回收冒浆量，应除去泥土过滤后再用。

2. 喷浆提升操作时，孔口不见水泥浆液冒出或冒浆过大。

1）原因分析：土层中有较大的空隙，使浆液流（漏）失，引起不冒浆；注浆喷射压力不够，喷嘴孔径过小，提升和旋转钻杆速度过慢，或有效喷射范围与注浆量不相适应而造成冒浆量过大，前者使浆液流到不该加固的空隙处，设计要求加固的土体得不到有效加固，后者则导致浪费大量水泥浆液。

2）防治措施：

（1）喷浆提升操作时，要注意观察孔口冒浆情况，若整个孔不冒浆，如属土层空隙较大，可在浆液中掺加适量的速凝剂，缩短固结时间，使浆液迅速凝结而不致流（漏）失。

（2）如冒浆量过大，可提高喷射压力；适当缩小喷嘴孔径，加快提升和旋转速度，调整注浆量使冒浆量控制小于20％以下。

3. 旋喷加固体的成桩直径不一致，桩身强度不均匀，局部区段出现缩颈。

1）原因分析：旋喷设备出现故障（如管路堵塞、串、漏和卡钻等），使喷浆不正常，有时中断施工；拔管、旋转速度及注浆量未能配合好，导致桩身直径大小不匀，浆液时多时少。；喷射的水泥浆与切削的土粒强制拌合不充分、不均匀；桩穿过较硬的黏土层时，由于回缩挤压，往往易出现局部缩颈，导致加固体强度降低，承载力不能满足要求。

2）防治措施：

（1）应根据设计要求和地质条件，选用合适的旋喷方法。旋喷前，应作压水、压浆、压气试验，检查各部件各部位的密封性和高压泵、钻机的运转情况。一切正常后，始可配浆，保证旋喷连续进行。

（2）配浆时应用筛过滤，搅拌池（槽）中的浆液要经常翻拌，防止沉淀。中断喷浆时，应及时压入清水，使注浆泵、注浆管和喷嘴内无残液。

（3）严格控制喷嘴的加工精度、位置、形状、直径等，以保证喷浆效果良好。

（4）根据旋喷固结体的形状及强度要求，调整控制好喷嘴的旋转速度、提升速度、喷射压力、喷浆量以及浆液的水灰比和稠度。

（5）对易出现缩颈部位及底部不易检查处，采用定位旋转喷射（不提升）或复喷的扩大桩径办法。

（四）质量记录表格清单

1. 工程地质勘察报告、水文地质勘察报告。
2. 工程设计文件。
3. 施工方案。
4. 工程技术交底记录。
5. 测量放线和复核记录。
6. 材料、构配件进场检验记录。
7. 水泥产品合格证、出厂检验报告、进场试验报告。
8. 外加剂质量证明书或合格证、检测报告、产品性能和使用谁明书、复试报告。
9. 掺合料质量证明文件、复试报告。
10. 施工记录及隐蔽工程验收资料。
11. 地基承载力检验报告。

八、水泥土搅拌桩复合地基

水泥土（深层）搅拌桩复合地基是指以水泥作为固化剂的主要材料，通过深层搅拌机械，将固化剂和地基土强制搅拌形成增强体的复合地基。适用于处理正常固结的淤泥与淤泥质土、素填土、黏性土（软塑、可塑）、粉土（稍密、中密）、粉细砂（松散、中密）、中粗砂（松散、稍密）、饱和黄土等土层。不适用于含大孤石或障碍物较多且不易清除的杂填土、欠固结的淤泥和淤泥质土、硬塑及坚硬的黏性土、密实的砂土类，以及地下水渗流影响成桩质量的土层。

水泥土搅拌桩的施工工艺分为浆液搅拌法（以下简称湿法）和粉体搅拌法（以下简称干法）。可采用单轴、双轴、多轴搅拌或连续成槽搅拌形成柱状、壁状、格栅状或块状水泥土加固体。当地基土的天然含水量小于30%（黄土含水量小于25%）时不宜采用粉体搅拌法。冬期施工时，应考虑负温对处理地基效果的影响。

水泥土搅拌形成水泥土加固体，用于基坑工程围护挡墙、被动区加固、防渗帷幕、大面积水泥稳定土等的设计、施工可按本节规定使用。

（一）搅拌桩施工工艺流程

湿法搅拌桩施工工艺流程：

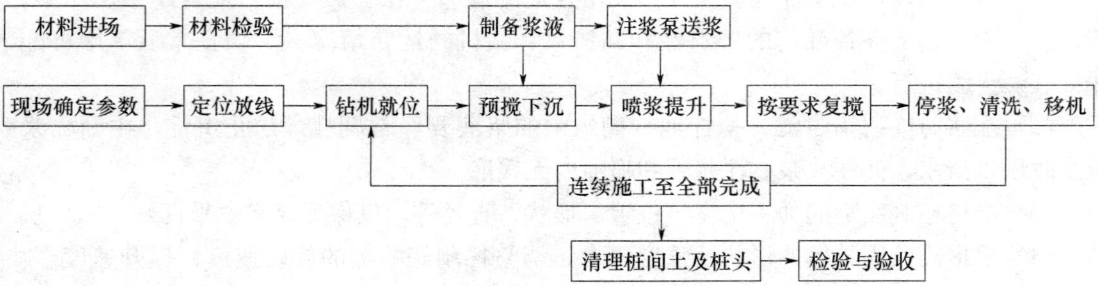

干法搅拌桩施工工艺流程：

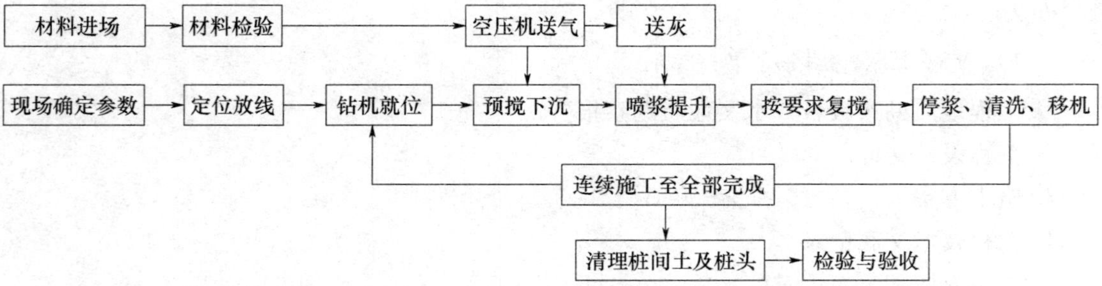

施工质量控制要点：

1. 水泥土搅拌桩施工现场施工前应予以平整，清除地上和地下的障碍物。

2. 水泥土搅拌桩施工前，应根据设计进行工艺性试桩，数量不得少于3根，多轴搅拌施工不得少于3组。应对工艺试桩的质量进行必要的检验，确定施工参数。

3. 搅拌头翼片的枚数、宽度、与搅拌轴的垂直夹角、搅拌头的回转数、提升速度应相互匹配，干法搅拌时钻头每转一圈的提升（或下沉）量宜为10～15mm，确保加固深度范围内土体的任何一点均能经过20次以上的搅拌。

4. 搅拌桩施工时，停浆（灰）面应高于桩顶设计标高500mm。在开挖基坑时，应将桩顶以上土层及搅拌桩顶端施工质量较差的桩段用人工挖除。

5. 施工中，应保持搅拌桩机底盘的水平和导向架的竖直，搅拌桩的垂直允许偏差为±1%。桩位的允许偏差为对条形基础的变装沿轴线方向应为桩径的±1/4，沿垂直轴线方向应为桩径的±1/6，其他情况桩位的施工允许偏差应为桩径的±40%；成桩直径和桩长不得小于设计值。

6. 水泥土搅拌湿法施工应符合下列规定：

1）施工前，应确定灰浆泵输浆量、灰浆经输浆管到达搅拌机喷浆口的时间和起吊设备提升速度等施工参数，并根据设计要求，通过工艺性成桩试验确定施工工艺。

2）施工中所使用的水泥应过筛，制备好的浆液不得离析，泵送应连续进行。拌制水泥浆液的罐数、水泥和外掺剂用量以及泵送浆液的时间应记录；喷浆量及搅拌深度必须采用经国家计量部门认证的监测仪器进行自动记录。

3）搅拌机喷浆提升的速度和次数必须符合施工工艺的要求，并应有专人进行记录。

4）当水泥浆液到达出浆口后，应喷浆搅拌 30s，在水泥浆与桩端土充分搅拌后，再开始提升搅拌头。

5）搅拌机预搅下沉时，不宜冲水，当遇到硬土层下沉太慢时，可适量冲水。

6）施工过程中，如因故停浆，应将搅拌头下沉至停浆点以下 0.5m 处，待恢复供浆时，再喷浆搅拌提升；若停机超过 3h，宜先拆卸输浆管路，并妥加清洗。

7）壁状加固时，相邻桩的施工时间间隔不宜超过 12h。如间隔时间太长，与相邻桩无法搭接时，应采取局部补桩或注浆等补强措施。

7. 水泥土搅拌干法施工应符合下列规定：

1）喷粉施工前，应仔细检查搅拌机械、供粉泵、送气（粉）管路、接头和阀门的密封性、可靠性，送气（粉）管路的长度不宜大于 60m。

2）搅拌头每旋转一周，其提升高度不得超过 15mm。

3）搅拌头的直径应定期复核检查，其磨耗量不得大于 10mm。

4）当搅拌头到达设计桩底以上 1.5m 时，应即开启喷粉机提前进行喷粉作业。当搅拌头提升至地面下 500mm 时，喷粉机应停止喷粉。

5）成桩过程中，因故停止喷粉，应将搅拌头下沉至停灰面以下 1m 处，待恢复喷粉时，再喷粉搅拌提升。

8. 用于建筑物地基处理的水泥土搅拌桩施工设备，其湿法施工配备注浆泵的额定压力不宜小于 5.0MPa；干法施工的最大送粉压力不应小于 0.5MPa。

9. 水泥土搅拌桩干法施工机械必须配置经国家计量部门确认的具有能瞬时检测并记录出粉体计量装置及搅拌深度自动记录仪。

（二）检验批质量验收

1. 施工过程中应随时检查施工记录和计量记录。

2. 水泥土搅拌桩的施工质量检验可采用下列方法：

1）成桩后 3d 内，采用轻型动力触探（N_{10}）检查上部桩身的均匀性，检验数量为施工总桩数的 1%，且不少于 3 根。

2）成桩 7d 后，采用浅部开挖桩头进行检查，开挖深度宜超过停浆（灰）面下 0.5m，检查搅拌的均匀性，量测成桩直径。检查量不少于总桩数的 5%。

3. 载荷试验宜在成桩 28d 后进行。复合地基承载力检验应采用复合地基静载荷试验和单桩静载荷试验，验收检验数量不少于总桩数的 1%，复合地基静载荷试验数量不少于 3 点

（多轴搅拌为 3 组）。

4. 对变形有严格要求的工程，应在成桩 28d 后，采用双管单动取样器钻取芯样作水泥土抗压强度检验，检验数量为施工总桩数的 0.5%，且不少于 6 点。

5. 基槽开挖后，应检验桩位、桩数与桩顶桩身质量，如不符合设计要求，应采取有效补强措施。

6. 水泥土搅拌桩复合地基的质量验收标准可参考表 1-17 的规定。

表 1-17　水泥土搅拌桩地基质量检验标准

项	序	检查项目	允许偏差或允许值		检查方法
			单位	数值	
主控项目	1	水泥及外渗剂质量	设计要求		查产品合格证书或抽样送检
	2	水泥用量	参数指标		查看流量计
	3	桩体强度	设计要求		按规定办法
	4	地基承载力	设计要求		按规定办法
一般项目	1	机头提升速度	m/min	≤0.5	量机头上升距离及时间
	2	桩底标高	mm	±200	测机头深度
	3	桩顶标高	mm	+200 −50	水准仪（最上部 500mm 不计入）
	4	桩位偏差	mm	<50	用钢尺量
	5	桩径	mm	<0.04D	用钢尺量，D 为桩径
	6	垂直度	%	≤1.5	经纬仪
	7	搭接	mm	>200	用钢尺量

说明：表中第 1～4 条规定的主控项目及检验数量是至少应达到的，其他主控项目及检验数量由设计确定，一般项目可根据实际情况，随时抽查，做好记录，但应保证 20%的抽查量。

（四）常见工程质量问题与防治

1. 搅拌头切土下沉时发生被黏性土糊住抱钻现象。

1）原因分析：一般出现在含水量较小的软土或硬质黏土层中，由于黏土的黏结力强，钻头在槽中被黏土粘住，钻头外面抱满了黏土，造成刀排不能切削土体，影响钻进。

2）防治措施：

（1）施钻时，注意控制钻进速度，不能过快或过慢。

（2）当在软黏土层下沉时，宜先将搅拌头用水充分湿润，并在地表加适量的湿砂，以降低土的黏性；当在硬质黏性土层或较密实的粉质黏土中下沉搅拌头时，可采用“输水搅动→输浆搅拌→搅拌”工艺进行操作。

（3）已抱钻，可提出桩孔，清除搅头上的黏土后继续钻进。

2. 桩顶加固体疏松，强度较低。

1）原因分析：表层土被扰动，加固效果差，加固体的薄弱部位，易出现疏松层；由于地基表面覆盖压力小，在搅拌合时土体上拱，泥土混入桩顶，不易拌合均匀等，导致桩顶强度低，承受荷载后，会发生侧向挤压破坏。

2）防治措施：

（1）在成桩时将桩顶标高1m内作为加强段，进行一次注浆复搅拌，并适当加掺10%～15%水泥量；

（2）在设计桩顶标高时，应考虑凿除0.5m，以加强桩顶部位；

3. 桩底出现松散层，强度偏低。

1）原因分析：搅拌头切片土下沉至桩底时，土被搅松散，如桩底不坐浆，提升喷浆，没有足够的水泥浆到达桩底，不能充分搅拌加固桩底，便会在桩底出现松散层，使底端的强度偏低，使建筑物的附加沉降加大。

2）防治措施：

（1）在下沉至桩底时，在桩底输送一次水泥浆液，在桩底喷浆30s，边喷边搅不提升搅拌头，使水泥浆与底端的松散土体充分拌合，30s后再提升喷浆，以保证底加固密实；

（2）在桩底0.5m范围内进行二次提升喷浆二次搅拌，确保桩底的强度。

（五）质量记录表格清单

1. 工程地质勘察报告、水文地质勘察报告。
2. 工程设计文件。
3. 施工方案。
4. 工程技术交底记录。
5. 测量放线和复核记录。
6. 材料、构配件进场检验记录。
7. 水泥、外加剂等质量证明文件、复试报告及见证取样记录。
8. 施工记录及隐蔽工程验收资料。
9. 地基承载力检验报告。

九、灰土挤密桩和土挤密桩复合地基

灰土挤密桩和土挤密桩复合地基（简称土桩或灰土桩地基），是指用素土、灰土填入孔内分层夯实形成增强体的复合地基。适用于处理地下水位以上的粉土、黏性土、素填土、杂填土和湿陷性黄土等地基，可处理地基的厚度宜为3～15m；当以提高地基土的承载力或消除湿陷性为主要目的时，宜选用灰土挤密桩；当地基土的含水量大于24%、饱和度大于65%时，应通过现场试验确定其适用性；对重要工程或在缺乏经验的地区，施工前应按设计要求，在有代表性的地段进行现场试验。

（一）挤密桩施工工艺流程

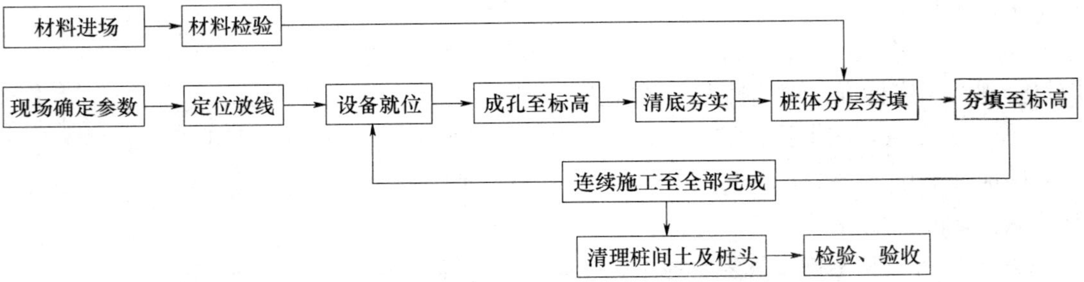

施工质量控制要点：

1. 成孔应按设计要求、成孔设备、现场土质和周围环境等情况，选用振动沉管、锤击沉管、冲击或钻孔等方法。

2. 桩顶设计标高以上的预留覆盖土层厚度，宜符合下列规定：

1）沉管成孔，不宜小于 0.5m。

2）冲击成孔或钻孔夯扩法，不宜小于 1.2m。

3. 成孔时，地基土宜接近最优含水量。

4. 土料有机质含量不应大于 5%，且不得含有冻土和膨胀土，使用时应过 10～20mm 的筛，混合料含水量应满足最有含水量要求，允许偏差应为±2%，土料和水泥应拌合均匀。

5. 成孔和孔内回填夯实应符合下列规定：

1）成孔和孔内回填夯实的施工顺序：当整片处理地基时，宜从里（或中间）向外间隔1～2孔依次进行，对大型工程，可采取分段施工；当局部处理时，宜从外向里间隔 1～2 孔依次进行。

2）向孔内填料前，孔底应夯实，并应检查桩孔的直径、深度和垂直度。

3）桩孔的垂直度允许偏差应为±1.5%。

4）桩孔中心距的允许偏差应为桩距的±1.55%。

5）经检验合格后，应按设计要求，向孔内分层填入筛好的素土、灰土或其他填料，并应分层夯实至设计标高。

6. 铺设灰土垫层前，应按设计要求将桩顶标高以上的预留松动土层挖除或夯（压）密实（整理）。

7. 施工过程中，应有专人监督成孔及回填夯实的质量，并应做好施工记录；如发现地基土质与勘察资料不符，应立即停止施工，待查明情况或采取有效措施处理后，方可继续施工。

8. 雨期或冬期施工，应采取防雨或防冻措施，防止填料受雨水淋湿或冻结。

（二）检验批质量验收

1. 桩孔质量检验应在成孔后及时进行，所有桩孔均需检验并作出记录，检验合格或经处理后方可进行夯填施工。

2. 应随机抽样检验夯后桩长范围内灰土或土填料的平均压实系数，抽检的数量不应少于总桩数的 1%，且不得少于 9 根。对灰土桩桩身强度有怀疑时，尚应检验消石灰与土的体积配合比。

3. 应抽样检验处理深度内桩间土的平均挤密系数，检测探井数不应少于总桩数的 0.3%，且每个单体工程不得少于 3 个。

4. 对消除湿陷性的工程，除应检测上述内容外，尚应进行现场浸水静载荷试验，试验方法应符合现行国家标准《湿陷性黄土地区建筑规范》(GB 50025）的规定。

5. 竣工验收时，灰土挤密桩、土挤密桩复合地基的承载力检验应采用复合地基静载荷试验。检验应在成桩 14～28d 后进行，检测数量不应少于总桩数的 1%，且每个单体工程复合地基静载荷试验不应少于 3 点。

6. 灰土挤密桩和土挤密桩复合地基的质量验收标准可参考表 1-18 的规定。

表 1-18　灰土挤密桩和土挤密桩复合地基质量检验标准

项	序	检查项目	允许偏差或允许值		检查方法
			单位	数值	
主控项目	1	桩体及桩间土干密度	设计要求		现场取样检查
	2	桩长	mm	+500	测桩管长度或垂球测孔深
	3	地基承载力	设计要求		按规定的方法
	4	桩径	mm	−20	用钢尺量
一般项目	1	土料有机质含量	%	≤5	试验室焙烧法
	2	石灰粒径	mm	≤5	筛分法
	3	桩位偏差		满堂布桩≤0.40*D* 条基布桩≤0.25*D*	用钢尺量，*D* 为桩径
	4	垂直度	%	<1.5	用经纬仪测桩管

注：桩径允许偏差负值是指个别断面。

说明：表中第 1～4 条规定的主控项目及检验数量是至少应达到的，其他主控项目及检验数量由设计确定，一般项目可根据实际情况，随时抽查，做好记录，但应保证 20%的抽查量。

（三）常见工程质量问题与防治

1. 桩夯打时出现缩颈或坍塌堵塞。

1）原因分析：地基土的含水量过大或过小；或未按规定的顺序进行；对已成孔未及时回填夯实；或桩孔较密，采取一孔挨一孔夯打，受振导致相邻孔缩孔或坍孔等，造成地基不均匀沉降，加固地基强度降低。

2）防治措施：桩孔土层含水率过大，可往孔内填干土粉或石灰粉，以吸去部分水分；或快速成孔回填，或边成孔边下套管，或成孔后下套管；含水率过小，应预先浸湿加固范围内的土层，成孔顺序应先外圈后里圈，并间隔进行；对已成孔，应防止受水浸湿，且应当天回填夯实，为避免夯打造成缩颈堵塞，应打一孔填一孔；当桩孔较密；土质松软时，应采取间隔跳打夯实。

（四）质量记录表格清单

1. 工程地质勘察报告、水文地质勘察报告。
2. 工程设计文件。
3. 控制桩点的测量资料。
4. 施工方案。
5. 工程技术交底记录。
6. 材料、构配件进场检验记录。
7. 施工记录及隐蔽工程验收资料。
8. 桩体桩间土干密度试验报告。
9. 地基承载力检验报告。

十、水泥粉煤灰碎石桩复合地基

水泥粉煤灰碎石桩复合地基（简称 CFG 桩地基），是指由水泥、粉煤灰、碎石等混合料加水拌合在土中形成竖向增强体的复合地基。适用于处理黏性土、粉土、砂土和自重固结完成的素填土地基处理。对淤泥和淤泥质土应按地区经验或通过现场试验确定其适用性。混凝土灌注桩、预制桩复合地基可参照本节内容使用。

水泥粉煤灰碎石桩常用的施工工艺主要有长螺旋钻孔中心压灌成桩、干作业钻孔灌注成桩，泥浆护壁钻孔灌注成桩和振动沉管灌注成桩。

（一）CFG桩施工工艺流程

长螺旋钻孔压灌成桩施工工艺流程

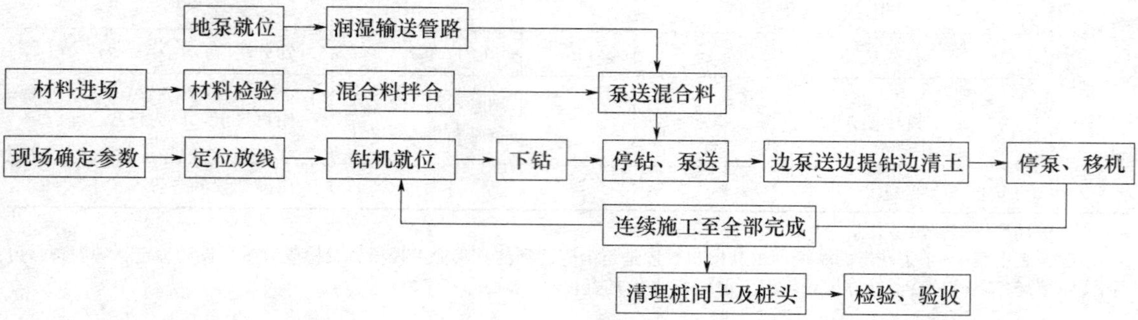

干作业钻孔灌注成桩施工工艺流程

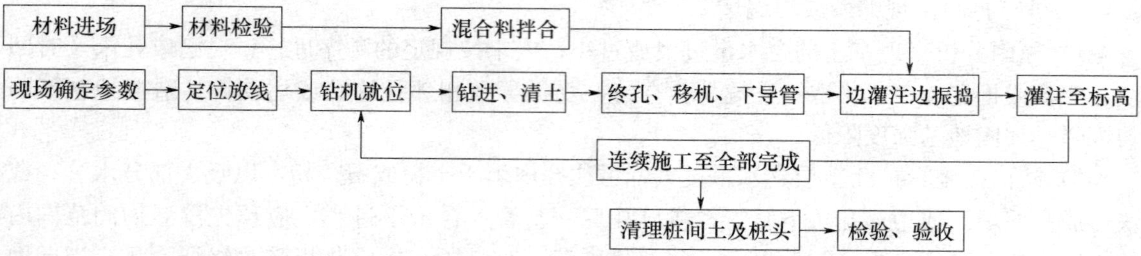

施工质量控制要点：

1. 根据现场条件可选用下列施工工艺：

1）干作业钻孔灌注成桩，适用于地下水位以上的黏性土、粉土、素填土以及中等密实以上的砂土地基。

2）泥浆护壁成孔灌注成桩，适用于地下水位以下的黏性土、粉土、砂土、填土、碎石土及风化岩层等地基，桩长范围和桩端有承压水的土层应通过试验确定其适应性。

3）长螺旋钻孔中心压灌成桩，适用于黏性土、粉土、砂土和素填土地基，对噪声或泥浆污染要求严格的场地可优先选用；穿越卵石夹层时应通过试验确定适用性。

4）振动沉管灌注成桩，适用于粉土、黏性土及素填土地基；挤土造成地面隆起量大时，应采用较大桩距施工。

2. 长螺旋钻孔中心压灌成桩（振动沉管灌注成桩）施工应符合下列规定：

1）施工前，应按设计要求在试验室进行配合比试验；施工时，按配合比配制混合料；长螺旋钻孔中心压灌成桩施工的坍落度宜为180～220mm，振动沉管灌注成桩施工的坍落度宜为30～50mm，振动沉管灌注成桩后桩顶浮浆厚度不宜超过200mm。

2）长螺旋钻孔中心压灌成桩施工在钻至设计深度后，应控制提拔钻杆时间，混合料泵送量应与拔管速度相配合，不得在饱和砂土或饱和粉土层停泵待料；沉管灌注成桩施工拔管速度应按匀速控制，拔管速度宜为 1.2～1.5m/min 左右，如遇淤泥或淤泥质土，拔管速度应适当放慢；当遇有松散饱和粉土、粉细砂或淤泥质土，当桩距较小时，宜采用隔桩跳打措施。

3）施工桩顶标高宜高出设计桩顶标高不少于 0.5m；当施工作业面高出设计桩顶标高较大时，宜增加混凝土灌注量。

4）成桩过程中，应抽样做混合料试块，每台机械每台班应做一组。

3. 冬期施工时，混合料入孔温度不得低于 5℃，对桩头和桩间土应采取保温措施。

4. 清土和截桩时，应采用小型机械或人工剔除等措施，不得造成桩顶标高以下桩身断裂或桩间土扰动。

5. 褥垫层铺设宜采用静力压实法，当基础底面下桩间土的含水量较低时，也可采用动力夯实法，夯填度不应大于 0.9。

6. 泥浆护壁成孔灌注成桩施工，应符合国家现行行业标准《建筑桩基技术规范》(JGJ 94—2008）的有关规定。

（二）检验批质量验收

1. 施工质量检验应检查施工记录、混合料坍落度、桩数、桩位偏差、褥垫层厚度、夯填度和桩体试块抗压强度等。

2. 竣工验收时，水泥粉煤灰碎石桩复合地基承载力检验应采用复合地基载荷试验和单桩静载荷试验。

3. 承载力检验应在施工结束 28d 后进行，其桩身强度应满足试验荷载条件；复合地基静载荷试验和单桩静载荷试验的数量不应少于总桩数的 1%，且每个单体工程的复合地基静载荷试验数量不应少于 3 点。

4. 采用低应变动力试验检测桩身完整性，检查数量不低于总桩数的 10%。

5. 水泥粉煤灰碎石桩复合地基的质量验收标准可参考表 1-19 的规定。

表 1-19　水泥粉煤灰碎石桩复合地基质量检验标准

项目	序	检查项目	允许偏差或允许值		检查方法
			单位	数值	
主控项目	1	原材料	设计要求		查产品合格证书或抽样送检
	2	桩径	mm	−20	用钢尺量或计算填料量
	3	桩身强度	设计要求		查 28d 试块强度
	4	地基承载力	设计要求		按规定的方法
一般项目	1	桩身完整性	按基桩检测技术规范		按基桩检测技术规范
	2	桩位偏差	mm	满堂布桩≤0.40*D* 条基布桩≤0.25*D*	用钢尺量，*D* 为桩径
	3	桩垂直度	%	≤1.5	用经纬仪测桩管
	4	桩长	mm	+100	测桩管长度或垂球测孔深
	5	褥垫层夯填度	≤0.9		用钢尺量

注：1. 夯填度指夯实后的褥垫层厚度与虚体厚度的比值。
2. 桩径允许偏差负值是指个别断面。

说明：表中第 1～4 条规定的主控项目及检验数量是至少应达到的，其他主控项目及检验数量由设计确定，一般项目可根据实际情况，随时抽查，做好记录，但应保证 20%的抽查量。

（三）常见工程质量问题与防治

1. 长螺旋钻孔中心压灌成桩灌注过程中堵管。它直接影响 CFG 桩的施工效率，增加工人劳动强度，还会造成材料浪费。特别是故障排除不畅时，使已搅拌的 CFG 桩混合料失水或结硬，增加了再次堵管的几率，给施工带来很多困难。

1）原因分析：混合料配合比不合理，混合料搅拌质量有缺陷；施工操作不当；冬期施工措施不当；设备缺陷；电压低；施工输送管过长。

2）防治措施：

（1）控制混合料的配合比，并将粉煤灰掺量控制在 140～155kg/m^3 的范围内，坍落度应控制在 180～220mm 之间，粗骨料粒径控制在 30mm 以内。

（2）钻孔进入土层预定标高后，开始泵送混合料，管内空气从排气阀排出，待钻杆内管及输送软、硬管内混合料连续时提钻。若提钻时间较晚，在泵送压力下钻头处的水泥浆液被挤出，容易造成管路堵塞。

（3）冬施时，采用有效方法提高混合料的出口温度。

（4）混合料输送管要定期清洗。

（5）保证施工电压。

（6）控制混合料输送管长度，一般不宜超过 60m，不应超过 100mm。

2. 长螺旋钻孔中心压灌成桩施工中相邻桩串孔。在饱和粉土、粉细砂层中成桩经常遇到，打完 X 号桩后，在施工相邻的 Y 号桩时，发现未结硬的 X 号桩的桩顶突然下落，当 Y 号桩泵入混合料时，X 号桩的桩顶开始回升，此种现象称为串孔。

1）原因分析：被加固土层中有松散饱和粉土、粉细砂；钻杆钻进过程中叶片剪切作用对土体产生扰动；土体受剪切扰动能量的积累，足以使土体发生液化。

2）防治措施：

（1）采取隔桩、隔排跳打方法。

（2）设计人员根据工程实际情况，采用桩距较大的设计方案，避免打桩的剪切扰动。

（3）减少在串孔区域的打桩推进排数，减少对已打桩扰动能量的积累。

（4）合理提高钻头钻进速度。

3. 断桩，长螺旋钻孔中心压灌成桩施工后检验，发现有桩身混凝土面不连续，中间有垂直于桩中心轴线的开裂或间隔。

1）原因分析：施工保护不够，有大型工程机械在强度未达到的 CFG 桩区域运行，使桩被压断或把桩头压碎；长螺旋钻机的排气阀被堵；灌注混凝土时，混凝土灌注供应不及时；地质原因，地下水丰富，易产生断桩；拔管和泵送混凝土配合不和谐；桩间土开挖时，挖掘机碰撞桩头、截除桩头时人为的破坏。

2）防治措施：

（1）加强已经灌注 CFG 桩区域的保护，用钢管或其他材料将场区围护起来，严禁一切大型机械进入。

（2）对于排气阀设置不当造成的断桩，应经常检查排气阀，并将包裹排气阀的混凝土凿除。

（3）混凝土供应不及时造成的断桩，应加强混凝土的供应调度，保证混凝土连续供应。

（4）对于地质原因造成的断桩，对流塑状和地下水丰富的地质情况应对 CFG 桩处理进行适应性论证。

(5) 对拔管和泵送混凝土配合不和谐造成的断桩，应加强操作人员的技术培训，保证默契配合。

(6) 为了防止挖掘机开挖桩间土时碰撞桩头造成浅层断桩，应使用小型挖掘机（为斗宽 0.6m）开挖桩间土，并待桩混凝土强度达到设计强度的 80%后再开挖。为避免截除桩头时人为破坏，应用锯石机切割。

（四）质量记录表格清单

1. 工程地质勘察报告、水文地质勘察报告。
2. 工程设计文件及设计说明。
3. 场地水准控制点和建筑物定位坐标等资料。
4. 施工方案。
5. 工程技术交底记录。
6. 图纸会审/设计变更/工程洽商记录。
7. 材料、构配件进场检验记录。
8. 水泥、粉煤灰、砂、石以及外加剂等质量证明文件及复试报告。
9. 施工记录及隐蔽工程验收资料。
10. 桩身强度试验报告。
11. 地基承载力检验报告。

十一、夯实水泥土桩复合地基

夯实水泥土桩是指将水泥和土按比例拌合均匀，在桩孔内分层夯实形成增强体的复合地基。适用于加固地下水位以上的粉土、黏性土、素填土以及杂填土等地基，处理深度不宜大于 15m。对重要工程或在缺乏经验的地区，施工前应按设计要求，选择地质条件有代表性的地段进行试验性施工。

（一）夯实水泥土桩施工工艺流程

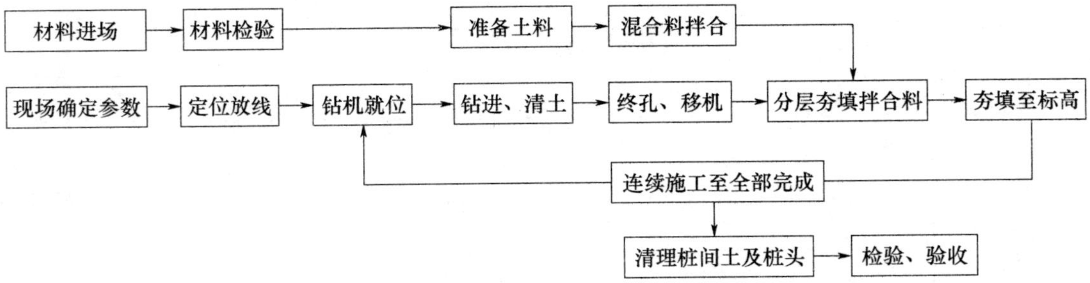

施工质量控制要点：

1. 成孔应按设计要求的成孔设备、现场土质和周围环境等情况，选用钻孔、洛阳铲成孔等方法。当采用人工洛阳铲成孔工艺时，处理深度不宜大于 6.0m。

2. 桩顶设计标高以上的预留覆盖土层厚度不宜小于 0.3m。

3. 成孔和孔内回填夯实应符合下列规定：

1）宜选用机械成孔和夯实。

2）向孔内填料前，孔底应夯实；分段夯填时，夯锤落距和填料厚度应满足夯填密实度的要求。

3）成孔经检验合格后，应按设计要求，向孔内分层填入拌合好的水泥土，并应分层夯实至设计标高。

4. 铺设垫层前，应按设计要求将桩顶标高以上的预留松动土层挖除。垫层施工应避免扰动基底土层。

5. 施工过程中，应有专人监督成孔及回填夯实的质量，并应做好施工记录。如发现地基土质与勘察资料不符，应立即停止施工，待查明情况或采取有效措施处理后，方可继续施工。

6. 雨期或冬期施工，应采取防雨或防冻措施，防止填料受雨水淋湿或冻结。

（二）检验批质量验收

1. 成桩后，应及时抽样检验水泥土桩的质量。

2. 夯填桩体的干密度质量检验应随机抽样检测，抽检的数量不应少于总桩数的2%。

3. 竣工验收时，夯实水泥土桩复合地基承载力检验应采用单桩复合地基静载荷试验和单桩静载荷试验；对重要或大型工程，尚应进行多桩复合地基静载荷试验。单桩复合地基静载荷试验和单桩静载荷试验检验数量不应少于总桩数的1%，且每项单体工程复合地基静载荷试验检验数量不应少于3点。

4. 夯实水泥土桩复合地基的质量验收标准可参考表1-20的规定。

表1-20 夯实水泥土桩复合地基质量检验标准

项	序	检查项目	允许偏差或允许值		检查方法
			单位	数值	
主控项目	1	桩径	mm	−20	用钢尺量
	2	桩长	mm	+500	测桩孔深度
	3	地基承载力	设计要求		按规定的方法
一般项目	1	土料有机质含量	%	≤5	焙烧法
	2	含水量（与最优含水量比）	%	±2	烘干法
	3	土料粒径	mm	≤20	筛分法
	4	水泥质量	设计要求		查产品质量合格证书或抽样送检
	5	桩位偏差	mm	满堂布桩≤0.40D 条基布桩≤0.25D	用钢尺量，D为桩径
	6	桩孔垂直度	%	≤1.5	用经纬仪测桩管
	7	褥垫层夯填度	≤0.9		用钢尺量

注：1. 夯填度指夯实后的褥垫层厚度与虚体厚度的比值。

2. 桩径允许偏差负值是指个别断面。

说明：表中第1～3条规定的主控项目及检验数量是至少应达到的，其他主控项目及检验数量由设计确定，一般项目可根据实际情况，随时抽查，做好记录。复合地基中的桩的施工是主要的，应保证20%的抽查量。

（三）常见工程质量问题与防治

1. 桩身局部缩颈或坍孔。

1）原因分析：在黏性土层成桩，土受强烈振动挤压，产生孔隙水压，拔管后把部分桩孔挤成缩颈；当土含水量过小，呈坚硬状态，挤密成桩时易碎裂松动而塌孔；打拔管成孔不按规定的施工顺序进行；或对已成孔没有及时回填夯实；桩间距过小，施工时受邻桩挤压使桩孔变形、缩颈或坍塌。

2）防治措施：

（1）在黏性土层成孔，应及时填灌填料并夯实，借自重和填夯侧向挤压力抵消孔隙水压力；如土含水量过小，应预先浸湿加固区范围内的土层，使之达到或接近最优含水量。

（2）先外圈后里圈并间隔进行。对已成的孔，应防止受水浸泡，应当天回填夯实。

（3）桩距过小，宜用跳打法，或打一孔，填一孔，以减轻桩的互相挤压影响。

（4）成孔后如发现桩孔缩颈比较严重，可在孔内填入干散砂土、生石灰块或砖渣，稍停一段时间后再将桩管沉入土中，重新成孔。

2. 桩体出现松散水泥土体或疏松夹层。

1）原因分析：回填后漏夯、欠夯或回填高度过大，夯击能影响深度不够；不按要求夯锤落距、锤击数施夯，或未连续填夯，接缝处未夯实等，导致桩体存在疏松夹层或断桩，使桩体密实度不均，承载力下降。

2）防治措施：桩孔内填夯必须按试桩确定的分层回填高度、锤落距、锤击遍数夯打密实，并做好记录，定时检查，防止松填漏夯或欠夯，接缝处薄填夯打；做到连续施工，每根桩要一气呵成，不得中断，防止出现软弱松散夹层。

3. 桩体密实度不均匀，干密度、压实系数达不到设计要求。

1）原因分析：使用过期、受潮结块水泥，活性低；水泥土配合比不准，未计量；拌和不均匀，含水量未控制在最优范围内；水泥土未按试桩确定的填料厚度、落距、锤击数夯打；或拌合料放置时间过长才使用等，使桩体强度达不到设计要求；降低加固地基的承载能力。

2）防治措施：

（1）水泥土拌合料应使用新鲜、无受潮结块且活性高的水泥，配合比应用量斗计量准确，含水量应控制在最优含水量范围以内。

（2）水泥土拌合要均匀，可采用人工或机械进行，人工拌合不少于三遍；机械拌合可用强制式混凝土搅拌机，搅拌时间不少于1min。拌合的水泥土要及时用完，放置时间超过2h不宜使用。

（3）水泥土填夯应按试桩确定的分层厚度、夯锤落距和锤击遍数进行夯实。向桩孔内填料前，先夯实孔底，采用二夯一填的连续成桩工艺，每根桩一次连续填夯完成。桩身密实度要求成桩2h后击数不小于40击，用轻便触探检查“检定击数”，或现场施工时，根据土料性质、配比控制夯实干密度，压实系数（γ_d/γ_{max}）应不小于0.93。

（四）质量记录表格清单

1. 工程地质勘察报告、水文地质勘察报告。

2. 工程设计文件。

3. 控制桩点的测量资料。

4. 施工方案。

5. 工程技术交底记录。

6. 材料、构配件进场检验记录。

7. 水泥质量证明文件及复试报告，土料、掺合料等的检验报告。

8. 施工记录及隐蔽工程验收资料。

9. 地基承载力检验报告。

十二、多桩型复合地基

多桩型复合地基是指采用两种及两种以上不同材料增强体，或采用同一材料、不同长度增强体加固形成的复合地基。适用于处理不同深度，存在相对硬层的正常欠固结土，或浅层存在欠固结土、湿陷性土、可液化土等特殊土，以及地基承载力和变形要求较高的地基。

（一）施工质量注意事项

1. 对于处理可液化土层的多桩型复合地基，应先施工处理液化的增强体。

2. 对于消除或部分消除湿陷性黄土地基，应先施工处理湿陷性的增强体。

3. 应降低或减小后施工增强体对已施工增强体的质量和承载力的影响。

（二）检验批质量验收

1. 竣工验收时，多桩型复合地基承载力检验，应采用多桩复合地基静载荷试验和单桩静载荷试验，检验数量不得少于总桩数的1%。

2. 多桩型复合地基静载荷试验，对每个单体工程检验数量不得少于3点。

3. 增强体施工质量检验，对散体材料增强体的检验数量不应少于其总桩数的2%，对具有黏结强度的增强体，完整性检验数量不应少于其总桩数的10%。

第三节　桩基础工程

桩基础简称桩基，由设置于岩土中的桩和与桩顶连接的承台共同组成的基础或由柱与桩直接连接的单桩基础。

按制作工艺不同将桩分为灌注桩和预制桩。根据成孔方法不同，灌注桩又可分为钻孔灌注桩、挖孔灌注桩、冲孔灌注桩、沉管灌注桩和爆扩桩。预制桩是在工厂或施工现场制成的各种形式和材料的桩，而后用沉桩设备将桩打入、压入、旋入、冲入或振入土中。

依据现行国家标准《建筑工程施工质量验收统一标准》(GB 50300—2013)，桩基础主要包括钢筋混凝土预制桩、泥浆护壁钻孔灌注桩、干作业成孔灌注桩、长螺旋钻孔压灌桩、沉管灌注桩、钢桩和锚杆静压桩等。

一、一般规定

（一）施工前应完成的工作

1. 施工前应完成的工作应具备下列资料：

1）建筑场地岩土工程勘察报告；

2）桩基工程施工图及图纸会审纪要；

3）建筑场地和邻近区域内的地下管线、地下构筑物、危房、精密仪器车间等的调查资料；

4）主要施工机械及其配套设备的技术性能资料；

5）桩基工程的施工组织设计；

6）水泥、砂、石、钢材等原材料及其制品的质检报告；

7）有关荷载、施工工艺的试验参考资料。

2. 钻孔机具及工艺的选择，应根据桩型、钻孔深度、土层情况、泥浆排放及处理条件综合确定。

3. 施工组织设计应结合工程特点，有针对性地制定相应质量管理措施，主要应包括下列内容：

1）施工平面图：标明桩位、编号、施工顺序、水电线路和临时设施的位置；采用泥浆护壁成孔时，应标明泥浆制备设施及其循环系统；

2）确定成孔机械、配套设备以及合理施工工艺的有关资料，泥浆护壁灌注桩必须有泥浆处理措施；

3）施工作业计划和劳动力组织计划；

4）机械设备、备件、工具、材料供应计划；

5）桩基施工时，对安全、劳动保护、防火、防雨、防台风、爆破作业、文物和环境保护等方面应按有关规定执行；

6）保证工程质量、安全生产和季节性施工的技术措施。

4. 成桩机械必须经鉴定合格，不得使用不合格机械。

5. 施工前应组织图纸会审，会审纪要连同施工图等应作为施工依据，并应列入工程档案。

6. 桩基施工用的供水、供电、道路、排水、临时房屋等临时设施，必须在开工前准备就绪，施工场地应进行平整处理，保证施工机械正常作业。

7. 基桩轴线的控制点和水准点应设在不受施工影响的地方。开工前，经复核后应妥善保护，并在施工中经常复测。

8. 用于施工质量检验的仪表、器具的性能指标，应符合现行国家相关标准的规定。

（二）材料的质量与检验

对桩基础所使用的材料（水泥、砂、石子、混凝土、石灰、粉煤灰、钢材等）进行检验，材料的质量、检验项目、批量和检验方法，均应符合国家现行有关标准的规定。

（三）桩基验收检验

对于桩基工程，每个单项工程可划分一个检验批。

桩基工程的质量检验指标应按设计要求而定，各种指标的检验方法应按当地现行标准执行，当地无相应标准时，可按国家现行行业标准《建筑桩基技术规范》（JGJ 94）和《建筑基桩检测技术规范》（JGJ 106）的规定执行。

二、灌注桩

灌注桩是指在现场用机械或人工成孔，在孔内放钢筋笼，灌注混凝土成桩。具有施工机具设备较简单，可用于各种地质条件，各种大小直径和深度，成桩质量可靠、承载力高，施工工艺简便、无振动无噪声，对周围建筑无影响、费用较低等优点。

按施工工艺将灌注桩分为：泥浆护壁钻孔灌注桩、旋挖成孔灌注桩、冲孔灌注桩、长螺旋钻孔压灌桩后插钢筋笼、沉管灌注桩、干作业钻（挖）孔灌注桩以及灌注桩后注浆技术。

（一）灌注桩施工工艺流程

泥浆护壁成孔灌注桩、旋挖成孔灌注桩和冲孔灌注桩施工工艺流程：

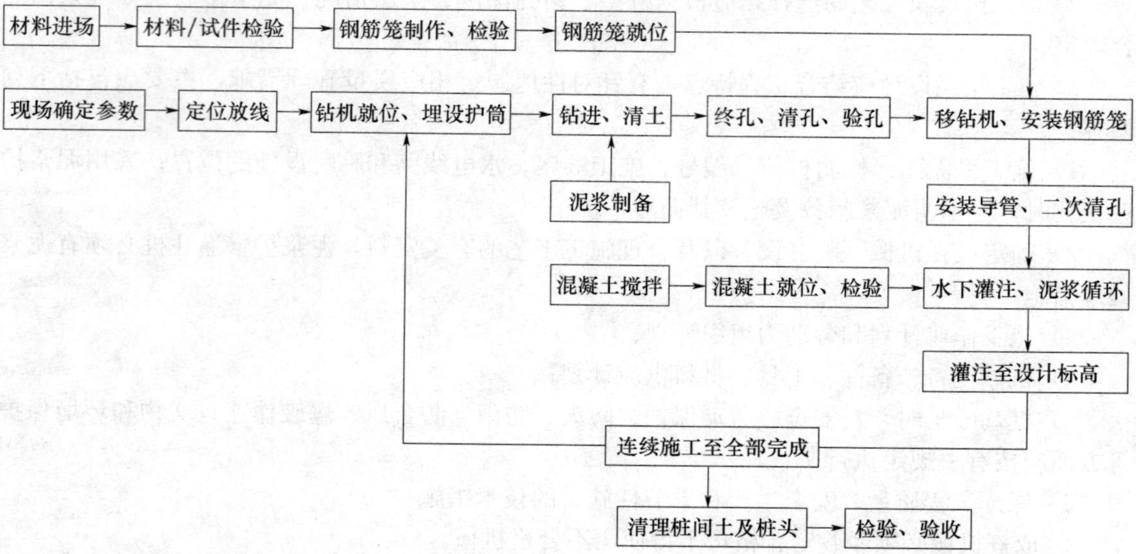

长螺旋钻孔压灌桩后插钢筋笼施工工艺流程：

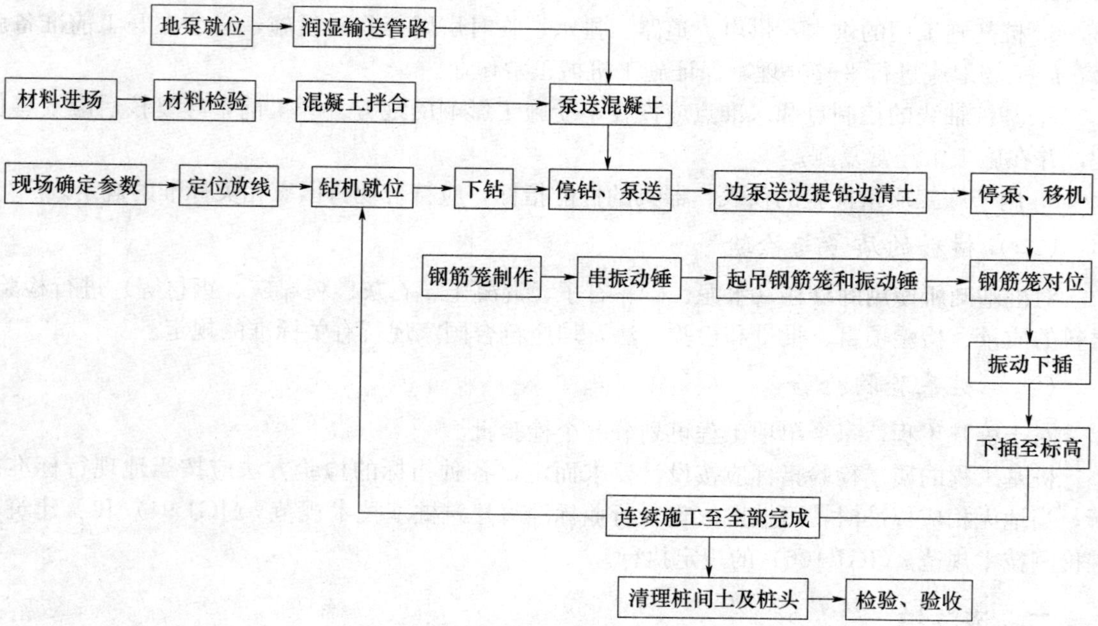

沉管灌注桩施工工艺流程：

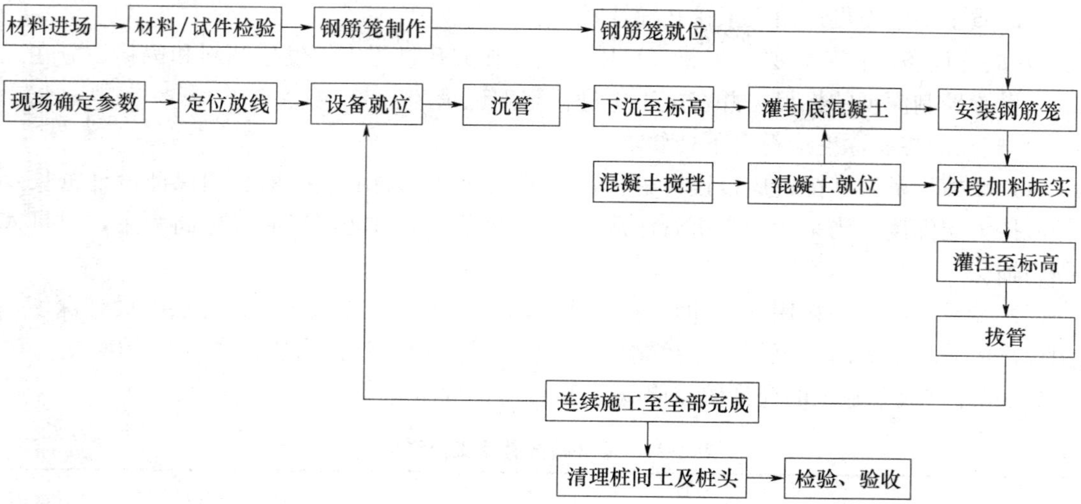

干作业钻（挖）孔灌注桩施工工艺流程：

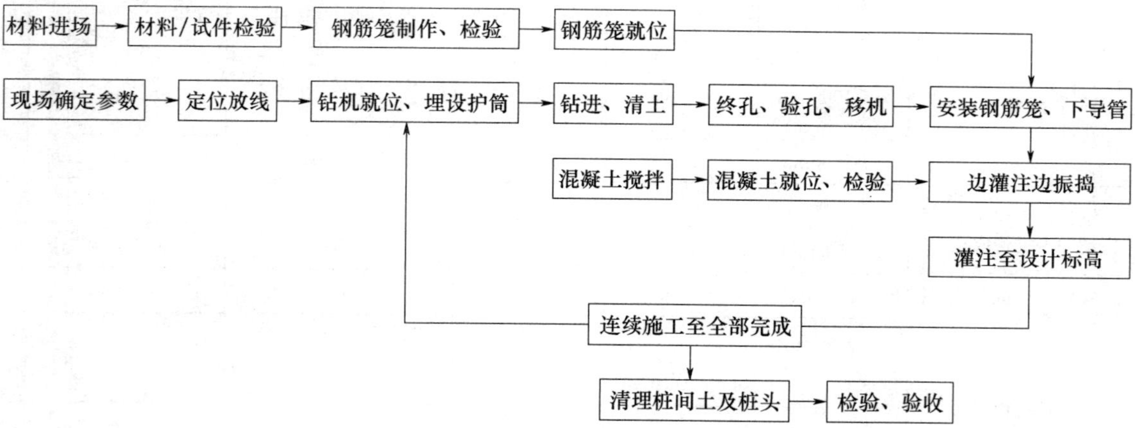

施工质量控制要点：

1. 灌注桩施工的一般规定：

1）不同桩型的适用条件应符合下列规定：

（1）泥浆护壁钻孔灌注桩宜用于地下水位以下的黏性土、粉土、砂土、填土、碎石土及风化岩层。

（2）旋挖成孔灌注桩宜用于黏性土、粉土、砂土、填土、碎石土及风化岩层。

（3）冲孔灌注桩除宜用于上述地质情况外，还能穿透旧基础、建筑垃圾填土或大孤石等障碍物。在岩溶发育地区应慎重使用，采用时，应适当加密勘察钻孔。

（4）长螺旋钻孔压灌桩后插钢筋笼宜用于黏性土、粉土、砂土、填土、非密实的碎石类土和强风化岩。

（5）沉管灌注桩宜用于黏性土、粉土和砂土；夯扩桩宜用于桩端持力层为埋深不超过20m的中、低压缩性黏性土、粉土、砂土和碎石类土。

（6）干作业钻（挖）孔灌注桩宜用于地下水位以上的黏性土、粉土、填土、中等密实以上的砂土、风化岩层；在地下水位较高，有承压水的砂土层、滞水层、厚度较大的流塑状淤泥、淤泥质土层中不得选用人工挖孔灌注桩。

2）成孔设备就位后，必须平整、稳固，确保在成孔过程中不发生倾斜和偏移。应在成孔钻具上设置控制深度的标尺，并在施工中进行观测记录。

3）成孔的控制深度应符合下列要求：

（1）摩擦型桩：摩擦桩应以设计桩长控制成孔深度；端承摩擦桩必须保证设计桩长及桩端进入持力层深度。当采用锤击沉管法成孔时，桩管入土深度控制应以标高为主，以贯入度控制为辅。

（2）端承型桩：当采用钻（冲），挖掘成孔时，必须保证桩端进入持力层的设计深度；当采用锤击沉管法成孔时，沉管深度控制以贯入度为主，以设计持力层标高对照为辅。

4）灌注桩成孔施工的允许偏差应满足表 1-21 的要求。

表 1-21　灌注桩成孔施工允许偏差

<table>
<tr><th colspan="2" rowspan="2">成孔方法</th><th rowspan="2">桩径允许偏差（mm）</th><th rowspan="2">垂直度允许偏差（%）</th><th colspan="2">桩位允许偏差（mm）</th></tr>
<tr><th>1～3 根桩、条形桩基沿垂直轴线方向和群桩基础中的边桩</th><th>条形桩基沿轴线方向和群桩基础的中间桩</th></tr>
<tr><td rowspan="2">泥浆护壁钻、挖、冲孔桩</td><td>$d \leqslant 1000mm$</td><td>±50</td><td rowspan="2"><1</td><td>$\frac{d}{6}$，且不大于 100</td><td>$\frac{d}{4}$，且不大于 150</td></tr>
<tr><td>$d>1000mm$</td><td>±50</td><td>$100+0.01H$</td><td>$150+0.01H$</td></tr>
<tr><td rowspan="2">锤击（振动）沉管振动冲击沉管成孔</td><td>$d \leqslant 500mm$</td><td rowspan="2">−20</td><td rowspan="2"><1</td><td>70</td><td>150</td></tr>
<tr><td>$d>500mm$</td><td>100</td><td>150</td></tr>
<tr><td colspan="2">螺旋钻、机动洛阳铲干作业成孔</td><td>−20</td><td><1</td><td>70</td><td>150</td></tr>
<tr><td rowspan="2">人工挖孔桩</td><td>现浇混凝土护壁</td><td>±50</td><td><0.5</td><td>50</td><td>150</td></tr>
<tr><td>长钢套管护壁</td><td>±20</td><td><1</td><td>100</td><td>200</td></tr>
</table>

注：1. 桩径允许偏差的负值是指个别断面。
2. H 为施工现场地面标高与桩顶设计标高的距离；d 为设计桩径。
3. 采用复打、反插法施工的桩径允许偏差不受本表限制。

5）钢筋笼制作、安装的质量应符合下列要求：

（1）钢筋笼的材质、尺寸应符合设计要求，制作允许偏差应符合表 1-22 的规定。

表 1-22　钢筋笼制作允许偏差

项　目	主筋间距	箍筋间距	钢筋笼直径	钢筋笼长度
允许偏差（mm）	±10	±20	±10	±100

（2）分段制作的钢筋笼，其接头宜采用焊接或机械接头（钢筋直径大于 20mm），并应遵守国家现行标准《钢筋机械连接通用技术规程》（JGJ 107）、《钢筋焊接及验收规程》（JGJ 18）和《混凝土结构工程施工质量验收规范》（GB 50204）的规定。

（3）加劲箍宜设在主筋外侧，当因施工工艺有特殊要求时也可置于内侧。

（4）导管接头处外径应比钢筋笼的内径小 100mm 以上。

（5）搬运和吊装钢筋笼时，应防止变形，安放应对准孔位，避免碰撞孔壁和自由落下，就位后应立即固定。

6）粗骨料可选用卵石或碎石，其骨料粒径不得大于钢筋间距最小净距的 1/3。

7）检查成孔质量合格后应尽快灌注混凝土。直径大于 1m 或单桩混凝土量超过 25m^3 的桩，每根桩桩身混凝土应留有 1 组试件；直径不大于 1m 的桩或单桩混凝土量不超过 25m^3 的桩，每个灌注台班不得少于 1 组；每组试件应留 3 件。

8）桩在施工前，宜进行试成孔。

9）灌注桩施工现场所有设备、设施、安全装置、工具配件以及个人劳保用品必须经常检查，确保完好和使用安全。

2. 泥浆护壁成孔灌注桩

1）泥浆的制备和处理：

（1）除能自行造浆的黏性土层外，均应制备泥浆。泥浆制备应选用高塑性黏土或膨润土。泥浆应根据施工机械、工艺及穿越土层情况进行配合比设计。

（2）泥浆护壁应符合下列规定：

① 施工期间护筒内的泥浆面应高出地下水位 1.0m 以上，在受水位涨落影响时，泥浆面应高出最高水位 1.5m 以上。

② 在清孔过程中，应不断置换泥浆，直至浇注水下混凝土。

③ 浇注混凝土前，孔底 500mm 以内的泥浆比重应小于 1.25；含砂率不得大于 8%；黏度不得大于 28s。

④ 在容易产生泥浆渗漏的土层中应采取维持孔壁稳定的措施。

⑤ 废弃的浆、渣应进行处理，不得污染环境。

2）正、反循环钻孔灌注桩的施工：

（1）对孔深较大的端承型桩和粗粒土层中的摩擦型桩，宜采用反循环工艺成孔或清孔，也可根据土层情况采用正循环钻进，反循环清孔。

（2）泥浆护壁成孔时，宜采用孔口护筒，护筒设置应符合下列规定：

① 护筒埋设应准确、稳定，护筒中心与桩位中心的偏差不得大于 50mm。

② 护筒可用 4～8mm 厚钢板制作，其内径应大于钻头直径 100mm，上部宜开设 1～2 个溢浆孔。

③ 护筒的埋设深度：在黏性土中不宜小于 1.0m；砂土中不宜小于 1.5m。护筒下端外侧应采用黏土填实；其高度尚应满足孔内泥浆面高度的要求。

④ 受水位涨落影响或水下施工的钻孔灌注桩，护筒应加高加深，必要时应打入不透水层。

（3）当在软土层中钻进时，应根据泥浆补给情况控制钻进速度；在硬层或岩层中的钻进速度应以钻机不发生跳动为准。

（4）钻机设置的导向装置应符合下列规定：

① 潜水钻的钻头上应有不小于 3 倍直径长度的导向装置。

② 利用钻杆加压的正循环回转钻机，在钻具中应加设扶正器。

（5）如在钻进过程中发生斜孔、塌孔和护筒周围冒浆、失稳等现象时，应停钻，待采取相应措施后再进行钻进。

(6) 钻孔达到设计深度，灌注混凝土之前，孔底沉渣厚度指标应符合下列规定：

① 对端承型桩，不应大于 50mm；

② 对摩擦型桩，不应大于 100mm；

③ 对抗拔、抗水平力桩，不应大于 200mm。

3) 冲击成孔灌注桩的施工：

(1) 在钻头锥顶和提升钢丝绳之间应设置保证钻头自动转向的装置。

(2) 冲孔桩孔口护筒，其内径应大于钻头直径 200mm，护筒设置参考“正、反循环钻孔灌注桩的施工”。

(3) 泥浆的制备、使用和处理与正、反循环钻孔灌注工艺相同。

(4) 冲击成孔质量控制应符合下列规定：

① 开孔时，应低锤密击，当表土为淤泥、细砂等软弱土层时，可加黏土块夹小片石反复冲击造壁，孔内泥浆面应保持稳定。

② 在各种不同的土层、岩层中成孔时，可按照表 1-23 的操作要点进行。

表 1-23 冲击成孔操作要点

项目	操作要点
在护筒刃脚以下 2m 范围内	小冲程 1m 左右，泥浆比重 1.2～1.5，软弱土层投入黏土块夹小片石
黏性土层	中、小冲程 1 m～2m，泵入清水或稀泥浆，经常清除钻头上的泥块
粉砂或中粗砂层	中冲程 2m～3m，泥浆比重 1.2～1.5，投入黏土块，勤冲、勤掏渣
砂卵石层	中、高冲程 3m～4m，泥浆比重（密度）1.3 左右，勤掏渣
软弱土层或塌孔回填重钻	小冲程反复冲击，加黏土块夹小片石，泥浆比重 1.3～1.5

注：1. 土层不好时提高泥浆比重或加黏土块；
2. 防粘钻可投入碎砖石。

③ 进入基岩后，应采用大冲程、低频率冲击，当发现成孔偏移时，应回填片石至偏孔上方 300～500mm 处，然后重新冲孔。

④ 当遇到孤石时，可预爆或采用高低冲程交替冲击，将大孤石击碎或挤入孔壁。

⑤ 应采取有效的技术措施防止扰动孔壁、塌孔、扩孔、卡钻和掉钻及泥浆流失等事故。

⑥ 每钻进 4～5m 应验孔一次，在更换钻头前或容易缩孔处，均应验孔。

⑦ 进入基岩后，非桩端持力层每钻进 300～500mm 和桩端持力层每钻进 100～300m 时，应清孔取样一次，并应做记录。

(5) 排渣可采用泥浆循环或抽渣筒等方法，当采用抽渣筒排渣时，应及时补给泥浆。

(6) 冲孔中遇到斜孔、弯孔、梅花孔、塌孔及护筒周围冒浆、失稳等情况时，应停止施工，采取措施后方可继续施工。

(7) 大直径桩孔可分级成孔，第一级成孔直径应为设计桩径的 0.6～0.8 倍。

(8) 清孔宜按下列规定进行：

① 不易塌孔的桩孔，可采用空气吸泥清孔。

② 稳定性差的孔壁应采用泥浆循环或抽渣筒排渣，清孔后灌注混凝土之前的泥浆指标应按第 1) 条执行。

③ 清孔时，孔内泥浆面参考“泥浆的制备和处理”。

④ 灌注混凝土前，孔底沉渣允许厚度参考“正、反循环钻孔灌注桩的施工”。

4）旋挖成孔灌注桩的施工：

（1）旋挖钻成孔灌注桩应根据不同的地层情况及地下水位埋深，采用干作业成孔和泥浆护壁成孔工艺，干作业成孔工艺参考“干作业成孔灌注桩”。

（2）泥浆护壁旋挖钻机成孔应配备成孔和清孔用泥浆及泥浆池（箱），在容易产生泥浆渗漏的土层中可采取提高泥浆比重、掺入锯末、增黏剂提高泥浆黏度等维持孔壁稳定的措施。

（3）泥浆制备的能力应大于钻孔时的泥浆需求量，每台套钻机的泥浆储备量不应少于单桩体积。

（4）旋挖钻机施工时，应保证机械稳定、安全作业，必要时可在场地铺设能保证其安全行走和操作的钢板或垫层（路基板）。

（5）每根桩均应安设钢护筒，“正、反循环泥浆护壁灌注桩”。

（6）成孔前和每次提出钻斗时，应检查钻斗和钻杆连接销子、钻斗门连接销子以及钢丝绳的状况，并应清除钻斗上的渣土。

（7）旋挖钻机成孔应采用跳挖方式，钻斗倒出的土距桩孔口的最小距离应大于 6m，并应及时清除。应根据钻进速度同步补充泥浆，保持所需的泥浆面高度不变。

（8）钻孔达到设计深度时，应采用清孔钻头进行清孔，同时满足“泥浆制备和处理”中的规定。孔底沉渣厚度控制指标可参考“正、反循环泥浆护壁灌注桩”。

5）水下混凝土的灌注：

（1）钢筋笼吊装完毕后，应安置导管或气泵管二次清孔，并应进行孔位、孔径、垂直度、孔深及沉渣厚度等检验，合格后应立即灌注混凝土。

（2）水下灌注的混凝土应符合下列规定：

① 水下灌注混凝土必须具备良好的和易性，配合比应通过试验确定；坍落度宜为 180～220mm；水泥用量不应少于 360kg/m^3（当掺入粉煤灰时水泥用量可不受此限）。

② 水下灌注混凝土的含砂率宜为 40%～50%，并宜选用中粗砂；粗骨料的最大粒径应小于 40mm；并应满足第 1 条的要求。

③ 水下灌注混凝土宜掺外加剂。

（3）导管的构造和使用应符合下列规定：

① 导管壁厚不宜小于 3mm，直径宜为 200～250mm；直径制作偏差不应超过 2mm，导管的分节长度可视工艺要求确定，底管长度不宜小于 4m，接头宜采用双螺纹方扣快速接头。

② 导管使用前应试拼装、试压，试水压力可取为 0.6～1.0MPa。

③ 每次灌注后应对导管内外进行清洗。

（4）使用的隔水栓应有良好的隔水性能，并应保证顺利排出；隔水栓宜采用球胆或与桩身混凝土强度等级相同的细石混凝土制作。

（5）灌注水下混凝土的质量控制应满足下列要求：

① 开始灌注混凝土时，导管底部至孔底的距离宜为 300～500mm。

② 应有足够的混凝土储备量，导管一次埋入混凝土灌注面以下不应少于 0.8m。

③ 导管埋入混凝土深度宜为 2～6m。严禁将导管提出混凝土灌注面，并应控制提拔导管速度，应有专人测量导管埋深及管内外混凝土灌注面的高差，填写水下混凝土灌注记录。

④ 灌注水下混凝土必须连续施工，每根桩的灌注时间应按初盘混凝土的初凝时间控制，对灌注过程中的故障应记录备案。

⑤ 应控制最后一次灌注量，超灌高度宜为0.8～1.0m，凿除泛浆高度后必须保证暴露的桩顶混凝土强度达到设计等级。

3. 长螺旋钻孔压灌桩

1）当需要穿越老黏土、厚层砂土、碎石土以及塑性指数大于25的黏土时，应进行试钻。

2）钻机定位后，应进行复检，钻头与桩位点偏差不得大于20mm，开孔时下钻速度应缓慢；钻进过程中，不宜反转或提升钻杆。

3）钻进过程中，当遇到卡钻、钻机摇晃、偏斜或发生异常声响时，应立即停钻，查明原因，采取相应措施后方可继续作业。

4）根据桩身混凝土的设计强度等级，应通过试验确定混凝土配合比；混凝土坍落度宜为180～220mm；粗骨料可采用卵石或碎石，最大粒径不宜大于30mm；可掺加粉煤灰或外加剂。

5）混凝土泵应根据桩径选型，混凝土输送泵管布置宜减少弯道，混凝土泵与钻机的距离不宜超过60m。

6）桩身混凝土的泵送压灌应连续进行，当钻机移位时，混凝土泵料斗内的混凝土应连续搅拌，泵送混凝土时，料斗内混凝土的高度不得低于400mm。

7）混凝土输送泵管宜保持水平，当长距离泵送时，泵管下面应垫实。

8）当气温高于30℃时，宜在输送泵管上覆盖隔热材料，每隔一段时间应洒水降温。

9）钻至设计标高后，应先泵入混凝土并停顿10～20s，再缓慢提升钻杆。提钻速度应根据土层情况确定，且应与混凝土泵送量相匹配，保证管内有一定高度的混凝土。

10）在地下水位以下的砂土层中钻进时，钻杆底部活门应有防止进水的措施，压灌混凝土应连续进行。

11）压灌桩的充盈系数宜为1.0～1.2。桩顶混凝土超灌高度不宜小于0.3～0.5m。

12）成桩后，应及时清除钻杆及泵（软）管内残留混凝土。长时间停置时，应采用清水将钻杆、泵管、混凝土泵清洗干净。

13）混凝土压灌结束后，应立即将钢筋笼插至设计深度。钢筋笼插设宜采用专用插筋器。

4. 沉管灌注桩和内夯沉管灌注桩

1）锤击沉管灌注桩施工：

（1）锤击沉管灌注桩施工应根据土质情况和荷载要求，分别选用单打法、复打法或反插法；

（2）锤击沉管灌注桩施工应符合下列规定：

① 群桩基础的基桩施工，应根据土质、布桩情况，采取消减负面挤土效应的技术措施，确保成桩质量。

② 桩管、混凝土预制桩尖或钢桩尖的加工质量和埋设位置应与设计相符，桩管与桩尖的接触应有良好的密封性。

（3）灌注混凝土和拔管的操作控制应符合下列规定：

① 沉管至设计标高后，应立即检查和处理桩管内的进泥、进水和吞桩尖等情况，并立即

灌注混凝土。

② 当桩身配置局部长度钢筋笼时，第一次灌注混凝土应先灌至笼底标高，然后放置钢筋笼，再灌至桩顶标高。第一次拔管高度应以能容纳第二次灌入的混凝土量为限，不应拔得过高。在拔管过程中应采用测锤或浮标检测混凝土面的下降情况。

③ 拔管速度应保持均匀，对一般土层拔管速度宜为 1m/min，在软弱土层和软硬土层交界处拔管速度宜控制在 0.3～0.8m/min。

④ 采用倒打拔管的打击次数，单动汽锤不得少于 50 次/min，自由落锤小落距轻击不得少于 40 次/min；在管底未拔至桩顶设计标高之前，倒打和轻击不得中断。

(4) 混凝土的充盈系数不得小于 1.0；对于充盈系数小于 1.0 的桩，应全长复打，对可能断桩和缩颈桩，应采用局部复打。成桩后的桩身混凝土顶面应高于桩顶设计标高 500mm 以内。全长复打时，桩管入土深度宜接近原桩长，局部复打应超过断桩或缩颈区 1m 以上。

(5) 全长复打桩施工时应符合下列规定：

① 第一次灌注混凝土应达到自然地面。

② 拔管过程中应及时清除粘在管壁上和散落在地面上的混凝土。

③ 初打与复打的桩轴线应重合。

④ 复打施工必须在第一次灌注的混凝土初凝之前完成。

(8) 混凝土的坍落度宜采用 80～100mm。

2) 振动、振动冲击沉管灌注桩施工：

(1) 振动、振动冲击沉管灌注桩应根据土质情况和荷载要求，分别选用单打法、复打法、反插法等。单打法可用于含水量较小的土层，且宜采用预制桩尖；反插法及复打法可用于饱和土层。

(2) 振动、振动冲击沉管灌注桩单打法施工的质量控制应符合下列规定：

① 必须严格控制最后 30s 的电流、电压值，其值按设计要求或根据试桩和当地经验确定。

② 桩管内灌满混凝土后，应先振动 5～10s，再开始拔管，应边振边拔，每拔出 0.5～1.0m，停拔，振动 5～10s；如此反复，直至桩管全部拔出。

③ 在一般土层内，拔管速度宜为 1.2～1.5m/min，用活瓣桩尖时宜慢，用预制桩尖时可适当加快；在软弱土层中宜控制在 0.6～0.8 m/min。

(3) 振动、振动冲击沉管灌注桩反插法施工的质量控制应符合下列规定：

① 桩管灌满混凝土后，先振动再拔管，每次拔管高度 0.5～1.0m，反插深度 0.3～0.5m；在拔管过程中，应分段添加混凝土，保持管内混凝土面始终不低于地表面或高于地下水位 1.0～1.5m 以上，拔管速度应小于 0.5m/min。

② 在距桩尖处 1.5m 范围内，宜多次反插以扩大桩端部断面。

③ 穿过淤泥夹层时，应减慢拔管速度，并减少拔管高度和反插深度，在流动性淤泥中不宜使用反插法。

(4) 振动、振动冲击沉管灌注桩复打法的施工要求参考“锤击沉管灌注桩施工”。

3) 内夯沉管灌注桩施工：

(1) 当采用外管与内夯管结合锤击沉管进行夯压、扩底、扩径时，内夯管应比外管短 100mm，内夯管底端可采用闭口平底或闭口锥底，如图 1-2 所示。

(2) 外管封底可采用干硬性混凝土、无水混凝土配料，经夯击形成阻水、阻泥管塞，其高度可为100mm。当内、外管间不会发生间隙涌水、涌泥时，也可不采用上述封底措施。

(3) 桩身混凝土宜分段灌注；拔管时内夯管和桩锤应施压于外管中的混凝土顶面，边压边拔。

(4) 施工前宜进行试成桩，并应详细记录混凝土的分次灌注量、外管上拔高度、内管夯击次数、双管同步沉入深度，并应检查外管的封底情况，有无进水、涌泥等，经核定后可作为施工控制依据。

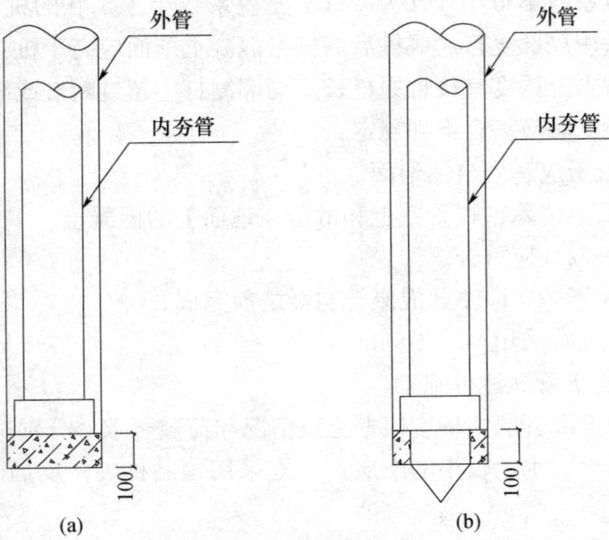

图 1-2　内外管及管塞

(a) 平底内夯管；(b) 锥底内夯管

5. 干作业成孔灌注桩：

1) 钻孔（扩底）灌注桩施工：

(1) 钻孔时应符合下列规定：

① 钻杆应保持垂直稳固，位置准确，防止因钻杆晃动引起扩大孔径。

② 钻进速度应根据电流值变化，及时调整。

③ 钻进过程中，应随时清理孔口积土，遇到地下水、塌孔、缩孔等异常情况时，应及时处理。

(2) 钻孔扩底桩施工，扩底部位应符合下列规定：

① 应根据电流值或油压值，调节扩孔刀片削土量，防止出现超负荷现象。

② 扩底直径和孔底的虚土厚度应符合设计要求。

(3) 成孔达到设计深度后，孔口应予保护，应按表 1-15 规定验收，并应做好记录。

(4) 灌注混凝土前，应在孔口安放护孔漏斗，然后放置钢筋笼，并应再次测量孔内虚土厚度。扩底桩灌注混凝土时，第一次应灌到扩底部位的顶面，随即振捣密实；浇注桩顶以下5m范围内混凝土时，应随浇注随振动，每次浇注高度不得大于1.5m。

(5) 钻孔扩底桩直孔部分的施工，应符合上述第 (1)、(3)、(4) 条规定。

2）人工挖孔灌注桩施工：

(1) 人工挖孔桩的孔径（不含护壁）不得小于0.8m，且不宜大于2.5m；孔深不宜大于30m。当桩净距小于2.5m时，应采用间隔开挖。相邻排桩跳挖的最小施工净距不得小于4.5m。

(2) 人工挖孔桩混凝土护壁的厚度不应小于100mm，混凝土强度等级不应低于桩身混凝土强度等级，并应振捣密实；护壁应配置直径不小于8mm的构造钢筋，竖向筋应上下搭接或拉接。

(3) 人工挖孔桩施工应采取下列安全措施：

① 孔内必须设置应急软爬梯供人员上下；使用的电葫芦、吊笼等应安全可靠，并配有自动卡紧保险装置，不得使用麻绳和尼龙绳吊挂或脚踏井壁凸缘上下。电葫芦宜用按钮式开关，使用前必须检验其安全起吊能力。

② 每日开工前必须检测井下的有毒、有害气体，并应有足够的安全防范措施。当桩孔开挖深度超过10m时，应有专门向井下送风的设备，风量不宜少于25L/s。

③ 孔口四周必须设置护栏，护栏高度宜为0.8m。

④ 挖出的土石方应及时运离孔口，不得堆放在孔口周边1m范围内，机动车辆的通行不得对井壁的安全造成影响。

⑤ 施工现场的一切电源、电路的安装和拆除必须遵守现行行业标准《施工现场临时用电安全技术规范》(JGJ 46) 的规定。

(4) 开孔前，桩位应准确定位放样，在桩位外设置定位基准桩，安装护壁模板必须用桩中心点校正模板位置，并应由专人负责。

(5) 第一节井圈护壁应符合下列规定：

① 井圈中心线与设计轴线的偏差不得大于20mm。

② 井圈顶面应比场地高出100～150mm，壁厚应比下面井壁厚度增加100～150mm。

(6) 修筑井圈护壁应符合下列规定：

① 护壁的厚度、拉接钢筋、配筋、混凝土强度等级均应符合设计要求。

② 上下节护壁的搭接长度不得小于50mm。

③ 每节护壁均应在当日连续施工完毕。

④ 护壁混凝土必须保证振捣密实，应根据土层渗水情况使用速凝剂。

⑤ 护壁模板的拆除应在灌注混凝土24h之后。

⑥ 发现护壁有蜂窝、漏水现象时，应及时补强。

⑦ 同一水平面上的井圈任意直径的极差不得大于50mm。

(7) 当遇有局部或厚度不大于1.5m的流动性淤泥和可能出现涌土涌砂时，护壁施工可按下列方法处理：

① 将每节护壁的高度减小到300～500mm，并随挖、随验、随灌注混凝土。

② 采用钢护筒或有效的降水措施。

(8) 挖至设计标高，终孔后应清除护壁上的泥土和孔底残渣、积水，并应进行隐蔽工程验收。验收合格后，应立即封底和灌注桩身混凝土。

(9) 灌注桩身混凝土时，混凝土必须通过溜槽；当落距超过3m时，应采用串筒，串筒末端距孔底高度不宜大于2m；也可采用导管泵送；混凝土宜采用插入式振捣器振实。

（10）当渗水量过大时，应采取场地截水、降水或水下灌注混凝土等有效措施。严禁在桩孔中边抽水边开挖边灌注，包括相邻桩的灌注。

6. 灌注桩后注浆技术

灌注桩后注浆技术是在钢筋笼上预埋注浆管和注浆阀，在成桩后一定时间内实施桩侧和桩底后注浆，主要目的是加固桩底沉渣和桩侧泥皮；同时使土体在渗入（粗粒土）、劈裂（细粒土）和压密（非饱和松散土）注浆作用下固结，从而增强桩侧阻力和桩端阻力，提高单桩承载力，减小沉降。在优化工艺参数的条件下，可使单桩承载力提高40%～120%，桩基沉降减小30%左右。一般情况下，持力层为粗粒土的单桩承载力增幅高于细粒土，软土增幅最小。后注浆技术包括桩底后注浆、桩侧后注浆和桩底、桩侧复式后注浆，如图1-3所示。

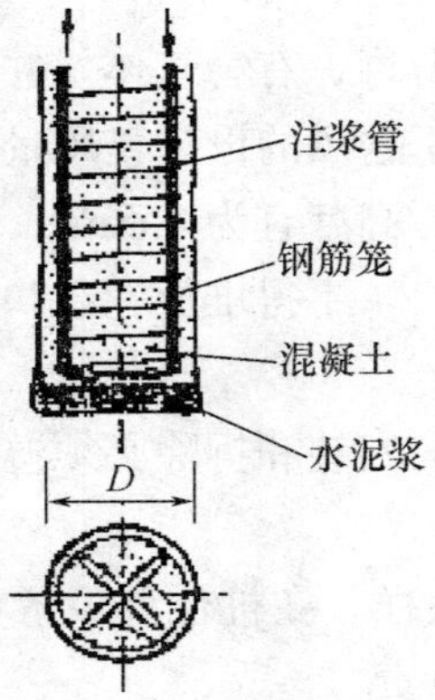

图1-3　灌注桩后注浆示意图

1）对用于注浆的高压注浆泵、拌浆机等设备需进行检查。高压注浆泵的工作参数应满足规范及施工方案要求；对注浆管，要检查注浆头的长度、出浆孔径、孔距是否符合方案要求；安设注浆管时，要检查注浆管与钢筋笼连接是否可靠、牢固；注浆头是否用合适的橡胶膜封闭、包裹；注浆管各节连接是否牢固、密封及注浆管上端应略高出地坪月10cm，并要有良好的封堵，以防止人为破坏或杂物进入堵塞注浆管。

2）规范规定注浆作业宜于成桩2d后开始；不宜迟于成桩30d后。一般操作按成桩后2～7d完成桩端注浆管开塞工作，待桩基成孔工作完毕后集中进行注浆作业，桩端注浆应对同一根桩的各注浆导管依次实施等量注浆。

3）开塞控制，在浇筑混凝土后的3～5天，混凝土强度达到C10～C15时方可进行开塞。开塞时间的早晚，对注浆较为关键。开塞时间过早，混凝土未形成一定的强度，在高压水的冲射下会破坏桩端的桩成形和混凝土强度；过迟，包裹注浆后的混凝土强度过大，会造成注浆头橡胶膜打不开现象，使预埋管报废，最终不能注浆。开塞时要在现场观察高压注浆泵的开塞压力，记录开塞情况，要写明开启一根、两根、还是未开启。

4）当注浆作业与成孔作业同时进行时，作业点间的距离不宜小于8～10m，以防止注浆作业对成孔产生不利影响。

5）对于饱和土中的复式注浆顺序宜先桩侧后桩端；对于非饱和土宜先桩端后桩侧；多断面桩侧注浆应先上后下；桩侧桩端注浆间隔时间不宜少于2h。

6）对于桩群注浆宜先外围、后内部，现场人员要记录每根桩的水泥用量，保证水泥的注入量达到要求。

7）当满足下列条件之一时可终止注浆：

（1）注浆总量和注浆压力均达到设计要求。

（2）注浆总量已达到设计值的75%，且注浆压力超过设计值。

8）当注浆压力长时间低于正常值或地面出现冒浆或周围桩孔串浆，应改为间歇注浆，间歇时间宜为30～60min，或调低浆液水灰比。如压浆量未达到设计要求，就出现浆液冒出地面时，应暂停压浆，并将压浆管内的水泥浆用缓凝型的水泥浆置换出，停止1h左右再进行复压，如此往复，直至达到设计压浆量。

9）后注浆施工完成后应提供水泥材质检验报告、压力表检定证书、试注浆记录、设计工艺参数、后注浆作业记录以及特殊情况处理记录等资料。

10）在桩身混凝土强度达到设计要求的条件下，承载力检验应在注浆完成20d后进行，浆液中掺入早强剂时可于注浆完成15d后进行。

（二）检验批质量验收

1. 检验批质量验收的一般规定：

1）桩基工程应进行桩位、桩长、桩径、桩身质量和单桩承载力的检验。

2）桩基工程的检验按时间顺序可分为三个阶段：施工前检验、施工检验和施工后检验。

3）对砂、石子、水泥、钢材等桩体原材料质量的检验项目和方法应符合国家现行有关标准的规定。

2. 灌注桩施工前应进行下列检验：

1）施工前应严格对桩位进行检验。

2）混凝土拌制应对原材料质量与计量、混凝土配合比、坍落度、混凝土强度等级等进行检查；

3）钢筋笼制作应对钢筋规格、焊条规格、品种、焊口规格、焊缝长度、焊缝外观和质量、主筋和箍筋的制作偏差等进行检查，钢筋笼制作允许偏差应符合表1-22的要求。

3. 灌注桩施工过程中应进行下列检验：

1）灌注混凝土前，应按照施工质量要求，对已成孔的中心位置、孔深、孔径、垂直度、孔底沉渣厚度进行检验；

2）应对钢筋笼安放的实际位置等进行检查，并填写相应质量检测、检查记录；

3）干作业条件下成孔后应对大直径桩桩端持力层进行检验。

4）对于挤土灌注桩，施工过程均应对桩顶和地面土体的竖向和水平位移进行系统观测；若发现异常，应采取复打、复压、引孔、设置排水措施及调整沉桩速率等措施。

4. 施工后检验：

1）根据不同桩型应按表1-21检查成桩桩位偏差。

2）工程桩应进行承载力和桩身质量检验。

3）有下列情况之一的桩基工程，应采用静荷载试验对工程桩单桩竖向承载力进行检测，检测数量应根据桩基设计等级、本工程施工前取得试验数据的可靠性因素，可按现行行业标准《建筑基桩检测技术规范》（JGJ 106）确定：

（1）工程施工前已进行单桩静载试验，但施工过程变更了工艺参数或施工质量出现异常时；

（2）施工前工程未进行试桩的工程；

（3）地质条件复杂、桩的施工质量可靠性低；

（4）采用新桩型或新工艺。

4）有下列情况之一的桩基工程，可采用高应变动测法对工程桩单桩竖向承载力进行检测：

（1）除上一条规定条件外的桩基；

（2）设计等级为甲、乙级的建筑桩基静载试验检测的辅助检测。

5）桩身质量除对预留混凝土试件进行强度等级检验外，尚应进行现场检测。检测方法可采用可靠的动测法，对于大直径桩还可采取钻芯法、声波透射法；检测数量可根据现行行业标准《建筑基桩检测技术规范》（JGJ 106）确定。

6）对专用抗拔桩和对水平承载力有特殊要求的桩基工程，应进行单桩抗拔静载试验和水平静载试验检测。

5. 混凝土灌筑桩钢筋笼的质量检验可参考表1-24，混凝土灌筑桩的质量检验标准可参考表1-25的相关规定。

表1-24　混凝土灌注桩钢筋笼质量检验标准

项	序	检查项目	允许偏差或允许值（mm）	检查方法
主控项目	1	主筋间距	±10	用钢尺量
	2	长度	±100	用钢尺量
一般项目	1	钢筋材质检验	设计要求	抽样送检
	2	箍筋间距	±20	用钢尺量
	3	直径	±10	用钢尺量

表1-25　混凝土灌注桩质量检验标准

项	序	检查项目	允许偏差或允许值		检查方法
			单位	数值	
主控项目	1	桩位	见表1-21		基坑开挖前量护筒，开挖后量桩中心
	2	孔深	mm	+300	只深不浅，用重锤测，或测钻杆、套管长度，嵌岩桩应确保进入设计要求的嵌岩深度
	3	桩体质量检验	按基桩检测技术规范。如钻芯取样，大直径嵌岩桩应钻至尖下50cm		按基桩检测技术规范
	4	混凝土强度	设计要求		试件报告或钻芯取样送检
	5	承载力	按基桩检测技术规范		按基桩检测技术规范

续表

项	序	检查项目	允许偏差或允许值		检查方法
			单位	数值	
一般项目	1	垂直度	见表 1-21		测套管或钻杆，或用超声波探没，干施工时吊垂球
	2	桩径	见表 1-21		井径仪或超声波检测，干施工时用钢尺量，人工挖孔桩不包括内衬厚度
	3	泥浆比重（黏土或砂性土中）	1.15～1.20		用比重计测，清孔后在距孔底 50cm 处取样
	4	泥浆面标高（高于地下水位）	m	0.5～1.0	目测
	5	沉渣厚度： ① 端承桩 ② 摩擦桩	 mm mm	 ≤50 ≤150	用沉渣仪或重锤测量
	6	混凝土坍落度： ① 水下灌注 ② 干施工	 mm mm	 160～220 70～100	坍落度仪
	7	钢筋笼安装深度	mm	±100	用钢尺量
	8	混凝土充盈系数	>1		检查每根桩的实际灌注量
	9	桩顶标高	mm	+30 −50	水准仪，需扣除桩顶浮浆层及劣质桩体

说明：除上面第 1～5 条规定的主控项目外，其他主控项目应全部检查，对一般项目，也应全部检查。

（三）常见工程质量问题与防治

1. 桩孔内大量冒砂，将桩孔涌塞。

1）原因分析：孔外水压比孔内大，孔壁松散，使大量流砂涌塞桩孔：遇粉砂层，泥浆密度不够，孔壁未形成泥皮等，导致成孔无法进行。

2）防治措施：

（1）使孔内水压高于孔外水位 0.5m 以上，并适当加大泥浆密度。

（2）流砂严重时，可抛入碎砖、石、黏土，用锤冲入流砂层，做成泥浆结块，使其成坚厚孔壁，阻止流砂涌入。

2. 在成孔过程中或成孔后，泥浆大量向孔外漏失。

1）原因分析：遇到透水性强或有地下水流动的土层；或护筒埋设太浅，回填土不密实或护筒接缝不严密，导致在护筒刃脚或接缝处漏浆；或孔内泥浆面过高使孔壁渗浆等，由于孔内泥浆向孔外流失，会造成孔内泥浆的标高低于孔外的地下水位，使内外水头不平衡而引发坍孔。

2）防治措施：

（1）加稠泥浆或倒入黏土，慢速钻进；或在回填土内掺片石、卵石，反复冲击，增强护壁。

（2）在护筒范围内，接缝处可用棉絮堵塞，封闭接缝，稳住水头。

（3）在容易产生泥浆渗漏的土层中应采取维持孔壁稳定的措施。

（4）在施工期间护筒内的泥浆面应高出地下水位1.0m以上，在受水位涨落影响时，泥浆面应高出最高水位1.5m以上。

3.在成孔过程中或成孔后，孔壁发生坍落，造成钢筋笼放不到底，桩底部有很厚的泥夹层。

1）原因分析：泥浆密度不够，起不到护壁作用；或孔水头高度不够或孔内出现承压水，降低了静水压力；护筒埋置太浅，下端孔坍塌；或在松散砂层中钻进，进尺和转速过快或停在一处空转时间太长；冲击（抓）锤（锥）或掏渣筒倾倒，撞击孔壁等，导致孔底存在很厚的泥渣，扩孔率增大，降低桩承载力。

2）防治措施：

（1）在松散砂土或流砂中钻进时，应控制进尺，选用较大密度、黏度、胶体率的优质泥浆护壁，或投入黏土掺片石、卵石，低锤密击，使黏土膏、片或卵石挤入孔壁。

（2）如地下水位变化过大，应采取增高泥浆面，增大水头。

（3）复杂地质应加密探孔，以便预先制定出技术措施，施工中发现坍孔时，应停止钻进，采取相应措施后再继续钻进，如加大泥浆密度稳定孔壁，也可投入黏土、泥膏，使钻机空转不进尺进行固壁。

（4）如发现孔口坍塌，应查明位置，将砂和黏土（或砂砾和黄土）混合物回填到坍孔位置以上1～2m，如坍孔严重，应全部回填，待沉积密实后再进行钻孔。

4.成孔后不直，出现较大的垂直偏差。

1）原因分析：桩架不稳，钻杆导架不垂直，钻机磨损，部件松动，或钻杆弯曲，接头不直；或土层软硬不均；钻机成孔时，遇较大孤石或探头石，或基岩倾斜未处理，或在粒径悬殊的砂、卵石层中钻进，钻头所受阻力不匀，使钻头偏离方向等，导致桩孔倾斜，垂直度超偏，降低桩的承载力。

2）防治措施：

（1）安装钻机时，要对导杆进行水平和垂直校正，检修钻孔设备，如钻杆弯曲，及时调换或更换；遇软硬土层、倾斜岩层或砂卵石层应控制进尺，低速钻进。

（2）桩孔偏斜过大时，可填入石子、黏土重新钻进，控制钻速、慢速上下提升、下降，往复扫孔纠正；如遇探头石，宜用钻机钻透；用冲击钻时，宜用低锤密击，把石块击碎；遇倾斜基岩时，可投入块石，使表面略平，再用冲锤密打。

5.钢筋笼变形、保护层不够、深度或位置不符合设计要求；混凝土浇筑时，钢筋笼上浮。

1）原因分析：钢筋笼过长，未设加劲箍，刚度不够，造成变形；钢筋笼上未设垫块或耳环控制保护层厚度；或桩孔本身偏斜或偏位；钢筋笼吊放未垂直缓慢放下，而是斜插入孔内；孔底沉渣未清理干净，使钢筋笼达不到设计深度；当混凝土面至钢筋笼底时，混凝土导管理深不够，混凝土冲击力使钢筋笼被顶托上浮等，导致影响桩的承载力；处理费工费时。

2）防治措施：

（1）钢筋笼过长，应分2～3节制作，分段吊放，分段焊接或设加劲箍加强。

（2）在钢筋笼主筋上，应每隔一定距离设置混凝土垫块或加焊耳环控制保护层厚度。

（3）桩孔本身偏斜、偏位应在下钢筋笼前往复扫孔纠正。

（4）孔底沉渣应清除。

（5）采用和易性好的混凝土，可以将首盘灌注混凝土中的卵石减半。

(6) 控制泥浆比重在 1.1～1.2。

(7) 按计算灌注量与实际灌注量结合，判定混凝土灌注面标高，保证埋导管深度不能过深。

6. 水下灌注混凝土，桩截面上存在泥夹层，造成断桩。

1) 原因分析：首批混凝土浇筑不成功，浇灌上层时出现泥夹层而造成断桩；或孔壁塌方将导管卡住，强力拔管时，使泥水混入混凝土内；导管接头不良，泥水进入管内；或施工时突然下雨，泥浆冲入桩孔；或采用排水方法灌注混凝土，未将水抽干，地下水大量进入，将泥浆带入混凝土中造成夹层等，破坏桩整体性，降低强度，严重影响桩承载力。

2) 防治措施：

(1) 确保首批混凝土一次浇灌成功；钻孔选用较大密度和黏度、胶体率好的泥浆护壁；控制进尺速度，保持孔壁稳定。

(2) 导管接头应用方螺纹连接，并设橡皮圈密封严密；孔口护筒不得埋置太浅；下钢筋笼骨架过程中，不使碰撞孔壁；施工突然下雨时，要力争一次性灌注完成。

(3) 灌注桩孔壁严重塌方或导管无法拔出形成断桩，可在一侧补桩；深度不大可挖出，对断桩处作适当处理后，支模重新浇筑混凝土。

7. 灌注混凝土后的桩身局部直径小于设计桩径，呈现缩颈。

1) 原因分析：在地下水位以下或饱和淤泥、淤泥质土中沉管，土受强制扰动挤压，局部产生较大孔隙水压力，当套管拔出时，混凝土强度低，把部分桩体挤成缩颈；或在流塑淤泥质土中，由于下套管产生的振动作用，使混凝土不能顺利地灌入，被淤泥质土填充进来，而造成缩颈；或桩身间距过小，施工时受邻桩挤压；拔管速度过快，混凝土来不及下落，而被浮土填充；或混凝土过于干硬，和易性差，拔管时对混凝土产生摩擦力或管内混凝土量过少，混凝土出管的扩散性差而造成缩颈等，导致桩断面减小，强度和承载力达不到设计要求。

2) 防治措施：

(1) 施工时每次向桩管内尽量多装混凝土，借其自重抵消桩身所承受的孔隙水压力，一般使管内混凝土高于地面或地下水位 1.0～1.5m，使之有一定的扩散力；桩间距过小，宜用跳打法施工，以减少桩的相互挤压影响；沉桩宜采取“慢抽密击（振）”。

(2) 拔管速度不得大于 0.8～1.0m/min；桩身混凝土应用和易性好的低流动性混凝土灌注。

(3) 桩轻度缩颈，可采用反插法，每次拔管高度以 1.0m 为宜；局部缩颈宜采用半复打法；桩身多段缩颈宜采用复打法处理。

（四）质量记录表格清单

1. 工程地质勘察报告、水文地质勘察报告。
2. 工程设计文件。
3. 施工方案、施工记录。
4. 工程技术交底记录。
5. 图纸会审、设计变更、工程洽商记录。
6. 施工测量记录。
7. 材料、构配件进场检验记录。
8. 预拌混凝土出厂合格证（采用预拌混凝土时）。
9. 水泥、砂、石（现场预制时）、钢筋等质量证明文件及试验报告。

10. 施工记录及隐蔽工程验收资料。

11. 混凝土试块强度统计、评定记录。

12. 钢筋连接试验报告。

13. 桩检测报告。

三、混凝土预制桩与钢桩

预制桩是在工厂或施工现场制成的各种材料、各种形式的桩（如木桩、混凝土方桩、预应力混凝土管桩以及钢桩等），用沉桩设备将桩打入、压入或振入土中。中国建筑施工领域采用较多的预制桩主要是混凝土预制桩和钢桩两大类。混凝土预制桩能承受较大的荷载、坚固耐久、施工速度快，是广泛应用的桩型之一，但其施工对周围环境影响较大，常用的有混凝土实心方桩和预应力混凝土空心管桩。钢桩主要是钢管桩和 H 型钢桩两种。

（一）预制桩与钢桩施工工艺流程

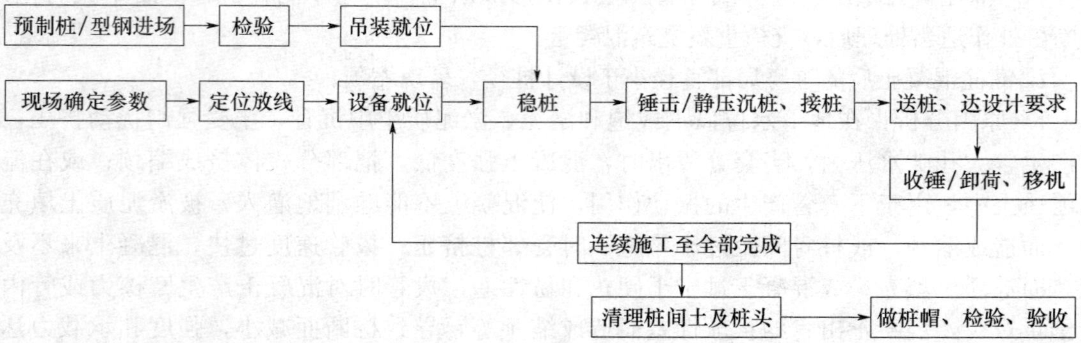

施工质量控制要点：

1. 混凝土预制桩的起吊、运输和堆放

1）混凝土实心桩的吊运应符合下列规定：

(1) 混凝土设计强度达到70%及以上方可起吊，达到100%方可运输。

(2) 桩起吊时应采取相应措施，保证安全平稳，保护桩身质量。

(3) 水平运输时，应做到桩身平稳放置，严禁在场地上直接拖拉桩体。

2）预应力混凝土空心桩的吊运应符合下列规定：

(1) 出厂前应作出厂检查，其规格、批号、制作日期应符合所属的验收批号内容。

(2) 在吊运过程中应轻吊轻放，避免剧烈碰撞。

(3) 单节桩可采用专用吊钩勾住桩两端内壁直接进行水平起吊。

(4) 运至施工现场时应进行检查验收，严禁使用质量不合格及在吊运过程中产生裂缝的桩。

3）预应力混凝土空心桩的堆放应符合下列规定：

(1) 堆放场地应平整坚实，最下层与地面接触的垫木应有足够的宽度和高度。堆放时桩应稳固，不得滚动。

(2) 应按不同规格、长度及施工流水顺序分别堆放。

(3) 当场地条件许可时，宜单层堆放；当叠层堆放时，外径为500～600mm的桩不宜超过4层，外径为300～400mm的桩不宜超过5层。

(4) 叠层堆放桩时，应在垂直于桩长度方向的地面上设置2道垫木，垫木应分别位于距桩端 0.2 倍桩长处；底层最外缘的桩应在垫木处用木楔塞紧。

（5）垫木宜选用耐压的长木枋或枕木，不得使用有棱角的金属构件。

4）取桩应符合下列规定：

（1）当桩叠层堆放超过 2 层时，应采用吊机取桩，严禁拖拉取桩。

（2）三点支撑自行式打桩机不应拖拉取桩。

2. 混凝土预制桩的接桩

1）桩的连接可采用焊接、法兰连接或机械快速连接（螺纹式、啮合式）。

2）接桩材料应符合下列规定：

（1）焊接接桩：钢板宜采用低碳钢，焊条宜采用 E43；并应符合现行行业标准《钢结构焊接规范》(GB 50661—2011）的要求。接头宜采用探伤检测，同一工程检测量不得少于 3 个接头。

（2）法兰接桩：钢板和螺栓宜采用低碳钢。

3）采用焊接接桩除应符合现行行业标准《钢结构焊接规范》(GB 50661—2011）的有关规定外，尚应符合下列规定：

（1）下节桩段的桩头宜高出地面 0.5m。

（2）下节桩的桩头处宜设导向箍。接桩时上下节桩段应保持顺直，错位偏差不宜大于 2mm。接桩就位纠偏时，不得采用大锤横向敲打。

（3）桩对接前，上下端板表面应采用铁刷子清刷干净，坡口处应刷至露出金属光泽。

（4）焊接宜在桩四周对称地进行，待上下桩节固定后拆除导向箍再分层施焊；焊接层数不得少于 2 层，第一层焊完后必须把焊渣清理干净，方可进行第二层（的）施焊，焊缝应连续、饱满。

（5）焊好后的桩接头应自然冷却后方可继续锤击，自然冷却时间不宜少于 8min；严禁采用水冷却或焊好即施打。

（6）雨天焊接时，应采取可靠的防雨措施。

（7）焊接接头的质量检查，对于同一工程探伤抽样检验不得少于 3 个接头。

4）采用机械快速螺纹接桩的操作与质量应符合下列规定：

（1）安装前应检查桩两端制作的尺寸偏差及连接件，无受损后方可起吊施工，其下节桩端宜高出地面 0.8m。

（2）接桩时，卸下上下节桩两端的保护装置后，应清理接头残物，涂上润滑脂。

（3）应采用专用接头锥度对中，对准上下节桩进行旋紧连接。

（4）可采用专用链条式扳手进行旋紧，(臂长 1m 卡紧后人工旋紧再用铁锤敲击板臂）锁紧后两端板尚应有 1～2mm 的间隙。

5）采用机械啮合接头接桩的操作与质量应符合下列规定：

（1）将上下接头钣清理干净，用扳手将已涂抹沥青涂料的连接销逐根旋入上节桩Ⅰ型端头钣的螺栓孔内，并用钢模板调整好连接销的方位。

（2）剔除下节桩Ⅱ型端头钣连接槽内泡沫塑料保护块，在连接槽内注入沥青涂料，并在端头钣面周边抹上宽度 20mm、厚度 3mm 的沥青涂料；当地基土、地下水含中等以上腐蚀介质时，桩端钣板面应满涂沥青涂料。

（3）将上节桩吊起，使连接销与Ⅱ型端头钣上各连接口对准，随即将连接销插入连接槽内。

（4）加压使上下节桩的桩头钣接触，接桩完成。

3. 锤击沉桩

1）沉桩前必须处理空中和地下障碍物，场地应平整，排水应畅通，并应满足打桩所需的地面承载力。

2）桩锤的选用应根据地质条件、桩型、桩的密集程度、单桩竖向承载力及现有施工条件等因素确定。

3）桩打入时应符合下列规定：

（1）桩帽或送桩帽与桩周围的间隙应为5～10mm。

（2）锤与桩帽、桩帽与桩之间应加设硬木、麻袋、草垫等弹性衬垫。

（3）桩锤、桩帽或送桩帽应和桩身在同一中心线上。

（4）桩插入时的垂直度偏差不得超过0.5%。

4）打桩顺序要求应符合下列规定：

（1）对于密集桩群，自中间向两个方向或四周对称施打。

（2）当一侧毗邻建筑物时，由毗邻建筑物处向另一方向施打。

（3）根据基础的设计标高，宜先深后浅。

（4）根据桩的规格，宜先大后小，先长后短。

5）打入桩（预制混凝土方桩、预应力混凝土空心桩、钢桩）的桩位偏差，应符合表1-26的规定。斜桩倾斜度的偏差不得大于倾斜角正切值的15%（倾斜角系桩的纵向中心线与铅垂线间夹角）。

表1-26　打入桩桩位的允许偏差

项　目		允许偏差
带有基础梁的桩	①垂直基础梁的中心线	100+0.01H
带有基础梁的桩	②沿基础梁的中心线	150+0.01H
桩数为1～3根桩基中的桩		100
桩数为4～16根桩基中的桩		1/2桩径或边长
桩数大于16根桩基中的桩	①最外边的桩	1/3桩径或边长
桩数大于16根桩基中的桩	②中间桩	1/2桩径或边长

注：H为施工现场地面标高与桩顶设计标高的距离。

6）桩终止锤击的控制应符合下列规定：

（1）当桩端位于一般土层时，应以控制桩端设计标高为主，贯入度为辅。

（2）桩端达到坚硬、硬塑的黏性土、中密以上粉土、砂土、碎石类土及风化岩时，应以贯入度控制为主，桩端标高为辅。

（3）贯入度已达到设计要求而桩端标高未达到时，应继续锤击3阵，并按每阵10击的贯入度不应大于设计规定的数值确认，必要时，施工控制贯入度应通过试验确定。

7）当遇到贯入度剧变，桩身突然发生倾斜、位移或有严重回弹、桩顶或桩身出现严重裂缝、破碎等情况时，应暂停打桩，并分析原因，采取相应措施。

8）当采用射水法沉桩时，应符合下列规定：

（1）射水法沉桩宜用于砂土和碎石土。

（2）沉桩至最后1～2m时，应停止射水，并采用锤击至规定标高，终锤控制标准可按上一条规定执行。

9）施打大面积密集桩群时，可采取下列辅助措施：

(1) 对预钻孔沉桩，预钻孔孔径可比桩径（或方桩对角线）小 50～100mm，深度可根据桩距和土的密实度、渗透性确定，宜为桩长的 1/3～1/2；施工时应随钻随打；桩架宜具备钻孔锤击双重性能。

(2) 应设置袋装砂井或塑料排水板。袋装砂井直径宜为 70～80mm，间距宜为 1.0～1.5m，深度宜为 10～12m；塑料排水板的深度、间距与袋装砂井相同。

(3) 应设置隔离板桩或地下连续墙。

(4) 可开挖地面防震沟，并可与其他措施结合使用。防震沟沟宽可取 0.5～0.8m，深度按土质情况决定。

(5) 应限制打桩速率。

(6) 沉桩结束后，宜普遍实施一次复打。

(7) 沉桩过程中应加强邻近建筑物、地下管线等的观测、监护。

10）预应力混凝土管桩的总锤击数及最后 1.0m 沉桩锤击数应根据当地工程经验确定。

11）锤击沉桩送桩应符合下列规定：

(1) 送桩深度不宜大于 2.0m。

(2) 当桩顶打至接近地面需要送桩时，应测出桩的垂直度并检查桩顶质量，合格后应及时送桩。

(3) 送桩的最后贯入度应参考相同条件下不送桩时的最后贯入度并修正。

(4) 送桩后遗留的桩孔应立即回填或覆盖。

(5) 当送桩深度超过 2.0m 且不大于 6.0m 时，打桩机应为三点支撑履带自行式或步履式柴油打桩机；桩帽和桩锤之间应用竖纹硬木或盘圆层叠的钢丝绳作“锤垫”，其厚度宜取 150～200mm。

12）送桩器及衬垫设置应符合下列规定：

(1) 送桩器宜做成圆筒形，并应有足够的强度、刚度和耐打性。送桩器长度应满足送桩深度的要求，弯曲度不得大于 1/1000。

(2) 送桩器上下两端面应平整，且与送桩器中心轴线相垂直。

(3) 送桩器下端面应开孔，使空心桩内腔与外界连通。

(4) 送桩器应与桩匹配。套筒式送桩器下端的套筒深度宜取 250～350mm，套管内径应比桩外径大 20～30mm，插销式送桩器下端的插销长度宜取 200～300mm，杆销外径应比（管）桩内径小 20～30mm。对于腔内存有余浆的管桩，不宜采用插销式送桩器。

(5) 送桩作业时，送桩器与桩头之间应设置 1～2 层麻袋或硬纸板等衬垫。内填弹性衬垫压实后的厚度不宜小于 60mm。

13）施工现场应配备桩身垂直度观测仪器（长条水准尺或经纬仪）和观测人员，随时量测桩身的垂直度。

4. 静压沉桩

1）采用静压沉桩时，场地地基承载力不应小于压桩机接地压强的 1.2 倍，且场地应平整。

2）静力压桩宜选择液压式和绳索式压桩工艺；宜根据单节桩的长度选用顶压式液压压桩机和抱压式液压压桩机。

3）选择压桩机的参数应包括下列内容：

（1）压桩机型号、桩机质量（不含配重）、最大压桩力等。

（2）压桩机的外形尺寸及拖运尺寸。

（3）压桩机的最小边桩距及最大压桩力。

（4）长、短船形履靴的接地压强。

（5）夹持机构的型式。

（6）液压油缸的数量、直径，率定后的压力表读数与压桩力的对应关系。

（7）吊桩机构的性能及吊桩能力。

4）压桩机的每件配重必须用量具核实，并将其质量标记在该件配重的外露表面；液压式压桩机的最大压桩力应取压桩机的机架重量和配重之和乘以 0.9。

5）当边桩空位不能满足中置式压桩机施压条件时，宜利用压边桩机构或选用前置式液压压桩机进行压桩，但此时应估计最大压桩能力减少造成的影响。

6）当设计要求或施工需要采用引孔法压桩时，应配备螺旋钻孔机，或在压桩机上配备专用的螺旋钻。当桩端持力层需进入较坚硬的岩层时，应配备可入岩的钻孔桩机或冲孔桩机。

7）最大压桩力不得小于设计的单桩竖向极限承载力标准值，必要时可由现场试验确定。

8）静力压桩施工的质量控制应符合下列规定：

（1）第一节桩下压时垂直度偏差不应大于 0.5%。

（2）宜将每根桩一次性连续压到底，且最后一节有效桩长不宜小于 5m。

（3）抱压力不应大于桩身允许侧向压力的 1.1 倍。

9）终压条件应符合下列规定：

（1）应根据现场试压桩的试验结果确定终压力标准；

（2）终压连续复压次数应根据桩长及地质条件等因素确定。对于入土深度大于或等于 8m 的桩，复压次数可为 2～3 次；对于入土深度小于 8m 的桩，复压次数可为 3～5 次。

（3）稳压压桩力不得小于终压力，稳定压桩的时间宜为 5～10s。

10）压桩顺序宜根据场地工程地质条件确定，并应符合下列规定：

（1）对于场地地层中局部含砂、碎石、卵石时，宜先对该区域进行压桩。

（2）当持力层埋深或桩的入土深度差别较大时，宜先施压长桩后施压短桩。

11）压桩过程中应测量桩身的垂直度。当桩身垂直度偏差大于 1%的时，应找出原因并设法纠正；当桩尖进入较硬土层后，严禁用移动机架等方法强行纠偏。

12）出现下列情况之一时，应暂停压桩作业，并分析原因，采取相应措施：

（1）压力表读数显示情况与勘察报告中的土层性质明显不符。

（2）桩难以穿越具有软弱下卧层的硬夹层。

（3）实际桩长与设计桩长相差较大。

（4）出现异常响声；压桩机械工作状态出现异常。

（5）桩身出现纵向裂缝和桩头混凝土出现剥落等异常现象。

（6）夹持机构打滑。

（7）压桩机下陷。

13）静压送桩的质量控制应符合下列规定：

（1）测量桩的垂直度并检查桩头质量，合格后方可送桩，压、送作业应连续进行。

（2）送桩应采用专制钢质送桩器，不得将工程桩用作送桩器。

（3）当场地上多数桩的有效桩长 L 小于或等于 15m 或桩端持力层为风化软质岩，可能需要复压时，送桩深度不宜超过 1.5m。

（4）除满足本条上述 3 款规定外，当桩的垂直度偏差小于 1%，且桩的有效桩长大于 15m 时，静压桩送桩深度不宜超过 8m。

（5）送桩的最大压桩力不宜超过桩身允许抱压压桩力的 1.1 倍。

14）引孔压桩法质量控制应符合下列规定：

（1）引孔宜采用螺旋钻干作业法；引孔的垂直度偏差不宜大于 0.5%。

（2）引孔作业和压桩作业应连续进行，间隔时间不宜大于 12h；在软土地基中不宜大于 3h。

（3）引孔中有积水时，宜采用开口型桩尖。

15）当桩较密集，或地基为饱和淤泥、淤泥质土及黏性土时，应设置塑料排水板、袋装砂井消减超孔压或采取引孔等措施。在压桩施工过程中应对总桩数 10% 的桩设置上涌和水平偏位观测点，定时检测桩的上浮量及桩顶水平偏位值，若上涌和偏位值较大，应采取复压等措施。

16）对预制混凝土方桩、预应力混凝土空心桩、钢桩等压入桩的桩位偏差，应符合表 1-21 的规定。

5. 钢桩（钢管桩、H 型桩及其他异型钢桩）施工

1）钢桩的制作：

（1）制作钢桩的材料应符合设计要求，并应有出厂合格证和试验报告。

（2）现场制作钢桩应有平整的场地及挡风防雨措施。

（3）钢桩制作的允许偏差应符合表 1-27 的规定，钢桩的分段长度与混凝土预制桩的规定相同，且不宜大于 15m。

表 1-27　钢桩制作的允许偏差

项　目		容许偏差（mm）
外径或断面尺寸	桩端部	±0.5%外径或边长
	桩　身	±0.1%外径或边长
长　度		>0
矢　高		≤1‰桩长
端部平整度		≤2（H 型桩≤1）
端部平面与桩身中心线的倾斜值		≤2

（4）用于地下水有侵蚀性的地区或腐蚀性土层的钢桩，应按设计要求作防腐处理。

2）钢桩的焊接：

（1）钢桩的焊接应符合下列规定：

① 必须清除桩端部的浮锈、油污等脏物，保持干燥；下节桩顶经锤击后变形的部分应割除。

② 上下节桩焊接时应校正垂直度，对口的间隙宜为 2～3mm。

③ 焊丝（自动焊）或焊条应烘干。

④ 焊接应对称进行。

⑤ 应采用多层焊，钢管桩各层焊缝的接头应错开，焊渣应清除。

⑥ 当气温低于0℃，雨雪天或无可靠措施确保焊接质量时，不得焊接。

⑦ 每个接头焊接完毕，应冷却1min后方可锤击。

⑧ 焊接质量应符合国家现行标准《钢结构工程施工质量验收规范》（GB 50205）和《建筑钢结构焊接技术规程》（JGJ 81）的规定，每个接头除应按表1-28规定进行外观检查外，还应按接头总数的5%进行超声或2%进行X射线拍片检查，对于同一工程，探伤抽样检验不得少于3个接头。

表1-28　接桩焊缝外观允许偏差

项　目		允许偏差（mm）
上下节桩错口：	①钢管桩外径≥700mm	3
	②钢管桩外径＜700mm	2
H型钢桩		1
咬边深度（焊缝）		0.5
加强层高度（焊缝）		0～2
加强层宽度（焊缝）		0～3

（2）H型钢桩或其他异型薄壁钢桩，接头处应加连接板，可按等强度设置。

3）钢桩的运输和堆放：

（1）钢桩的运输与堆放应符合下列规定：

① 堆放场地应平整、坚实、排水通畅；

② 桩的两端应有适当保护措施，钢管桩应设保护圈；

③ 搬运时应防止桩体撞击而造成桩端、桩体损坏或弯曲；

④ 钢桩应按规格、材质分别堆放，堆放层数：ϕ900mm的钢桩，不宜大于3层；ϕ600mm的钢桩，不宜大于4层；ϕ400mm的钢桩，不宜大于5层；H型钢桩不宜大于6层。支点设置应合理，钢桩的两侧应采用木楔塞住。

4）钢桩的沉桩

（1）当钢桩采用锤击沉桩时，可按混凝土预制桩锤击沉桩有关规定实施；当采用静压沉桩时，可按混凝土预制桩静压沉桩有关规定实施。

（2）对敞口钢管桩，当锤击沉桩有困难时，可在管内取土助沉。

（3）锤击H型钢桩时，锤重不宜大于4.5t级（柴油锤），且在锤击过程中桩架前应有横向约束装置。

（4）当持力层较硬时，H型钢桩不宜送桩。

（5）当地表层遇有大块石、混凝土块等回填物时，应在插入H型钢桩前进行触探，并应清除桩位上的障碍物。

（二）检验批质量验收

1. 检验批质量验收的一般规定：

1）桩基工程应进行桩位、桩长、桩径、桩身质量和单桩承载力的检验。

2）桩基工程的检验按时间顺序可分为三个阶段：施工前检验、施工检验和施工后检验。

3）对砂、石子、水泥、钢材等桩体原材料质量的检验项目和方法应符合国家现行有关标准的规定。

2. 预制桩（混凝土预制桩、钢桩）施工前应进行下列检验：

1）施工前应严格对桩位进行检验。

2）成品桩应按选定的标准图或设计图制作，现场应对其外观质量及桩身混凝土强度进行检验。

3）应对接桩用焊条、压桩用压力表等材料和设备进行检验。

3. 预制桩（混凝土预制桩、钢桩）施工过程中应进行下列检验：

1）打入（静压）深度、停锤标准、静压终止压力值及桩身（架）垂直度检查。

2）接桩质量、接桩间歇时间及桩顶完整状况。

3）每米进尺锤击数、最后 1.0m 锤击数、总锤击数、最后三阵贯入度及桩尖标高。

4）对于挤土预制桩，施工过程均应对桩顶和地面土体的竖向和水平位移进行系统观测；若发现异常，应采取复打、复压、引孔、设置排水措施及调整沉桩速率等措施。

4. 施工后检验：

1）根据不同桩型应按表 1-28 检查成桩桩位偏差。

2）工程桩应进行承载力和桩身质量检验。

3）有下列情况之一的桩基工程，应采用静荷载试验对工程桩单桩竖向承载力进行检测，检测数量应根据桩基设计等级、本工程施工前取得试验数据的可靠性因素，可按现行行业标准《建筑基桩检测技术规范》(JGJ 106）确定：

（1）工程施工前已进行单桩静载试验，但施工过程变更了工艺参数或施工质量出现异常时；

（2）施工前工程未设计要求进行试桩的工程；

（3）地质条件复杂、桩的施工质量可靠性低；

（4）采用新桩型或新工艺。

4）有下列情况之一的桩基工程，可采用高应变动测法对工程桩单桩竖向承载力进行检测：

（1）除上条外的桩基；

（2）设计等级为甲、乙级的建筑桩基静载试验检测的辅助检测。

5）对专用抗拔桩和对水平承载力有特殊要求的桩基工程，应进行单桩抗拔静载试验和水平静载试验检测。

5. 预制桩钢筋骨架质量检验标准可参考表 1-29 的规定，混凝土预制桩锤击成桩的质量检验标准可参考表 1-30 的规定，混凝土预制桩静力压桩质量检验标准可参考表 1-31 的规定，成品钢桩质量检验标准可参考表 1-32 的规定，钢桩施工质量检验标准可参考表 1-33 的规定。

表 1-29　预制桩钢筋骨架质量检验标准

项	序	检查项目	允许偏差或允许值	检查方法
主控项目	1	主筋距桩顶距离	±5	用钢尺量
	2	多节桩锚固钢筋位置	5	用钢尺量
	3	多节桩预埋铁件	±3	用钢尺量
	4	主筋保护层厚度	±5	用钢尺量
一般项目	1	主筋间距	±5	用钢尺量
	2	桩尖中心线	10	用钢尺量
	3	箍筋间距	±20	用钢尺量
	4	桩顶钢筋网片	±10	用钢尺量
	5	多节桩锚固钢筋长度	±10	用钢尺量

表 1-30　混凝土预制桩锤击沉桩的质量检验标准

项	序	检查项目		允许偏差或允许值		检查方法
				单位	数值	
主控项目	1	桩体质量检验		按基桩检测技术规范		按基桩检测技术规范
	2	桩位偏差		见表 1-26		用钢尺量
	3	承载力		按基桩检测技术规范		按基桩检测技术规范
一般项目	1	砂、石、水泥、钢材等原材料（现场预制时）		符合设计要求		查出厂质保文件或抽样送检
	2	混凝土配合比及强度（现场预制时）		符合设计要求		检查称量及查试块记录
	3	成品桩外形		表面平整，颜色均匀，掉角深度＜10mm，蜂窝面积小于总面积 0.5%		观察检查
	4	成品桩裂缝（收缩裂缝或成吊、装运、堆放引起的裂缝）		深度＜20mm，宽度＜0.25mm，横向裂缝不超过边长的一半		裂缝测定仪，该项在地下水有侵蚀地区及锤击数超过 500 击的长桩不适用
	5	成品桩尺寸	横截面边长	mm	±5	用钢尺量
			桩顶对角线差	mm	＜10	用钢尺量
			桩尖中心线	mm	＜10	用钢尺量
			桩身弯曲矢高	mm	＜1/1000l	用钢尺量，l 为桩长
			桩顶平整度	mm	＜2	用水平尺量
	6	电焊接桩焊缝： （1）上下节端部错口 （外径≥700mm） （外径＜700mm） （2）焊缝咬边深度 （3）焊缝加强层高度 （4）焊缝加强层宽度		mm	≤3 ≤2 ≤0.5 2 2	用钢尺量 用钢尺量 焊缝检查仪 焊缝检查仪 焊缝检查仪
		（5）焊缝电焊质量外观		无气孔，无焊瘤，无裂缝		观察检查
		（6）焊缝探伤检验		满足设计要求		按设计要求的检测方法
		电焊结束后停歇时间		min	＞1.0	秒表测定
		上下节平面偏差		mm	＜10	用钢尺量
		节点弯曲矢高			＜1/1000l	用钢尺量，l 为两节桩长
	7	硫黄胶泥接桩	胶泥浇注时间	min	＜2	秒表测定
			浇注后停歇时间	min	＞7	秒表测定
	8	桩顶标高		min	±50	水准仪
	9	停锤标准		设计要求		现场实测或查沉桩记录

表 1-31　静力压桩质量检验标准

项	序	检查项目	允许偏差或允许值 单位	允许偏差或允许值 数值	检查方法
主控项目	1	桩体质量检验	按基桩检测技术规范		按基桩检测技术规范
主控项目	2	桩位偏差 盖有基础梁的桩 （1）垂直基础梁的中心线	mm	100+0.01H	用钢尺量
主控项目	2	桩位偏差 盖有基础梁的桩 （2）沿基础梁的中心线	mm	150+0.01H	用钢尺量
主控项目	2	桩位偏差 桩数为1～3根桩基中的桩	mm	100	用钢尺量
主控项目	2	桩位偏差 桩数为4～16根桩基中的桩	mm	1/2桩径或边长	用钢尺量
主控项目	2	桩位偏差 桩数大于16根桩基中的桩 （1）最外边的桩	mm	1/3桩径或边长	用钢尺量
主控项目	2	桩位偏差 桩数大于16根桩基中的桩 （2）中间桩	mm	1/2桩径或边长	用钢尺量
主控项目	3	承载力	按基桩检测技术规范		按基桩检测技术规范
一般项目	1	成品桩质量 外观	表面平整，颜色均匀，掉角深度＜10mm，蜂窝面积小于总面积0.5%		观察检查
一般项目	1	成品桩质量 外形尺寸 横截面边长	mm	±5	用钢尺量
一般项目	1	成品桩质量 外形尺寸 桩顶对角线差	mm	＜10	用钢尺量
一般项目	1	成品桩质量 外形尺寸 桩尖中心线	mm	＜10	用钢尺量
一般项目	1	成品桩质量 外形尺寸 桩身弯曲矢高	mm	小于1/1000l	用钢尺量，l为桩长
一般项目	1	成品桩质量 外形尺寸 桩顶平整度	mm	＜2	用水平尺量
一般项目	1	成品桩质量 强度	满足设计要求		查产品合格证书或钻芯试压
一般项目	2	硫磺胶泥质量（半成品）	设计要求		查产品合格证书或抽样选检
一般项目	3	接桩 电焊接桩 电焊接桩焊缝 （1）上下节端部错口（外径≥700mm）	mm	≤3	用钢尺量
一般项目	3	接桩 电焊接桩 电焊接桩焊缝 （1）上下节端部错口（外径＜700mm）	mm	≤2	用钢尺量
一般项目	3	接桩 电焊接桩 电焊接桩焊缝 （2）焊缝咬边深度	mm	≤0.5	焊缝检查仪
一般项目	3	接桩 电焊接桩 电焊接桩焊缝 （3）焊缝加强层高度	mm	2	焊缝检查仪
一般项目	3	接桩 电焊接桩 电焊接桩焊缝 （4）焊缝加强层宽度	mm	2	焊缝检查仪
一般项目	3	接桩 电焊接桩 电焊接桩焊缝 （5）焊缝电焊质量外观	无气孔，无焊瘤，无裂缝		观察检查
一般项目	3	接桩 电焊接桩 电焊接桩焊缝 （6）焊缝探伤检验	满足设计要求		按设计要求
一般项目	3	接桩 电焊接桩 电焊结束后停歇时间	min	＞1.0	秒表测定
一般项目	3	接桩 硫黄胶泥接桩 胶泥浇筑时间	min	＜2	秒表测定
一般项目	3	接桩 硫黄胶泥接桩 浇筑后停歇时间	min	＞7	秒表测定
一般项目	4	电焊条质量	设计要求		查产品合格证书
一般项目	5	压桩压力（设计有要求时）	%	±5	查压力表读数
一般项目	6	接桩时上下节平面偏差	mm	＜10	用钢尺量
一般项目	6	接桩时节点弯曲矢高	mm	＜1/1000l	用钢尺量，l为两节桩长
一般项目	7	桩顶标高	mm	±50	水准仪

表 1-32　成品钢桩质量检验标准

项	序	检查项目		允许偏差或允许值		检查方法
				单位	数值	
主控项目	1	钢桩外径或断面尺寸	桩端		±0.5%D	用钢尺量，D 为外径或边长
			桩身		±1D	
	2	矢高			<1/1000l	用钢尺量，l 为桩长
一般项目	1	长度		mm	+10	用钢尺量
	2	端部平整度		mm	≤2	用钢尺量
	3	H 钢桩的方正度	h>300	mm	$T+T'\leqslant 8$	用钢尺量，h、T、T' 见图示 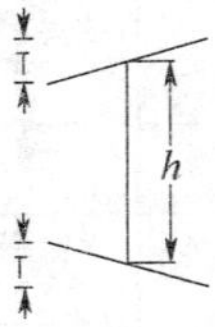
			h<300	mm	$T+T'\leqslant 6$	
	4	端部平面与桩中心线的倾斜值		mm	≤2	用水平尺量

表 1-33　钢桩施工质量检验标准

项	序	检查项目			允许偏差或允许值		检查方法
					单位	数值	
主控项目	1	桩位偏差			见表 1-26		用钢尺量
	2	承载力			按基桩检测技术规范		按基桩检测技术规范
一般项目	1	电焊接桩焊接	① 上下端部错口	（外径≥700mm）	mm	≤3	用钢尺量
				（外径<700mm）	mm	≤2	用钢尺量
			② 焊缝咬边深度		mm	≤0.5	焊缝检查仪
			③ 焊缝加强层高度		mm	2	焊缝检查仪
			④ 焊缝加强层宽度		mm	2	焊缝检查仪
			⑤ 焊缝电焊质量外观		无气孔，无焊瘤，无裂缝		观察检查
			⑥ 焊缝探伤检验		满足设计要求		按设计要求的检测方法
	2	电焊结束后停歇时间			min	>1.0	秒表测定
	3	节点弯曲矢高				<1/1000l	用钢尺量，l 为两节桩长
	4	桩顶标高			mm	±50	水准仪
	5	停锤标准			设计要求		用钢尺量或沉桩记录

说明：上面表中规定的主控项目外，其他主控项目应全部检查，对一般项目，除已明确规定外，其他可按 20%抽查。

（四）常见工程质量问题与防治

1. 接桩处经过锤击或静压后，出现松脱开裂等现象。

1）原因分析：连接处的表面没有清理干净，留有杂物、雨水等；焊接质量差，焊缝不连续、不饱满，焊缝薄弱处脱开；采用焊接或法兰螺栓连接时，连接铁件不平及法兰面不平，有较大间隙，造成焊接不牢或螺栓不紧。

2）防治措施：

（1）接桩时，对连接部位上的杂质、油污等必须清理干净，保证连接部件清洁。

（2）采用焊接法接桩时，首先将上下节桩对齐保持垂直，保证在同一轴线上。两节桩之间的空隙应用铁片填实，确保表面平整垂直，焊缝应连续饱满，满足设计要求。

（3）采用法兰螺栓接桩时，保持平整和垂直，拧紧螺母，锤击数次再重新拧紧。

（4）当接桩完毕后应锤击几下，再检查一遍，看有无开焊、螺栓松脱等现象，如有发生应立即采取措施，补救后才能使用。如补焊，重新拧紧螺栓并用电焊焊死螺母或丝扣凿毛。

（5）发现桩顶有打碎现象，应及时停止沉桩，更换并加厚桩垫。如有较严重的桩顶破裂，可把桩顶剔平补强，再重新沉桩。

（6）如因桩顶强度不够或桩锤选择不当，应换用长度合适的送桩器或更换合适的桩锤。

2. 在沉桩过程中，相邻的桩产生横向位移或桩身上下升降。

1）原因分析：成品桩本身质量、外观尺寸存在偏差；场地松软和不平使桩机发生倾斜；桩点施放偏差过大；控制桩产生位移；沉桩顺序不当，土体被挤密，邻桩受挤偏位或桩体被土抬起；接桩时，相接的两节桩产生轴线偏移和轴线弯折；桩入土后，遇到大块坚硬障碍物，使桩尖挤向一侧；未按土方开挖方案施工。

2）防治措施：

（1）沉桩期间不得同时开挖基坑，需待沉桩完毕后相隔适当时间方可开挖，相隔时间应视具体地质条件、基坑开挖深度、面积、桩的密集程度及孔隙压力消散情况来确定，一般宜二周左右。

（2）认真按设计图纸放好桩位，做好明显标志，并做好复查工作。施工时要按图核对桩位，发现丢失桩位或桩位标志，以及轴线桩标志不清时，应由有关人员查清补上。轴线桩标志应按规范要求设置，并选择合理的行车路线。

（3）检查进场每批次预制桩出厂合格证及进场外观检测对表面平整度，颜色均匀，掉角深度小于10mm，蜂窝面积小于总面积的0.5%。

（4）桩基轴线控制点和水准点复查应由有资质等级第三方测量单位进行场地控制网复核、校对。

（5）桩点施放应根据桩位平面图、建筑红线和主要基轴线，用经纬仪定向、钢尺量距确定各桩位点，或采用全站仪定向及确距。点位误差精度：群桩小于20mm，单排桩小于10mm。

（6）接桩时，要保证上下两节桩在同一轴线上，下节桩的桩头宜设导向箍以方便上节桩就位。接桩时上下节桩段应保持顺直，错位变差不宜大于2mm。

（7）发现桩位偏差超过规范要求时，应会同勘察、设计人员研究专项处理方案。

（8）严格按照批复专项方案土方开挖顺序、分层取土，基槽边不得堆放土方。

3. 施工时结束控制标准达不到要求。施工时以贯入度和最终标高作为施工的控制标准。一般情况下，以一种控制标准为主，以另一种控制标准为参考。当要求双控时，沉桩很难达到最终控制要求。

1）原因分析：

（1）勘探点不够或勘探资料粗略，对工程地质情况不明，尤其是持力层的起伏标高不明，致使设计考虑持力层或选择桩尖标高有误，或因为设计要求过高，超过施工机械能力或桩身混凝土强度。

（2）勘探工作是以点带面，对局部硬夹层或软夹层的透镜体不可能全部了解清楚，尤其在复杂的工程地质条件下，还有地下障碍物，如大块石头或混凝土块等，打桩施工遇到这种情况，就很难达到设计要求的施工控制标准。

（3）以新近代砂层为持力层时，由于新近代砂层结构不稳定，同一层土的强度差异很大，桩打入该层时，进入持力层较深才能求出贯入度，但群桩施工时，砂层越挤越密，最后就有沉不下去的现象。

（4）桩锤选择太小或太大，使桩沉不到或沉过设计要求的控制标高。

（5）桩顶打碎或桩身打断，致使桩不能继续打入，特别是柱基群桩，布桩过密互相挤实，选择施打顺序又不合理。

2）防治措施：

（1）详细探明工程地质情况，必要时应做补勘；正确选择持力层或标高，根据工程地质条件、桩断面及自重，合理选择施工机械、施工方法及行车路线。

（2）防止桩顶打碎或桩身断裂。

（3）遇有硬夹层时，可采用植桩法施工。植桩法施工即先钻孔，把硬夹层钻透，然后把桩插进孔内，再打至设计标高。钻孔的直径要求，以方桩为内切圆，空心圆管桩为圆管的内径为宜。无论采用植桩法施工，桩尖至少进入未扰动土 6 倍桩径。

（4）桩如打不下去，可更换能量大一些的桩锤打击，并加厚缓冲垫层。

（5）选择合理的打桩顺序，特别是柱基群桩，如若先打中间桩，后打四周桩，则桩会被抬起；相反，若先打四周桩，后打中间桩，则很难打入。为此应选用“之”字形打桩顺序，或从中间分开往两侧对称施打的顺序。

（6）桩基础工程正式施打前，应做工艺试桩，以校核勘探与设计的合理性，重大工程还应做荷载试验桩，确定能否满足设计要求。

（四）质量记录表格清单

1. 工程地质勘察报告、水文地质勘察报告。
2. 工程设计文件。
3. 控制桩点测量资料。
4. 施工方案、施工记录。
5. 工程技术交底记录。
6. 图纸会审、设计变更、工程洽商记录。
7. 施工测量记录。
8. 材料、构配件进场检验记录。
9. 预制桩、钢桩出厂合格证。
10. 施工记录及隐蔽工程验收文件。
11. 成桩质量检查报告。
12. 单桩承载力检测报告。

第四节　基坑支护工程

基坑支护工程即在基坑（槽）或管沟工程等开挖施工中，现场不宜进行放坡（放坡可能对邻近建筑物（构筑物）、地下管线、永久性道路产生危害），需先对基坑（槽）、管沟进行支护后再开挖。常见基坑支护分类及适用条件见表1-34。

表1-34　各类支护结构的适用条件

<table>
<tr><th colspan="2" rowspan="2">结构类型</th><th colspan="3">适用条件</th></tr>
<tr><th>安全等级</th><th colspan="2">基坑深度、环境条件、土类和地下水条件</th></tr>
<tr><td rowspan="5">支挡式结构</td><td>锚拉式结构</td><td rowspan="5">一级
二级
三级</td><td>适用于较深的基坑</td><td rowspan="5">1. 排桩适用于可采用降水或截水帷幕的基坑；
2. 地下连续墙宜同时用作主体地下结构外墙，可同时用于截水；
3. 锚杆不宜用在软土层和高水位的碎石土、砂土层中；
4. 当邻近基坑有建筑物地下室、地下构筑物等，锚杆的有效锚固长度不足时，不应采用锚杆；
5. 当锚杆施工会造成基坑周边建（构）筑物的损害或违反城市地下空间规划等规定时，不应采用锚杆</td></tr>
<tr><td>支撑式结构</td><td>适用于较深的基坑</td></tr>
<tr><td>悬臂式结构</td><td>适用于较浅的基坑</td></tr>
<tr><td>双排桩</td><td>当锚拉式、支撑式和悬臂式结构不适用时，可考虑采用双排桩</td></tr>
<tr><td>支护结构与主体结构结合的逆作法</td><td>适用于基坑周边环境条件很复杂的深基坑</td></tr>
<tr><td rowspan="4">土钉墙</td><td>单一土钉墙</td><td rowspan="4">二级
三级</td><td>适用于地下水位以上或经降水的非软土基坑，且基坑深度不宜大于12m</td><td rowspan="4">当基坑潜在滑动面内有建筑物、重要地下管线时，不宜采用土钉墙</td></tr>
<tr><td>预应力锚杆复合土钉墙</td><td>适用于地下水位以上或经降水的非软土基坑，且基坑深度不宜大于15m</td></tr>
<tr><td>水泥土桩复合土钉墙</td><td>用于非软土基坑时，基坑深度不宜大于12m；用于淤泥质土基坑时，基坑深度不宜大于6m；不宜用在高水位的碎石土、砂土层中</td></tr>
<tr><td>微型桩复合土钉墙</td><td>适用于地下水位以上或经降水的基坑，用于非软土基坑时，基坑深度不宜大于12m；用于淤泥质土基坑时，基坑深度不宜大于6m</td></tr>
<tr><td colspan="2">重力式水泥土墙</td><td>二级
三级</td><td colspan="2">适用于淤泥质土、淤泥基坑，且基坑深度不宜大于7m</td></tr>
<tr><td colspan="2">放坡</td><td>三级</td><td colspan="2">1. 施工场地应满足放坡条件
2. 可与上述支护结构形式结合</td></tr>
</table>

注：1. 当基坑不同部位的周边环境条件、土层性状、基坑深度等不同时，可在不同部位分别采用不同的支护形式；
2. 支护结构可采用上、下部以不同结构类型组合的形式。

一、一般规定

（一）施工前应完成的工作

1. 应按审查合格的岩土工程勘察报告、建筑施工图纸、实际的基坑周边建筑物、地下管线、道路和施工荷载等条件，由专业单位进行基坑支护、降水设计，并提出基坑周边荷载限值、地下水和地表水控制等基坑使用要求。

对于开挖深度超过 5m（包含 5m）的基坑土方开挖工程，或虽没有超过 5m，但地质条件、周围环境和地下管线复杂，或影响毗邻建筑物安全的基坑的土方开挖，应对基坑支护设计、降水方案进行专项论证。

2. 基坑（槽）、管沟开挖前，应根据支护结构形式、挖深、地质条件、施工方法、周围环境、工期、气候和地面载荷等资料制定基坑支护（含土方开挖和降水）施工方案、环境保护措施、监测方案，经审批（专家论证）后方可施工。

1）基坑开挖监控方案应包括监控目的、监测项目、监控报警值、监测方法及精度要求、监测点布置、监测周期、工序管理和记录制度以及信息反馈系统等。

2）监测点的布置应满足监控要求，从基坑边缘以外 1～2 倍开挖深度范围内的需要保护物体均应作为监控对象。

3）基坑工程监测项目可按表 1-35 选择。位移观测基准点数量不少于两点，且应设在影响范围以外。

表 1-35　建筑基坑工程仪器监测项目表

监测项目＼基坑类别		一级	二级	三级
围护墙（边坡）顶部水平位移		应测	应测	应测
围护墙（边坡）顶部竖向位移		应测	应测	应测
深层水平位移		应测	应测	宜测
立柱竖向位移		应测	宜测	宜测
围护墙内力		宜测	可测	可测
支撑内力		应测	宜测	可测
立柱内力		可测	可测	可测
锚杆内力		应测	宜测	可测
土钉内力		宜测	可测	可测
坑底隆起（回弹）		宜测	可测	可测
围护墙侧向土压力		宜测	可测	可测
孔隙水压力		宜测	可测	可测
地下水位		应测	应测	宜测
土层分层竖向位移		宜测	可测	可测
周边地表竖向位移		应测	应测	宜测
周围建筑	竖向位移	应测	应测	应测
	倾斜	应测	宜测	可测
	水平位移	应测	宜测	可测
周边建筑、地表裂缝		应测	应测	应测
周边管线变形		应测	应测	应测

4）各项监测的时间间隔可根据施工进度确定。当变形超过有关标准或监测结果变化速率

较大时，应加密观测次数。当有事故征兆时，应连续监测。

3. 土方工程施工前，应对降水、排水措施进行设计，系统应经检查和试运转，一切正常时方可开始施工。临近有建筑物或公共设施，在降水过程中要予以观测，不得因降水而危及这些建筑或设施的安全。

4. 有关围护结构的施工质量验收可按地基、桩基础及本节排桩墙支护工程、水泥土桩墙支护工程、锚杆及土钉墙支护工程、地下连续墙、沉井与沉箱有关规定执行，验收合格后方可进行土方开挖。

（二）材料的质量与检验

为了保证基础工程的质量，应对基坑支护所使用的材料（砂、石子、水泥以及钢材等）和预制构件（钢板桩、预制混凝土桩以及锚具等）的质量进行检验，检验项目、批量和检验方法，均应符合现行标准的规定。

（三）基坑支护注意事项

1. 土方开挖顺序、方法必须与设计工况相一致，并遵循“开槽支撑，先撑后挖，分层开挖，严禁超挖”的原则。

基坑工程应尽量缩短施工工期，缩短基坑暴露时间，防止基坑变形。及时进行基坑支护结构的施工。

2. 基坑（槽）、管沟的挖土应分层进行。在施工过程中基坑（槽）、管沟边堆置土方不应超过设计荷载，挖方时不应碰撞或损伤支护结构和降水设施。

基坑分层挖土厚度应根据土质、环境的不同决定。开挖是卸荷过程，如局部挖土过深，卸荷过快，容易引起土体失稳，降低土体抗剪性能，造成坍塌或滑坡。

3. 基坑（槽）、管沟土方施工中应对支护结构、周围环境进行观察和监测，如出现异常情况应及时处理，待恢复正常后方可继续施工。

4. 基坑（槽）、管沟开挖至设计标高后，应对坑底进行保护。对特大型基坑，宜分区分块挖至设计标高，分区分块及时浇筑垫层。必要时，可加强垫层。

5. 基坑（槽）、管沟土方工程必须确保支护结构安全和周围环境安全。以设计要求为依据，设计无要求时按表 1-36 的规定执行。

表 1-36　基坑变形监控值（mm）

基坑类别	围护结构墙顶位移监控值	围护结构墙体最大位移监控值	地面最大沉降监控值
一级基坑	30	50	30
二级基坑	60	80	60
三级基坑	80	100	100

注：1. 符合下列情况之一，为一级基坑：

1）重要工程或支护结构做主体结构的一部分；

2）开挖深度大于 10m；

3）与邻近建筑物，重要设施的距离在开挖深度以内的基坑；

4）基坑范围内有历史文物、近代优秀建筑、重要管线等需严加保护的基坑。

2. 三级基坑为开挖深度小于 7m，且周围环境无特别要求时的基坑。

3. 除一级和三级外的基坑属二级基坑。

4. 当周围已有设施有特殊要求时，尚应符合这些要求。

（四）支护结构检验

对支护结构的质量检验指标应按设计要求而定，各种指标的检验方法应按当地现行标准执行，当地无相应标准时，可按现行行业标准《建筑基坑支护技术规程》(JGJ 120—2012)的规定执行。

二、支挡式结构

支挡式结构是以挡土构件和锚杆或支撑为主要构件，或仅以挡土构件为主的支护结构。适用于基坑侧壁安全等级为一、二、三级的工程基坑支护。包括以挡土构件（排桩、地下连续墙）和锚杆为主的锚拉式支挡结构，以挡土构件（排桩、地下连续墙）和支撑为主的支撑式支挡结构，或仅以挡土构件（排桩、地下连续墙）为主的悬臂式支挡结构。

（一）支挡结构施工工艺流程（排桩工艺参考第三节桩基础）

支挡结构基坑施工工艺流程：

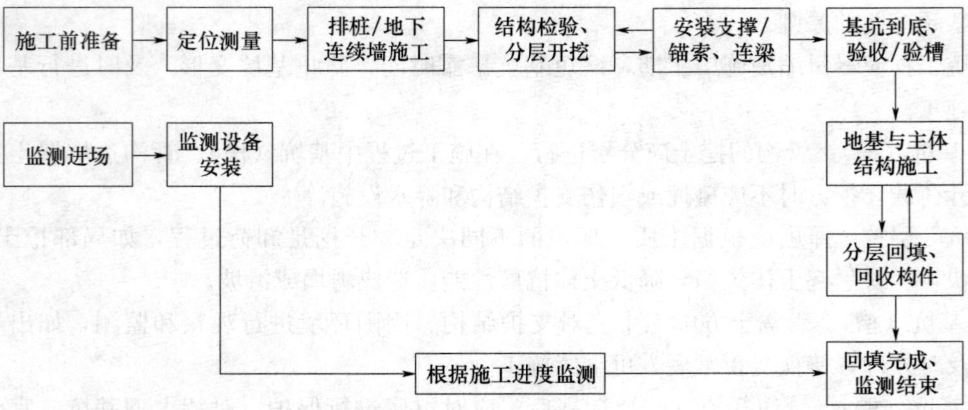

地下连续墙施工工艺流程：

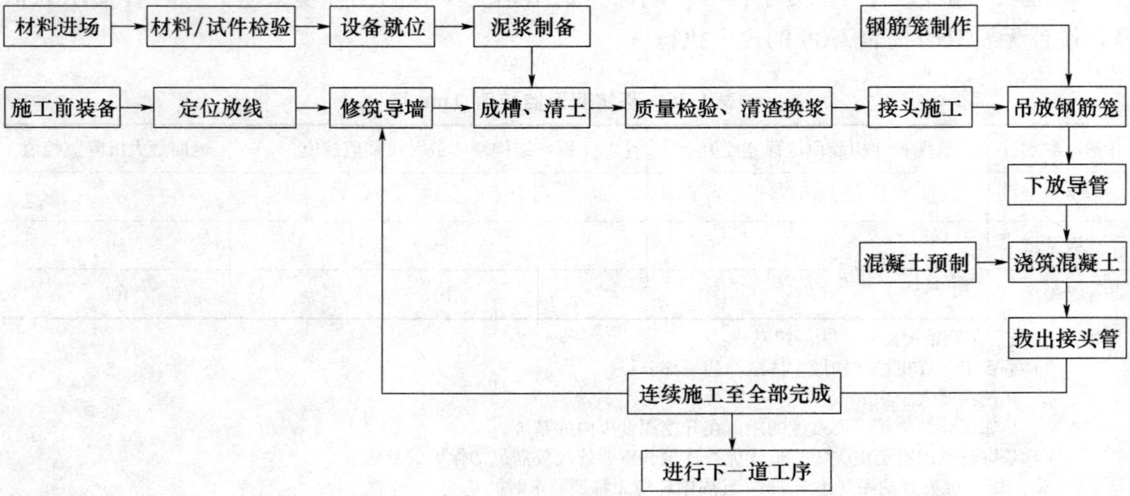

锚杆施工工艺流程：

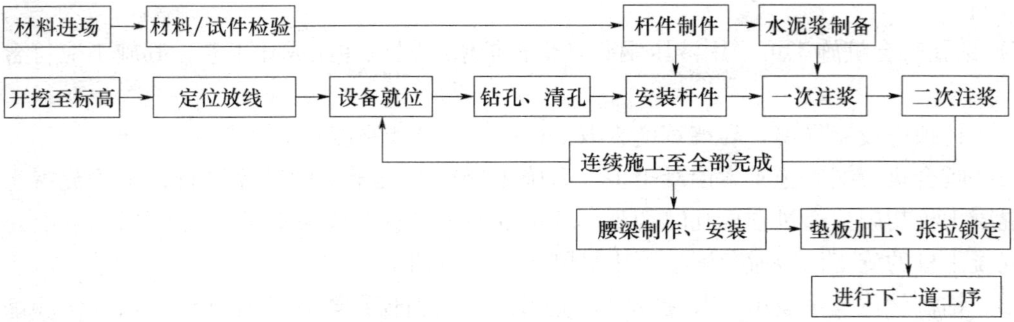

支撑施工工艺流程：

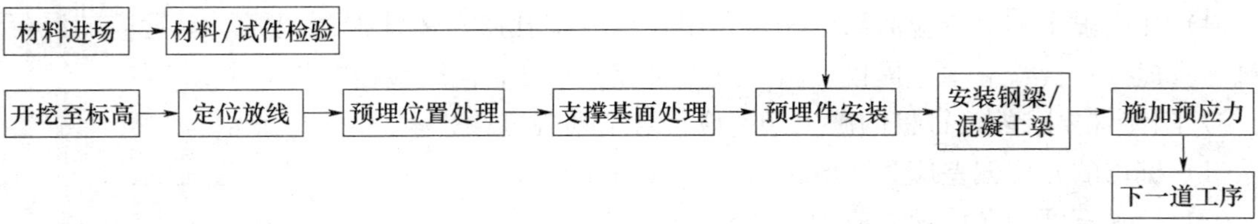

施工质量控制要点：

1. 排桩施工

1）排桩的施工应符合现行行业标准《建筑桩基技术规范》（JGJ 94）对相应桩型的有关规定。

2）当排桩的施工影响邻近的建筑物、地下管线、地下构筑物时，应根据情况采取下列措施：

（1）采取间隔成桩的施工顺序；对混凝土灌注桩，应在混凝土终凝后，再进行相邻桩的成孔施工。

（2）对松散或稍密的砂土、稍密的粉土、软土等易坍塌或流动的软弱土层，对钻孔灌注桩采取改善泥浆性能等措施，对人工挖孔桩宜采取减小每节挖孔和护壁的长度、加固孔壁等措施。

（3）支护桩成孔过程出现流砂、涌泥、塌孔、缩径等异常情况时，应暂停成孔并及时采取有针对性的措施进行处理，防止继续塌孔。

（4）当成孔过程中遇到不明障碍物时，应查明其性质，且在不会危害既有建筑物、地下管线、地下构筑物的情况下方可继续施工。

3）对混凝土灌注桩，其纵向受力钢筋的接头不宜设置在内力较大处。同一连接区段内，纵向受力钢筋的连接方式和连接接头面积百分率应符合现行国家标准《混凝土结构设计规范》（GB 50010）对梁类构件的规定。

4）混凝土灌注桩采用沿纵向分段配置不同钢筋数量时，钢筋笼制作和安放时应采取控制非通长钢筋竖向定位的措施。

5）混凝土灌注桩采用沿桩截面周边非均匀配置纵向受力钢筋时，应按设计的钢筋配置方向进行安放，其偏转角度不得大于10°。

6）混凝土灌注桩设有预埋件时，应根据预埋件的用途和受力特点的要求，控制其安装位置及方向。

7）钻孔咬合桩施工可采用液压钢套管全长护壁、机械冲抓成孔工艺，其施工应符合下列要求：

（1）桩顶应设置导墙，导墙宽度宜取 3m～4m，导墙厚度宜取 0.3m～0.5m。

（2）咬合桩应按先施工素混凝土桩、后施工钢筋混凝土桩的顺序进行；钢筋混凝土桩应在素混凝土桩初凝前通过在成孔时切割部分素混凝土桩身形成与素混凝土桩的互相咬合搭接；钢筋混凝土桩的施工尚应避免素混凝土桩刚浇筑后被切割。

（3）钻机就位及吊设第一节套管时，应用两个测斜仪贴附在套管外壁上，并用经纬仪复核，使套管垂直度不大于 3‰。液压套管应正反扭动加压下切。管内抓斗取土时，套管底部应始终位于抓土面下方，抓土面与套管底的距离应大于 1.0m。

（4）孔内虚土和沉渣应清除干净，并用抓斗夯实孔底；灌注混凝土时，套管应随混凝土浇筑逐段提拔；套管应垂直提拔，阻力过大时应转动套管同时缓慢提拔。

8）除特殊要求外，排桩的施工偏差应符合下列规定：

（1）桩位的允许偏差应为 50mm。

（2）桩垂直度的允许偏差应为 0.5%。

（3）预埋件位置的允许偏差应为 20mm。

（4）桩的其他施工允许偏差应符合现行行业标准《建筑桩基技术规范》（JGJ 94）的规定。

9）冠梁施工时，应将桩顶部浮浆、低强度混凝土及破碎部分清除。冠梁混凝土浇筑采用土模时，土面应修理整平。

10）混凝土灌注桩质量检测应符合下列规定：

（1）应采用低应变动测法检测桩身完整性，检测桩数不宜少于总桩数的 20%，且不得少于 5 根。

（2）当根据低应变动测法判定的桩身完整性为Ⅲ类或Ⅳ类时，应采用钻芯法进行验证，并应扩大低应变动测法检测的数量。

2. 地下连续墙施工

1）地下连续墙的施工应根据地质条件的适应性等因素选择成槽设备。成槽施工前应进行成槽试验，并应通过试验确定施工工艺及施工参数。

2）当地下连续墙邻近的既有建筑物、地下管线、地下构筑物对地基变形敏感时，地下连续墙的施工应采取有效措施。

3）成槽施工前，应沿地下连续墙两侧设置导墙，导墙宜采用混凝土结构，且混凝土的设计强度等级不宜低于 C20。导墙底面不宜设置在新近填土上，且埋深不宜小于 1.5m。导墙的强度和稳定性应满足成槽设备和顶拔接头管施工的要求。

4）成槽时的护壁泥浆在使用前，应根据泥浆材料及地质条件试配及进行室内性能试验，泥浆配比应按试验确定。泥浆拌制后应贮放 24h，待泥浆材料充分水化后方可使用。成槽时，泥浆的供应及处理设备应满足泥浆使用量的要求，泥浆的性能应符合相关技术指标的要求。

5）单元槽段宜采用间隔一个或多个槽段的跳幅施工顺序。每个单元槽段，挖槽分段不宜超过 3 个。成槽过程护壁泥浆液面应高于导墙底面 500mm。

6）槽段接头应满足混凝土浇筑压力对其强度和刚度的要求。安放槽段接头时，应紧贴槽段垂直缓慢沉放至槽底。遇到阻碍时应先清除，然后再入槽。混凝土浇灌过程中应采取防止混凝土产生绕流的措施。

7）对有防渗要求的接头，应在吊放地下连续墙钢筋笼前，对槽段接头和相邻墙段的槽壁混凝土面用刷槽器等进行清刷，清刷后的槽段接头和混凝土面不得夹泥。

8）钢筋笼制作时，纵向受力钢筋的接头不宜设置在受力较大处。同一连接区段内，纵向受力钢筋的连接方式和连接接头面积百分率应符合国家现行有关标准对板类构件的规定。

9）钢筋笼应设置定位层垫块，垫块在垂直方向上的间距宜取 3～5m，水平方向上每层宜设置 2～3 块。

10）单元槽段的钢筋笼宜整体装配和沉放。需要分段装配时，宜采用焊接或机械连接，接头的位置宜选在受力较小处，并应符合现行国家标准《混凝土结构设计规范》(GB 50010）对钢筋连接的有关规定。

11）钢筋笼应根据吊装的要求，设置纵横向起吊桁架；桁架主筋宜采用 HRB335 级或 HRB400 级钢筋，钢筋直径不宜小于 20mm，且应满足吊装和沉放过程中钢筋笼的整体性及钢筋笼骨架不产生塑性变形的要求。连接点出现位移、松动或开焊的钢筋笼不得入槽，应重新制作或修整完好。

12）现浇地下连续墙应采用导管法浇筑混凝土。导管拼接时，其接缝应密闭。混凝土浇筑时，导管内应预先设置隔水栓。

13）槽段长度不大于 6m 时，槽段混凝土宜采用二根导管同时浇筑；槽段长度大于 6m 时，槽段混凝土宜采用三根导管同时浇筑。每根导管分担的浇筑面积应基本均等。钢筋笼就位后应及时浇筑混凝土。混凝土浇筑过程中，导管埋入混凝土面的深度宜在 2.0～4.0m，浇筑液面的上升速度不宜小于 3m/h。混凝土浇筑面宜高于地下连续墙设计顶面 500mm。

14）除特殊要求外，地下连续墙的施工偏差应符合现行国家标准《建筑地基基础工程施工质量验收规范》(GB 50202）的规定。

15）地下连续墙冠梁的施工与“排桩施工”相同。

16）地下连续墙的质量检测应符合下列规定：

（1）应进行槽壁垂直度检测，检测数量不得小于同条件下总槽段数的 20%，且不少于 10 幅；当地下连续墙作为主体地下结构构件时，应对每个槽段进行槽壁垂直度检测。

（2）当地下连续墙作为主体地下结构构件时，应对每个槽段进行槽底沉渣厚度检测。

（3）应采用声波透射法对墙体混凝土质量进行检测，检测墙段数量不宜少于同条件下总墙段数的 20%，且不得少于 3 幅墙段，每个检测墙段的预埋超声波管数不应少于 4 个，且宜布置在墙身截面的四边中点处。

（4）当根据声波透射法判定的墙身质量不合格时，应采用钻芯法进行验证。

（5）地下连续墙作为主体地下结构构件时，其质量检测尚应符合相关规范的要求。

3. 锚杆施工

1）当锚杆穿过的地层附近存在既有地下管线、地下构筑物时，应在调查或探明其位置、走向、类型、使用状况等情况后再进行锚杆施工。

2）锚杆的成孔应符合下列规定：

（1）应根据土层性状和地下水条件选择套管护壁、干成孔或泥浆护壁成孔工艺，成孔工艺应满足孔壁稳定性要求。

(2) 对松散和稍密的砂土、粉土，卵石，填土，有机质土，高液性指数的黏性土宜采用套管护壁成孔护壁工艺。

(3) 在地下水位以下时，不宜采用干成孔工艺。

(4) 在高塑性指数的饱和黏性土层成孔时，不宜采用泥浆护壁成孔工艺。

(5) 当成孔过程中遇不明障碍物时，在查明其性质前不得钻进。

3) 钢绞线锚杆和普通钢筋锚杆杆体的制作安装应符合下列规定：

(1) 钢绞线锚杆杆体绑扎时，钢绞线应平行、间距均匀；杆体插入孔内时，应避免钢绞线在孔内弯曲或扭转。

(2) 当锚杆杆体采用 HRB335、HRB400 级钢筋时，其连接宜采用机械连接、双面搭接焊、双面帮条焊；采用双面焊时，焊缝长度不应小于 $5d$，此处，d 为杆体钢筋直径。

(3) 杆体制作和安放时应除锈、除油污、避免杆体弯曲。

(4) 采用套管护壁工艺成孔时，应在拔出套管前将杆体插入孔内；采用非套管护壁成孔时，杆体应匀速推送至孔内。

(5) 成孔后应及时插入杆体及注浆。

4) 钢绞线锚杆和普通钢筋锚杆的注浆应符合下列规定：

(1) 注浆液采用水泥浆时，水灰比宜取 0.50～0.55；采用水泥砂浆时，水灰比宜取 0.40～0.45，灰砂比宜取 0.5～1.0，拌合用砂宜选用中粗砂。

(2) 水泥浆或水泥砂浆内可掺入能提高注浆固结体早期强度或微膨胀的外掺剂，其掺入量宜按室内试验确定。

(3) 注浆管端部至孔底的距离不宜大于 200mm；注浆及拔管过程中，注浆管口应始终埋入注浆液面内，应在水泥浆液从孔口溢出后停止注浆；注浆后，当浆液液面下降时，应进行孔口补浆。

(4) 采用二次压力注浆工艺时，二次压力注浆宜采用水灰比 0.50～0.55 的水泥浆；二次注浆管应牢固绑扎在杆体上，注浆管的出浆口应采取逆止措施；二次压力注浆时，终止注浆的压力不应小于 1.5MPa。

(5) 采用分段二次劈裂注浆工艺时，注浆宜在固结体强度达到 5MPa 后进行，注浆管的出浆孔宜沿锚固段全长设置，注浆顺序应由内向外分段依次进行。

(6) 基坑采用截水帷幕时，地下水位以下的锚杆注浆应采取孔口封堵措施。

(7) 寒冷地区在冬期施工时，应对注浆液采取保温措施，浆液温度应保持在 5℃以上。

5) 锚杆的施工偏差应符合下列要求：

(1) 钻孔深度宜大于设计深度 0.5m。

(2) 钻孔孔位的允许偏差应为 50mm。

(3) 钻孔倾角的允许偏差应为 3°。

(4) 杆体长度应大于设计长度。

(5) 自由段的套管长度允许偏差应为±50mm。

6) 组合型钢锚杆腰梁、钢台座的施工应符合现行国家标准《钢结构工程施工质量验收规范》(GB 50205) 的有关规定；混凝土锚杆腰梁、混凝土台座的施工应符合现行国家标准《混凝土结构工程施工质量验收规范》(GB 50204) 的有关规定。

7）预应力锚杆张拉锁定时应符合下列要求：

（1）当锚杆固结体的强度达到设计强度的75%且不小于15MPa后，方可进行锚杆的张拉锁定。

（2）拉力型钢绞线锚杆宜采用钢绞线束整体张拉锁定的方法。

（3）锚杆应先进行预张拉；锚杆张拉应平缓加载，加载速率不宜大于0.1N_k/min；在张拉值下的锚杆位移和压力表压力应保持稳定当锚头位移不稳定时，应判定此根锚杆不合格。

（4）锁定时的锚杆拉力应考虑锁定过程的预应力损失量；预应力损失量宜通过对锁定前、后锚杆拉力的测试值确定；缺少测试数据时，锁定时的锚杆拉力可取锁定值的1.1～1.15倍。

（5）锚杆锁定尚应考虑相邻锚杆张拉锁定引起的预应力损失，当锚杆预应力损失严重时，应进行再次锁定；锚杆出现锚头松弛、脱落、锚具失效等情况时，应及时进行修复并对其进行再次锁定。

（6）当锚杆需要再次张拉锁定时，锚具外杆体的长度和完好程度应满足张拉要求。

8）锚杆的检测应符合下列规定：

（1）检测数量不应少于锚杆总数的5%，且同一土层中的锚杆检测数量不应少于3根。

（2）检测试验应在锚杆的固结体强度达到设计强度的75%后进行。

（3）检测锚杆应采用随机抽样的方法选取。

（4）检测试验的张拉值应按表1-37取值。

（5）检测试验应按《建筑基坑支护技术规程》（JGJ 120—2012）验收试验方法进行。

（6）当检测的锚杆不合格时，应扩大检测数量。

表1-37　锚杆的抗拔承载力检测值

支护结构的安全等级	抗拔承载力检测值与轴向拉力标准值 N_k 的比值
一级	≥1.4
二级	≥1.3
三级	≥1.2

4. 内支撑结构施工

1）内支撑结构的施工与拆除顺序，应与设计工况一致，必须遵循先支撑后开挖的原则。

2）混凝土支撑的施工应符合现行国家标准《混凝土结构工程施工质量验收规范》（GB 50204）的规定。

3）混凝土腰梁施工前应将排桩、地下连续墙等挡土构件的连接表面清理干净，混凝土腰梁应与挡土构件紧密接触，不得留有缝隙。

4）钢支撑的安装应符合现行国家标准《钢结构工程施工质量验收规范》（GB 50205）的规定。

5）钢腰梁与排桩、地下连续墙等挡土构件间隙的宽度宜小于100mm，并应在钢腰梁安装定位后，用强度等级不低于C30的细石混凝土填充密实。

6）对预加轴向压力的钢支撑，施加预压力时应符合下列要求：

（1）对支撑施加压力的千斤顶应有可靠、准确的计量装置。

（2）千斤顶压力的合力点应与支撑轴线重合，千斤顶应在支撑轴线两侧对称、等距放置，且应同步施加压力。

(3) 千斤顶的压力应分级施加，施加每级压力后应保持压力稳定 10min 后方可施加下一级压力；预压力加至设计规定值后，应在压力稳定 10min 后，方可按设计预压力值进行锁定。

(4) 支撑施加压力过程中，当出现焊点开裂、局部压曲等异常情况时应卸除压力，在对支撑的薄弱处进行加固后，方可继续施加压力。

(5) 当监测的支撑压力出现损失时，应再次施加预压力。

7) 对钢支撑，当夏期施工产生较大温度应力时，应及时对支撑采取降温措施。当冬期施工降温产生的收缩使支撑端头出现空隙时，应及时用铁楔将空隙楔紧。

8) 支撑拆除应在替换支撑的结构构件达到换撑要求的承载力后进行。当主体结构底板和楼板分块浇筑或设置后浇带时，应在分块部位或后浇带处设置可靠的传力构件。支撑的拆除应根据支撑材料、型式、尺寸等具体情况采用人工、机械和爆破等方法。

9) 立柱的施工应符合下列要求：

(1) 立柱的混凝土的浇筑面宜高于设计桩顶 500mm。

(2) 采用钢立柱时，立柱周围的空隙应用碎石回填密实，并宜辅以注浆措施。

(3) 立柱的定位和垂直度宜采用专门措施进行控制，对格构柱、H 型钢柱，尚应同时控制方向偏差。

10) 内支撑的施工偏差应符合下列要求：

(1) 支撑标高的允许偏差应为 30mm。

(2) 支撑水平位置的允许偏差应为 30mm。

(3) 临时立柱平面位置的允许偏差应为 50mm，垂直度的允许偏差应为 1/150。

(二) 检验批的划分

一般每个单项工程可划分为一个检验批。工程量较大时，应按支护的类型、工艺和施工部位划分。

(三) 检验批质量验收

1. 灌注桩、预制桩的质量检验标准按第三节桩基础有关规定执行。

2. 重复使用的钢板桩质量可参考表 1-38 的规定，重复使用混凝土板桩质量可参考表 1-39 的规定。

3. 地下连续墙的钢筋笼检验标准应符合现行国家标准《建筑地基基础工程施工质量验收规范》(GB 50202) 中表 5.6.4-1 的规定，地下连续墙质量检验标准可参考表 1-40 的规定。

4. 锚杆工程质量检验标准可参考表 1-41。

5. 钢或混凝土支撑系统工程质量检验标准及检验方法见表 1-42。

表 1-38　重复使用的钢板桩检验标准

序号	检查项目	允许偏差或允许值		检查方法
		单位	数值	
1	桩垂直度	%	<1	用钢尺量
2	桩身弯曲度		<2%l	用钢尺量，l 为桩长
3	齿槽平直度及光滑度	无电焊渣或毛刺		用 1m 长的桩段做通过试验
4	桩长度	不小于设计长度		用钢尺量

表 1-39　混凝土板桩制作标准

项目	序号	检查项目	允许偏差或允许值		检查方法
			单位	数值	
主控项目	1	桩长度	mm	+10 0	用钢尺量
	2	桩身弯曲度		<0.1% l	用钢尺量，l 为桩长
一般项目	1	保护层厚度	mm	±5	用钢尺量
	2	模截面相对两面之差	mm	5	用钢尺量
	3	桩尖对桩轴线的位移	mm	10	用钢尺量
	4	桩厚度	mm	+10 0	用钢尺量
	5	凹凸槽尺寸	mm	±3	用钢尺量

表 1-40　地下连续墙质量检验标准

项目	序号	检查项目		允许偏差或允许值		检查方法
				单位	数值	
主控项目	1	墙体强度		设计要求		查试件记录或取芯试压
	2	垂直度	永久结构		1/300	测声波测槽仪或成槽机上的监测系统
			临时结构		1/150	
一般项目	1	导墙尺寸	宽度	mm	W+40	用钢尺量，W 为地下墙设计厚度
			墙面平整度	mm	<5	用钢尺量
			导墙平面位置	mm	±10	用钢尺量
	2	沉渣厚度	永久结构	mm	≤100	重锤测量或沉积物测定仪测
			临时结构	mm	≤200	
	3	槽深		mm	+100	重锤测量
	4	混凝土坍落度		mm	180～220	坍落度测定器
	5	钢筋笼尺寸		见规范		见规范
	6	地下墙表面平整度	永久结构	mm	<100	此为均匀黏土层，松散及易坍土层由设计决定
			临时结构	mm	<150	
			插入式结构	mm	<20	
	7	永久结构时的预埋件位置	水平向	mm	≤10	用钢尺量
			垂直向	mm	≤20	水准仪

表 1-41　锚杆工程质量检验标准

项	序	检查项目	允许偏差或允许值		检查方法
			单位	数值	
主控项目	1	锚杆长度	mm	±30	用钢尺量
	2	锚杆锁定力	设计要求		现场实测
一般项目	1	锚杆位置	mm	±100	用钢尺量
	2	钻孔倾斜度		±1	测钻机倾角
	3	浆体强度	设计要求		试样送检
	4	注浆量	大于理论计算浆量		检查计量数据

表 1-42　钢及混凝土支撑系统工程质量检验标准

项	序	检查项目		允许偏差或允许值		检查方法
				单位	数值	
主控项目	1	支撑位置	标高	mm	30	水准仪
			平面	mm	100	用钢尺量
	2	预加顶力		kN	±50	油泵读数或传感器
一般项目	1	围囹标高		mm	30	水准仪
	2	立柱桩		参见第二节		参见第二节
	3	立柱位置	标高	mm	30	水准仪
			平面	mm	50	用钢尺量
	4	开挖超深（开槽放支撑不在此范围）		mm	＜200	水准仪
	5	支撑安装时间		设计要求		用钟表估测

（四）常见工程质量问题与防治

1. 基坑开挖中支护结构失效，边坡局部或大面积失稳塌方。

1）原因分析：挡土桩强度和刚度不够，使支护结构破坏失去作用从而造成坍方；或挡土桩入土深度不够或未深入到坚实土层，造成整个支护系统失稳塌方；基坑开挖未进行有效的降水或降水井点失效，动水压力和土压力增大而导致滑塌；或未按支护结构程序施工，随意改变支护结构受力模型和尺寸，使支护结构强度、刚度和整体性下降或失去作用；或支护结构未施工完成，就在桩顶部随意施加大量附加荷载等，导致基土被扰动，支护结构和邻近建筑物、管线的安全度降低，同时增加土方清理工作量。

2）防治措施：

（1）挡土桩设计应有足够的强度和刚度，并用顶部圈梁连成整体；如设土层锚杆应深入到坚实土层内，并灌浆密实；挡土桩应有足够的入土深度，并嵌入到坚实土层内，保证支护的整体稳定性。

（2）基坑开挖前，应先采用有效的降水方法，将地下水降低到开挖基坑底 0.5m 以下：支护结构应一次施工完成，防止随挖随支护，或先挖后支护，特别要按设计规定程序施工，不得随意改变支护结构的受力状态，或在支护结构背面土坡上随意施加设计未考虑的大量施工荷载。

2. 排桩墙、连续墙渗水或漏水。

1）原因分析：排桩墙桩间未设止水桩或止水桩与挡土桩间连接不紧密，出现渗水或漏水；或地下连续墙槽段接头之间因泥砂未清除干净；单元槽段接头之间混凝土连接不好，局部存在泥夹层，形成渗排水通道，在地下压力水作用下，出现大量渗水或漏水，影响基坑边坡的稳定。

2）防治措施：

（1）加强井点降水，将地下水位降到基底以下 0.5～1.0m 处，使边坡处于无水状态。

（2）在排桩之间设止水桩使排桩间紧密接合挡水；未设止水桩的应将柱间土修成反拱形防止土剥落，在表面铺钢丝网抹水泥砂浆或浇筑混凝土薄墙封闭挡水。

（3）应将地下连续墙单元槽段的接头面上残留的泥皮、残渣，在浇筑下一槽段混凝土前清除干净。可在清槽换浆前，将特制清扫接头工具（轮胎刮刀或钢丝刷）用吊车吊入槽内，紧贴接头混凝土面往复上下清刷 2～3 遍。

（4）已出现大量渗、漏水时，可在挡土面渗漏水部位加设水泥土桩阻水，或在基坑一面浇筑混凝土薄墙止水。对地下连续墙渗漏水，可采取压力注浆补漏方法处理。

3. 锚杆与地下墙预留孔出现漏水、涌砂。

1）原因分析：采用地下连续墙及锚杆支护的工程，一般在地下连续墙施工时，在墙上一定位置预留孔洞，以作钻孔和穿锚杆之用。钻孔和装设锚杆时，锚杆外套管与地下连续墙预留孔之间常存在空隙，造成水流通道，在地下压力水作用下，水和粉细砂大量涌入基坑内；或拔出钻杆时，导致大量泥砂流入基坑内，造成地面塌陷，邻近建筑物开裂。

2）防治措施：

（1）在孔口设橡皮垫圈，阻止水和砂涌入基坑内。

（2）在钻杆钻进时，保持钻头与外套管有一定距离，停钻时缩回外套管内，防止水、砂从套管内进入基坑。

（3）锚杆灌注锚固体砂浆时，应保持注浆压力不小于 0.4～0.6MPa。

（4）拔管时应保留最后两节外套管，在水泥初凝后才拔出。

（五）质量记录表格清单

1. 工程地质勘察报告、水文地质勘察报告。
2. 设计文件。
3. 施工区域的测量资料。
4. 支护结构施工方案。
5. 基坑工程监测方案。
6. 工程技术交底记录。
7. 材料、构配件进场检验记录。
8. 水泥、砂、石（现场预制时）、钢材等质量证明文件及试验报告。
9. 预拌混凝土出厂合格证。
10. 预制构件质量证明文件。
11. 施工记录及隐蔽工程验收资料。
12. 基坑工程变形监测记录。

13. 各支护结构的质量检验报告。

三、土钉墙

土钉墙是由随基坑开挖分层设置的、纵横向密布的土钉群、喷射混凝土面层及原位土体所组成的支护结构。土钉墙能合理利用土体的自承能力，将土体作为支护结构不可分割的组成部分，具有良好的抗震性能和设备简单、轻便，施工工艺不复杂、速度快，造价低等特点。土钉墙还可以与预应力锚杆、微型桩、旋喷桩、搅拌桩中的一种或多种组成复合土钉墙。

（一）土钉墙施工工艺流程

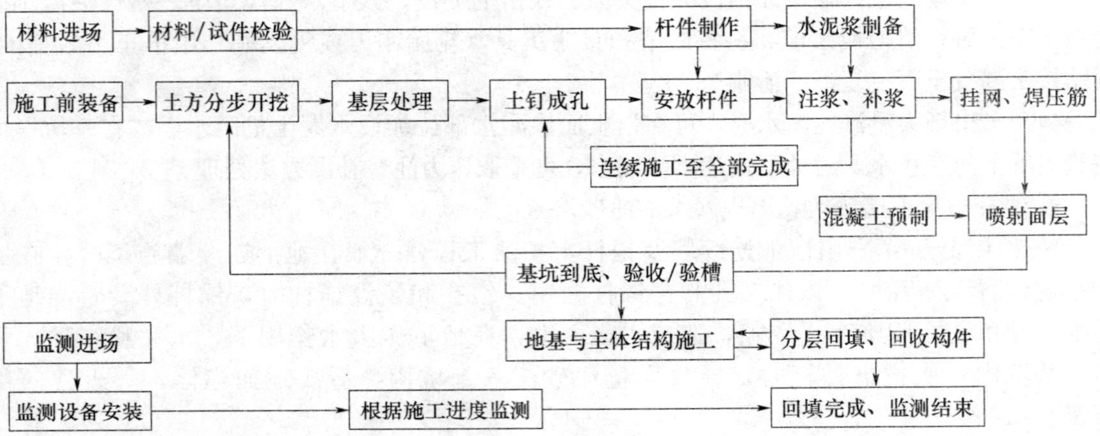

施工质量控制要点：

1. 土钉墙应按每层土钉及混凝土面层分层设置、分层开挖基坑的顺序施工。

2. 当有地下水时，对易产生流砂或塌孔的砂土、粉土、碎石土等土层，应通过试验确定土钉施工工艺和措施。

3. 钢筋土钉成孔时应符合下列要求：

1）土钉成孔范围内存在地下管线等设施时，应在查明其位置并避开后，再进行成孔作业。

2）应根据土层的性状选择洛阳铲、螺旋钻、冲击钻、地质钻等成孔方法，采用的成孔方法应能保证孔壁的稳定性、减小对孔壁的扰动。

3）当成孔遇不明障碍物时，应停止成孔作业，在查明障碍物的情况并采取针对性措施后方可继续成孔。

4）对易塌孔的松散土层宜采用机械成孔工艺；成孔困难时，可采用注入水泥浆等方法进行护壁。

4. 钢筋土钉杆体的制作安装时应符合下列要求：

1）钢筋使用前，应调直并清除污锈。

2）钢筋需要连接宜采用双面搭接焊、帮条焊；搭接长度或帮条长度应不小于主筋直径的5倍，焊缝高度不应小于主筋直径的0.3倍。

3）对中支架的断面尺寸应符合土钉杆体保护层厚度要求，对中支架可选用直径6～8mm

的钢筋焊制。

4）土钉成孔后应及时插入土钉杆体，遇塌孔、缩径时，应在处理后再插入土钉杆体。

5. 钢筋土钉注浆时应符合下列规定：

1）注浆材料可选用水泥浆或水泥砂浆；水泥浆的水灰比宜取 0.5～0.55；水泥砂浆的水灰比宜取 0.40～0.45，同时，灰砂比宜取 0.5～1.0，拌合用砂宜选用中粗砂，按重量计的含泥量不得大于 3%。

2）水泥浆或水泥砂浆应拌合均匀，一次拌合的水泥浆或水泥砂浆应在初凝前使用。

3）注浆前应将孔内残留的虚土清除干净。

4）注浆时，宜采用将注浆管与土钉杆体绑扎，同时插入孔内并由孔底注浆的方式；注浆管端部至孔底的距离不宜大于 200mm；注浆及拔管时，注浆管口应始终埋入注浆液面内，应待新鲜浆液从孔口溢出后再停止注浆；注浆后，当浆液液面下降时，应进行补浆。

6. 打入式钢管土钉施工时应符合下列规定：

1）钢管端部应制成尖锥状；顶部宜设置防止钢管顶部施打变形的加强构造。

2）注浆材料应采用水泥浆；水泥浆的水灰比宜取 0.5～0.6。

3）注浆压力不宜小于 0.6MPa；应在管顶周围出现返浆后停止注浆；当不出现返浆时，可采用间歇注浆的方法。

7. 喷射混凝土面层施工应符合下列规定：

1）细骨料宜选用中粗砂，含泥量应小于 3%。

2）粗骨料宜选用粒径不大于 20mm 的级配砾石。

3）水泥与砂石的重量比宜取 1∶4～1∶4.5，砂率宜取 45%～55%，水灰比宜取 0.4～0.45。

4）使用速凝剂等外掺剂时，应做外加剂与水泥的相容性试验及水泥净浆凝结试验，并应通过试验确定外掺剂掺量及掺入方法。

5）喷射作业应分段依次进行，同一分段内喷射顺序应自下而上均匀喷射，一次喷射厚度宜为 30～80mm。

6）喷射混凝土时，喷头与土钉墙墙面应保持垂直，其距离宜为 0.6～1.0m。

7）喷射混凝土终凝 2h 后应及时喷水养护。

8）钢筋与坡面的间隙应大于 20mm。

9）钢筋网可采用绑扎固定；钢筋连接宜采用搭接焊，焊缝长度不应小于钢筋直径的 10 倍。

10）采用双层钢筋网时，第二层钢筋网应在第一层钢筋网被喷射混凝土覆盖后铺设。

8. 复合土钉墙中预应力锚杆的施工与“支挡结构”中锚杆要求相同。水泥土桩的施工参考“地下水控制”中截水的相关内容。

（二）检验批的划分

一般每个单项工程可划分为一个检验批。工程量较大时，应按土钉墙的类型、工艺和施工部位划分检验批。

（三）检验批质量验收

1. 应对土钉的抗拔承载力进行检测，抗拔试验可采用逐级加荷法；土钉的检测数量不宜少于土钉总数的1%，且同一土层中的土钉检测数量不应少于3根；试验最大荷载不应小于土钉轴向拉力标准值的1.2～1.3倍；检测土钉应按随机抽样的原则选取，并应在土钉固结体强度达到设计强度的70%后进行试验。

2. 土钉墙面层喷射混凝土应进行现场试块强度试验，每500m^{2}喷射混凝土面积试验数量不应少于一组，每组试块不应少于3个。

3. 应对土钉墙的喷射混凝土面层厚度进行检测，每500m^{2}喷射混凝土面积检测数量不应少于一组，每组的检测点不应少于3个；全部检测点的面层厚度平均值不应小于厚度设计值，最小厚度不应小于厚度设计值的80%。

4. 复合土钉墙中的预应力锚杆，应按《建筑基坑支护技术规程》(JGJ 120—2012) 的相关规定进行抗拔承载力检测。

5. 复合土钉墙中的水泥土搅拌桩或旋喷桩用作帷幕时，应按《建筑基坑支护技术规程》(JGJ 120—2012) 的相关规定进行质量检测。

6. 土钉墙支护工程质量检验标准可参考表1-43。

表1-43　锚杆及土钉墙支护工程质量检验标准

项	序	检查项目	允许偏差或允许值		检查方法
			单位	数值	
主控项目	1	锚杆土钉长度	mm	±30	用钢尺量
	2	锚杆锁定力	设计要求		现场实测
一般项目	1	锚杆或土钉位置	mm	±100	用钢尺量
	2	钻孔倾斜度		±1	测钻机倾角
	3	浆体强度	设计要求		试样送检
	4	注浆量	大于理论计算浆量		检查计量数据
	5	土钉墙面厚度	mm	±10	用钢尺量
	6	墙体强度	设计要求		试样送检

(四) 常见工程质量问题与防治

1. 在土钉墙施工过程中，边壁裸露土体局部或大面积发生坍塌。

1) 原因分析：边坡土体直立自稳能力差；未合理确定每步的开挖深度及作业顺序；设计和施工未做好排水系统，地表、地下水渗流入坡面，降低土的黏聚力，使坡面土体失稳；或机械开挖出现超挖或造成边壁土体松动；或边坡开挖后，不及时设置土钉和混凝土护面层稳定坡面等，从而导致边壁坍塌，施工修整困难，降低支护稳定性。

2) 防治措施：

(1) 合理安排、严格控制好每步开挖深度和作业顺序，未做好上层作业面的土钉与喷射混凝土支护之前，严禁进行下一层深度的开挖，同时做好排水系统，阻截地表、地下水渗流入坡面。

(2) 对易坍塌的不良土体可采取以下措施：

① 对开挖出的基坑边壁修整后，立即喷一薄层砂浆或混凝土，待凝结后再进行钻孔设置

土钉，再喷混凝土面层；或在作业面上先设置钢筋网混凝土面层，而后进行钻孔并设置土钉。

② 在水平方向上分小段间隔开挖；或先将作业深度上的边壁做成斜坡保持稳定，待钻孔并设置土钉后再清坡。

③ 必要时，可在基坑开挖前，采用水泥压力注浆的方法对边坡部分土体进行加固后，再开挖边坡，设置土钉支护。

2. 坡面浸水。

1）原因分析：由于地表、地下水的渗流会降低土体强度和土钉与土体之间的界面黏结力，并对喷射的混凝土面层产生压力，从而会降低土钉墙支护的强度、承载力和稳定性，面层脱落破坏，使支护失稳、失去效用。

2）防治措施：

（1）土钉墙支护宜在降低地下水的条件下进行施工，并采取措施排除地表滞水和坑内渗水，降低地下水位，可根据土质情况、开挖深度和施工设备条件，选用轻型井点，喷射井点或深井井点等，将地下水位降至基坑底以下500mm。排除地表水的方法是先将基坑四周支护范围内的地面修整，设排水沟或截水沟及水泥地面，以阻截地表水向坡体渗透。

（2）支护内部排水一般在支护面层背部设置长为400～600mm、直径为60～100mm的水平塑料排水管，管壁带孔，内填滤水材料，随着开挖的加深，从上到下按一定间距和标高插入边壁土体，以便支护完成后能将混凝土面层背面的积水及时排出。

（3）基坑内积聚的渗水，可在坑底离边壁坡脚0.5～1.0m处设排水沟或集水井，表面用砖砌砂浆抹面以防止渗漏，坑内积水用小型水泵抽出排走。

（五）质量记录表格清单

1. 工程地质勘察报告、水文地质勘察报告。
2. 设计文件。
3. 支护施工方案。
4. 监测方案和应急预案。
5. 工程技术交底记录。
6. 材料、构配件进场检验记录。
7. 水泥、砂、石子、外加剂和钢材等质量证明文件及试验报告。
8. 施工记录及隐蔽工程验收资料。
9. 基坑工程变形监测记录。
10. 土钉抗拉拔试验报告。
11. 土钉墙面层厚度检验报告。

四、重力式水泥土墙

重力式水泥土墙支护结构是指水泥土搅拌桩相互搭接形成格栅或实体的重力式支护结构。特点是施工时振动小，无侧向挤压，对周围影响小，最大程度利用原状土，节省材料，水泥土渗透系数小，具有良好的隔水效果。缺点是水泥土材料强度低，支撑作用小，位移较大，水泥土质量受施工影响离散性大。

（一）工艺流程

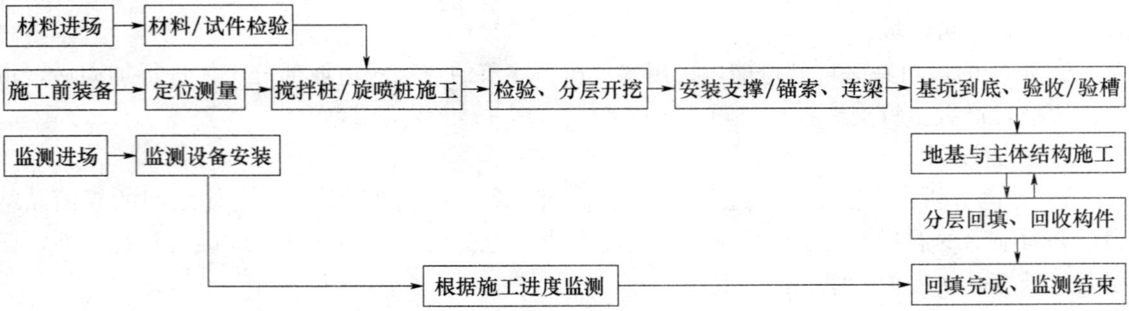

施工质量控制要点：

1. 水泥土墙应采取切割搭接法施工。应在前桩水泥土尚未固化时进行后序搭接桩施工。施工开始和结束的头尾搭接处，应采取加强措施，消除搭接勾缝。

2. 水泥土搅拌桩和高压喷射桩水泥土墙的桩位偏差不应大于50mm，垂直度偏差不宜大于1%。

3. 加筋水泥土搅拌桩是在水泥土搅拌桩内插入型钢、钢板桩、混凝土板桩、混凝土工字梁等筋性材料的支护结构。当设置插筋时，桩身插筋应在桩顶搅拌完成后及时进行。插筋材料、插入长度和出露长度等均应按计算和构造要求确定。插筋材料，可根据现场施工条件等因素，拔出或不拔出。如要拔出，应考虑相应的填充措施，并且要同拔出的时间同步，以减少周围的土体变形。

4. 水泥土桩应在施工后一周内进行开挖检验或采用钻孔取芯等手段检查成桩质量，若不符合设计要求，则应及时调整施工工艺。

5. 水泥土墙应在设计开挖龄期采用钻芯法检验墙身完整性，钻芯数量不宜少于总桩数的1%，且不应少于6根；并应根据设计要求进行单轴抗压强度试验。

6. 基坑开挖到底后及时施工地下结构，及时回填，以缩小对周边环境的影响。

7. 从基坑开始施工，直至基坑回填完毕，全程进行监测。

（二）检验批的划分

一般每个单项工程可划分为一个检验批。工程量较大时，应按重力式水泥土墙的类型、工艺和施工部位划分检验批。

（三）检验批质量验收

1. 水泥土搅拌桩、高压旋喷桩质量检验标准见第二节地基处理工程有关规定，其中垂直度应为1%。

2. 加筋水泥土搅拌桩的质量检验标准及检验方法见表1-44。

表 1-44　加筋水泥土桩质量检验标准

序	检查项目	允许偏差或允许值		检查方法
		单位	数值	
1	型钢长度	mm	±10	用钢尺量
2	型钢垂直度	%	<1	经纬仪
3	型钢插入标高	mm	±30	水准仪
4	型钢插入平面位置	mm	10	用钢尺量

（四）常见工程质量问题与防治

1. 基坑开挖后水泥土桩墙出现倾斜、位移。

1）原因分析：水泥土桩墙截面偏小，强度、刚度，自重力不够，在土压力作用下产生倾斜，或桩墙嵌固深度不够，在土压力作用下产生位移；或基底存在软弱土层，墙背面存在粉细砂层，基底被动土区抗力不足而产生流砂，使围护桩墙位移；或施工程序错误，对支撑式水泥土桩墙支护，未按挖一层土，安装一层支撑的程序进行，使桩墙刚度和抗侧压力稳定性不够，而产生倾斜、位移等，当倾斜、位移过大，严重时会使支护桩墙倒塌破坏，造成重大安全事故。

2）防治措施：

（1）对重力或水泥土桩墙支护，可采取减小坑边堆载，防止动荷载作用于围护桩墙或坑边区域；加块混凝土垫层与底板浇筑速度，以减少基坑敞开时间，并对支护桩墙起支撑作用；出现裂缝应将裂缝用水泥砂浆或混凝土灌满封闭；在围护桩墙背面卸荷或加设支撑、围檩。

（2）对悬臂式支护桩墙，一般可采取加设支撑或拉锚；或墙背卸土；及时浇筑基础混凝土垫层。

（3）对支撑式支护桩墙，可采取注浆或高压喷射注浆进行坑底加固，提高被动区抗力；及时浇筑和加厚混凝土垫层，使形成可靠支撑。

2. 水泥土桩墙施工质量低劣。

1）原因分析：水泥搅拌桩施工质量太差，水泥含量少，有未胶结现象；桩搭接不够；或当基坑被淹后，水泥土桩墙后及基坑周围的土处于饱和状态，当将坑内水很快降下时，水泥搅拌桩一侧承受较原来更大的饱和地基土的水压力，从而失去平衡被破坏，基坑开挖后，水泥土桩墙会渗水，严重者会大面积坍塌，导致整个基坑水泥土墙破坏。

2）防治措施：

（1）水泥土桩墙应按下列规定施工：

① 深层搅拌水泥土桩墙施工前，应进行成桩工艺及水泥掺入量或水泥浆配合比试验，以确定相应的水泥掺入比或水泥浆水灰比。浆喷深层搅拌的水泥掺加量宜为被加固土重度的15％～18％，粉喷深层搅拌的水泥掺加量宜为被加固土重度的13％～16％。

② 水泥土桩与桩之间的搭接宽度，当要求截水时，不宜小于150rnm，不考虑截水时应不小于100mm。

③ 水泥土墙采用格栅布置时，水泥土的置换率对于淤泥不宜小于0.8，对于淤泥质土不宜小于0.7，一般黏土及砂土不宜小于0.6。格栅长宽比不宜大于2。

（2）在低洼地段施工应筑防水堤或排洪沟，以防雨水侵入。

（五）质量记录表格清单

1. 工程地质勘察报告、水文地质勘察报告。
2. 设计文件。
3. 支护结构施工方案。
4. 基坑监测方案。
5. 工程技术交底记录。
6. 图纸会审、设计变更、工程洽商记录。
7. 材料、构配件进场检验记录。
8. 水泥、砂、外加剂等质量证明文件及试验报告。

9. 施工记录及隐蔽工程验收资料。

10. 基坑工程变形监测记录。

五、地下水控制

地下水控制是指为保证支护结构、基坑开挖、地下结构正常施工，防止地下水变化对基坑周边环境产生影响，所采用的截水、降水、排水、回灌等措施。其中截水是指设置水泥土搅拌桩、高压喷射注浆等止水帷幕，防止地下水流入基坑的方法；降水是指用抽水井或渗水井降低基坑内外地下水位的方法；排水是指用排水沟、集水井、泄水管、输水管等组成排水系统将地表水、渗漏水排泄至基坑外的方法。

（一）一般规定

1. 施工前应制定降水与排水施工方案。

2. 当在基坑外降水时，应有降水范围的估算，还要估算对环境的影响，必要时要有回灌措施，尽可能减少对周边环境的影响。对重要建筑物或公共设施在降水过程中应做好监测。

3. 对不同的图纸应用不同的降水形式，常用的降水形式见表1-45。

表1-45　降水类型及适用条件

方法	土料	渗透系数（m/d）	降水深度（m）
管井	粉土、砂土及碎石土	0.1～200.0	不限
真空井点	黏性土、粉土及砂土	0.005～20.0	单级井点＜6
			多级井点＜20

4. 降水系统施工完后，应试运转，如发现井管失效，抽出的是浑水或无抽水量，应采取措施使其恢复正常；如无可能恢复则应报废，另行设置新的井管。

5. 降水系统运转过程中应随时检查观测孔中的水位。

6. 基坑内明排水应设置排水沟及集水井，排水沟纵坡宜控制在1‰～2‰。

7. 当因降水而危及基坑及周边环境安全时，宜采用截水或回灌方法，截水后基坑中的水量或水压较大时，宜采用基坑内降水。

8. 当基坑坑底有隔水层且层底作用有承压水时，应进行坑底突涌验算，必要时可采取水平封隔渗透或钻孔减压措施。

9. 降水方法，一般是按土层颗粒度成分确定的，大体上中粗砂以上粒径的土用水下开挖或堵截法，中砂和细砂用井点法和管井法，淤泥或黏土用真空法和电渗法。

（二）地下水控制施工工艺流程（截水施工参考上一小节重力式水泥土墙）

降水施工工艺流程：

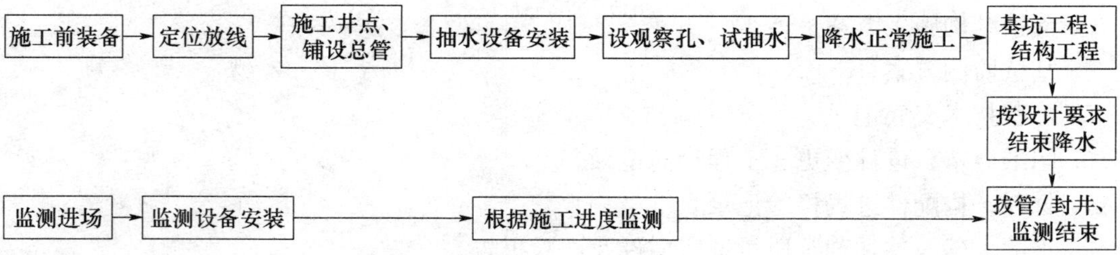

回灌施工工艺流程：

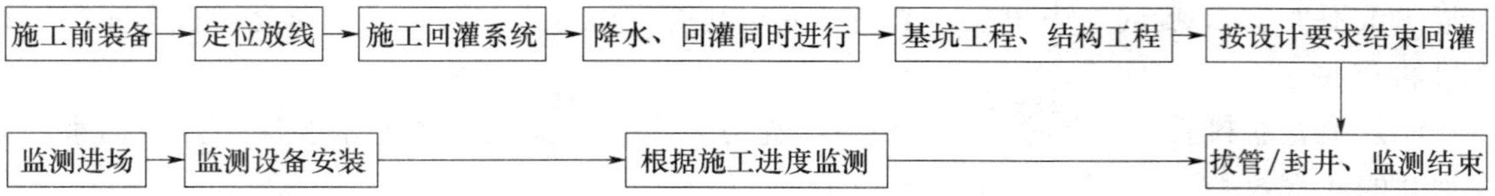

施工质量控制要点：

1. 截水

1）采用与排桩咬合的高压喷射注浆截水帷幕时，应先进行排桩施工，后进行高压喷射注浆施工。

2）高压喷射注浆的施工作业顺序应采用隔孔分序方式，相邻孔喷射注浆的间隔时间不宜小于24h。

3）喷射注浆时，应由下而上均匀喷射，停止喷射的位置宜高于帷幕设计顶面标高1m。

4）可采用复喷工艺增大固结体半径、提高固结体强度。

5）喷射注浆时，当孔口的返浆量大于注浆量的20%时，可采用提高喷射压力、增加提升速度等措施。

6）当因喷射注浆的浆液渗漏而出现孔口不返浆的情况时，应在漏浆部位停止提升注浆管进行喷射注浆，并宜同时采用从孔口填入中粗砂，注浆液掺入速凝剂等措施，直至出现孔口返浆。

7）喷射注浆后，当浆液析水、液面下降时，应进行补浆。

8）当喷射注浆因故中途停喷后，继续注浆时应与停喷前的注浆体搭接，其搭接宽度不应小于500mm。

9）当注浆孔邻近既有建筑物时，宜采用速凝浆液进行喷射注浆。

10）高压旋喷、摆喷注浆帷幕的施工尚应符合现行行业标准《建筑地基处理技术规范》(JGJ 79）的有关规定。

11）高压喷射注浆的施工偏差应符合下列要求：

（1）孔位偏差应为50mm。

（2）注浆孔垂直度偏差应为1.0%。

12）截水帷幕的质量检测应符合下列规定：

（1）与排桩咬合的水泥土搅拌桩、高压喷射注浆帷幕，与土钉墙面层贴合的水泥土搅拌桩帷幕，应在基坑开挖前或开挖时，检测水泥土固结体的表面轮廓、搭接接缝；检测点应按随机方法选取或选取施工中出现异常、开挖中出现漏水的部位；对支护结构外侧独立的截水帷幕，其质量可通过开挖后的截水效果判断。

（2）对施工质量有怀疑时，可在搅拌桩、高压喷射注浆液固结后，采用钻芯法检测帷幕固结体的范围、单轴抗压强度、连续性及深度；检测点应针对怀疑部位选取帷幕的偏心、中心或搭接处，检测点的数量不应少于3处。

2. 降水

1）管井施工应符合下列要求：

（1）管井的成孔施工工艺应适合地层特点，对不易塌孔、缩孔的地层宜采用清水钻进；钻孔深度宜大于降水井设计深度的0.3～0.5m。

(2) 采用泥浆护壁时，应在钻进到孔底后清除孔底沉渣并立即置入井管、注入清水，当泥浆比重不大于1.05时，方可投入滤料；遇塌孔时不得置入井管，滤料填充体积不应小于计算量的95%。

(3) 填充滤料后，应及时洗井，洗井应充分直至过滤器及滤料滤水畅通，并应抽水检验降水井的滤水效果。

2) 真空井点和喷射井点的施工应符合下列要求：

(1) 真空井点和喷射井点的成孔工艺可选用清水或泥浆钻进、高压水套管冲击工艺（钻孔法、冲孔法或射水法），对不易塌孔、缩孔的地层也可选用长螺旋钻机成孔；成孔深度宜大于降水井设计深度0.5～1.0m。

(2) 钻进到设计深度后，应注水冲洗钻孔、稀释孔内泥浆；滤料填充应密实均匀，滤料宜采用粒径为0.4～0.6mm的纯净中粗砂。

(3) 成井后应及时洗孔，并应抽水检验井的滤水效果；抽水系统不应漏水、漏气；降水时真空度应保持在55kPa以上，且抽水不应间断。

3. 排水

1) 排水沟和集水井宜布置在拟建建筑物基础边0.4m以外，排水沟边缘离开边坡坡脚不应小于0.3m；基坑四角或每隔30～40m应设一个集水井。

2) 排水沟底面应比挖土面低0.3～0.4m，集水井沟底深0.5m以上。

3) 当基坑侧壁出现分层渗水时，可按不同高程设导水管、导水沟等构造明排系统；当基坑侧壁渗水量较大或不能分层明排时，宜采用导水降水方法，基坑外采取截水、封堵、导流等措施防止地表水冲刷侧壁。

4) 集水明沟单独使用时，降水深度不宜大于5m。

（三）检验批的划分

一般每个单项工程可划分为一个检验批。工程量较大时，应按降水的类型、工艺和施工部位划分检验批。

（四）检验批质量验收

1. 截水帷幕检验标准参见第二节中水泥土搅拌桩和旋喷桩的规定。

2. 降水与排水施工质量检验标准可参考表1-46的规定。

表1-46 降水与排水施工质量检验标准

<table>
<tr><th rowspan="2">序</th><th rowspan="2" colspan="2">检查项目</th><th colspan="2">允许偏差或允许值</th><th rowspan="2">检查方法</th></tr>
<tr><th>单位</th><th>数值</th></tr>
<tr><td>1</td><td colspan="2">排水沟坡度</td><td>‰</td><td>1～2</td><td>目测：坑内不积水，沟内排水畅通</td></tr>
<tr><td>2</td><td colspan="2">井管（点）垂直度</td><td>%</td><td>1</td><td>插管时目测</td></tr>
<tr><td>3</td><td colspan="2">井管（点）间距（与设计相比）</td><td>%</td><td>≤150</td><td>用钢尺量</td></tr>
<tr><td>4</td><td colspan="2">井管（点）插入深度（与设计相比）</td><td>mm</td><td>≤200</td><td>水准仪</td></tr>
<tr><td>5</td><td colspan="2">过滤砂砾料填灌（与计算值相比）</td><td>mm</td><td>≤5</td><td>检查回填料用量</td></tr>
<tr><td rowspan="2">6</td><td rowspan="2">井点真空度</td><td>轻型井点</td><td>kPa</td><td>>60</td><td>真空度表</td></tr>
<tr><td>喷射井点</td><td>kPa</td><td>>93</td><td>真空度表</td></tr>
<tr><td rowspan="2">7</td><td rowspan="2">电渗井点阴阳极距离</td><td>轻型井点</td><td>mm</td><td>80～100</td><td>用钢尺量</td></tr>
<tr><td>喷射井点</td><td>mm</td><td>120～150</td><td>用钢尺量</td></tr>
</table>

（五）常见工程质量问题与防治

1. 地下水不能通过明沟顺利排入集水井（坑）。

1）原因分析：排水沟没有随基坑土的挖深而加深；或排水沟的深度和宽度不够，纵向未设坡度，使水不能顺利流入集水井；或基坑面积大，排水沟数量不够；或施工疏忽，排水沟被泥土堵塞，水流不通等，导致地下水降不到设计深度，基坑土含水率高，土方工程施工困难。

2）防治措施：

（1）基坑周围设置排水井（坑）和排水沟，应距坡脚有足够的距离，一般不小于 30mm；与基础外边线也应有一定的距离，以不影响基坑施工。

（2）排水沟和集水井（坑）应与基坑（槽）的开挖水平施工长度同步进行。

（3）排水沟一般宜挖成梯形，宽度等于或大于 0.4m，深度为 0.4～0.6m，排水沟应有 0.1%～0.2%的坡度，使水流不致阻滞而淤塞。

（4）安排专人及时清理排水沟内的淤泥。

（5）基坑面积大时，可在基坑内挖盲沟将水引至基坑周围的排水沟，加快地下水的排泄。

（6）由于边坡塌方造成排水沟损坏，可挖去塌方土，在边坡叠放装土草袋，使边坡稳定，再重新开挖排水沟。

2. 井点抽出的水较浑浊。

1）原因分析：滤管的滤网孔眼过大，不能阻止土的细颗粒进入；或井点砂井质量较差，砾料级配不良或无级配；或埋管不对中，滤层厚薄不均，有的部位过薄；或工作水不清洁等，易造成堵管，使井点失效。

2）防治措施：

（1）滤管必须按要求设置滤网；砂井滤料应有一定级配。

（2）埋设井管必须设在井孔的中心部位，使过滤层厚度一致；工作水应保持洁净。

3. 基坑局部边坡出现流砂堆积或滑裂险情。

1）原因分析：基坑附近有河流或临时挖掘的积存有水的深沟，这些方向基坑渗漏补给，使动水压力增高；基坑附近地面因堆料超载或机械振动等，引起地表裂缝和坍陷；如果同时又有地表水向裂缝渗漏，则流砂堆积或滑裂险情将更严重等，造成井点失效或破坏。

2）防治措施：

（1）在水源补给较多的一侧，加密井点间距，在基坑开挖期间禁止邻近边坡挖沟积水。

（2）基坑附近地面避免堆料超载，并尽量避免机械振动过剧。

（3）治理方法为，封堵地表裂缝，把地表水引往离基坑较远处；找出水源予以处理，必要时用水泥灌浆等措施填塞地下空洞裂缝；在失稳边坡一侧，增设抽水机组，以分担部分井点管，提高这一段井点的抽汲能力｝在有滑裂险情边坡附近卸载，防止险情加剧，造成井点严重位移而产生的恶性循环。

4. 井点出水极少或抽不出水，或少量出水后停止出水。

1）原因分析：井孔灌砂砾粒不洁净，夹有泥土；或级配不好，泥砂渗入堵塞滤孔；或井点管没有埋设在孔中间，砂砾层过薄，泥砂进入滤管；或井点滤管埋入渗透系数极小的土层内；或未及时洗井和抽水，成孔时浮于水中的泥砂从内部或外部管井堵塞滤孔等，导致井点失效。

2）防治措施：

（1）砂砾料内不得混有泥土和大量粉砂，应有一定级配。

（2）井点应防止离孔壁过近，砂砾层过薄，泥砂进入滤管；井点滤管必须埋入渗透性强的含水层内；井管安好后应及时洗井，并与总管、抽水设备接通进行抽水，使形成一定流动水头。

（3）对死井应逐个用高压水反冲洗井点管，或将井点管拔出重新埋设。

5. 降水影响邻近建筑物稳定

1）原因分析：基坑开挖采用井点降低地下水位，同时也会使邻近建筑物的地下水位下降，导致土层因失水而压密固结，此外降水的抽水过程中常会带走土层中的部分细微土粒，影响周围地面及邻近建筑物、地下管线的安全。

2）防治措施：

（1）在基坑降水井点与被保护的既有建筑物之间设置回灌井点，使建筑物下保持原有地下水位。回灌井点作法是在降水井点和建筑物之间打一排井点，在降水的同时，通过回灌井点向土层内灌入一定数量的水，形成一道隔水帷幕，阻止或减少回灌井点外侧建筑物下的地下水流失，使其地下水位基本保持不变，土层压力仍处于平衡状态，不会因降水而使地基自重应力增加和地面沉降。

（2）当设置回灌井点有困难时，也可采用砂井、砂沟回灌，即在降水井点与被保护建（构，下同）筑物之间设置砂井作为回灌井，沿砂井再布置一道砂沟，将降水井点抽出的水，适时适量地排入砂沟，再经砂井回灌到地下。回灌井的灌砂量应取井孔体积的95％，填料应采用含泥量不大于3％，不均匀系数在3～5之间的中、粗砂。

（3）为减轻不均匀沉降，还可采取减缓降水速度的方法；或在邻近被保护建筑物一侧将井点管间距加大等措施。可用滤管防止土粒被抽汲带出，滤料粒径根据土层条件选用，滤料滤层厚度按规定设置。下井管前严格检查滤网。井点上部1～ 5m范围内用黏土封口。

（六）质量记录表格清单

1. 工程技术交底记录。
2. 材料、构配件进场检验记录。
3. 井点施工记录。
4. 降水/回灌记录。
5. 水位观测记录。

第二章　砌体工程

砌体结构工程是由块体和砂浆砌筑而成的墙、柱作为建筑物主要受力构件的结构工程。是砖砌体、砌块砌体和石砌体结构的统称。本章适用于建筑工程的砖、石、小砌块等砌体结构工程的施工质量验收。

一、基本规定

1. 施工单位应编制砌体结构工程施工方案。

2. 砌体结构的标高、轴线，应引自基准控制点。砌筑完基础或每一楼层后，应校核砌体轴线和标高。在允许范围内，轴线偏差可在基础顶面或楼面上校正，标高偏差宜通过调整上部砌体灰缝厚度校正。放置预制梁、板的砌体顶面应平整，标高应一致。

3. 砌筑顺序应符合下列规定：

1）基底标高不同时，应从低处砌起，并应由高处向低处搭砌。当设计无要求时，搭接长度不应小于基础底的高差，搭接长度范围内下层基础应扩大砌筑。

2）砌体的转角处和交接处应同时砌筑。当不能同时砌筑时，应按规定留槎、接槎。

4. 砌筑墙体应设置皮数杆。

5. 在墙上留置临时施工洞口，其侧边离交接处墙面不应小于500mm，洞口净宽度不应超过1m。抗震设防烈度为9°的地区建筑物的临时施工洞口位置，应会同设计单位确定。临时施工洞口应做好补砌。不得在下列墙体或部位设置脚手眼：

1）120mm厚墙、清水墙、料石墙、独立柱和附墙柱；

2）过梁上与过梁成60°角的三角形范围及过梁净跨度1/2的高度范围内；

3）宽度小于1m的窗间墙；

4）门窗洞口两侧石砌体为300mm，其他砌体在200mm范围内；转角处石砌体为600mm，其他砌体不450mm范围内；

5）梁或梁垫下及其左右500mm范围内；

6）设计不允许设置脚手眼的部位；

7）轻质墙体；

8）夹心复合墙外叶墙。

6. 脚手眼补砌时，应清除脚手眼内掉落的砂浆、灰尘；脚手眼处砖及填塞用砖应湿润，并应填实砂浆。

7. 设计要求的洞口、管道、沟槽应于砌筑时正确留出或预埋，未经设计同意，不得打凿墙体和在墙体上开凿水平沟槽。宽度超过300mm的洞口上部，应设置钢筋混凝土过梁。不应在截面长边小于500mm的承重墙体、独立柱内埋设管线。

8. 雨天不宜在露天砌筑墙体，对下雨当日砌筑的墙体应进行遮盖。继续施工时，应复核墙体的垂直度，如果垂直度超过允许偏差，应拆除重新砌筑。

9. 砌体施工时，楼面和屋面堆载不得超过楼板的允许荷载值。当施工层进料口处施工荷载较大时，楼板下宜采取临时支撑措施。

10. 正常施工条件下，砖砌体、小砌块砌体每日砌筑高度宜控制在 1.5m 或一步脚手架高度内；石砌体不宜超过 1.2m。

11. 在墙体砌筑过程中，当砌筑砂浆初凝后，块体被撞动或需移动时，应将砂浆清除后再铺浆砌筑。

12. 检验批的划分：

1）砌体结构工程检验批的划分应同时符合下列规定：

（1）所用材料类型及同类型材料的强度等级相同。

（2）不超过 $250m^3$ 砌体。

（3）主体结构砌体一个楼层（基础砌体可按一个楼层计），填充墙砌体量少时可多个楼层合并。

2）水泥使用应符合下列规定：

（1）水泥进场时应对其品种、等级、包装或散装仓号、出厂日期进行检查，并应对其强度、安定性进行复验，其质量必须符合现行国家标准《通用硅酸盐水泥》(GB 175—2007）的有关规定。

（2）当在使用中对水泥质量有怀疑或水泥出厂超过三个月（快硬硅酸盐水泥超过一个月）时，应复查试验，并按其复验结果使用。

（3）不同品种的水泥，不得混合使用。

抽检数量：按同一生产厂家、同品种、同等级、同批号连续进场的水泥，袋装水泥不超过 200t 为一批，散装水泥不超过 500t 为一批，每批抽样不少于一次。

检验方法：检查产品合格证、出厂检验报告和进场复验报告。

二、依据的规范标准

1.《砌体结构工程施工规范》(GB 50924—2014)。

2.《建筑工程施工质量验收统一标准》(GB 50300—2013)。

3.《砌体工程施工质量验收规范》(GB 50203—2011)。

4.《砌筑砂浆配合比设计规程》(JGJ 98—2010)。

5.《砌体工程现场检测技术标准》(GB/T 50315—2011)。

6.《混凝土小型空心砌块建筑技术规程》(JGJ/T 14—2011)。

7.《建筑工程冬期施工规程》(JGJ/T 104—2011)。

第一节　砌筑砂浆

砌筑砂浆按拌制方法不同可分为预拌砂浆和现场拌制砂浆两种。

一般规定：

1. 砌体结构使用的预拌砂浆应符合设计要求及国家现行标准《预拌砂浆》(GB/T 25181) 及现行行业标准《蒸压加气混凝土用砌筑砂浆与抹面砂浆》(JC 890)、《预拌砂浆应用技术规程》(JGJ/T 223）的规定。现场拌制砂浆应符合《砌筑砂浆配合比设计规程》(JGJ 98）的规定。

2. 不同品种及强度等级的产品应分别运输、储存和标志，不得混杂。湿拌砂浆在储存、使用过程中不得掺水。干混砂浆及其他专用砂浆贮存期不应超过3个月，超过3个月的干混砂浆在使用前应重新检验，合格后使用。现场拌制砂浆应根据设计要求及砌筑材料的性能，对工程中所用的砌筑砂浆进行配合比设计，当原材料的品种、规格、批次变更时，其配合比应重新确定。预拌砂浆严格按产品说明书进行施工操作。

3. 配制砌筑砂浆时，各组分材料应采用质量计量。水泥基各种外加剂的配料偏差为±2%；砂、粉煤灰、石灰膏配料允许偏差为±5%，其中砂子计量时，应扣除其含水量对配料的影响；建筑生石灰、建筑生石灰粉熟化为石灰膏，其熟化时间分别不得少于7d和2d；沉淀池中储存的石灰膏，应防止干燥、冻结和污染，严禁使用脱水硬化的石灰膏；建筑生石灰粉、消石灰粉不得代替石灰膏配制水泥石灰砂浆。

现场拌制砂浆随拌随用，拌制砂浆应在3h内使用完毕，当施工温度高于30℃时，应在2h内使用完毕。砂浆搅拌稠度根据砌体种类不同而不同，具体稠度见表2-1。

表2-1　砌筑砂浆的稠度

砌体种类	砂浆稠度（mm）
烧结普通砖砌体	70～90
蒸压粉煤灰砖砌体	
混凝土实心砖、混凝土多孔砖砌体	50～70
普通混凝土小型空心砌块砌体	
蒸压灰砂砖砌体	
烧结多孔砖、空心砖砌体	60～80
轻骨料小型空心砌块砌体	
蒸压加气混凝土砌块砌体	
石砌体	30～50

注：1. 采用薄灰砌筑法砌筑蒸压加气混凝土砌块砌体时，加气混凝土黏结砂浆的加水量按照其产品说明书控制。
　　2. 当砌筑其他块体时，其砌筑砂浆的稠度可根据块体吸水特性及气候条件确定。

4. 砌筑砂浆试块强度验收时其强度合格标准应符合下列规定：

1）同一验收批砂浆试块强度平均值应大于或等于设计强度等级值的1.10倍。

2）同一验收批砂浆试块抗压强度的最小一组平均值应大于或等于设计强度等级值的85%。

注：① 砌筑砂浆的验收批，同一类型、强度等级的砂浆试块应不少于3组；同一验收批砂浆只有一组或二组试块时，每组试块抗压强度的平均值应大于或等于设计强度等级值的1.1倍；对于建筑结构的安全等级为一级或设计使用年限为50年及以上的房屋，同一验收批砂浆试块的数量不得少于3组。

② 砂浆强度应以标准养护，28d龄期的试块抗压强度为准。

③ 制作砂浆试块的砂浆稠度应与配合比设计一致。

5. 抽检数量：每一检验批且不超过250m³砌体的各类、各强度等级的普通砌筑砂浆，每台搅拌机应至少抽检一次。验收批的预拌砂浆、蒸压加气混凝土砌块专用砂浆，抽检为3组。

检验方法：在砂浆搅拌机出料口或在湿拌砂浆的储存容器出料口随机取样制作砂浆试块

（现场拌制的砂浆，同盘砂浆只应制作一组试块），试块标养 28d 后作强度试验。预拌砂浆中的湿拌砂浆稠度应在进场时取样检验。

6. 当施工中或验收时出现下列情况，可采用现场检验方法对砂浆或砌体强度进行实体检测，并判定其强度：

1）砂浆试块缺乏代表性或试块数量不足。

2）对砂浆试块的试验结果有怀疑或有争议。

3）砂浆试块的试验结果，不能满足设计要求。

第二节　砖砌体工程

砖砌体工程适用于烧结普通砖、烧结多孔砖、混凝土多孔砖、混凝土实心砖、蒸压灰砂砖以及蒸压粉煤灰砖等砌体工程。

一、一般规定

1. 砌体砌筑时，混凝土多孔砖、混凝土实心砖、蒸压灰砂砖以及蒸压粉煤灰砖等块体的产品龄期不应小于 28d。

2. 砌筑烧结普通砖、烧结多孔砖、蒸压灰砂砖、蒸压粉煤灰砖砌体时，砖应提前 1～2d 适度湿润，严禁采用干砖或处于吸水饱和状态的砖砌筑，块体湿润程度宜符合下列规定：

1）烧结类块体的相对含水率 60％～70％；

2）混凝土多孔砖及混凝土实心砖不需要浇水湿润，但在气候干燥炎热的情况下，宜在砌筑前对其喷水湿润；

3）其他非烧结类块体的相对含水率 40％～50％。

3. 砖砌体的灰缝应横平竖直，薄厚均匀。水平灰缝厚度和竖向灰缝宽度宜为 10mm，但不应小于 8mm，不应大于 12mm。

4. 砖砌体的下列部位，应使用丁砌层砌筑：每层承重墙的最上面一皮砖；楼板、梁、柱及屋架的支撑处；砖砌体台阶水平面上；挑出层。

5. 正常施工条件下，砖砌体每日砌筑高度宜控制在 1.5m 或一步脚手架高度内。

6. 采用铺浆法砌筑砌体，铺浆长度不得超过 750mm；当施工期间气温超过 30℃时，铺浆长度不得超过 500mm。

7. 240mm 厚承重墙的每层墙的最上一皮砖，砖砌体的阶台水平面上及挑出层的外皮砖，应整砖丁砌。

8. 弧拱式及平拱式过梁的灰缝应砌成楔形缝，拱底灰缝宽度不宜小于 5mm；拱顶灰缝宽度不应大于 15mm，拱体的纵向及横向灰缝应填实砂浆；平拱式过梁拱脚下面应伸入墙内不小于 20mm；砖砌平拱过梁底应有 1％的起拱。

9. 砖过梁底部的模板及其支架拆除时，灰缝砂浆强度不应低于设计强度的 75％。

10. 多孔砖的孔洞应垂直于受压面砌筑。半盲孔多孔砖的封底面应朝上砌筑。竖向灰缝不应出现透明缝、瞎缝和假缝。

11. 砖砌体施工临时间断处补砌时，必须将接槎处表面清理干净，洒水湿润，并填实砂浆，保持灰缝平直。

12. 夹心复合墙的砌筑应符合下列规定：

1）墙体砌筑时，应采取措施防止空腔内掉落砂浆和杂物；

2）拉结件设置应符合设计要求，拉结件在叶墙上的搁置长度不应小于叶墙厚度的2/3，并不应小于60mm；

3）保温材料品种及性能应符合设计要求。保温材料的浇注压力不应对砌体强度、变形及外观质量产生不良影响。

二、施工工艺流程

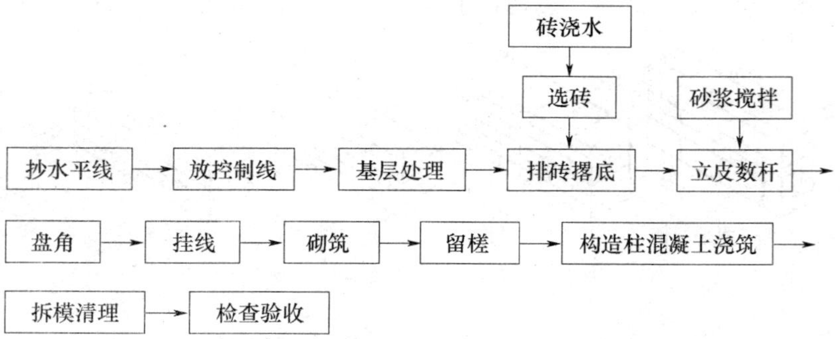

施工质量控制要点：

1. 砖浇水：烧结砖必须在砌筑前一天浇水湿润，一般以水浸入砖四边1.5cm为宜，含水率为10%～15%，常温施工不得用干砖上墙；雨季不得使用含水率达饱和状态的砖砌墙；冬期浇水有困难，必须适当增大砂浆稠度。

2. 砂浆搅拌：砂浆配合比应采用重量比，计量精度水泥为±2%，砂、灰膏控制在±5%以内。宜用机械搅拌，搅拌时间不少于1.5min。

3. 砌砖墙组砌方法：砌体一般采用一顺一丁（满丁、满条）、梅花丁或三顺一丁砌法。砖柱不得采用先砌四周后填心的包心砌法。

4. 排砖撂底（干摆砖）：一般外墙第一层砖撂底时，两山墙排丁砖，前后檐纵墙排条砖。根据弹好的门窗洞口位置线，认真核对窗间墙、垛尺寸是否符合排砖模数，如不符合模数时，可将门窗口的位置左右移动。若有破活，七分头或丁砖应排在窗口中间、附墙垛或其他不明显的部位。移动门窗口位置时，应考虑暖卫立管安装及门窗开启时不受影响；考虑在门窗口上边的砖墙合拢时不出现破活；考虑甩窗口后砌条砖窗角上应是七分头。

5. 选砖：砌清水墙应选择棱角整齐，无弯曲、裂纹，颜色均匀，规格基本一致的砖。敲击时声音响亮，焙烧过火变色，变形的砖可用在基础及不影响外观的内墙上。

6. 盘角：砌砖前应先盘角，每次盘角不要超过五层，新盘的大角，及时进行吊、靠。如有偏差要及时修整。盘角时仔细对照皮数杆的砖层和标高，控制好灰缝大小，使水平灰缝均匀一致。大角盘好后再复查一次，平整和垂直完全符合要求后，再挂线砌墙。

7. 挂线：砌筑一砖半墙必须双面挂线，如果长墙几个人均使用一根通线，中间应设几个支线点，小线要拉紧，每层砖都要穿线看平，使水平缝均匀一致，平直通顺；砌一砖厚混水墙时宜采用外手挂线，可照顾砖墙两面平整，为下道工序控制抹灰厚度奠定基础。

8. 砌砖：砌砖宜采用一铲灰、一块砖、一挤揉的“三一”砌砖法，即满铺、满挤操作法。砌砖时砖要放平。里手高，墙面就要张；里手低，墙面就要背。砌砖一定要跟线，“上跟线，下跟棱，左右相邻要对平”。水平灰缝厚度和竖向灰缝宽度一般为 10mm，但不应小于 8mm，也不应大于 12mm。为保证清水墙面主缝垂直，不游丁走缝，当砌完一步架高时，宜每隔 2m 水平间距，在丁砖立楞位置弹两道垂直立线，可以分段控制游丁走缝。在操作过程中，要认真进行自检，如出现有偏差，应随时纠正。严禁事后砸墙。清水墙不得有三分头，不得在上部任意变活、乱缝。砌筑砂浆应随搅拌随使用，一般水泥砂浆必须在 3h 内用完，水泥混合砂浆必须在 4h 内用完，不得使用过夜砂浆。砌清水墙应随砌、随划缝，划缝深度为8～10mm，深浅一致，墙面清扫干净。混水墙应随砌随将舌头灰刮尽。砖墙根据其厚度不同，可采用全顺、两平一侧、全丁、一顺一丁、梅花丁或三顺一丁的砌筑形式，如图 2-1 所示。

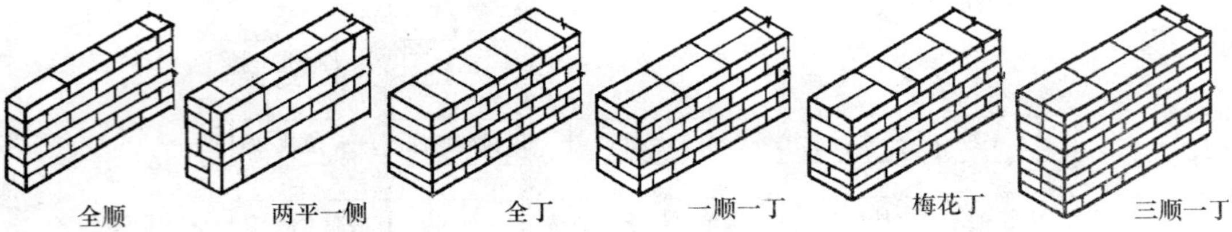

图 2-1　不同砖墙砌筑方法示意图

9. 留槎：外墙转角处应同时砌筑。内外墙交接处必须留斜槎，槎子长度不应小于墙体高度的 2/3，槎子必须平直、通顺。分段位置应在变形缝或门窗口角处，隔墙与墙或柱不同时砌筑时，可留阳槎加预埋拉结筋，拉结筋沿墙高每 500mm 预埋 $\phi 6$ 钢筋 2 根，其埋入长度从墙的留槎处算起，一般每边都不小于 500mm，末端应加 90°弯钩。施工洞口也应按以上要求留水平拉结筋。隔墙顶部应用立砖斜砌挤紧。

10. 构造柱做法：凡设有构造柱的工程，在砌砖前，先根据设计图纸将构造柱位置进行弹线，并把构造柱插筋处理顺直。砌砖墙时，与构造柱连接处砌成马牙槎。每一个马牙槎沿高度方向的尺寸不宜超过 300mm（即五皮砖）。马牙槎应先退后进。拉结筋按设计要求放置，设计无要求时，一般沿墙高 500mm 设置 2 根 $\phi 6$ 水平拉结筋，每边深入墙内不应小于 500mm，对于抗震设防烈度 6、7 度地区，不应小于 1000mm。

三、材料、设备、构配件的验收

烧结普通砖、烧结多孔砖混凝土多孔砖、混凝土实心砖、蒸压灰砂砖、蒸压粉煤灰砖验收为尺寸偏差、外观质量、是否缺棱掉角、泛霜和石灰爆裂等。

四、检验批的验收

（一）主控项目

1. 砖和砂浆的强度等级必须符合设计要求。

抽检数量：每一生产厂家，烧结普通砖、混凝土实心砖每 15 万块，烧结多孔砖、混凝土多孔砖、蒸压灰砂砖及蒸压粉煤灰砖每 10 万块各为一验收批，不足上述数量时按一批计算，抽检数量为 1 组。砂浆试块的抽检数量执行本章“第一节 砌筑砂浆”有关规定。

检验方法：查砖和砂浆试块试验报告。

2. 砌体灰缝砂浆应密实饱满，砖墙水平灰缝的砂浆饱满度不得低于 80%；砖柱水平灰缝和竖向灰缝饱满度不得低于 90%。

抽检数量：每检验批抽查不应少于 5 处。

检验方法：用百格网检查砖底面与砂浆的黏结痕迹面积。每处检测 3 块砖，取其平均值。

3. 砖砌体的转角处和交接处应同时砌筑．严禁无可靠措施的内外墙分砌施工。在抗震设防烈度为 8 度及 8 度以上的地区，对不能同时砌筑而又必须留置的临时间断处应砌成斜槎，普通砖砌体斜槎水平投影长度不应小于高度的 2/3。多孔砖砌体的斜槎长高比不应小于 1/2。斜槎高度不得超过一步脚手架的高度。

抽检数量：每检验批抽查不应少于 5 处。

检验方法：观察检查。

4. 非抗震设防及抗震设防烈度为 6 度、7 度地区的临时间断处，当不能留斜槎时，除转角处外可留直槎，但直槎必须做成凸槎，且应加设拉结钢筋，拉结钢筋应符合下列规定：

1）每 120mm 墙厚放置 1ϕ6 拉结钢筋（120mm 厚墙应放置 2ϕ6 拉结钢筋）。

2）间距沿墙高不应超过 500mm；且竖向间距偏差不应超过 100mm。

3）埋入长度从留槎处算起每边均不应小于 500mm，对抗震设防烈度 6 度、7 度的地区，不应小于 1000mm。

4）末端应有 90°弯钩。

抽检数量：每检验批抽查不应少于 5 处。

检验方法：观察和尺量检查。

（二）一般项目

1. 砖砌体组砌方法应正确，内外搭砌，上、下错缝。清水墙、窗间墙无通缝；混水墙中不得有长度大于 300mm 的通缝，长度 200～300mm 的通缝每间不超过 3 处，且不得位于同一面墙体上。砖柱不得采用包心砌法。

抽检数量：每检验批抽查不应少于 5 处。

检验方法：观察检查。砌体组砌方法抽检每处应为 3～5m。

2. 砖砌体的灰缝应横平竖直，厚薄均匀。水平灰缝厚度及竖向灰缝宽度宜为 10mm，但不应小于 8mm，也不应大于 12mm。

抽检数量：每检验批抽查不应少于 5 处。

检验方法：水平灰缝厚度用尺量 10 皮砖砌体高度折算。竖向灰缝宽度用尺量 2m 砌体长度折算。

3. 砖砌体尺寸、位置的允许偏差及检验应符合表 2-2 的规定。

表 2-2 砌体尺寸、位置的允许偏差及检验

<table>
<tr><th>项</th><th colspan="3">项　目</th><th>允许偏差（mm）</th><th>检验方法</th><th>抽检数量</th></tr>
<tr><td>1</td><td colspan="3">轴线位移</td><td>10</td><td>用经纬仪和尺或用其他测量仪器检查</td><td>承重墙、柱全数检查</td></tr>
<tr><td>2</td><td colspan="3">基础、墙、柱顶面标高</td><td>±15</td><td>用水准仪和尺检查</td><td>不应小于 5 处</td></tr>
<tr><td rowspan="3">3</td><td rowspan="3">墙面
垂直度</td><td colspan="2">每层</td><td>5</td><td>用 2m 托线板检查</td><td>不应小于 5 处</td></tr>
<tr><td rowspan="2">全高</td><td>10m</td><td>10</td><td rowspan="2">用经纬仪、吊线和尺或其他测量仪器检查</td><td rowspan="2">外墙全部阳角</td></tr>
<tr><td>10m</td><td>20</td></tr>
</table>

续表

项	项　　目		允许偏差（mm）	检验方法	抽检数量
4	表面平整度	清水墙、柱	5	用2m靠尺和楔形塞尺检查	不应小于5处
		混水墙、柱	8		
5	水平灰缝平直度	清水墙	7	拉5m线和尺检查	不应小于5处
		混水墙	10		
6	门窗洞口高、宽（后塞口）		±10	用尺检查	不应小于5处
7	外墙下下窗口偏移		20	以底层窗口为准，用经纬仪或吊线检查	不应小于5处
8	清水墙游丁走缝		20	以每层第一皮砖为准，用吊线和尺检查	不应小于5处

五、常见工程质量问题与防治

（一）砖砌体组砌不正确

1. 原因分析：砌筑混水墙面要抹灰，操作人员容易忽视组砌形式，因此出现多层砖的直缝和“二层皮”现象。砌筑砖柱需要大量的七分砖来满足内外砖层错缝要求，打制七分砖影响砌筑效率，在缺乏严格检查的情况下，三七砖柱习惯用包心砌法。

2. 防治措施：砖缝搭接不得少于四分之一砖，内外皮砖最多隔五层应有一皮丁砖拉结。混水墙中使用半头砖也必须满足四分之一砖长的搭接要求。砖柱的组砌方式，应整体考虑砖柱形式，严禁采用包心砌法。砖柱横竖灰缝必须饱满，每砌完一层砖进行一次竖缝刮浆塞缝。墙体砌筑形式应根据所砌部位的受力性质和砖的规格尺寸误差而定，一般清水墙面采用一顺一丁与梅花丁组砌方法。在同一栋号工程中，尽量使用同一砖厂的砖，以免因砖的规格误差而经常变换组砌方式。

（二）灰浆不饱满

1. 原因分析：M2.5或小于M2.5的砂浆，如使用水泥砂浆，因水泥砂浆和易性差，砌筑时挤浆费劲，操作者铺刮砂浆后，使底灰产生空穴，砂浆不饱满。用干砖砌墙，使砂浆因早期脱水而降低强度。而干砖表面的粉屑起到隔离作用，减弱了砖与砂浆的粘接。用推尺铺灰法砌筑，有时因铺灰过长，砌筑速度跟不上，砂浆中的水分被地砖吸走，使砌上的砖与砂浆失去粘接。

2. 防治措施：改善砂浆和易性是确保灰缝砂浆饱满、提高粘接强度的关键。砌筑方法不宜采用推尺铺灰法或摆砖砌筑，应推广“三一砌砖法”，即使用大铲，“一块砖，一铲灰，一挤揉”的砌筑方式。严禁用干砖砌墙，砌筑前1～2d应将砖浇湿，使砌筑时砖的含水率达到10%～15%。

冬季施工时，在正温度条件下也应将砖面适当浇水湿润。负温下施工无法浇砖时，砂浆的稠度应适当增大。对于抗震设防烈度为9度的地区，在严冬无法浇砖情况下，不宜进行砌筑。

（三）墙体留槎不符合规范要求

1. 原因分析：操作人员对留槎问题缺乏认识，习惯于留直槎；由于施工操作不当，施工组织不当，做成留槎过多。后砌 120mm 厚的隔墙留置的阳槎不正、不直，接槎时由于咬槎深度过大，使接槎砖上部灰缝不宜封堵。斜槎留置方法不统一，留置大斜槎工作量大，斜槎灰缝平直度难以控制，使接槎部位不顺线。施工洞口随意留设，运料小车将混凝土、砂浆散落在洞口留槎部位，影响接槎质量。

2. 防治措施：在安排施工组织计划时，对施工留槎统一考虑。外墙大角尽量做到同步砌筑不留槎，纵横墙交接处，有条件的尽量安排同步砌筑。斜槎宜采取 18 层斜槎砌法，为防止因操作不熟练，使接槎处水平缝不直，可以加立小皮数杆。非抗震设防地区，当留斜槎确有困难时，应留引出墙面 120mm 的直槎，并按规定设拉结筋，使咬槎砖缝便于接槎，以保证接槎质量，增强墙体整体性。应注意接槎质量。首先应将接槎处清理干净，然后浇水湿润，接槎时，槎面要填实砂浆并保持灰缝平直。

六、质量记录表格清单

1. 材料产品合格证、进场验收记录和复试报告。
2. 砖砌体工程检验批质量验收记录。
3. 预检工程记录。
4. 隐蔽工程验收记录。
5. 分项工程质量验收记录。
6. 抽样质量检验及观感检查记录。

第三节　石砌体工程

石砌体工程适用于以毛石、毛料石、粗料石、细料石作为主要砌筑材料的砌体工程。

一、一般规定

1. 石材表面的泥垢、水锈等杂质，砌筑前应清除干净。

2. 石砌体应采用铺浆法砌筑，砂浆应饱满，叠砌面的粘灰面积不应小于 80%。

3. 砌筑毛石基础的第一皮石块应坐浆，并将大面向下；砌筑料石基础的第一皮石块应用丁砌层坐浆砌筑。

4. 毛石砌体的第一皮及转角处、交接处和洞口处，应用较大的平毛石砌筑。每个楼层（包括基础）砌体的最上一皮，宜选用较大的毛石砌筑。

5. 石砌体的转角处和交接处应同时砌筑。对不能同时砌筑而又留置的临时间断处，应砌成斜槎。

6. 毛石砌筑时，对石块间存在的较大的缝隙，应先向缝内填灌砂浆并捣实，然后用小石块嵌填，不得先填小石块后填灌砂浆，石块间不得出现无砂浆相互接触现象。

7. 毛石砌体宜分皮卧砌，各皮石块间应利用毛石自然形状经敲打修整使能与先砌毛石基本吻合、搭砌紧密；毛石应上下错缝，内外搭砌，不得采用外面侧立毛石中间填心的砌筑方法；中间不得有铲口石（尖石倾斜向外的石块）、斧刃石（尖石向下的石块）和过桥石（仅在两端搭砌的石块），如图 2-2 所示。

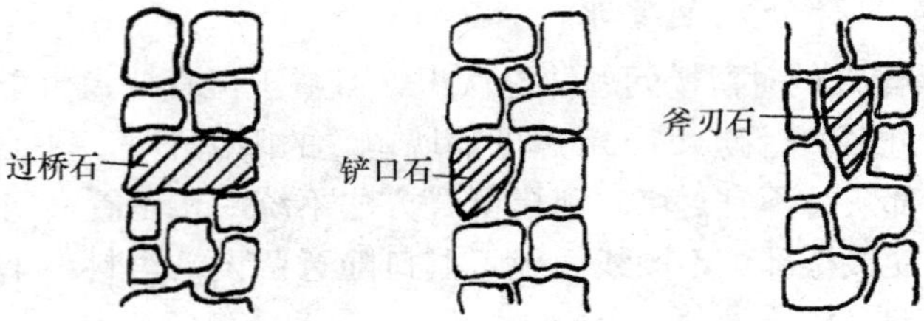

图 2-2　铲口石、斧刃石、过桥石

8. 毛石砌筑应设置拉结石，拉结石应符合下列规定：

1）拉结石应均匀分布，相互错开，毛石基础同皮内宜每隔 2m 设置一块，毛石墙 $0.7m^2$ 墙面至少设置一块，且同皮内的中距不应大于 2m。

2）当基础宽度或墙厚不大于 400mm 时，可用两块拉结石内外搭接，搭接长度不应小于 150mm，且其中一块的长度不应小于基础宽度或墙厚的 2/3。

9. 砌筑毛石挡土墙应按分层高度砌筑，并应符合下列规定：

1）每砌 3～4 皮为一个分层高度，每个分层高度应将顶层石块砌平。

2）两个分层高度间分层处的错缝不得小于 80mm。

10. 料石挡土墙，当中间部分用毛石砌时，丁砌料石伸入毛石部分的长度不应小于 200mm。

11. 毛石、毛料石、粗料石、细料石砌体灰缝厚度应均匀，灰缝厚度应符合下列规定：

1）毛石砌体外露面的灰缝厚度不宜大于 40mm。

2）毛料石和粗料石的灰缝厚度不宜大于 20mm。

3）细料石的灰缝厚度不宜大于 5mm。

12. 挡土墙内侧回填土必须分层夯填，分层松土厚宜为 300mm。墙顶土面应有适当坡度使流水流向挡土墙外侧面。

13. 在毛石和实心砖的组合墙中，毛石砌体与砖砌体应同时砌筑，并每隔 4～6 皮砖用 2～3 皮丁砖与毛石砌体拉结砌合；两种砌体间的空隙应填实砂浆。

14. 毛石墙和砖墙相接的转角处和交接处应同时砌筑。转角处、交接处应自纵墙（或横墙）每隔 4 皮～6 皮砖高度引出不小于 120mm 与横墙（或纵墙）相接。

二、施工工艺流程

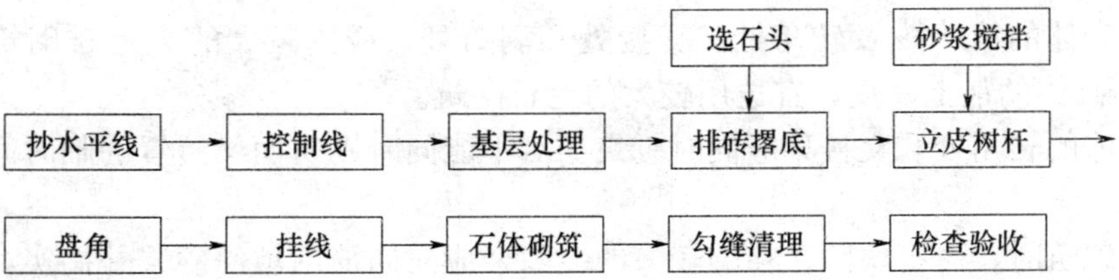

施工质量控制要点：

1. 砌筑前，应对弹好的线进行复查，位置、尺寸应符合设计要求，根据进场石料的规格、尺寸、颜色进行试排、撂底，确定组砌方法。

2. 料石砌筑：①组砌方法应正确，料石砌体应上、下错缝，内外搭砌，料石基础第一皮应用丁砌。坐浆砌筑，踏步形基础，上级料石应压下级料石至少三分之一；②料石砌体水平灰缝厚度，应按料石种类确定，细料石砌体不宜大于 5mm；半细料石砌体不宜大于 10mm；粗料石砌体不宜大于 20mm；③料石墙长度超过设计规定时，应按设计要求设置变形缝，料石墙分段砌筑时，其砌筑高低差不得超过 1.2m。

三、材料、设备、构配件的验收

石砌体所用的石材应质地坚实，无风化剥落和裂纹。用于清水墙、柱表面的石材，尚应色泽均匀。

四、检验批的验收

（一）主控项目

1. 石材及砂浆强度等级必须符合设计要求。

抽检数量：同一产地的同类石材抽检不应小于一组。砂浆试块的抽检数量执行“第一节 砌筑砂浆”有关规定。

检验方法：料石检查产品质量证明书，石材、砂浆检查试块试验报告。

2. 砌体灰缝的砂浆饱满度不应小于 80%。

抽检数量：每检验批抽查不应少于 5 处。

检验方法：观察检查。

（二）一般项目

1. 石砌体尺寸、位置的允许偏差及检验方法见表 2-3。

表 2-3　石砌体尺寸、位置的允许偏差及检验方法

项次	项目		允许偏差（mm）							检验方法
			毛石砌体		料石砌体					
					毛料石		粗料石		细料石	
			基础	墙	基础	墙	基础	墙	墙、柱	
1	轴线位置		20	15	20	15	15	10	10	用经纬仪和尺检查或用其他测量仪器检查
2	基础和墙砌体顶面标高		±25	±15	25	15	15	15	±10	用水准仪和尺检查
3	砌体厚度		+30	+20 −10	+30	+20 −10	+15	+10 −5	+10 −5	用尺检查
4	墙面垂直度	每层	—	20	—	20	—	10	7	用经纬仪、吊线和尺检查，或用其他测量仪器检查
		全高	—	30	—	30	—	25	10	
5	表面平整度	清水墙、柱	—	—	—	20	—	10	5	细料石用 2m 靠尺和楔形塞尺检查，其他用直尺垂直于灰缝拉 2m 线和尺检查
		混水墙、柱	—	—	—	30	—	15	—	
6	清水墙水平灰缝平直度		—	—	—	—	—	10	5	拉 10m 线和尺检查

抽检数量：每检验批抽查不应少于 5 处。

2. 石砌体的组砌形式规定：

1）内外搭砌，上下错缝，拉结石、丁砌石交错设置。

2）毛石墙拉结石每 0.7m2 墙面不应少于 1 块。

检查数量：每检验批抽查不应少于 5 处。

检验方法：观察检查。

五、常见工程质量问题与防治

（一）石材材质差

1. 原因分析：①未按设计要求采购石材；②不按规定检查材质证明；③采石场石材等级分类不清，优劣大小混杂；④外观质量检验马虎。

2. 预防措施：①按施工图规定的石材采购；②认真按规定检查材质证明或试验报告，必要时应抽验复检；③加强石材外观质量的检查验收，风化石等不合格产品不准进场。

3. 治理方法：①强度等级不符合要求或质地疏松的石材应进行更换；②已进场的个别石块，如表面有局部风化层，应剔除后方可砌筑；③色泽差和表面疵斑的石块，不砌在裸露面。

（二）石块组砌不规范

1. 原因分析：①没有按照石材质量标准和施工规范要求采购，验收；②运输、装卸方法和保管不当。

2. 预防措施：①认真学习和掌握石材质量标准规定，按规定的质量要求进行采购；②对经过加工的石料，装卸、运输及存放时，均应有规则的叠放，避免运输过程中的损坏；③各种料石的宽度、厚度均不宜小于 200mm，长度宜大于厚度的 4 倍。石料进场认证检查，杜绝不合格石料进场。

3. 治理方法：①少量形状、尺寸不良的石块在砌筑前进行再加工；②清洗被泥浆污染的石块。

（三）石砌体粘接不牢固

1. 原因分析：①毛石之间缝隙过大，砂浆干缩沉降产生裂缝，和石块不粘接；②高温干燥季节施工，石材粘有泥灰，与砂浆不能粘接；③违章作业，如铺砌干石块后再灌砂浆，造成灌浆不足；④砂浆初凝后移动已砌筑的砌块，未将原砂浆清理干净重新铺浆砌筑；⑤砌筑毛石基础的第一皮石块未座浆或未将大面向下砌筑；⑥毛石墙拉结石每 0.7m^2 不足一块。

2. 预防措施：①控制材料的质量砌筑用的石块应洁净、湿润，砂浆强度、稠度以及分层厚度等满足设计与施工要求，砂浆的稠度，干燥天气为 30～50mm，阴冷天气为 20～30mm；②毛石砌体的灰缝厚度以 20～30mm 为宜，砂浆应饱满，石块间较大的空隙应先填塞砂浆后用碎石块嵌实，不得先摆碎石块后填砂浆或干填碎石块。初凝后砂浆不准移动，底座毛石需要坐浆且将大面朝下。拉墙石每 0.7m^2 不少于一块。

3. 治理方法：检查已经砌的石砌体，如石缝空隙较多，应返工灌足铺满砂浆重砌；个别石缝空隙，可先浇水湿润，后补灌砂浆，填嵌密实。

（四）挡土墙砌筑不规范

挡土墙砌筑混乱，墙片及灰缝控制不严格，未留设泄水孔。

1. 原因分析：①毛石挡土墙分层高度超过 3～4 皮；②毛石挡土墙外露面的灰缝厚度大于 40mm。③超过 1m×2m 挡土墙未设置泄水孔。

2. 预防措施：①毛石挡土墙分层高度不大于 3 皮；②外露灰缝厚度不大于 40mm；③按要求留置泄水孔。

六、质量记录表格清单

1. 材料产品合格证、进场验收记录和复试报告。
2. 石砌体工程检验批质量验收记录。
3. 预检工程记录。
4. 隐蔽工程验收记录。
5. 分项工程质量验收记录。
6. 抽样质量检验及观感检查记录。

第四节　砌块砌体工程

砌块砌工程体适用于普通混凝土小型空心砌块和轻骨料混凝土小型空心砌块（以下简称小砌块）等砌体工程。

一、一般规定

1. 施工前，应按房屋设计图编绘小砌块平、立面排列图，施工中应按排块图施工。

2. 施工采用的小砌块的产品龄期不应小于 28d。砌筑小砌块时，应清除表面污物、剔除外观质量不合格的小砌块。

3. 底层室内地面以下或防潮层以下的砌体，应采用强度等级不低于 C20（或 Cb20）的混凝土灌实小砌块的孔洞。

4. 砌筑普通混凝土小型空心砌块砌体时，不需要对小砌块浇水湿润，如遇天气干燥炎热，宜在砌筑前对其喷水湿润；对轻骨料混凝土小砌块，应提前浇水湿润，块体的相对含水率宜为 40％～50％。雨天及小砌块表面有浮水时，不得施工。

5. 承重墙体使用的小砌块应完整、无缺损、无裂缝。

6. 小砌块墙体应孔对孔、肋对肋错缝搭砌。单排孔小砌块的搭接长度应为块体长度的 1/2；多排孔小砌块的搭接长度可适当调整，但不宜小于砌块长度的 1/3，且不应小于 90mm。墙体的个别部位不能满足上述要求时，应在灰缝中设置拉结钢筋或钢筋网片，但竖向通缝仍不得超过两皮小砌块。

7. 小砌块应将生产时的底面朝上反砌于墙上。

8. 在散热器、厨房、卫生间等设备的卡具安装处砌筑的小砌块，宜在施工前用强度等级不低于 C20（或 Cb20）的混凝土将其孔洞灌实。

9. 砌筑墙体时，对一般墙面，应及时用原浆勾缝，勾缝宜为凹缝，凹缝深度为 2mm，对装饰夹芯复合墙体的墙面，应采用勾缝砂浆进行加浆勾缝，勾缝宜为凹圆或“V”形缝，凹缝深度宜为4～5mm。

10. 芯柱处小砌块墙体砌筑应符合下列规定：

1）每一楼层芯柱处第一皮砌体应采用开口小砌块。

2）砌筑时应随砌随清除小砌块孔内的毛边，并将灰缝中挤出的砂浆刮净。

11. 芯柱混凝土宜选用专用小砌块灌孔混凝土。浇筑芯柱混凝土应符合下列规定：

1）每次连续浇筑的高度宜为半个楼层，但不应大于1.8m。

2）浇筑芯柱混凝土时，砌筑砂浆强度应大于1MPa。

3）清除孔内掉落的砂浆等杂物，并用水冲淋孔壁。

4）浇筑芯柱混凝土前，应先注入适量与芯柱混凝土相同强度的去石砂浆。

5）每浇筑400～500mm高度捣实一次，或边浇筑边捣实。

12. 正常施工条件下，小砌块砌体每日砌筑高度宜控制在1.4m或一步脚手架高度内。

二、施工工艺流程

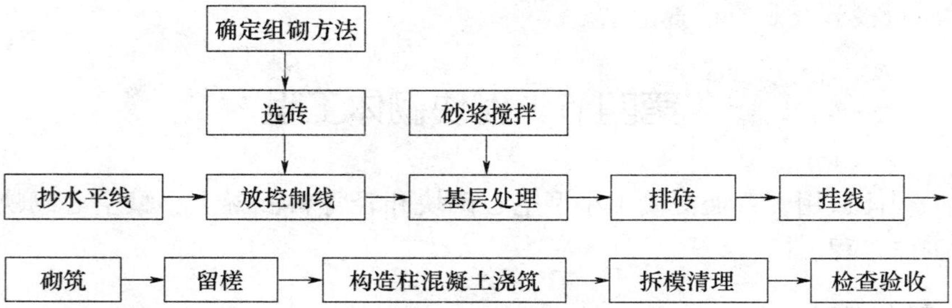

施工质量控制要点：

1. 墙体放线：砌体施工前，应将基础面或楼层结构面按标高找平，依据砌筑图放出第一皮砌块的轴线、砌体边线和洞口线。

2. 砌块排列：按砌块排列图在墙体线范围内分块定尺、画线。排列砌块的方法和要求如下：

1）砌块砌体在砌筑前，应根据工程设计施工图，结合砌块的品种、规格、绘制砌体砌块的排列图，经审核无误，按图排列砌块。

2）砌块排列应从地基或基础面、±0.000面排列，排列时尽可能采用主规格的砌块，砌体中主规格砌块应占总量的75%～80%。

3）砌块排列上、下皮应错缝搭砌，搭砌长度一般为砌块的1/2，不得小于砌块高的1/3，也不应小于150mm，如果搭错缝长度满足不了规定的压搭要求，应采取压砌钢筋网片的措施，具体构造按设计规定。

4）外墙转角及纵横墙交接处，应将砌块分皮咬槎，交错搭砌，如果不能咬槎时，按设计要求采取其他的构造措施；砌体垂直缝与门窗洞口边线应避开通缝。

5）砌体水平灰缝厚度一般为15mm，如果加钢筋网片的砌体，水平灰缝厚度为20～25mm，垂直灰缝宽度为20mm。大于30mm的垂直缝，应用C20的细石混凝土灌实。

6）砌块排列尽量不镶砖或少镶砖，必须镶砖时，应用整砖平砌，且尽量分散，镶砌砖的强度不应小于砌块强度等级。

3. 砌块就位与校正：砌块砌筑前一天应进行浇水湿润，冲去浮尘，清除砌块表面的杂物后方可吊、运就位。砌筑就位应先远后近、先下后上、先外后内；每层开始时，应从转角处或定位砌块处开始；应吊砌一皮、校正一皮，皮皮拉线控制砌体标高和墙面平整度。

三、材料、设备、构配件的验收

普通混凝土小型空心砌块和轻骨料混凝土小型空心砌块验收项目为外观质量偏差、缺棱掉角、弯曲及裂缝长度等。

四、检验批的验收

（一）主控项目

1. 小砌块和芯柱混凝土、砌筑砂浆的强度等级必须符合设计要求。

抽检数量：每一生产厂家，每 1 万块小砌块为一验收批，不足 1 万块按一批计，抽检数量为一组。用于多层以上建筑的基础和底层的小砌块抽检数量不应少于 2 组。砂浆试块的抽检数量执行本章“第一节 砌筑砂浆”有关规定。

检验方法：检查小砌块和芯柱混凝土、砌筑砂浆试块试验报告。

2. 砌体水平灰缝和竖向灰缝的砂浆饱满度，按净面积计算不得低于 90%。

抽检数量：每检验批抽查不应少于 5 处。

检验方法：用专用百格网检测小砌块与砂浆黏结痕迹，每处检测 3 块小砌块，取其平均值。

3. 墙体转角处和纵横墙交接处应同时砌筑。临时间断处应砌成斜槎，斜槎水平投影长度不应小于斜槎高度。施工洞口可预留直槎，但在洞口砌筑和补砌时，应在直槎上下搭砌的小砌块孔洞内用强度等级不低于 C20 或 Cb20 的混凝土灌实。

抽检数量：每检验批抽查不应少于 5 处。

检验方法：观察检查。

4. 小砌块砌体的芯柱在楼盖处应贯通，不得削弱芯柱截面尺寸；芯柱混凝土不得漏灌。

抽检数量：每检验批抽查不应少于 5 处。

检验方法：观察检查。

（二）一般项目

1. 砌体的水平灰缝厚度和竖向灰缝宽度宜为 10mm，但不应大于 12mm，也不应小于 8mm。

抽检数量：每检验批抽查不应少于 5 处。

抽检方法：水平灰缝用尺量 5 皮小砌块的高度折算；竖向灰缝宽度用尺量 2m 砌体长度折算。

2. 小砌块砌体尺寸、位置的允许偏差应按第二节表 2-2 的规定执行。

五、常见工程质量问题与防治

（一）进场材料问题

1. 原因分析：小砌块的强度等级不符合设计要求，未按要求的强度等级采购砌块或者产品材料不合格。未严格按程序及时进行进场复检。

2. 防治措施：砌块严格按图纸及设计要求进行采购进场，小砌块进场后立即进行复验，砌块进场复验的代表批量超过1万块，不同厂家的小砌块进场后未分别按批进行复验。施工时所用的小砌块的产品龄期不足28d不允许上墙施工。

（二）施工质量观感差

施工时断裂砌块用于墙体砌筑，砌筑方向错误；未错缝搭接或搭接长度不够；灰缝出现透明缝或瞎缝。

1. 原因分析：施工缺乏有效的技术交底或施工过程检查监管不严格，要求严格落实各项管理制度，完善施工技术指导工作。

2. 防治措施：①承重墙体砌筑时严禁使用断裂小砌块；②小砌块严格按要求底面朝上反砌于墙上；③小砌块墙体应对孔、错缝搭砌。单排孔小砌块的搭接长度应为块体长度的1/2；多排孔小砌块的搭接长度可适当调整，但不宜小于砌块长度的1/3，且不应小于90mm。墙体的个别部位不能满足上述要求时，应在灰缝中设置拉结钢筋或钢筋网片，但竖向通缝仍不得超过两皮小砌块。厚度为190mm的自承重砌块墙体宜与承重墙同时砌筑，厚度小于190mm自承重小砌块墙宜后砌，且应按设计要求预留拉结筋或钢筋网片；④小砌块砌体水平灰缝的砂浆饱满度不低于90%，竖向灰缝饱满度小于80%。小砌块砌体竖缝凹槽部位用砌筑砂浆填实。砌块砌体不得出现瞎缝、透明缝。

六、质量记录表格清单

1. 材料产品合格证、进场验收记录和复试报告。
2. 砌块砌体工程检验批质量验收记录。
3. 预检工程记录。
4. 隐蔽工程验收记录。
5. 分项工程质量验收记录。
6. 抽样质量检验及观感检查记录。

第五节　填充墙砌体工程

填充墙砌体是以烧结空心砖、蒸压加气混凝土砌块、轻骨料混凝土小型空心砌块等作为砌筑材料砌筑填充墙砌体工程。

一、一般规定

1. 砌筑填充墙时，轻骨料混凝土小型空心砌块和蒸压加气混凝土砌块的产品龄期不应小于28d，蒸压加气混凝土砌块的含水率宜小于30%。

2. 烧结空心砖、蒸压加气混凝土砌块、轻骨料混凝土小型空心砌块等的运输、装卸过程中，严禁抛掷和倾倒；进场后应按品种、规格堆放整齐，堆置高度不宜超过2m。蒸压加气混凝土砌块在运输与堆放中应防止雨淋。

3. 吸水率较小的轻骨料混凝土小型空心砌块及采用薄灰砌筑法施工的蒸压加气混凝土砌块，砌筑前不应对其浇（喷）水浸润；在气候干燥炎热的情况下，对吸水率较小的轻骨料混凝土小型空心砌块宜在砌筑前喷水湿润。

4. 采用普通砌筑砂浆砌筑填充墙时，烧结空心砖、吸水率较大的轻骨料混凝土小型空心砌块应提前1～2d浇（喷）水湿润。蒸压加气混凝土砌块采用蒸压加气混凝土砌块砌筑砂浆或普通砌筑砂浆砌筑时，应在砌筑当天对砌块砌筑面喷水湿润。块体湿润程度宜符合下列规定：

1）烧结空心砖的相对含水率60%～70%。

2）吸水率较大的轻骨料混凝土小型砌块、蒸压加气混凝土砌块的相对含水率40%～50%。

5. 在没有采取有效措施的情况下，不应在下列部位或环境中使用轻骨料混凝土小型空心砌块或蒸压加气混凝土砌块：

1）建筑物防潮层以下墙体；

2）长期浸水或化学侵蚀环境；

3）砌体表面温度高于80℃的部位；

4）长期处于有振动源环境的墙体。

6. 在厨房、卫生间、浴室等处采用轻骨料混凝土小型空心砌块、蒸压加气混凝土砌块砌筑墙体时，墙底部宜现浇混凝土坎台等，其高度宜为150mm。

7. 蒸压加气混凝土砌块、轻骨料混凝土小型空心砌块不应与其他块体混砌，不同强度等级的同类砌块也不得混砌。

8. 填充墙砌体砌筑，应待承重主体结构检验批验收合格后进行。填充墙与承重主体结构间的空（缝）隙部位施工，应在填充墙砌筑14d后进行。

9. 加气混凝土砌块墙的上下皮砌块的竖向灰缝应相互错开，相互错开长度宜为300mm，并不小于150mm。如不能满足时，应在水平灰缝设置2ϕ6的拉结钢筋或ϕ4钢筋网片，拉结钢筋或钢筋网片的长度应不小于700mm，如图2-3所示。

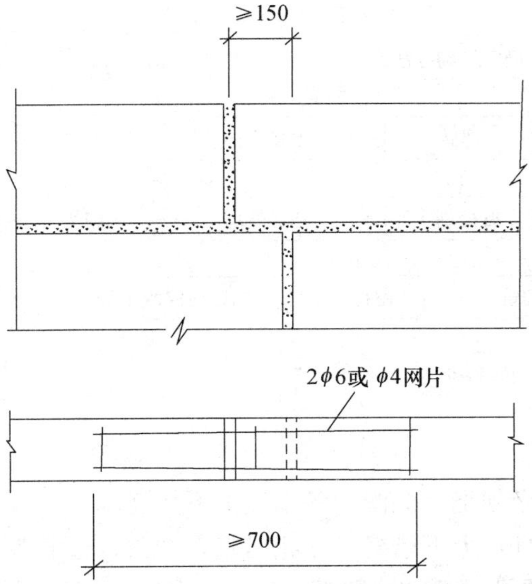

图2-3　加气混凝土砌块墙中拉结筋

10. 填充墙拉结筋当采用化学植筋的方式设置时，应按下列施工流程进行：

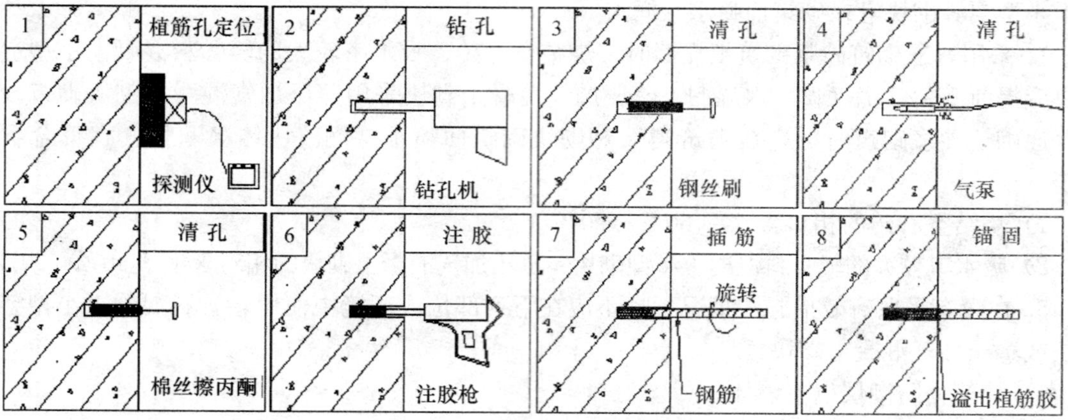

图 2-4　化学植筋工艺流程

11. 预埋墙体拉结筋钻孔直径与钢筋直径对应表 2-4。

表 2-4　植筋直径与对应钻孔直径

钢筋直径 d（mm）	钻孔直径 D（mm）	钢筋直径 d（mm）	钻孔直径 D（mm）
6	8	16	20
8	12	18	22
10	14	20	28
12	16	22	30
14	18	25	

二、施工工艺流程

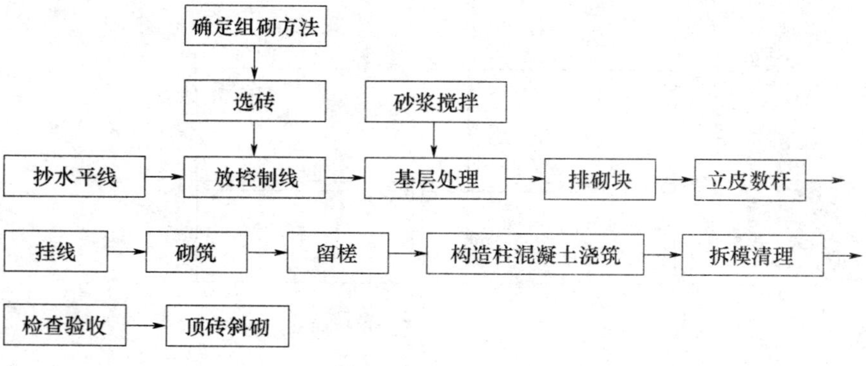

施工质量控制要点：

1. 空心砖砌筑前一天必须浇水湿润，冬季施工不得浇水，可适当增大砂浆稠度。

2. 砌筑时用立好皮数杆，上下错缝，互相搭接，灰缝厚度控制在 12～14mm。多孔砖的孔洞应垂直于受压面，不得孔洞横放。顶部砖应斜砌和梁，楼板顶紧。

3. 砌体的转角处同时砌筑，不得留槎。

4. 过梁安装时应坐浆安装，墙厚 240mm 砖墙支承长度不少于 240mm，墙厚 120mm 砖墙支承长度不少于180mm。对于一边是混凝土剪力墙，一边是砖墙的门顶过梁，应先将过梁钢筋用环氧树脂植筋，锚入混凝土内不小于10d，砌至标高后支模现浇过梁。

5. 承重加气混凝土砌块墙的外墙转角处、墙体交接处，均应沿墙高1m左右，在水平灰缝中放置拉结钢筋，拉结钢筋为3ϕ6，钢筋伸入墙内不少于1000mm，如图2-5所示。

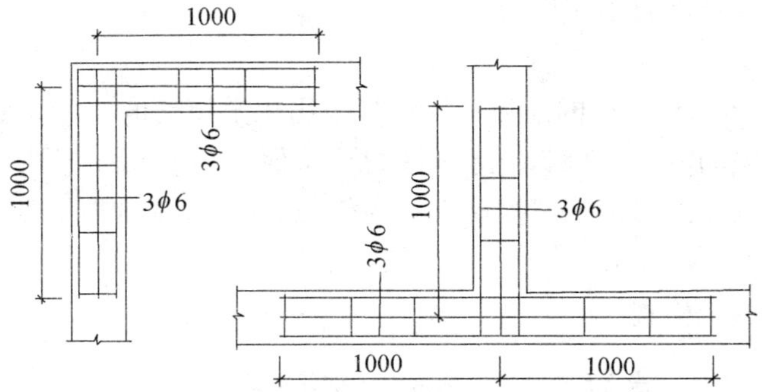

图2-5　承重砌块墙的拉结钢筋

6. 非承重加气混凝土砌块墙的转角处、与承重墙交接处，均应沿墙高1m左右，在水平灰缝中放置拉结钢筋，拉结钢筋为2ϕ6，钢筋伸入墙内不少于700mm，如图2-6所示。

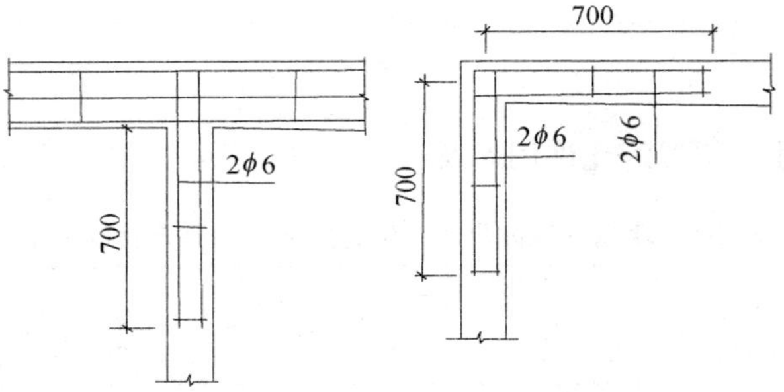

图2-6　非承重砌块墙拉结钢筋

7. 施工中水电工种应配合，将电线管等均预埋好，不得后凿。

8. 水暖井、电缆井、风井处应严格按图示尺寸砌筑，风井内由于尺寸小，应随砌随抹1∶3水泥砂浆。

三、材料、设备、构配件的验收

填充墙砌体验收主要为尺寸偏差与外观质量、密度和抗压强度、缺棱掉角、平面弯曲及裂纹等。

四、检验批质量验收

（一）主控项目

1. 烧结空心砖、小砌块和砌筑砂浆的强度等级应符合设计要求。

抽检数量：烧结空心砖每10万块为一验收批，小砌块每1万块为一验收批，不足上述数量时按一批计，抽检数量为一组。砂浆试块的抽检数量执行本章“第一节 砌筑砂浆”有关规定。

检验方法：检查砖、小砌块进场复验报告和砂浆试块试验报告。

2. 填充墙砌体应与主体结构可靠连接，其连接构造应符合设计要求，未经设计同意，不得随意改变连接构造方法。每一填充墙与柱的拉结筋的位置超过一皮块体高度的数量不得多于一处。

抽检数量：每检验批抽查不应少于 5 处。

检验方法：观察检查。

3. 填充墙与承重墙、柱、梁的连接钢筋，当采用化学植筋的连接方式时，应进行实体检测。锚固钢筋拉拔试验的轴向受拉非破坏承载力检验值应为 6.0kN。抽检钢筋在检验值作用下应基材无裂缝、钢筋无滑移宏观裂损现象；持荷 2min 期间荷载值降低不大于 5%。

抽检数量：按表 2-5 确定。

检验方法：原位试验检查。

表 2-5 检验批抽检锚固钢筋样本最小容量

检验批的容量	样本最小容量	检验批的容量	样本最小容量
≤90	5	281～500	20
91～150	8	501～1200	32
151～280	13	1201～3200	50

（二）一般项目

1. 填充墙砌体尺寸、位置的允许偏差及检验方法应符合表 2-6 的规定。

表 2-6 填充墙砌体尺寸、位置的允许偏差及检验方法

序号	项目		允许偏差（mm）	检验方法
1	轴线位移		10	用尺检查
2	垂直度（每层）	≤3m	5	用 2m 托线板或吊线、尺检查
		>3m	10	
3	表面平整度		8	用 2m 靠尺和楔形尺检查
4	门窗洞口高、宽（后塞口）		±10	用尺检查
5	外墙上、下窗口偏移		20	用经纬仪或吊线检查

抽检数量：每检验批抽查不应少于 5 处。

2. 填充墙砌体的砂浆饱满度及检验方法应符合表 2-7 的规定。

表 2-7 填充墙砌体的砂浆饱满度及检验方法

砌体分类	灰缝	饱满度及要求	检验方法
空心砖砌体	水平	≥80%	采用百格网检查块体底面或侧面砂浆的黏结痕迹面积
	垂直	填满砂浆、不得有透明缝、瞎缝、假缝	
蒸压加气混凝土砌块、轻骨料混凝土小型空心砌块砌体	水平	≥80%	
	垂直	≥80%	

抽检数量：每检验批抽查不应少于 5 处。

3. 填充墙留置的拉结钢筋或网片的位置应与块体皮数相符合。拉结钢筋或网片应置于灰缝中，埋置长度应符合设计要求，竖向位置偏差不应超过一皮高度。

抽检数量：每检验批抽查不应少于 5 处。

检验方法：观察和用尺量检查。

4. 砌筑填充墙时应错缝搭砌，蒸压加气混凝土砌块搭砌长度不应小于砌块长度的 1/3；轻骨料混凝土小型空心砌块搭砌长度不应小于 90mm；竖向通缝不应大于 2 皮。

抽检数量：每检验批抽检不应少于 5 处。

检验方法：观察和用尺检查。

5. 填充墙的水平灰缝厚度和竖向灰缝宽度应正确。烧结空心砖、轻骨料混凝土小型空心砌块砌体的灰缝应为 8～12mm。蒸压加气混凝土砌块砌体当采用水泥砂浆、水泥混合砂浆或蒸压加气混凝土砌块砌筑砂浆时，水平灰缝厚度及竖向灰缝宽度不应超过 15mm；当蒸压加气混凝土砌块砌体采用蒸压加气混凝土砌块黏结砂浆时，水平灰缝厚度和竖向灰缝宽度宜为 3～4mm。

抽检数量：每检验批抽查不应少于 5 处。

检验方法：水平灰缝厚度用尺量 5 皮小砌块的高度折算；竖向灰缝宽度用尺量 2m 砌体长度折算。

五、常见工程质量问题与防治

（一）框架柱填充墙梁、板、墙处裂缝

1. 原因分析：①砌体自身随时间逐渐干缩，引起裂缝；②材料差异变形大，线膨胀系数不同；③昼夜温差大，造成材料变形不一致；④日砌筑高度过高，材料收缩变形；⑤砌体沉降未完成就进行上部封堵；⑥墙体拉结筋未按照规范放置。

2. 防治措施：①严把进场材料关，对进场材料提前一天淋水，控制砂浆配合比，使砌块最低量吸水以便在后期干缩最小；②在不同种墙体材料的交接处，挂贴钢丝网片或高强度耐碱网格布，并与基层可靠连接；③控制日砌筑高度不大于 1.8m，顶部预留缝填补采用加入膨胀剂的细石混凝土，并在砌筑 14d 以后进行；④拉结筋预埋位置、数量、长度均应符合图纸及规范要求，如有不足之处，立即纠正。

（二）填充墙与混凝土框架柱交接处裂缝

1. 原因分析：①块体产品质量不合格；②产品龄期未满 28d 使用，或进场后露天堆放进水。砌筑后墙体干缩造成裂缝；③填充墙拉结筋未按规定设置或拉结筋不直，影响柱与砌体的拉结；④砌筑时竖向灰缝不饱满，降低砌体水平拉结能力；⑤墙体过长且未在中部采取竖向构造措施，使砌体干缩值增大开裂；⑥干燥或高温条件下砌筑，未采取养护措施，当砌体干缩过早，过快时，砂浆强度尚低，难以抵抗干缩引起的拉、剪应力。

2. 防治措施：①针对材料自身干缩的控制，严格控制材料含水率，以及选用合适的砂浆配合比；②针对材料差异变型引起的裂缝，挂贴钢丝网片或高强度耐碱网格布，并与基层可靠连接。网材搭接做到平整、连续、牢固、搭接长度不小于 100mm。

六、质量记录表格清单

1. 材料产品合格证、进场验收记录和复试报告。
2. 填充墙砌体工程检验批质量验收记录。
3. 预检工程记录。
4. 隐蔽工程验收记录。
5. 分项工程质量验收记录。
6. 抽样质量检验及观感检查记录。

第六节　配筋砌体工程

配筋砌体由配置钢筋的砌体作为建筑物主要受力构件的结构。是网状配筋砌体柱、水平配筋砌体墙、砖砌体和钢筋混凝土面层或钢筋砂浆面层组合砌体柱（墙）、砖砌体和钢筋混凝土构造柱组合墙和配筋小砌块砌体剪力墙结构的统称。

一、一般规定

1. 砌筑配筋砌体工程时，尚应符合砖砌体的有关规定。

2. 砖过梁底部的模板，应在灰缝砂浆强度不低于设计强度的50%时，方可拆除。

3. 砖砌体施工临时间断处补砌时，必须将接槎处表面清理干净，浇水湿润，并填实砂浆，保持灰缝平直。

4. 构造柱浇灌混凝土前，必须将砌体表面（留槎部位）和模板浇水湿润，将模板内的落地灰、砖渣和其他杂物清理干净，并在结合面处注入适量与混凝土相同强度的去石水泥砂浆。振捣时，应避免碰触墙体，严禁通过墙体传振。

5. 设置在砌体水平灰缝中钢筋的锚固长度不宜小于 $50d$，且其水平或垂直弯折段的长度不宜小于 $20d$ 和150mm；钢筋的搭接长度不应小于 $55d$。

6. 施工配筋小砌块砌体剪力墙，应采用专用的小砌块砌筑砂浆砌筑，专用小砌块灌孔混凝土浇筑芯柱。

7. 设置在灰缝内的钢筋，应居中置于灰缝内，水平灰缝厚度应大于钢筋直径4mm以上。

二、施工工艺流程

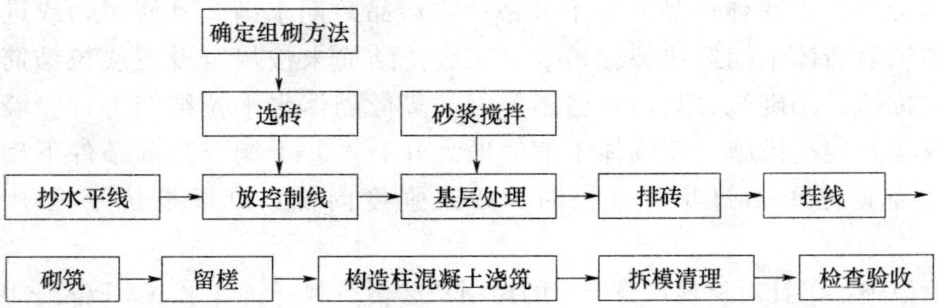

施工质量控制要点：

1. 砌筑前应在基础面或楼面上弹出轴线及门窗洞口线，并用1∶2水泥砂浆或C15细石混凝土找平基层。

2. 砌筑前按砌块尺寸和灰缝厚度计算皮数和排数。立皮数杆要保持标高一致，砌角时要均匀掌握灰缝，砌筑时小线要拉紧，不得各层线松紧不一致，以防水平灰缝出现大小不匀。

3. 芯柱竖向钢筋应居中设置，顶端固定后再浇筑芯柱混凝土。

4. 砌筑一般采用“披灰挤浆”，先用铲刀在砌块底面的周肋上满披灰浆，再在待砌的砌块端头满披头灰，然后双手搬运砌块，进行挤浆砌筑。在砌筑过程中，要经常校核墙体的轴线和边线，当挂线过长，应检查是否达到平直通顺一致的要求，以防轴线产生位移。

5. 砌筑应尽量采用主规格砌块，用反砌法（底面朝上）砌筑，从转角或定位处开始向一侧进行。内外墙同时砌筑，纵横墙交错搭接。上下皮砌块要求对孔、错缝搭砌，个别不能对孔时允许错孔砌筑，但搭接长度不应小于90mm。无法保证搭接长度时，应在灰缝中设置构造筋或加网片拉结。

6. 砌体灰缝应横平竖直，砂浆饱满。水平灰缝砂浆饱满度不得低于90%。竖直灰缝不低于80%，不得用水冲浆灌缝。水平和垂直灰缝的宽度应为8～12mm。

7. 墙体临时间断处应砌成斜槎，斜槎长度应等于或大于斜槎的高度，必须留直槎应设2ϕ6的拉结筋。

8. 预制梁、板安装应坐浆垫平。墙上预留孔洞、管道、沟槽和预埋件，应在砌筑时预留或预埋，不得在砌好的墙上凿洞。

9. 配筋砌块砌体剪力墙水平筋，在凹槽砌块混凝土带中的锚固、搭接长度应符合设计要求。

10. 配筋砌块砌体剪力墙两水平钢筋的净距不应小于50mm。水平钢筋搭接时应上下搭接，并应加设短筋固定。水平钢筋两端宜锚入端部灌孔混凝土中。

11. 在墙体下列部位，空心砌块应用混凝土填实：底层室内地面以下砌体；楼板支承处和无圈梁时，板下一皮砌块；次梁支承处等。

12. 对设计在四大角及外墙转角处用混凝土填实三个孔洞以构成芯柱的构造，在砌完一个楼层高度后连续分层浇灌，混凝土坍落度应不小于90mm，每浇灌40～500mm高度应捣实一次。

13. 砌块墙体日砌高度不宜超过1.5m。雨天不宜砌筑。每砌完一个楼层后，应校核墙体的轴线尺寸和标高，在允许范围内的轴线和标高偏差，应在楼板面上予以纠正。

14. 砌筑砌块砌体时，砌块在干燥炎热的情况下，应提前一天浇水湿润。

三、材料、设备、构配件的验收

钢筋不得有锈蚀和损伤，砖砌体验收为外观质量偏差、缺棱掉角、弯曲及裂缝长度等。

四、检验批质量验收

（一）主控项目

1. 钢筋的品种、规格、数量和设置部位应符合设计要求。

检验方法：检查钢筋的合格证书、钢筋性能复试试验报告、隐蔽工程记录。

2. 构造柱、芯柱、组合砌体构件、配筋砌体剪力墙构件的混凝土及砂浆的强度等级应符合设计要求。

抽检数量：每检验批砌体，试块不应小于 1 组，验收批砌体试块不得小于 3 组。

检验方法：检查混凝土和砂浆试块试验报告。

3. 构造柱与墙体的连接处应符合下列规定：

1）墙体应砌成马牙槎，马牙槎凹凸尺寸不宜小于 60mm，高度不应超过 300mm，马牙槎应先退后进，对称砌筑；马牙槎尺寸偏差每一构造柱不应超过 2 处。

2）预留拉结钢筋的规格、尺寸、数量及位置应正确，拉结钢筋应沿墙高每隔 500mm 设 2ϕ6，伸入墙内不宜小于 600mm，钢筋的竖向移位不应超过 100mm，且竖向移位每一构造柱不得超过 2 处。

3）施工中不得任意弯折拉结钢筋。

抽检数量：每检验批抽查不应少于 5 处。

检验方法：观察检查和尺量检查。

4. 配筋砌体中受力钢筋的连接方式及锚固长度、搭接长度应符合设计要求。

抽检数量：每检验批抽查不应少于 5 处。

检验方法：观察检查。

（二）一般项目

1. 构造柱一般尺寸允许偏差及检验方法应符合表 2-8 的规定。

表 2-8　构造柱一般尺寸允许偏差及检验方法

<table>
<tr><th>序</th><th colspan="3">项目</th><th>允许偏差（mm）</th><th>检验方法</th></tr>
<tr><td>1</td><td colspan="3">中心线位置</td><td>10</td><td>用经纬仪和尺检查或用其他测量仪器检查</td></tr>
<tr><td>2</td><td colspan="3">层间错位</td><td>8</td><td>用经纬仪和尺检查，或用其他测量仪器检查</td></tr>
<tr><td rowspan="3">3</td><td rowspan="3">垂直度</td><td colspan="2">每层</td><td>10</td><td>用 2m 托线板检查</td></tr>
<tr><td rowspan="2">全高</td><td>≤10m</td><td>15</td><td rowspan="2">用经纬仪、吊线和尺检查，或用其他测量仪器检查</td></tr>
<tr><td>>10m</td><td>20</td></tr>
</table>

抽检数量：每检验批抽查不应少于 5 处。

2. 设置在砌体灰缝中钢筋的防腐保护应保证钢筋保护层完好，不应有肉眼可见裂纹、剥落和擦痕等缺陷。

抽检数量：每检验批抽查不应少于 5 处。

检验方法：观察检查。

3. 网状配筋砖砌体中，钢筋网规格及放置间距应符合设计规定。每一构件钢筋网沿砌体高度位置超过设计规定一皮砖厚不得多于 1 处。

抽检数量：每检验批抽查不应少于 5 处。

检验方法：通过钢筋网成品检查钢筋规格，钢筋网放置间距采用局部剔缝观察，或用探针刺入灰缝内检查，或用钢筋位置测定仪测定。

4. 钢筋安装位置的允许偏差及检验方法应符合表 2-9 的规定。

表 2-9 钢筋安装位置的允许偏差及检验方法

项目		允许偏差（mm）	检验方法
受力钢筋保护层厚度	网状配筋砌体	±10	检查钢筋网成品，钢筋网放置位置局部剔缝观察，或用探针刺入灰缝内检查，或用钢筋位置测定仪测定
	组合砖砌体	±5	支模前观察与尺量检查
	配筋小砌块砌体	±10	浇筑灌孔混凝土前观察检查与尺量检查
配筋小砌块砌体墙凹槽中水平钢筋间距		±10	钢尺连续量三档，取最大值

抽检数量：每检验批抽查不应少于 5 处。

五、常见工程质量问题与防治

（一）配筋砌体钢筋遗漏、锈蚀

1. 原因分析：施工交底不到位或检查不到位引起的人为操作问题。

2. 防治措施：配筋砌体中的钢筋与混凝土结构中的钢筋一样，都属于隐蔽验收项目，应加强检查，并有检查记录并存档。施工中，对施工部位的钢筋要一次性备齐。配筋宜采用冷拔钢丝点焊网片，砌筑时，适当增加灰缝厚度。保证钢筋不被锈蚀。

（二）配筋砌体中钢筋偏移

原因分析及防治措施：施工时，水平钢筋应放置于砂浆层中间，配筋灰缝的厚度不宜超过 15mm，竖向钢筋采用可靠的连接与固定方式，保证钢筋在中部，钢筋混凝土的共同作用，保证荷载传递。

六、质量记录表格清单

1. 材料产品合格证、进场验收记录和复试报告。
2. 配筋砌体工程检验批质量验收记录。
3. 预检工程记录。
4. 隐蔽工程验收记录。
5. 分项工程质量验收记录。
6. 抽样质量检验及观感检查记录。

第三章　混凝土结构工程

混凝土结构是以混凝土为主要材料制作的结构，包括素混凝结构、钢筋混凝土结构和预应力混凝土结构等。

混凝土结构的优点是承载力大、可就地取材、耐久、耐火、可模性好、整体性好、刚度大、工程造价和维护费用低，其缺点是抗拉强度低、自重大、易开裂、性质脆、施工工序复杂、周期较长、隔热以及隔声性能差。

混凝土结构子分部工程可划分为模板、钢筋、混凝土、预应力、现浇结构和装配式结构等分项工程。

依据的标准、规范：

1.《建筑工程施工质量验收统一标准》GB 50300—2013。

2.《混凝土结构工程施工质量验收规范》GB 50204—2015。

3.《建筑施工模板安全技术规范》JGJ 162—2008。

4.《建筑工程冬期施工规程》JGI/T 104—2011。

5.《无粘结预应力混凝土结构技术规程》JGJ 92—2016。

6.《混凝土质量控制标准》GB 50164—2011。

7.《大体积混凝土施工规范》GB 50496—2009。

8.《建筑工程大模板技术规程》JGJ 74—2003。

9.《建筑施工高处作业安全技术规范》JGJ 80—2016。

10.《钢结构设计规范》GB 50017—2003。

11.《冷弯薄壁型钢结构设计规范》GB 50018—2002。

12.《滑动模板工程技术规范》GB 50113—2005。

13.《液压滑动模板施工安全技术规程》JGJ 65—2013。

14.《钢筋混凝土用钢　第 1 部分：热轧光圆钢筋》GB 1499.1—2008。

15.《钢筋混凝土用钢　第 2 部分：热轧带肋钢筋》GB 1499.2—2007。

16.《钢筋混凝土用钢　第 3 部分：钢筋焊接网》GB/T 1499.3—2010。

17.《钢筋混凝土用余热处理钢筋》GB 13014—2013。

18.《混凝土结构工程施工规范》GB 50666—2011。

19.《混凝土结构设计规范》GB 50010—2010。

20.《建筑抗震设计规范》GB 50011—2010。

第一节　模板工程

模板是混凝土结构或钢筋混凝土结构成型的模具，由面板、支撑系统和连接配件组成。模板应能保证结构和构件的形状尺寸准确，有足够的强度、刚度和稳定性。

常用的模板包括木模板、定型组合模板、大型工具式大模板、爬模、滑升模板、隧道模、台模、永久式模板以及密肋楼板模壳等。

一、一般规定

1. 模板工程应编制专项施工方案。滑模、爬模、飞模等工具式模板工程及高大模板支架工程的专项施工方案，应进行技术论证。

2. 对模板及支架，应进行设计。模板及支架应具有足够的承载力、刚度和稳定性，应能可靠地承受施工过程中所产生的各类荷载。

3. 模板及支架应保证工程结构和构件各部分形状、尺寸和位置准确，且应便于钢筋安装和混凝土浇筑、养护。

4. 墙体大模板应清理干净，均匀涂刷脱模剂（严禁使用废机油），并经项目质检人员验收合格，方准吊装使用。

5. 在浇筑混凝土之前，应对模板工程进行验收。模板安装和浇筑混凝土时，应对模板及其支架进行观察和维护，发生异常情况时，应按施工技术方案及时进行处理。

6. 模板及其支架拆除的顺序及安全措施应按施工技术方案执行。

二、施工工艺流程

1. 基础底板模板工艺流程

基础垫层完成 → 弹底板位置线 → 模板支设 → 模板预检 →

绑扎钢筋 → 钢筋隐蔽工程验收 → 浇筑混凝土 → 模板拆除

2. 墙、柱模板施工工艺流程

抄平放线 → 墙、柱钢筋绑扎 → 墙、柱钢筋绑扎 → 水电预留预埋 →

钢筋隐蔽工程验收 → 模板安装 → 模板预检 → 浇筑混凝土 → 模板拆除

3. 梁、板模板施工工艺流程

弹线 → 支设立柱 → 调整标高 → 安装梁底模 → 绑梁钢筋 →

安装梁侧模 → 铺设主次龙骨 → 铺设顶板面板 → 模板预检 → 钢筋绑扎 →

水电预留预埋 → 钢筋隐蔽工程验收 → 浇筑混凝土 → 模板拆除

三、检验批的划分

模板工程检验批通常按下列原则进行划分：多层及高层建筑的模板分项工程可按楼层或施工段来划分检验批，单层建筑的模板分项工程可按变形缝等划分检验批；地基基础的模板分项工程一般划分为一个检验批，有地下层的基础模板工程可按不同地下层划分检验批。

四、材料、设备、构配件的验收

1. 模板应具有通用性、耐磨性、拼缝紧密、装拆方便和足够的刚度，阴阳角模的单面倾斜度应符合设计要求。

2. 模板所用材料的技术指标应符合国家现行规范的有关规定要求。

3. 模板与混凝土的接触面应清理干净并涂刷隔离剂，但不得采用影响结构性能或妨碍装饰工程施工的隔离剂。

4. 进入现场的爬升模板系列（大模板、爬升支架、爬升设备、脚手架及附件等），应组织专项验收，合格后方可使用。

5. 竹、木模板的面板及龙骨的规格以及种类应符合设计图纸和施工规范的要求。

五、检验批质量验收

（一）模板安装

1. 主控项目

1）安装现浇结构的上层模板及其支架时，下层楼板应具有承受上层荷载的承载能力，或加设支架；上、下层支架的立柱应对准，并铺设垫板。

检查数量：全数检查。

检验方法：对照模板设计文件和施工技术方案观察。

2）在涂刷模板隔离剂时，不得玷污钢筋和混凝土接槎处。

检查数量：全数检查。

检验方法：观察。

2. 一般项目

1）模板安装应满足下列要求：

（1）模板的接缝不应漏浆；在浇筑混凝土前，木模板应浇水湿润，但模板内不应有积水；

（2）模板与混凝土的接触面应清理干净并涂刷隔离剂，但不得采用影响结构性能或妨碍装饰工程施工的隔离剂；

（3）浇筑混凝土前，模板内的杂物应清理干净；

（4）对清水混凝土工程及装饰混凝土工程，应使用能达到设计效果的模板。

检查数量：全数检查。

检验方法：观察。

2）用作模板的地坪、胎模等应平整光洁，不得产生影响构件质量的下沉、裂缝、起砂或起鼓。

检查数量：全数检查。

检验方法：观察。

3）对跨度不小于4m的现浇钢筋混凝土梁、板，其模板应按设计要求起拱；当设计无具体要求时，起拱高度宜为跨度的1/1000～3/1000。

检查数量：在同一检验批内，对梁，应抽查构件数量的10%，且不少于3件；对板，应按有代表性的自然间抽查10%，且不少于3间；对大空间结构，板可按纵、横轴线划分检查面，抽查 10%，且不少于 3 面。

检验方法：水准仪或拉线、钢尺检查。

4）固定在模板上的预埋件、预留孔和预留洞均不得遗漏，且应安装牢固，其偏差应符合表 3-1 的规定。

表 3-1　预埋件和预留孔洞的允许偏差

项目		允许偏差（mm）
预埋钢板中心线位置		3
预埋管、预留孔中心线位置		3
插筋	中心线位置	5
	外露长度	+10，0
预埋螺栓	中心线位置	2
	外露长度	+10，0
预留洞	中心线位置	10
	尺寸	+10，0

注：检查中心线位置时，应沿纵、横两个方向量测，并取其中的较大值。

检查数量：在同一检验批内，对梁、柱和独立基础，应抽查构件数量的 10%，且不少于 3 件；对墙和板，应按有代表性的自然间抽查 10%，且不少于 3 间；对大空间结构，墙可按相邻轴线间高度 5m 左右划分检查面，板可按纵、横轴线划分检查面，抽查 10%，且均不少于 3 面。

检验方法：钢尺检查。

5）现浇结构模板安装的偏差应符合表 3-2 的规定。

检查数量：在同一检验批内，对梁、柱和独立基础，应抽查构件数量的 10%，且不少于 3 件；对墙和板，应按有代表性的自然间抽查 10%，且不少于 3 间；对大空间结构，墙可按相邻轴线间高度 5m 左右划分检查面，板可按纵、横轴线划分检查面，抽查 10%，且均不少于 3 面。

表 3-2　现浇结构模板安装的允许偏差及检验方法

项　目		允许偏差（mm）	检验方法
轴线位置		5	钢尺检查
底模上表面标高		±5	水准仪或拉线、钢尺检查
截面内部尺寸	基础	±10	钢尺检查
	柱、墙、梁	+4，−5	钢尺检查
层高垂直度	不大于 5m	6	经纬仪或吊线、钢尺检查
	大于 5m	8	经纬仪或吊线、钢尺检查
相邻两板表面高低差		2	钢尺检查
表面平整度		5	2m 靠尺和塞尺检查

注：检查轴线位置时，应沿纵、横两个方向量测，并取其中的较大值。

6）预制构件模板安装的偏差应符合表 3-3 的规定。

检查数量：首次使用及大修后的模板应全数检查；使用中的模板应定期检查，并根据使用情况不定期抽查。

表 3-3　预制构件模板安装的允许偏差及检验方法

项目		允许偏差（mm）	检验方法
长度	梁、板	±5	钢尺量两角边，取其中较大值
	薄腹梁、桁架	±10	
	柱	0，−10	
	墙板	0，−5	
宽度	板、墙板	0，−5	钢尺量一端及中部，取其中较大值
	梁、薄腹梁、桁架	+2，−5	
高（厚）度	板	+2，−3	钢尺量一端及中部，取其中较大值
	墙板	0，−5	
	梁、薄腹梁、桁架、柱	+2，−5	
侧向弯曲	梁、板、柱	L/1000 且≤15	拉线、钢尺量最大弯曲处
	墙板、薄腹梁、桁架	L/1500 且≤15	
板的表面平整度		3	2m 靠尺和塞尺检查
相邻两板表面高低差		1	钢尺检查
对角线差	板	7	钢尺量两对角线
	墙板	5	
翘曲	板、墙板	L/1500	调平尺在两端量测
设计起拱	薄腹梁、桁架、梁	±3	拉线、钢尺量跨中

注：L 为构件长度（mm）。

（二）模板拆除

1. 主控项目

1）底模及其支架拆除时的混凝土强度应符合设计要求；当设计无具体要求时，混凝土强度应符合表 3-4 的规定。

表 3-4　底模拆除时的混凝土强度要求

构件类型	构件跨度（m）	达到设计的混凝土立方体抗压强度标准值的百分率（%）
板	≤2	≥50
	>2，≤8	≥75
	>8	≥100
梁、拱、壳	≤8	≥75
	>8	≥100
悬臂构件	—	≥100

检查数量：全数检查。

检验方法：检查同条件养护试件强度试验报告。

2）对后张法预应力混凝土结构构件，侧模宜在预应力张拉前拆除；底模支架的拆除应按施工技术方案执行，当无具体要求时，不应在结构构件建立预应力前拆除。

检查数量：全数检查。

检验方法：观察。

3）后浇带模板的拆除和支顶应按施工技术方案执行。

检查数量：全数检查。

检验方法：观察。

2. 一般项目

1）侧模拆除时的混凝土强度应能保证其表面及棱角不受损伤。

检查数量：全数检查。

检验方法：观察。

2）模板拆除时，不应对楼层形成冲击荷载。拆除的模板和支架宜分散堆放并及时清运。

检查数量：全数检查。

检验方法：观察。

六、常见工程质量问题与防治

（一）轴线位移

1. 原因分析：

1）翻样不认真或技术交底不清，模板拼装时组合件未能按规定到位。

2）轴线测放产生误差。

3）墙、柱模板根部和顶部无限位措施或限位不牢，发生偏位后又未及时纠正，造成累积误差。

4）支模时，未拉水平、竖向通线，且无竖向垂直度控制措施。

5）模板刚度差，未设水平拉杆或水平拉杆间距过大。

6）混凝土浇筑时未均匀对称下料，或一次浇筑高度过高造成侧压力过大挤偏模板。

7）对拉螺栓、顶撑、木楔使用不当或松动造成轴线偏位。

2. 防治措施：

1）模板轴线测放后，组织专人进行技术复核验收，确认无误后才能支模。

2）墙、柱模板根部和顶部必须设可靠的限位措施，如采用现浇楼板混凝土上预埋短钢筋固定支撑，以保证底部位置准确。

3）支模时要拉水平、竖向通线，并设竖向垂直度控制线，以保证模板水平、竖向位置准确。

4）根据混凝土结构特点，对模板进行专门设计，以保证模板及其支架具有足够强度、刚度及稳定性。

5）混凝土浇筑前，对模板轴线、支架、顶撑、螺栓进行认真检查、复核，发现问题及时进行处理。

6）混凝土浇筑时，要均匀对称下料，浇筑高度应严格控制在施工规范允许的范围内。

（二）标高偏差

1. 原因分析：

1）楼层无标高控制点或控制点偏少，控制网不闭合；竖向模板根部未找平。

2）模板顶部无标高标记，或未按标记施工。

3）高层建筑标高控制线转测次数过多，累计误差过大。

4）预埋件、预留孔洞模板未固定牢，施工时未重视施工方法。

5）楼梯踏步模板未考虑装修层厚度。

2. 防治措施：

1）每楼层设足够的标高控制点，竖向模板根部须做找平。

2）模板顶部设标高标记，严格按标记施工。

3）建筑楼层标高由首层±0.000标高控制，严禁逐层向上引测，以防止累计误差，当建筑高度超过30m时，应另设标高控制线，每层标高引测点应不少于2个，以便复核。

4）预埋件及预留孔洞，在安装前应与图纸对照，确认无误后准确固定在设计位置上，必要时用电焊或套框等方法固定，在浇筑混凝土时，应沿其周围分层均匀浇筑，严禁碰击和振动预埋件模板。

5）楼梯踏步模板安装时应考虑装修层厚度。

（三）模板支撑结构变形

1. 原因分析：

1）支撑及围檩间距过大，模板刚度差。

2）组拼小钢模的连接件未按规定设置，造成模板整体性差。

3）墙、柱模板无对拉螺栓或螺栓间距过大，螺栓规格过小。

4）竖向承重支撑在地基土上未夯实，未垫垫板，也无排水措施，造成支撑和模板系统随地基下沉。

5）门窗洞口内模间对撑不牢固，在混凝土振捣时模板被挤偏。

6）梁、柱模板卡具间距过大，或未夹紧模板，或对拉螺栓配备数量不足，导致局部模板爆模。

7）浇筑墙、柱混凝土时速度过快，一次浇筑高度过高，振捣过度。

8）采用木模板或胶合板施工，验收合格后未及时浇筑混凝土，长期日晒雨淋而变形。

2. 防治措施：

1）模板及支撑系统设计时，应充分考虑其本身自重、施工荷载、混凝土的自重及浇筑时产生的侧压力，以保证模板及支架有足够的承载能力、刚度和稳定性。

2）梁底支撑间距应能够保证在混凝土重量和施工荷载作用下不产生变形，支撑底部若为地基土，应先认真夯实，并设排水沟，铺放通长垫板或型钢，以确保支撑不沉陷。

3）组合小钢模拼装时，连接件应按规定放置，围檩及对拉螺栓间距、规格应按设计要求设置。

4）梁、柱模板若采用围檩及对拉螺栓时，其间距要按规定设置，并要卡紧模板，其宽度比截面尺寸略小。

5）梁、墙模板上部必须有临时撑头，以保证混凝土浇筑时，梁、墙上口宽度。

6）浇筑混凝土时，要均匀对称不下料，严格控制浇筑高度，特别是门窗洞口模板两侧，既要保证混凝土振捣密实，又要防止过分振捣引起模板变形。

7）对跨度不小于4m的现浇钢筋混凝土梁、板，其模板应按设计要求起拱。

8）采用木模板、胶合板模板施工时，经验收合格后应及时浇筑混凝土，防止木模板长期暴晒雨淋发生变形。

（四）模板接缝不严

1. 原因分析：

1）翻样不认真或失误，模板制作粗糙，拼装时接缝过大。

2）木模板安装周期过长，木模干缩造成裂缝。

3）木模板制作粗糙，拼缝不严。

4）浇筑混凝土时，木模板未提前浇水湿润，使其胀开。

5）钢模板变形未及时修整。

6）钢模板接缝措施不当。

7）梁、柱交接部位，接头尺寸不准、错位。

2. 防治措施：

1）翻样要认真，严格按1/10～1/50比例将各分部分项细部翻成详图，详细编注，经复核无误后认真向操作工人交底，强化工人质量意识，认真制作定型模板和拼装。

2）严格控制木模板含水率，制作时拼缝严密。

3）木模板安装周期不宜过长，浇筑混凝土时，木模板要提前浇水湿润，使其胀开密缝。

4）钢模板变形，特别是边杠处变形，要及时修整平直。

5）钢模板间嵌缝措施应控制，不能用油毡、塑料布或者水泥袋等去嵌缝堵漏。

6）梁、柱交接部位支撑应牢靠，拼缝严密（必要时缝间加双面胶纸），发生错位便于校正。

（五）脱模剂使用不当

1. 原因分析：

1）拆模后不清理混凝土残浆即刷脱模剂。

2）脱模剂涂刷不匀或漏涂，或涂层过厚。

3）使用了废机油脱模剂，既污染了钢筋及混凝土，又影响了混凝土表现装饰质量。

2. 防治措施：

1）拆模后，必须清除模板上遗留的混凝土残浆后，再刷脱模剂。

2）严禁用废机油作脱模剂，选用既便于脱模又便于混凝土表面装饰的脱模剂。如皂液、滑石粉、石灰水及其混合液和各种专门化学制品脱模剂等。

3）脱模剂材料宜拌成稠状，应涂刷均匀，不得流淌，一般刷两度为宜，以防漏刷，也不宜涂刷过厚。

4）脱模剂涂刷后，应在短期内及时浇筑混凝土，以防隔离层遭受破坏。

（六）模板未清理干净

1. 原因分析：

1）钢筋绑扎完毕，模板未用压缩空气或压力水清理干净。

2）封模前未进行清扫。

3）墙柱根部、梁柱接头最低处未留清扫孔，或所留位置不当无法进行清扫。

2. 防治措施：

1）钢筋绑扎完毕，用压缩空气或压力水清除模板内垃圾。

2）封模前，派专人将模内垃圾清除干净。

3）墙柱根部、梁柱接头处应留清扫孔，预留孔尺寸不小于100mm×100mm，模内垃圾清除完毕后及时将清扫口处封严。

（七）封闭或竖向模板无排气孔、浇筑孔

1. 原因分析：

1）墙体内大型预留洞口底模未设排气孔，易使混凝土对称下料时产生气囊，导致混凝土不实。

2）高柱、高墙侧模无浇筑孔，造成混凝土浇筑自由落距过大，易离析或振动棒不能插到位，造成振捣不实。

2. 防治措施：

1）墙体的大型预留洞口（门窗洞等）底模应开设排气孔，使混凝土浇筑时气泡及时排出，确保混凝土浇筑密实。

2）高柱、高墙（超过3m）侧模要开设浇筑孔，以便于混凝土浇筑和振捣。

七、质量记录表格清单

1. 模板工程技术交底。
2. 模板安装与拆除施工方案。
3. 超过一定规模危险性较大模板专项施工方案、专家论证。
4. 现浇结构模板安装检验批质量验收记录。
5. 预制构件模板安装检验批质量验收记录。
6. 模板拆除检验批质量验收记录。
7. 预检工程记录。
8. 隐蔽工程验收记录。

第二节　钢筋工程

钢筋分项工程是普通钢筋进场检验、钢筋加工、钢筋连接和钢筋安装等一系列技术工作和完成实体的总称。

一、一般规定

1. 当钢筋的品种、级别或规格需作变更时，应办理设计变更文件。

2. 在浇筑混凝土之前，应进行钢筋隐蔽工程验收，其内容包括：

1）纵向受力钢筋的品种、规格、数量、位置等；

2）钢筋的连接方式、接头位置、接头数量、接头面积百分率等；

3）箍筋、横向钢筋的品种、规格、数量、间距等；

4）预埋件的规格、数量、位置等。

二、施工工艺流程

1. 基础底板钢筋工艺流程

基础垫层完成 → 弹底板钢筋位置线 → 钢筋半成品运输到位 → 按线布设钢筋 → 钢筋绑扎 → 钢筋隐蔽工程验收

2. 柱钢筋绑扎工艺流程

弹线 → 剔凿混凝土浮浆 → 修理预留搭接筋 → 套柱箍筋 → 连接竖向受力筋 → 画箍筋间距线 → 绑箍筋 → 钢筋隐蔽工程验收

3. 剪力墙钢筋绑扎工艺流程

1）剪力墙钢筋现场绑扎：

弹墙体线 → 剔凿混凝土浮浆 → 修理预留搭接筋 → 绑纵向筋 → 绑横筋 → 绑拉筋或支撑筋 → 钢筋隐蔽工程验收

2）剪力墙钢筋采用预制焊接网片的绑扎：

弹墙体线 → 剔凿混凝土浮浆 → 修理预留搭接筋 → 临时固定网片 → 绑扎根部钢筋 → 绑拉筋或支撑筋 → 钢筋隐蔽工程验收

4. 梁钢筋绑扎工艺流程

（1）模内绑扎：

画主次梁箍筋间距 → 放主梁次梁箍筋 → 穿主梁底层纵筋及弯起筋 → 穿次梁底层纵筋并与箍筋固定 → 穿主梁上层纵向架立筋 → 按箍筋间距绑扎 → 穿次梁上层纵向钢筋 → 按箍筋间距绑扎 → 钢筋隐蔽工程验收

（2）模外绑扎（先在梁模板上口绑扎成型后再入模内）：

画箍筋间距 → 在主次梁模板上口铺横杆数根 → 在横杆上面放箍筋 → 穿主梁下层纵筋 → 穿次梁下层钢筋 → 穿主梁上层钢筋 → 按箍筋间距绑扎 → 穿次梁上层纵向钢筋 → 按箍筋间距绑扎 → 抽出横杆落骨架于模板内 → 钢筋隐蔽工程验收

5. 板钢筋绑扎工艺流程

清理模板 → 模板上画线 → 绑板下受力筋 → 绑负弯矩钢筋 → 钢筋隐蔽工程验收

6. 楼梯钢筋绑扎工艺流程

画位置线 → 绑扎主筋 → 绑分布筋 → 绑踏步筋 → 钢筋隐蔽工程验收

三、检验批的划分

根据规范要求，在工程质量验收时，钢筋工程检验批的划分一般按如下原则进行：

1. 对钢筋进场验收，应以进场批次、生产厂家、规格、规范规定的数量划分。

2. 对现场制作的构件品或半产品的验收（包括钢筋形成），应以生产班组、品种、规范规定的数量为序划分。

3. 多层及高层建筑的钢筋分项工程可按楼层或施工段来划分检验批，单层建筑工程的分项工程可按变形缝等划分检验批。

四、材料、设备、构配件的验收

材料进场时，要进行材料质量和数量的验收，主要如下：

1. 验收材料出厂合格证、性能检验报告和其他有关证明文件。

2. 对材料进行外观检查。

3. 对材料进行数量验收。

五、检验批质量验收

（一）钢筋原材

1. 主控项目

1）钢筋进场时，应按国家现行相关标准的规定抽取试件作力学性能和重量偏差检验，检验结果必须符合有关标准的规定。

检查数量：按进场的批次和产品的抽样检验方案确定。

检验方法：检查产品合格证、出厂检验报告和进场复验报告。

2）对有抗震设防要求的结构，其纵向受力钢筋的强度应满足设计要求；当设计无具体要求时，对一、二、三级抗震等级设计的框架和斜撑构件（含梯级）中的纵向受力钢筋应采用HRB335E、HRB400E、HRB500E、HRBF335E、HRBF400E 或 HRBF500E 钢筋，其强度和最大拉力下总伸长率的实测值应符合下列规定：

（1）钢筋的抗拉强度实测值与屈服强度实测值的比值不应小于 1.25；

（2）钢筋的屈服强度实测值与强度标准值的比值不应大于 1.30；

（3）钢筋在最大拉力下总伸长率不应小于 9%。

检查数量：按进场的批次和产品的抽样检验方案确定。

检验方法：检查进场复验报告。

3）当发现钢筋脆断、焊接性能不良或力学性能显著不正常等现象时，应对该批钢筋进行化学成分检验或其他专项检验。

检验方法：检查化学成分等专项检验报告。

2. 一般项目

钢筋应平直、无损伤，表面不得有裂纹、油污、颗粒状或片状老锈。

检查数量：进场时和使用前全数检查。

检验方法：观察。

（二）钢筋加工

1. 主控项目

1）受力钢筋的弯钩和弯折应符合下列规定：

（1）HPB300 级钢筋末端应做 180°弯钩，其弯弧内直径不应小于钢筋直径的 2.5 倍，弯钩的弯后平直部分长度不应小于钢筋直径的 3 倍。

（2）当设计要求钢筋末端需做 135°弯钩时，HRB335 级、HRB400 级钢筋的弯弧内直径不应小于钢筋直径的 4 倍，弯钩的弯后平直部分长度应符合设计要求。

（3）钢筋做不大于 90°的弯折时，弯折处的弯弧内直径不应小于钢筋直径的 5 倍。

检查数量：按每工作班同一类型钢筋、同一加工设备抽查不应少于 3 件；

检验方法：钢尺检查。

2）除焊接封闭环式箍筋外，箍筋的末端应做弯钩，弯钩形式应符合设计要求；当设计无具体要求时，应符合下列规定：

（1）箍筋弯钩的弯弧内直径除应满足《混凝土结构工程施工质量验收规范》GB 50204—2015 第 5.3.1 条的规定外，尚应不小于受力钢筋直径。

（2）箍筋弯钩的弯折角度：对一般结构不应小于 90°；对有抗震等要求的结构，应为 135°。

（3）箍筋弯后平直部分长度：对一般结构不宜小于箍筋直径的 5 倍，对有抗震等要求的结构，不应小于箍筋直径的 10 倍。

检查数量：按每工作班同一类型钢筋、同一加工设备抽查不应少于 3 件。

检验方法：钢尺检查。

3）钢筋调直后应进行力学性能和质量偏差的检验，其强度应符合有关标准的规定。

盘卷钢筋和直条钢筋调直后的断后伸长率、质量负偏差应符合表 3-5 的规定。

表 3-5　盘卷钢筋和直条钢筋调直后的断后伸长率、质量负偏差要求

钢筋牌号	断后伸长率 A（%）	质量负偏差（%）		
		直径 6～12mm	直径 14～20mm	直径 22～50mm
HPB300	≥21	≤10	—	—
HRB335、HBRF335	≥16	≤8	≤6	≤5
HRB400、HBRF400	≥15			
RRB400	≥13			
HRB500、HBRF500	≥14			

注：1. 断后伸长率 A 的量测标距为 5 倍钢筋公称直径。

2. 质量负偏差（%）按公式（W_0-W_d）/W_0×100 计算，其中 W_0 为钢筋理论质量（kg/m），W_d 为调直后钢筋的实际质量（kg/m）。

3. 对直径为 28～40mm 的带肋钢筋，表中断后伸长率可降低 1%；对直径大于 40mm 的带肋钢筋，表中断后伸长率可降低 2%。

采用无延伸功能的机械设备调直的钢筋，可不进行本条规定的检验。

检查数量：同一厂家、同一牌号、同一规格调直钢筋，重量不大于 30t 为一批；每批见证取 3 件试件。

检验方法：3 个试件先进行重量偏差检验，再取其中 2 个试件经时效处理后进行力学性能检验。检验重量偏差时，试件切口应平滑且与长度方向垂直，且长度不应小于 500mm；长度和重量的量测精度分别不应低于 1mm 和 1g。

2. 一般项目

1）钢筋宜采用无延伸功能的机械设备进行调直，也可采用冷拉方法调直。当采用冷拉方法调直时，HPB300 光圆钢筋的冷拉率不宜大于 4%；HRB335、HRB400、HRB500、HRBF335、HRBF400、HRBF500 及 RRB400 带肋钢筋的冷拉率不宜大于 1%。

检查数量：每工作班按同一类型钢筋、同一加工设备抽查不应少于 3 件。

检验方法：观察，钢尺检查。

2）钢筋加工的形状、尺寸应符合设计要求，其偏差应符合表 3-6 的规定。

检查数量：按每工作班同一类型钢筋、同一加工设备抽查不应少于 3 件。

检验方法：钢尺检查。

表 3-6 钢筋加工的允许偏差

项　目	允许偏差（mm）
受力钢筋长度方向全长的净尺寸	±10
弯起钢筋的弯折位置	±20
箍筋内净尺寸	±5

（三）钢筋连接

1. 主控项目

1）纵向受力钢筋的连接方式应符合设计要求。

检查数量：全数检查。

检验方法：观察。

2）在施工现场应按国家现行标准《钢筋机械连接通用技术规程》JGJ 107、《钢筋焊接及验收规程》JGJ 18 的规定，抽取钢筋机械连接接头、焊接接头试件做力学性能检验，其质量应符合有关规程的规定。

检查数量：按有关规程确定。

检验方法：检查产品合格证、接头力学性能试验报告。

2. 一般项目

1）钢筋的接头宜设置在受力较小处。同一纵向受力钢筋不宜设置两个或两个以上接头。接头末端至钢筋弯起点的距离不应小于钢筋直径的 10 倍。

检查数量：全数检查。

检验方法：观察，钢尺检查。

2）在施工现场应按国家现行标准《钢筋机械连接通用技术规程》JGJ 107、《钢筋焊接及验收规程》JGJ 18 的规定，对钢筋机械连接接头、焊接接头的外观进行检查，其质量应符合有关规程的规定。

检查数量：全数检查。

检验方法：观察。

3）当受力钢筋采用机械连接接头或焊接接头时，设置在同一构件内的接头宜相互错开。

纵向受力钢筋机械连接接头及焊接接头连接区段的长度为 $35d$（d 为纵向受力钢筋的较大直径）且不小于 500mm，凡接头中点位于该连接区段长度内的接头，均属于同一连接区段。同一连接区段内，纵向受力钢筋机械连接及焊接的接头面积百分率为该区段内有接头的纵向受力钢筋截面面积与全部纵向受力钢筋截面面积的比值。

同一连接区段内，纵向受力钢筋的接头面积百分率应符合设计要求；当设计无具体要求时，应符合下列规定：

（1）在受压区不宜大于 50%。

（2）接头不宜设置在有抗震设防要求的框架梁端、柱端的箍筋加密区；当无法避开时，对等强度高质量机械连接接头，不应大于 50%。

（3）直接承受动力荷载的结构构件中，不宜采用焊接接头；当采用机械连接接头时，不应大于 50%。

检查数量：在同一检验批内，对梁、柱和独立基础，应抽查构件数量的 10%，且不少于 3 件；对墙和板，应按有代表性的自然间抽查 10%，且不少于 3 间；对大空间结构，墙可按相邻轴线间高度 5m 左右划分检查面，板可按纵横轴线划分检查面，抽查 10%，且均不少于 3 面。

检验方法：观察，钢尺检查。

4）同一构件中相邻纵向受力钢筋的绑扎搭接接头宜相互错开。绑扎搭接接头中钢筋的横向净距不应小于钢筋直径，且不应小于 25mm。

钢筋绑扎搭接接头连接区段的长度为 $1.3L_a$（L_a 为搭接长度），凡搭接接头中点位于该连接区段长度内的搭接接头均属于同一连接区段。同一连接区段内，纵向钢筋搭接接头面积百分率为该区段内有搭接接头的纵向受力钢筋截面面积与全部纵向受力钢筋截面面积的比值，如图 3-1 所示。

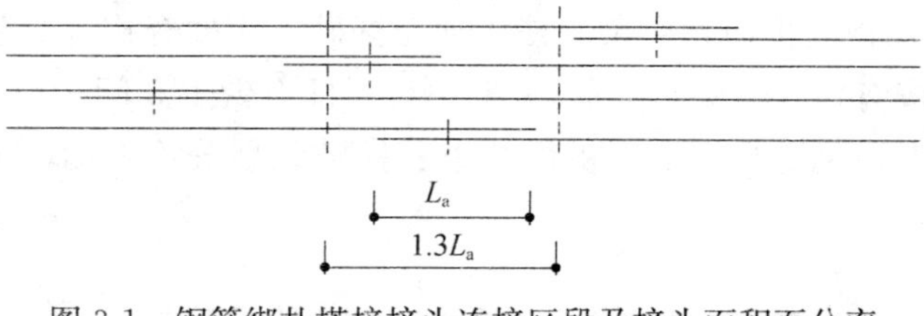

图 3-1　钢筋绑扎搭接接头连接区段及接头面积百分率

注：图中所示搭接接头同一连接区段内的搭接钢筋为两根，当各钢筋直径相同时，接头面积百分率为 50%。

同一连接区段内，纵向受拉钢筋搭接接头面积百分率应符合设计要求；当设计无具体要求时，应符合下列规定：

（1）对梁类、板类及墙类构件不宜大于 25%。

（2）对柱类构件不宜大于 50%。

(3) 当工程中确有必要增大接头面积百分率时，对梁类构件不应大于50%，对其他构件可根据实际情况放宽。

纵向受力钢筋绑扎搭接接头的最小搭接长度应符合规范《混凝土结构工程施工质量验收规范》GB 50204附录B的规定。

检查数量：在同一检验批内，对梁、柱和独立基础，应抽查构件数量的10%，且不少于3件；对墙和板，应按有代表性的自然间抽查10%，且不少于3间；对大空间结构，墙可按相邻轴线间高度5m左右划分检查面，板可按纵、横轴线划分检查面，抽查10%，且均不少于3面。

检验方法：观察，钢尺检查。

5）在梁、柱类构件的纵向受力钢筋搭接长度范围内，应按设计要求配置箍筋。当设计无具体要求时，应符合下列规定：

(1) 箍筋直径不应小于搭接钢筋较大直径的0.25倍。

(2) 受拉搭接区段的箍筋间距不应大于搭接钢筋较小直径的5倍，且不应大于100mm。

(3) 受压搭接区段的箍筋间距不应大于搭接钢筋较小直径的10倍，且不应大于200mm。

(4) 当柱中纵向受力钢筋直径大于25mm时，应在搭接接头两个端面外100mm范围内各设置两个箍筋，其间距宜为50mm。

检查数量：在同一检验批内，对梁、柱和独立基础，应抽查构件数量的10%，且不少于3件；对墙和板，应按有代表性的自然间抽查10%，且不少于3间；对大空间结构，墙可按相邻轴线间高度5m左右划分检查面，板可按纵、横轴线划分检查面，抽查10%，且均不少于3面；

检验方法：钢尺检查。

（四）钢筋安装

1. 主控项目：钢筋安装时，受力钢筋的品种、级别、规格和数量必须符合设计要求。

检查数量：全数检查。

检验方法：观察，钢尺检查。

2. 一般项目：钢筋安装位置的偏差应符合表3-7的规定。

检查数量：在同一检验批内，对梁、柱和独立基础，应抽查构件数量的10%，且不少于3件；对墙和板，应按有代表性的自然间抽查10%，且不少于3间；对大空间结构，墙可按相邻轴线间高度5m左右划分检查面，板可按纵、横轴线划分检查面，抽查10%，且均不少于3面。

表3-7　钢筋安装位置的允许偏差和检验方法

项　目		允许偏差（mm）	检验方法
绑扎钢筋网	长、宽	±10	钢尺检查
	网眼尺寸	±20	钢尺量连续三档，取最大值
绑扎钢筋骨架	长	±10	钢尺检查
	宽、高	±5	钢尺检查

续表

项目			允许偏差（mm）	检验方法
受力钢筋	间距		±10	钢尺量两端、中间各一点，取最大值
	排距		±5	
	保护层厚度	基础	±10	钢尺检查
		柱、梁	±5	钢尺检查
		板、墙、壳	±3	钢尺检查
绑扎箍筋、横向钢筋间距			±20	钢尺量连续三档，取最大值
钢筋弯起点位置			20	钢尺检查
预埋件	中心线位置		5	钢尺检查
	水平高差		+3，0	钢尺和塞尺检查

注 1. 检查预埋件中心线位置时，应沿纵、横两个方向量测，并取其中的较大值。
2. 表中梁类、板类构件上部纵向受力钢筋保护层厚度的合格点率应达到90%及以上，且不得有超过表中数值1.5倍的尺寸偏差。

六、常见工程质量问题与防治

（一）钢筋表面锈蚀

1. 原因分析：保管不良，受到雨雪侵蚀，存放期长，仓库环境潮湿，通风不良。

2. 防治措施：钢筋存放环境应通风良好，避免潮湿。下部应支垫，雨雪天气应覆盖，防止受到雨雪侵蚀。

钢筋表面淡黄色轻微浮锈可不处理。对于锈蚀严重，发生锈皮剥落现象的应经试验决定是否降级使用或不用。

（二）钢筋混料

1. 原因分析：原材料仓库管理不当，制度不严；直径大小相近的混放在一起；技术证明未随钢筋实物同时交送仓库。

2. 防治措施：加强原材料仓库管理，完善制度；钢筋按批次分类堆放；技术证明未随钢筋实物同时交送仓库。发现混料情况后，应立即检查并进行清理，重新分类堆放，并重新标记；已领出去的混料钢筋应立刻追查，并采取防止事故的措施。

（三）钢筋原料弯曲

1. 原因分析：运输时装车时运输车辆较短，条状钢筋弯折过度；用吊车卸车时，挂钩或堆放不慎；压垛过重。

2. 防治措施：直条钢筋运输时严禁弯折。用吊车卸车时加强管理，避免压垛过重。盘条钢筋应严格调直。

（四）钢筋下料长度不准

1. 原因分析：钢筋量测尺寸不准，或切断机定位误差大。

2. 防治措施：严格钢筋尺寸量测；检查修理钢筋切断机。

（五）箍筋形状不规范

1. 原因分析：箍筋边长成型尺寸与图样要求误差过大，没有严格控制弯曲角度，一次弯曲多个箍筋时没有逐根对齐。

2. 防治措施：严格尺寸量测，严格控制弯曲角度，一次弯曲多个箍筋时逐根对齐。当箍筋外形误差超过质量标准允许值时，对于1级钢筋可以重新将弯折处直开，再进行弯曲调整，对于其他品种钢筋不得重新弯曲。

（六）骨架外形尺寸不准

1. 原因分析：骨架成型时有的偏差大，多根钢筋未对齐，个别钢筋绑扣松动。

2. 防治措施：加强操作人员技能，钢筋位置应准确，对于松动的绑扣重新进行绑扎。

（七）柱主筋位移

1. 原因分析：柱主筋固定不牢，浇筑混凝土时被碰撞移位，未及时校正。

2. 防治措施：在主筋根部和上口用定位支架等固定牢固。

（八）同截面接头过多

1. 原因分析：

1）钢筋配料时疏忽大意，未认真领会设计要求，没有认真考虑原材料长度。

2）忽略了某些构件不允许采用绑扎接头的规定。

3）忽略了配置在构件同一截面中的接头，其中距不得小于搭接长度的规定，对于焊接接头，凡在 $30d$ 区域内作为同一截面，但不得小于500mm，其中 d 为受力钢筋直径。

4）分不清钢筋位于受拉区还是在受压区。

2. 防治措施：提高配料人员技能，认真领会设计要求，防止发生配料错误，使钢筋接头位置符合设计要求。

（九）绑扎节点松扣

1. 原因分析：绑扎铁丝太硬或粗细不适当，绑扣形式不正确。

2. 防治措施：将节点松扣处重新绑牢。

（十）柱钢筋弯钩方向不对

1. 原因分析：绑扎疏忽，将弯钩方向朝外。

2. 防治措施：将弯钩方向不对的钢筋拆除，调准方向再绑，切忌不拆除钢筋而硬将其拧转，造成绑扣松动，甚至整个骨架变形。

（十一）板钢筋主副筋位置放反

1. 原因分析：操作人员疏忽，使用时对主副筋在上或在下不加区别就放进模板。

2. 防治措施：钢筋网主、副筋位置放反，应及时重绑返工。

七、质量记录表格清单

1. 钢筋工程技术交底。

2. 钢筋分项工程（原材料、钢筋加工）检验批质量验收记录。

3. 钢筋分项工程（钢筋连接、钢筋安装）检验批质量验收记录。

4. 预检工程记录。

5. 隐蔽工程验收记录。

第三节　现浇结构工程

现浇结构是现浇混凝土结构的简称，是现场支模并整体浇筑而成的混凝土结构。混凝土是由水泥、骨料和水等按一定配合比，经搅拌、成型、养护等工艺硬化而成的工程材料。

一、一般规定

1. 结构构件的混凝土强度，应符合现行国家标准《混凝土强度检验评定标准》(GB/T 50107) 的规定，混凝土强度为混凝土立方体抗压强度标准值，是按照标准方法制作养护的边长为 150mm 的立方体试件，在 28d 龄期用标准试验方法测得的具有 95%保证率的抗压强度。对采用蒸汽法养护的混凝土结构构件，其混凝土试件应先随同结构构件同条件蒸汽养护，再转入标准条件养护共 28d。当混凝土中掺用矿物掺合料时，确定混凝土强度时的龄期可按现行国家标准《粉煤灰混凝土应用技术规范》(GB/T 50146) 等的规定取值。

2. 检验评定混凝土强度用的混凝土试件的尺寸及强度的尺寸换算系数应按表 3-8 取用，其标准成型方法、标准养护条件及强度试验方法应符合普通混凝土力学性能试验方法的规定。

表 3-8　混凝土试件尺寸及强度的尺寸换算系数

骨料最大粒径（mm）	试件尺寸（mm）	强度的尺寸换算系数
≤31.5	100×100×100	0.95
≤40	150×150×150	1.00
≤63	200×200×200	1.05

注：对强度等级为 C60 及以上的混凝土试件，其强度的尺寸换算系数可通过试验确定。

3. 结构构件拆模、出池、出厂、吊装、张拉放张及施工期间临时负荷时的混凝土强度，应根据同条件养护的标准尺寸试件的混凝土强度确定。

4. 当混凝土试件强度评定不合格时，可采用非破损或局部破损的检测方法，按国家现行有关标准的规定对结构构件中的混凝土强度进行推定，并作为处理的依据。

5. 混凝土的冬期施工应符合国家现行标准《建筑工程冬期施工规程》(JGJ 104) 和施工技术方案的规定。

二、施工工艺流程

(一) 工艺流程

1. 现场搅拌混凝土浇筑工艺

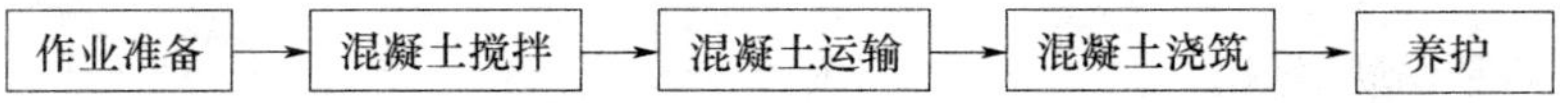

2. 预拌商品混凝土泵送浇筑工艺

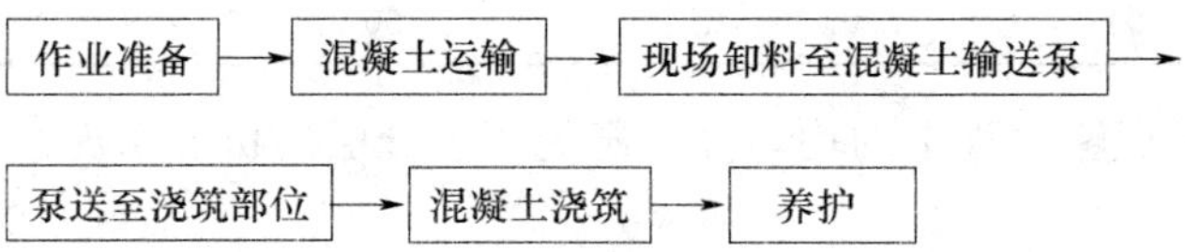

（二）作业准备

混凝土浇筑前应对模板内的垃圾、泥土等杂物及钢筋上的油污清除干净，并经钢筋隐藏工程验收合格。如果使用木模板时应浇水使模板湿润，柱子模板的清扫口清除杂物后再封闭，剪力墙根部松散混凝土已剔除干净。

（三）混凝土搅拌

现场拌制商品混凝土通用要求。

1. 根据配合比确定的每盘（槽）各种材料用量及车辆重量，分别固定好水泥、砂、石各个磅秤标准。骨料含水率应经常测定，及时调整配合比用水量，确保加水量准确，要过称。

2. 装料顺序：一般先装石子，再装水泥，最后装砂子，如需加掺合料时，应与水泥一并加入。如需掺外加剂（减水剂或早强剂等）时，粉状应根据每盘加入量预加工装入小包装袋内（塑料袋为宜），用时与粗细骨料同时加入；液状应按每盘用量与水同时加入搅拌机搅拌。

3. 搅拌时间：混凝土搅拌的最短时间根据施工规范要求确定，现场搅拌混凝土可按表 3-9 选用，掺有外加剂时，搅拌时间应适当延长。

表 3-9　混凝土搅拌的最短时间（s）

混凝土坍落度（cm）	搅拌机机型	搅拌机出料量（L）		
		<250	250～500	>500
≤3	自落式	90	120	150
	强制式	60	90	120
>3	自落式	90	90	120
	强制式	60	60	90

4. 首次使用的混凝土应进行开盘鉴定，检查是否符合配合比通知单要求，经调整后再进行搅拌。

（四）混凝土运输

1. 混凝土运输基本要求

1）保证混凝土的浇筑量：在不允许留施工缝的情况下，混凝土运输必须保证浇筑工作能连续进行，应按混凝土的最大浇筑量选择混凝土运输方法及运输设备的型号和数量。

2）应保证混凝土在初凝前浇筑完毕：应以最短的时间和最少的转换次数将混凝土从搅拌地点运至浇筑地点，混凝土从搅拌机卸出后到振捣完毕的延续时间见表 3-10。

混凝土强度等级	气　温	
	≤ 25℃	> 25℃
≤ C30	120	90
> C30	90	60

3）保证混凝土在运输过程中的均匀性：避免产生分层离析、水泥浆流失、坍落度变化以及产生初凝现象。

2. 混凝土运输工具的选择

1）混凝土地面水平运输：分为间歇式运输机具（手推车、机动翻斗车、自卸汽车或搅拌运输车）和连续式运输机具（皮带运输机或混凝土泵等）。手推车、机动翻斗车适用于运输距离短、运输工程量不大的混凝土输送；混凝土泵适用于水平距离在1500m内、需连续进行的混凝土输送；混凝土搅拌运输车适用于建有混凝土集中搅拌站的城市内混凝土输送；自卸汽车适用于长距离的混凝土输送。

2）混凝土搅拌运输车是一种长距离输送混凝土的高效机械，适用于建有混凝土集中搅拌站的混凝土输送，容量一般为6～12m^3。运输途中搅拌筒以2～4r/min的转速搅动筒内混凝土拌合料，以保证混凝土在长途运输中不致离析；在远距离运输时可将混凝土干料装入筒内，在运输途中加水搅拌，整个运输途中拌筒的总转数应控制在300转以内。

3）混凝土垂直运输机具主要是各类井架、提升机、塔吊和混凝土输送泵等。采用塔式起重机时，可考虑将混凝土搅拌机布置在塔吊工作半径内，混凝土直接卸入吊斗内，垂直提升后直接倾入混凝土浇筑点可一次完成水平及垂直输送，将混凝土直接输送至浇筑地点，是一种高效的混凝土运输和浇筑机具。我国目前主要采用活塞泵，液压驱动。由料斗、液压缸和活塞、混凝土缸、分配阀、Y型输送管、冲洗系统和动力系统等组成。

3. 混凝土运输的注意事项

1）尽可能使运输线路短直、道路平坦，车辆行驶平稳，减少运输时的振荡；避免运输的时间和距离过长、转运次数过多。

2）混凝土容器应平整光洁、不吸水、不漏浆，装料前用水湿润，炎热气候或风雨天气宜加盖，防止水分蒸发或进水，冬季采取保温措施。

3）运至浇筑地点的混凝土不得有离析和初凝现象，已凝结的混凝土应报废，不得用于工程中。

4）溜槽运输的坡度不宜过大或过小。如溜槽的坡度太小、混凝土移动缓慢，可在溜槽底部加装小型振动器；当溜槽斜度太大或用皮带运输机运输，混凝土移动速度不宜大于1m/s，可在末端设置串筒或挡板。当混凝土浇筑高度超过3m时应采用成组串筒，以保证混凝土的自由落差不大于2m。当混凝土浇筑高度超过8m时，应设置带节管的振动串筒或多级料斗。

（1）混凝土运输搅拌车装料前应先排尽搅拌筒内残存的积水和杂物，混凝土坍落度损失过大时，严禁随意加水。

（2）在运输途中，拌筒不得停止转动，应保持3～6r/min的慢速转动，以防混凝土离析。

（3）混凝土的运输时间应满足混凝土质量要求，采用搅拌运输车运送的混凝土宜在1.5h内卸料；当最高气温低于25℃时，运送时间可延长0.5h。

（4）夏季混凝土运输应采取隔热措施，冬季施工应采取保温措施。

（5）运输到现场的混凝土，施工单位宜在30min内进行验收，混凝土出机后，宜在2～4h内用完。发现混凝土有问题，应立即处理。

（6）泵送混凝土宜在1.5h内卸料，当最高气温低于25℃，运输时间可延长0.5h。泵送混凝土运送延续时间最长不宜超过试验室出具的混凝土初凝时间的$\frac{1}{2}$。

（7）混凝土搅拌运输车给混凝土泵喂料时应符合下列要求：

① 喂料前，中、高速旋转拌筒使混凝土拌合均匀。

② 喂料时，反转卸料应配合泵送均匀进行，且应使混凝土保持在集料斗内高度标志线以上。

③ 中断喂料作业时，应使拌筒低速搅拌混凝土。

(8) 混凝土泵送进料斗上，应安置网筛并设专人监视喂料，以防粒径过大骨料或异物入泵造成堵塞。

(9) 严禁将质量不符合泵送要求的混凝土入泵。

(10) 混凝土搅拌运输车喂料完毕后，应及时清洗拌筒，高速（14～18r/min）转动5～10min，以清洗筒壁及叶片上黏结的混凝土残渣。然后将水排尽，以保证筒内清洁。用高压力水喷嘴与车身漆表面间的距离不得小于40cm。在清除搅拌筒内外积污及残存混凝土渣块时，以及在机修人员进入筒内进行检修和焊补作业时，必须关闭汽车发动机，使拌筒完全停止转动。

(11) 定期检查搅拌叶片磨损情况、并及时进行修补和换新。

(12) 运送混凝土时，如发现混凝土不好泵送的现象，应及时和有关人员联系，给予解决。

4. 混凝土质量保证

1) 在运输过程中应保持混凝土的均匀性，避免分层离析、泌水、砂浆流失和坍落度变化等现象发生。

2) 应使混凝土在初凝之前浇筑完毕。混凝土从搅拌机卸出后到浇筑完毕的延续时间不宜超过规定。

3) 混凝土自高处倾落的自由高度不应超过2m；否则，应使用串筒、溜槽或振动溜管等工具协助下落，并应保证混凝土出口的下落方向垂直。串筒的向下垂直输送距离可达8m。

4) 道路尽可能平坦且运距尽可能短。尽量不转运或少转运混凝土。

5. 混凝土运输

1) 每天工作后或浇筑中断30min及以上时间再行搅拌混凝土时，必须再次清洗搅拌筒。

2) 混凝土运输设备的运输能力应适应混凝土凝结速度和浇筑速度的需要，保证浇筑过程连续进行。运输过程中，应确保混凝土不发生离析、漏浆、严重泌水及坍落度损失过多等现象，运至浇筑地点的混凝土应保持均匀和规定的坍落度。

3) 采用机动车运输混凝土时，运输道路、车道板或行车轨道等设备应平顺、牢固。

4) 用手推车运输混凝土时，道路或车道板的纵坡不宜大于15%。用机动车运输混凝土时，混凝土的装载厚度不应小于40cm。用轻轨斗车运输混凝土时，轻轨应铺设平整，防止斗车振动。

5) 用吊斗（罐）运输混凝土时，吊斗（罐）出口到承接面间的高度不得大于2m。吊斗（罐）底部的卸料活门应开启方便，不得漏浆。

6) 采用混凝土搅拌运输车运送已搅拌好的混凝土时，运输过程中宜以2～4r/min的转速搅动。当搅拌运输车到达浇筑现场时，应高速旋转20～30s后再将混凝土拌和物喂入泵车受料斗或混凝土料斗中。运输车每天使用完后应清洗干净。

7) 采用泵送混凝土时，除应按现行行业标准《混凝土泵送施工技术规程》(JGJ/T 10)的规定进行施工外，还应符合下列规定：

(1) 泵送施工应根据施工进度安排，加强组织和调度安排，确保连续均匀供料。

(2) 混凝土泵的运输能力应与搅拌机械的供应能力相适应。混凝土泵的型号可根据工程情况、最大泵送距离、最大输出量等选定。

(3) 优先选用泵送能力强的大型泵送设备，减小泵送混凝土的坍落度损失。

(4) 混凝土泵的位置应靠近浇筑地点。泵送下料口应能移动。当泵送下料口固定时，固定的间距不宜过大，一般不大于3m。不得用插入式振捣棒平拖混凝土或将下料口处堆积的混凝土推向远处。

(5) 配置输送管时，应缩短管线长度，少用弯头。输送管应平顺，内壁光滑，接口不得漏浆。

(6) 泵送混凝土时，输送管道起始水平管段长度不应小于15m。除出口处可采用软管外，输送管路的其他部位均不得采用软管。输送管路应用支架、吊具等加以固定，不应与模板和钢筋接触。

(7) 向下泵送混凝土时，管路与垂线的夹角不宜小于12°。

(8) 混凝土宜在搅拌后60min内泵送完毕，且在1/2初凝时间内入泵，并在初凝前浇筑完毕。在交通拥堵和气候炎热等情况下，应采取特殊措施，防止混凝土坍落度损失过大。

(9) 泵送混凝土前，应先用水泥浆或与泵送混凝土配合比相同但粗骨料减少50%的混凝土通过管道。当用活塞泵泵送混凝土时，泵的受料斗内应具有足够的混凝土，并不得吸入空气。

(10) 应保持连续泵送混凝土，必要时可降低泵送速度以维持泵送的连续性。如停泵时间超过15min，应每隔4～5min开泵一次，正转和反转的两个冲程，同时开动料斗搅拌器，防止料斗中混凝土离析。如停泵超过45min，或混凝土出现离析现象时，宜将管中混凝土清除，并清洗泵机。

6. 混凝土温度控制

拌合用水最高温度不超过60℃，骨料最高温度不超过40℃。当骨料不加热时，水可加热到100℃，但水泥不应与80℃以上的水直接接触。投料顺序为先骨料和已加热的水，然后再投入水泥。

出机温度不宜低于10°，入模温度不宜低于5°。

7. 泵送混凝土施工

1) 泵送混凝土前，先把储料斗内清水从管道泵出，达到湿润和清洁管道的目的，然后向料斗内加入与混凝土配合比相同的水泥砂浆（或1∶2水泥砂浆），润滑管道后即可开始泵送混凝土。

2) 开始泵送时，泵送速度宜放慢，油压变化应在允许值范围内，待泵送顺利后，再用正常速度进行泵送。

3) 泵送期间，料斗内的混凝土量应保持不低于缸筒口上10mm到料斗口下150mm之间为宜。太少时易吸入空气而造成塞管，太多则反抽时会溢出并加大搅拌轴负荷。

4) 混凝土泵送宜连续作业，当混凝土供应不及时，需降低泵送速度，泵送暂时中断时，搅拌不应停止。当叶片被卡死时，需反转排除，再正转、反转一定时间，待正转顺利后方可继续泵送。

5) 泵送中途若停歇时间超过20min，管道又较长时，应每隔5min开泵一次，泵送小量混凝土，管道较短时，可采用每隔5min正反转2～3个行程，使管内混凝土蠕动，防止泌水离析。长时间停泵（超过 45min）可能造成塞管，宜将混凝土从泵和输送管中清除，尤其是气温高、混凝土坍落度小时。

6）泵送宜先远后近，在浇筑中逐渐拆管。

7）在高温季节泵送，宜用湿草袋覆盖管道进行降温，以降低入模温度。

8）泵送管道的水平换算距离总和应小于设备的最大泵送距离。

（五）混凝土的浇筑

1. 混凝土浇筑的要求

1）混凝土自吊斗下落的自由倾落高度不得超过 2m，如超过 2m 时必须采取措施。

2）浇筑竖向结构混凝土时，如浇筑高度超过 3m 时，应采用串筒、导管、溜槽或在模板侧面开门子洞（生口）。

3）浇筑混凝土时应分段分层进行，每层浇筑高度应根据结构特点、钢筋疏密决定。一般分层高度为插入式振动器作用部分长度的 1.25 倍，最大不超过 500mm。平板振动器的分层厚度为 200mm。

4）使用插入式振动器应快插慢拔，插点均匀排列，逐点移动，按顺序进行，不得遗漏，均匀振实。移动间距不大于振动棒作用半径的 1.5 倍（一般为 300～400mm）。振捣上一层时应插入下层混凝土面 50mm，以消除两层间的接缝。平板振动器的移动间距应能保证振动器的平板覆盖已振实部分边缘。

5）浇筑混凝土应连续进行。如必须间歇，时间应尽量缩短，并应在前层混凝土初凝之前，将次层混凝土浇筑完毕。间歇的最长时间应按所用水泥品种及混凝土初凝条件确定，一般超过 2h 应按施工缝处理。

6）浇筑混凝土时应派专人经常观察模板钢筋、预留孔洞、预埋件、插筋等有无位移变形或堵塞情况，发现问题应立即处理并应在已浇筑的混凝土初凝前修整完毕。

2. 剪力墙、柱混凝土浇筑

1）剪力墙浇筑，应在底面上均匀浇筑 50mm 厚与混凝土配合比相同的水泥砂浆。砂浆应用铁铲入模，不应用料斗直接倒入模内。

2）浇筑墙体混凝土应连续进行，间隔时间不应超过 2h，每层浇筑厚度控制在 60mm 左右。

3）振动棒移动间距应小于 500mm，每一振点的延续时间经表面呈现浮浆为度，为使上下层混凝土结合成整体，振动器应插入下层混凝土 50mm。振动时注意钢筋密集及洞口部位，为防止出现漏振，须在洞口两侧同时振捣，下灰高度也要大体一致。大洞口的洞底模板应开口，并在此处浇筑振捣。

4）混凝土墙体浇筑完毕之后，将上口甩出的钢筋加以整理，用木抹子按标高线将墙上表混凝土找平。

5）柱浇筑前，或新浇混凝土与下层混凝土结合处，应在底面上均匀浇筑 50mm 厚与混凝土配合比相同的水泥砂浆。砂浆应用铁铲入模，不应用料斗直接倒入模内。

6）柱混凝土应分层浇筑振捣，每层浇筑厚度控制在 500mm 左右。混凝土下料点应分散布置循环推进，连续进行。振动棒不得触动钢筋和预埋件。除上面振捣外，下面要有人随时敲打模板。

7）柱高在 3m 之内，可在柱顶直接浇筑，超过 3m 时应采取措施（用串筒）或在模板侧面开门子洞安装斜溜槽分段浇筑。每段高度不得超过 2m，每段混凝土浇筑后将门子洞模板封闭严密，并用箍箍牢。

8）柱混凝土应一次浇筑完毕，如需留施工缝时应留在主梁下面。无梁楼板应留在柱帽下面。

9）浇筑完毕后，应随时将伸出的搭接钢筋整理到位。

10）构造柱混凝土应分层浇筑，每层厚度不得超过 300mm。

3. 梁、板混凝土浇筑

1）肋形楼板的梁板应同时浇筑，浇筑方法应由一端开始用“赶浆法”推进，即先浇筑梁，根据梁高分层浇筑成梯形，当达到楼板板底位置时再与板的混凝土一起浇筑，随着阶段形不断延伸，梁板混凝土连续向前进行。

2）梁柱节点钢筋较密时，浇筑此处混凝土时宜用小粒径石子同强度等级的混凝土浇筑，并用小直径振动棒振捣。

3）楼板浇筑的虚铺厚度应略大于板厚，用平板振动器垂直于浇筑方向来回振捣。注意应不断用移动标志以控制混凝土板厚度。振捣完毕，用刮尺或拖板抹平表面。

4）在浇筑与柱、墙连成整体的梁和板时，应在柱和墙浇筑完毕后停歇 1～1.5h，使其获得初步沉实，再继续浇筑。

5）施工缝设置：宜沿着次梁方向浇筑楼板，施工缝留置在次梁跨中 1/3 范围内，施工缝断面应与次梁轴线或板面垂直。单向板的施工缝宜留置在平行于板的短边的任何位置。

（1）施工缝用木板、钢丝网挡牢。

（2）施工缝处须待已浇混凝土的抗压强度不低于 1.2MPa 时，才可继续浇筑。

（3）在施工缝处继续浇筑混凝土前，混凝土施工缝表面应凿毛，清除水泥薄膜和松石子，并用水冲洗干净。排除积水后，先浇一层水泥浆与混凝土成分相同的水泥砂浆，再继续浇筑混凝土。

4. 楼梯混凝土浇筑

1）楼梯段混凝土自下而上浇筑。先振实底板混凝土，达到踏步位置与踏步混凝土一起浇筑，不断连续向上推进，并随时用木抹子（木磨板）将踏步上表面抹平。

2）施工缝位置：多层建筑的楼梯，根据结构情况可留设于楼梯段板跨中 1/3 范围内。

（六）混凝土养护

1. 混凝土浇筑完毕后，应在 12h 以内加以覆盖，并浇水养护。

2. 混凝土浇水养护日期，普通混凝土时间不得少于 7d，掺用缓凝型外加剂或有抗渗要求的混凝土不得小于 14d。在混凝土强度达到 1.2MPa 之前，不得在其上踩或施工振动。柱、墙，拆模后，应浇水养护，以确保立面结构表面保持湿润状态。每日浇水次数应能保持混凝土处于足够的湿润状态。

三、检验批的划分

1. 检验批可根据施工、质量控制和专业验收的需要，按工程量、楼层、施工段、变形缝等进行划分。

2. 多层及高层建筑混凝土及现浇结构可按楼层划分检验批，当楼层单元多面积大时可按施工段、变形缝来划分检验批。

3. 单层建筑可按变形缝等划分检验批。

4. 地基基础可划分为一个检验批，有地下层的基础工程可按不同地下层划分检验批。

四、材料、设备、构配件的验收

（一）混凝土原材料质量要求

混凝土的强度、耐久性能很大程度上取决于原材料质量，因此原材料的质量控制至关重要。

1. 水：生产混凝土用水使用洁净的地下水或自来水，应防止有害离子（氯离子、硫酸根离子）超标。

2. 石子：石子宜选用粒型良好、质地坚硬的纯净碎石或卵石。针片状多、级配不好的石子空隙率大，混凝土可泵性差。

3. 砂：应目测并检测其含泥量、泥块含量。并应级配良好，质地坚硬。氯离子含量应符合规定。一般泥块多的砂含泥量也大，会影响混凝土的强度和耐久性。

4. 水泥：检测水泥主要有5大技术指标：凝结时间、安定性、抗压强度、抗折强度和细度。水泥强度的高低直接影响混凝土强度的高低。通过做胶砂试验，可以检测出水泥的抗折和抗压2个指标，看是否合格。水泥的凝结时间直接影响施工，国家标准规定初凝时间不能早于45min，终凝时间对于普通硅酸盐水泥不能迟于10h，对于硅酸盐水泥不能迟于6.5h。水泥安定性是指水泥在硬化过程中体积变化是否均匀。是评定水泥质量的一个重要指标，安定性不良的水泥，会使结构物产生膨胀性裂缝，甚至更严重后果。所以严禁使用安定性不合格的水泥。

5. 掺合料：掺合料主要有粉煤灰、矿粉和硅粉。粉煤灰掺入混凝土中可显著改善混凝土的和易性和流动性，大量用于制配大体积混凝土、泵送混凝土。不同厂家，不同细度的粉煤灰因煤种不同，生产工艺不同，导致粉煤灰需水量不同，不同厂家的粉煤灰检测以需水量指标为标准。同一厂家的粉煤灰一般细度越大需水量比越大，可以以细度指标为标准。细度小、活性大以及需水量小的粉煤灰掺入混凝土中可节约水泥，节约外加剂用量，而需水量大的粉煤灰会向混凝土中引入大量无用的水，造成水灰比过大强度下降，若使用则要增加外加剂用量，造成浪费。

6. 外加剂：常用的外加剂有减水剂、膨胀剂和防冻剂。混凝土的许多性能由外加剂来调节，能改变混凝土性能，提高混凝土强度，改善混凝土和易性，调节混凝土的凝结时间等。减水剂能（普通、高效）减少用水量，提高混凝土强度或改善和易性。膨胀剂使混凝土体积膨胀，提高抗渗性，主要用于抗渗混凝土中。防冻剂主要用于冬季施工混凝土生产中。

7. 水泥、外加剂检测主控项目：

1）水泥进场时应对其品种、级别、包装或散装仓号、出厂日期等进行检查，并应对其强度、安定性及其他必要的性能指标进行复验，其质量必须符合现行国家标准《通用硅酸盐水泥》(GB 175）等的规定。

当在使用中对水泥质量有怀疑或水泥出厂超过三个月（快硬硅酸盐水泥超过一个月）时，应进行复验，并按复验结果使用。

钢筋混凝土结构、预应力混凝土结构中，严禁使用含氯化物的水泥。

检查数量：按同一生产厂家、同一等级、同一品种、同一批号且连续进场的水泥，袋装不超过200t为一批，散装不超过500t为一批，每批抽样不少于一次；

检验方法：检查产品合格证、出厂检验报告和进场复验报告。

2）混凝土中掺用外加剂的质量及应用技术应符合现行国家标准《混凝土外加剂》（GB 8076）、《混凝土外加剂应用技术规范》（GB 50119）等与有关环境保护的规定。

检查数量：按进场的批次和产品的抽样检验方案确定；

检验方法：检查产品合格证、出厂检验报告和进场复验报告。

8. 骨料及水的检测一般项目：

1）混凝土中掺用矿物掺合料的质量应符合现行国家标准《用于水泥和混凝土中的粉煤灰》（GB 1596）等的规定。矿物掺合料的掺量应通过试验确定。

检查数量：按进场的批次和产品的抽样检验方案确定；

检验方法：检查出厂合格证和进场复验报告。

2）普通混凝土所用的粗、细骨料的质量，应符合国家现行标准《普通混凝土用砂、石质量及检验方法标准》（JGJ 53）的规定。

检查数量：按进场的批次和产品的抽样检验方案确定。

检验方法：检查进场复验报告。

注：① 混凝土用的粗骨料，其最大颗粒粒径不得超过构件截面最小尺寸的 1/4，且不得超过钢筋最小净间距的 3/4。

② 对混凝土实心板骨料的最大粒径不宜超过板厚的 1/3，且不得超过 40mm。

3）拌制混凝土宜采用饮用水，当采用其他水源时，水质应符合国家现行标准《混凝土用水标准》（JGJ 63）的规定。

检查数量：同一水源检查不应少于一次。

检验方法：检查水质试验报告。

9. 混凝土原材料应复试项目、主要检测参数和取样依据，见表 3-11。

表 3-11　混凝土原材料应复试项目、主要检测参数和取样依据

<table>
<tr><th>序号</th><th>试验项目</th><th>主要检测参数</th><th>取样依据和方法</th><th>备注</th></tr>
<tr><td rowspan="3">1</td><td rowspan="3">通用硅酸盐水泥</td><td>胶砂强度</td><td rowspan="3">《通用硅酸盐水泥》（GB 175）</td><td rowspan="3"></td></tr>
<tr><td>安定性</td></tr>
<tr><td>凝结时间</td></tr>
<tr><td rowspan="4">2</td><td rowspan="4">天然砂</td><td>筛分析</td><td rowspan="7">《普通混凝土用砂、石质量及检验方法标准》（JGJ 52）
《建设用砂》（GB/T 14684）</td><td rowspan="7">砂的碱活性试验仅用于长期处于潮湿环境的重要混凝土结构用砂</td></tr>
<tr><td>含泥量</td></tr>
<tr><td>泥块含量</td></tr>
<tr><td>碱活性</td></tr>
<tr><td rowspan="3">3</td><td rowspan="3">人工砂</td><td>筛分析</td></tr>
<tr><td>石粉含量（含亚甲蓝试验）</td></tr>
<tr><td>碱活性</td></tr>
<tr><td rowspan="4">4</td><td rowspan="4">石</td><td>筛分析</td><td rowspan="4">《普通混凝土用砂、石质量及检验方法标准》（JGJ 52）</td><td rowspan="4">石的碱活性试验仅用于长期处于潮湿环境的重要混凝土结构用石</td></tr>
<tr><td>含泥量</td></tr>
<tr><td>泥块含量</td></tr>
<tr><td>碱活性</td></tr>
</table>

续表

序号	试验项目	主要检测参数	取样依据和方法	备注
5	轻集料	颗粒级配（筛分析）	《轻集料及其试验方法　第1部分：轻集料》（GB/T 17431.1） 《轻集料及其试验方法　第2部分：轻集料试验方法》（GB/T 17431.1）	
		堆积密度		
		筒压强度（或强度标号）		
		吸水率		
6	粉煤灰	细度	《粉煤灰混凝土应用技术规范》（GB/T 50146）	
		烧失量		
		需水量比（同一供灰单位，一次/月）		
		三氧化硫含量（同一供灰单位，一次/季）		
7	早强剂	钢筋锈蚀	《混凝土外加剂》（GB 8076）	
		密度（或细度）		
		1d和3d抗压强度比		
8	泵送剂	pH值	《混凝土泵送剂》（GB 8076—2008）	
		密度（或细度）		
		坍落度增加值		
		坍落度保留值		
9	防冻剂	钢筋锈蚀	《混凝土防冻剂》（JC 475）	
		密度（或细度）		
		R_{-7}和R_{+28}抗压强度比		
		pH值	《砂浆、混凝土防水剂》（JC 474—2008）	
		钢筋锈蚀		
		密度（或细度）		
10	拌合用水	pH值	《混凝土用水标准》（JGJ 63—2006）	当采用饮用水时，可不做要求。若混凝土有碱活性要求，应做碱含量试验
		氯离子含量		
		不溶物含量		
		可溶物含量		
		硫酸根离子含量		
		碱活性		

（二）预拌商品混凝土的验收

根据预拌商品混凝土的生产和使用应符合《预拌混凝土》（GB/T 14902）的规定。

1. 预拌商品混凝土供应单位必须向施工单位提供以下资料：配合比通知单、预拌商品混凝土出厂合格证。合格证应包括生产单位名称，工程名称，商品混凝土品种数量，使用部位，供货时间，原材料品种规格、复验编号等内容，并加盖供货单位公章。

2. 预拌商品混凝土供应单位除向施工单位提供上述资料处，还应保证下列资料的可追溯性：试配记录、水泥出厂合格证和复验报告、砂和碎（卵）石复验报告、轻集料复验报告、外加剂和掺合料产品合格证和复验报告、混凝土开盘鉴定、商品混凝土抗压强度报告（出厂检验商品混凝土强度值应填入预拌商品混凝土出厂合格证）、抗渗试验报告（试验结果应填入预拌商品混凝土出厂合格证）、抗冻试验报告（试验结果应填入预拌商品混凝土出厂合格证）以及商品混凝土坍落度测试记录等。

3. 施工现场必须在商品混凝土运送到浇筑地点15min内制作试块，按要求进行商品混凝土抗压强度、抗渗、抗冻试验。

五、检验批质量验收

（一）检验批质量验收

检验批抽样样本应随机抽取，满足分布均匀、具有代表性的要求，抽样数量不应低于有关专业验收规范及表3-12规定。

明显不合格的个体可不纳入检验批，但必须进行处理，使其满足有关专业验收规范的规定，对处理的情况应予以记录并重新验收。

表3-12 检验批最小抽样数量

检验批的容量	最小抽样数量	检验批的容量	最小抽样数量
2～15	2	151～280	13
16～25	3	281～500	20
26～50	5	501～1200	32
51～90	6	1201～3200	50
91～150	8	3201～10000	80

当混凝土结构施工质量不符合要求时应按下列规定进行处理：

① 返工重作，重新验收：经返工返修或更换构件部件的检验批，应重新进行验收；

② 检测合格，应予验收：经有资质的检测单位检测鉴定，达到设计要求的检验批，应予以验收；

③ 设计认可，可以验收：经有资质的检测单位检测鉴定，达不到设计要求，但经原设计单位核算，并确认仍可满足结构安全和使用功能的检验批，可予以验收；

④ 加固处理，让步接受：经返修或加固处理，能够满足结构安全使用要求的分项工程，可根据技术处理方案和协商文件进行验收。

1. 混凝土检验批：

1）混凝土中氯化物和碱的总含量应符合现行国家标准《混凝土结构设计规范》（GB 50010）和设计的要求。

检验方法：检查原材料试验报告和氯化物、碱的总含量计算书。

2）混凝土应按国家现行标准《普通混凝土配合比设计规程》（JGJ 55）的有关规定，根据混凝土强度等级、耐久性和工作性等要求进行配合比设计。

对有特殊要求的混凝土，其配合比设计尚应符合国家现行有关标准的专门规定。

检验方法：检查配合比设计资料。

3）结构混凝土的强度等级必须符合设计要求。用于检查结构构件混凝土强度的试件，应在混凝土的浇筑地点随机抽取。取样与试件留置应符合下列规定：

（1）每拌制100盘且不超过100m^3的同配合比的混凝土，取样不得少于一次；

（2）每工作班拌制的同一配合比的混凝土不足100盘时，取样不得少于一次；

（3）当一次连续浇筑超过1000m^3时，同一配合比的混凝土每200m^3，取样不得少于一次；

（4）每一楼层、同一配合比的混凝土，取样不得少于一次；

（5）每次取样应至少留置一组标准养护试件，同条件养护试件的留置组数应根据实际需要确定。

检验方法：检查施工记录及试件强度试验报告。

4）对有抗渗要求的混凝土结构，其混凝土试件应在浇筑地点随机取样。同一工程、同一配合比的混凝土，取样不应少于一次，留置组数可根据实际需要确定。

检验方法：检查试件抗渗试验报告。

5）混凝土原材料每盘称量的偏差应符合表3-13规定。

表3-13　材料每盘称量的允许偏差

材料名称	允许偏差
水泥掺合料	±2%
粗细骨料	±3%
水外加剂	±2%

注：各种衡器应定期校验，每次使用前应进行零点校核，保持计量准确；当遇雨天或含水率有显著变化时，应增加含水率检测次数，并及时调整水和骨料的用量。

检查数量：每工作班抽查不应少于一次。

检验方法：复称。

6）首次使用的混凝土配合比应进行开盘鉴定，其工作性应满足设计配合比的要求。开始生产时应至少留置一组标准养护试件，作为验证配合比的依据。

检验方法：检查开盘鉴定资料和试件强度试验报告。

7）混凝土拌制前，应测定砂、石含水率，并根据测试结果调整材料用量，提出施工配合比。

检查数量：每工作班检查一次。

检验方法：检查含水率测试结果和施工配合比通知单。

8）施工缝的位置应在混凝土浇筑前按设计要求和施工技术方案确定。施工缝的处理应按施工技术方案执行。

检查数量：全数检查。

检验方法：观察、检查施工记录。

9）后浇带的留置位置应按设计要求和施工技术方案确定。后浇带混凝土浇筑应按施工技术方案进行。

检查数量：全数检查。

检验方法：观察并检查施工记录。

10）混凝土浇筑完毕后应按施工技术方案及时采取有效的养护措施，并应符合下列规定：

（1）应在浇筑完毕后的12h以内，对混凝土加以覆盖，并保湿养护；

（2）混凝土浇水养护的时间：对采用硅酸盐水泥、普通硅酸盐水泥或矿渣硅酸盐水泥拌制的混凝土，不得少于7d；对掺用缓凝型外加剂或有抗渗要求的混凝土，不得少于14d；

（3）浇水次数应能保持混凝土处于湿润状态，混凝土养护用水应与拌制用水相同；

（4）采用塑料布覆盖养护的混凝土，其敞露的全部表面应覆盖严密，并应保持塑料布内有凝结水；

（5）混凝土强度达到1.2N/mm^{2}前，不得在其上踩踏或安装模板及支架。

注：① 当日平均气温低于5时不得浇水；

② 当采用其他品种水泥时，混凝土的养护时间应根据所采用水泥的技术性能确定；

③ 混凝土表面不便浇水或使用塑料布时，宜涂刷养护剂；

④ 对大体积混凝土的养护，应根据气候条件按施工技术方案采取控温措施。

检查数量：全数检查。

检验方法：观察，检查施工记录。

2. 现浇结构分项检验批二次现浇结构按楼层、结构缝、施工缝划分检验。

1）主控项目：

（1）现浇结构的外观质量不应有严重缺陷。对已经出现的严重缺陷，应由施工单位提出技术处理方案，并经监理（建设）单位认可后进行处理，对经处理的部位，应重新检查验收。

检查数量：全数检查。

检验方法：观察，检查技术处理方案。

（2）现浇结构不应有影响结构性能和使用功能的尺寸偏差。混凝土设备基础不应有影响结构性能和设备安装的尺寸偏差。对超过尺寸允许偏差且影响结构性能和安装、使用功能的部位，应由施工单位提出技术处理方案，并经监理（建设）单位认可后进行处理，对经处理的部位，应重新检查验收。

检查数量：全数检查。

检验方法：量测，检查技术处理方案。

2）一般项目：

（1）现浇结构的外观质量不宜有一般缺陷。对已经出现的一般缺陷，应由施工单位按技术处理方案进行处理，并重新检查验收。

检查数量：全数检查。

检验方法：观察，检查技术处理方案。

（2）现浇结构和混凝土设备基础拆模后的尺寸偏差的规定。

检查数量：按楼层、结构缝或施工段划分检验批。在同一检验批内，对梁、柱和独立基础，应抽查构件数量的10%，且不少于3件；对墙和板，应按有代表性的自然间抽查10%，且不少于3间；对大空间结构，墙可按相邻轴线间高度5m左右划分检查面，板可按纵、横轴线划分检查面，抽查10%，且均不少于3面；对电梯井应全数检查；对设备基础应全数检查。

检验方法：量测检查。

（二）监督检查

1. 混凝土浇筑前的检查：

1）检查模板及其支架，应确保标高、位置尺寸正确，强度、刚度和稳定性及严密性满足要求，模板中的垃圾应清除干净。

2）检查钢筋及预埋件的级别、直径、数量、排放位置及保护层厚度是否满足设计和规范要求，并做好隐蔽工程验收记录。

3）做好施工组织和技术、安全交底工作。

4）预留、预埋管线、盒及预埋件位置的验收与检查。

2. 原材料的品种、标号、质量、用量和施工部位的验收检查。

3. 混凝土坍落度验收检查。

4. 搅拌时间与坍落度的及时调整情况检查。

5. 对商品混凝土的质量检查要求：

1）混凝土搅拌车出站前，每部车都必须经质量检查员检查和易性合格才能签证放行。坍落度抽检每车一次；混凝土整车容重检查每一配合比每天不小于一次。

2）现场取样时，应以搅拌车卸料 1/4 后至 3/4 前的混凝土为代表。混凝土取样、试件制作及养护，均由现场监理工程师（供需双方）共同签证认可。

3）搅拌车卸料前不得出现离析和初凝现象。

六、常见工程质量问题与防治

质量检查员参与制定质量通病预防和纠正措施，施工过程负责监督质量缺陷的处理，参与质量事故的调查、分析和处理。

（一）混凝土蜂窝、麻面、孔洞

1. 产生原因：

1）模板表面粗糙并粘有干混凝土，浇筑混凝土前浇水湿润不够，或模板缝没有堵严，浇筑振捣时，与模板接触部分的混凝土失水过多或滑浆，混凝土呈干硬状态，使混凝土表面形成许多小凹点。

2）混凝土搅拌时间短，掺水量不准，混凝土和易性差，混凝土浇筑后有的地方砂浆少石子多，形成蜂窝。

3）混凝土浇筑没有分层浇筑，下料不当，造成混凝土离析，因而出现蜂窝麻面。

4）混凝土浇入后振捣质量差或漏振，造成蜂窝麻面。

2. 防治措施：

1）混凝土浇筑前，认真检查模板及支撑是否牢固，缝隙是否堵严，将模板清洗干净并用清水湿润，不留积水，并使模板缝隙膨胀严密。

2）混凝土搅拌时间要适宜，现场搅拌宜为 1～2min。

3）混凝土浇筑高度超过 2m 时，要采取措施，如用串筒、溜管或振动溜管进行下料。

4）混凝土入模后，必须掌握振捣时间，每点振捣时间约 20～30s。合适的振捣时间可由下列现象来判断：混凝土不再显著下沉，不再出现气泡，混凝土表面出浆且呈水平状态，混凝土将模板边角部分填满充实。

（二）露筋

1. 产生原因：

1）混凝土振捣时钢筋垫块移位，或垫块太少，钢筋紧贴模板，致使拆模后露筋。

2）钢筋混凝土构件断面小，钢筋过密，如遇大石子卡在钢筋上水泥浆不能充满钢筋周围，使钢筋密集处产生露筋。

3）混凝土振捣时，振捣棒撞击钢筋，将钢筋振散发生移位，因而造成露筋。

2. 防治措施：

1）钢筋混凝土施工时，注意垫足垫块，保证厚度，固定牢固。

2）钢筋混凝土结构钢筋较密集时，应减小石子粒径，普通混凝土难以浇筑时，可采用细石混凝土。

3）混凝土振捣时严禁振动钢筋，防止钢筋变形位移，在钢筋密集处，可采用带刀片的振捣棒进行振捣。

（三）混凝土强度偏高或偏低

1. 产生原因：

1）混凝土原材料不符合要求，如水泥过期或受潮结块、砂石含泥量太大、袋装水泥重量不足等，造成混凝土强度偏低。

2）混凝土配合比不正确，原材料计量不准确，如砂、石不过磅，掺水不准，搅拌时间不够。

3）混凝土试块不按规定制作和养护，或试模变形，或管理不善、养护条件不符合要求等。

2. 防治措施：

1）混凝土原材料应试验合格，严格控制配合比，保证计量准确，外加剂要按规定掺入。

2）混凝土应搅拌均匀，按“砂子＋水泥＋石子＋水”的顺序上料，外加剂溶液最好均匀加入水中或从出料口处加入，不能倒在料斗内。搅拌时间应根据混凝土的坍落度和搅拌机容量合理确定。

3）搅拌第一盘混凝土时可适当少装一些石子或适当增加水泥和水。

4）健全检查和试验制度，按规定检查坍落度和制作混凝土试块，认真做好试验记录。

（四）混凝土板表面不平整

1. 产生原因：

1）混凝土梁板同时浇筑，只采用插入式振捣器振捣，未用平板式振捣器振捣，且未用木抹子与杠直进行找平处理，造成板厚控制不准，表面不平。

2）混凝土未达到一定强度就上人操作或运料，混凝土板表面出现凸凹不平的卸痕。

3）模板没有支承在坚固的地基上，垫板支承面不够，以致在浇筑混凝土或早期养护时发生下沉。

2. 防治措施：

1）混凝土板应采用平板式振捣器在其表面进行振捣，有效振动深度约 20cm，大面积混凝土应分段振捣，相邻两段之间应搭接振捣 5cm 左右。

2）控制混凝土板浇筑厚度，除在模板四周弹墨线外，还可用钢筋或木料做成与板厚相同的标记，放在灌筑地点附近，随浇随移动，振捣方向宜与浇筑方向垂直，使板面平整，厚度一致。

3）混凝土浇筑完后12h以内即应浇水养护（如气温低于＋5oC时不得浇水）。必须在混凝土强度达到1.2N/mm^2以后，方可在已浇筑结构上走动。

4）混凝土模板应有足够的刚度、强度和稳定性，支承结构必须安装在坚实的地基上，并有足够的支承面积，以保证浇筑混凝土时不发生下沉。

（五）混凝土裂缝

1. 产生原因：混凝土在施工过程中由于温度、湿度变化，混凝土徐变的影响，地基不均匀沉降，拆模过早，早期受振动等因素都有可能引起混凝土裂缝发生。

2. 防治措施：

1）加强混凝土早期养护，浇筑完的混凝土要及时养护，防止干缩，冬季施工期间要及时覆盖养护，防止冷缩裂缝产生。

2）大体积现浇混凝土施工应合理设计浇筑方案，避免出现施工缝。

3）加强施工管理，混凝土施工时应结合实际条件，采取有效措施，确保混凝土的配合比、坍落度等符合规定的要求，并严格控制外加剂的使用，同时应避免混凝土早期受到冲击。

（六）混凝土夹渣

1. 产生原因：浇筑大面积、大体积钢筋混凝土结构时，往往分层分段施工，在施工停歇期间常有木块、锯末等杂物，（在冬季还有积雪、冰块）积存在混凝土表面，这些杂物如不认真检查清理，再次浇筑混凝土时，就夹入混凝土内，在施工缝处造成杂物“夹芯”。

2. 防治措施：浇筑混凝土前应认真检查，将表面杂物清理干净，可在模板与沿施工缝处通条开口，以便清理；冬季施工时如有冻雪等，可用太阳灯等烤化后清理干净；如只有锯末等杂物，可采用鼓风机吹，吸尘器吸等措施，全部清理干净后，通条开口再封板，然后浇筑混凝土。

（七）外形尺寸偏差

1. 现象：表面不平整，整体歪斜，轴线位移。

2. 产生原因：

1）模板自身变形，有孔洞，拼装不平整。

2）模板体系的刚度、强度及稳定性不足，造成模板整体变形和位移。

3）混凝土下料方式不当，冲击力过大，造成跑模或模板变形。

4）振捣时振捣棒接触模板过度振捣。

5）放线误差过大，结构构件支模时因检查核对不细致造成的外形尺寸误差。

3. 防治措施：

1）模板使用前要经修整和补洞，拼装严密平整。

2）模板加固体系要经计算，保证刚度和强度；支撑体系也应经过计算设置，保证足够的整体稳定性。

3）下料高度不大于2m。随时观察模板情况，发现变形和位移要停止下料进行修整加固。

4）振捣时振捣棒避免接触模板。

5）浇筑混凝土前，对结构构件的轴线和几何尺寸进行反复认真的检查核对。

七、质量记录表格清单

（一）混凝土原材料合格证、出厂检验报告、进场复验报告

1. 水泥合格证、出厂检验报告及进场复验报告。

2. 掺合料（粉煤灰、矿粉和硅粉等）合格证、出厂检验报告及进场复验报告。

3. 外加剂（减水剂、膨胀剂和防冻剂等）合格证、出厂检验报告及进场复验报告。

4. 砂、石进场复验报告。

5. 水质检验报告。[注：当采用饮用水作为混凝土用水时，可不检验。当采用中水、施工现场循环用水等其它来源水作为混凝土用水时，应经检验符合现行国家标准《混凝土用水标准（附条文说明）》（JGJ 63—2006）的有关规定后方可用于拌制或养护混凝土。]

（二）施工过程形成质量验收记录

1. 设计变更洽商记录，竣工图。

2. 施工技术方案。

3. 技术交底记录。

4. 混凝土配合比通知单。

5. 混凝土氯化物、碱总量计算书。

6. 商品混凝土出厂合格证。

7. 混凝土块抗压强度报告及强度统计、评定记录，混凝土抗渗试验报告。

8. 混凝土施工记录、隐（预）检记录、预拌混凝土运输单。

9. 混凝土养护责任卡见表 3-14。

表 3-14 混凝土养护责任卡

混凝土养护责任卡					
工程名称				部位	
混凝土标号		搅拌方式		浇筑方式	
浇筑时间		养护时间		责任人	
养护方式					
备　注					

10. 上下工序自检、互检、交接检记录。

11. 现场验收检查原始记录。

12. 混凝土工程施工记录。

13. 混凝土原材料及配合比设计检验批质量验收记录表。

14. 混凝土施工检验批质量验收记录表。

15. 现浇结构外观及尺寸偏差检验批质量验收记录表。

16. 防水混凝土工程检验批质量验收记录表。

17. 混凝土及现浇结构分项工程质量评定记录。

第四节　装配式结构工程

装配式结构工程是装配式混凝土结构的简称，是以预制构件为主要受力构件经装配、连接而成的混凝土结构。

装配式结构工程种类：基础设施构件类（地铁管片、预制管、桥梁、道路护栏等）、建筑构件类（预制柱、预制梁、屋架、屋面板等）、地基类（管桩等）、预制复合（装饰、保温）挂板、预制清水看台以及预制景观构件（护栏、灯杆、座椅等）是主要的四大类产品。

一、一般规定

1. 预制构件应进行结构性能检验，结构性能检验不合格的预制构件不得用于混凝土结构。

2. 叠合结构中预制构件的叠合面应符合设计要求。

3. 装配式结构外观质量、尺寸偏差的验收及对缺陷的处理应按本规范第 8 章的相应规定执行。

二、施工工艺流程

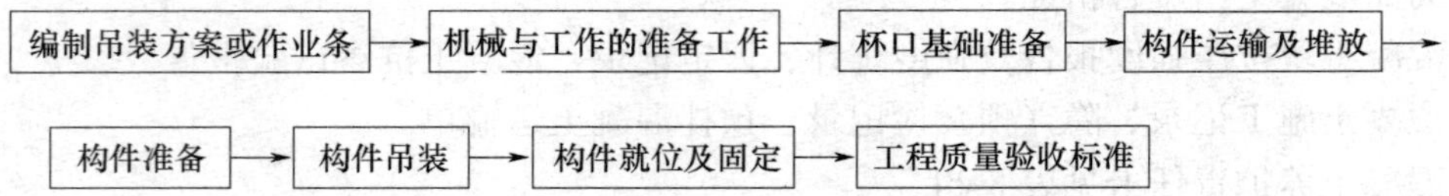

三、检验批的划分

根据《建筑工程施工质量验收统一标准》(GB 50300—2013) 的相关要求，建筑工程施工质量验收应划分为单位工程、分部工程、分项工程和检验批。

（一）单位工程应按下列原则划分

1. 具备独立施工条件并能形成独立使用功能的建筑物或构筑物为一个单位工程。

2. 对于规模较大的单位工程，可将其能形成独立使用功能的部分划分为一个子单位工程。

（二）分部工程应按下列原则划分

1. 可按专业性质、工程部位确定。

2. 当分部工程较大或较复杂时，可按材料种类、施工特点、施工程序、专业系统及类别等将分部工程划分为若干子分部工程。

（三）分项工程划分

分项工程可按主要工种、材料、施工工艺、设备类别等进行划分。

（四）检验批划分

检验批可根据施工、质量控制和专业验收的需要，按工程量、楼层、施工段以及变形缝等进行划分。

1. 施工前，应由施工单位制定分项工程和检验批的划分方案，并由监理单位审批。

2. 多层及高层建筑的分项工程可按楼层或施工段来划分检验批，单层建筑的分项工程可按变形缝等划分检验批；地基基础的分项工程一般划分为一个检验批，有地下层的基础工程可按不同地下层划分检验批；其他分部工程中的分项工程，一般按楼层划分检验批；对于工程量较少的分项工程可划为一个检验批。

四、材料、设备、构配件的验收

（一）材料质量控制内容

核查进场材料、设备的质量保证资料，监督进场材料的抽样复验。

（二）监督、跟踪施工试验、进行计量器具的符合性审查

1. 检查构件的生产单位、型号和生产日期。

2. 构件进场外观检查、尺寸偏差及构件结构性能的检查。

3. 施工技术资料检查。包括原材料的质量证明书和复试报告、生产过程的检查和检验资料、产品质量检验资料等。

4. 主要项目质量抽查。包括钢筋品种、规格、数量和位置、钢筋焊接质量、钢筋半成品质量以及混凝土抗压强度等。

5. 其他项目检验。包括构件结构性能检验等。

五、检验批质量验收

（一）主控项目

1. 进入现场的预制构件，其外观质量、尺寸偏差及结构性能应符合标准图或设计的要求（表 3-15）。

检查数量：按批检查。

检验方法：检查构件合格证。

2. 预制构件与结构之间的连接应符合设计要求。

连接处钢筋或埋件采用焊接或机械连接时，接头质量应符合国家现行标准《钢筋焊接及验收规程》(JGJ 18)、《钢筋机械连接通用技术规程》(JGJ 107) 的要求。

检查数量：全数检查。

检验方法：观察，检查施工记录。

3. 承受内力的接头和拼缝，当其混凝土强度未达到设计要求时，不得吊装上一层结构构件；当设计无具体要求时，应在混凝土强度不小于 $10N/mm^2$ 或具有足够的支承时，方可吊装上一层结构构件。

已安装完毕的装配式结构，应在混凝土强度到达设计要求后，方可承受全部设计荷载。

数量检查：全数检查。

检验方法：检查施工记录及试件强度试验报告。

表 3-15　构件尺寸的允许偏差

项目			允许偏差（mm）
截面尺寸	长度	板、梁	+10 −5
		柱	+5 −10
		墙板	±5
		薄腹梁、桁架	+15 −10
	宽度、高度	板、梁、柱、墙板、薄腹梁、桁架	±5
肋宽、厚度			+4 −2
侧向弯曲		板、梁、柱	$L/750$ 且≤20
		墙板、薄腹梁、桁架	$L/1000$ 且≤20
预埋件		中心线位置	10
		螺栓位置	5
		螺栓明露长度	+10 −5
预留孔		中心线位置	5
预留洞		中心线位置	15
保护层厚度		板	+5 −3
		梁、柱、墙板、薄腹梁、桁架	+10 −5
对角线差		板、墙板	10
表面平整		板、梁、柱、墙板	5
预应力构件孔道预留位置		梁、墙板、薄腹梁、桁架	3

（二）一般项目

1. 预制构件码放和运输时的支承位置和方法应符合设计和标准图要求。

检查数量：全数检查。

检验方法：观察检查。

2. 预制构件吊装前，应按设计要求在构件和相应的支承结构上标志中心线和标高控制线，按设计文件和标准图校核预埋件及连接钢筋等，并作出标志。

检查数量：全数检查。

检验方法：观察，钢尺检查。

3. 预制构件应按设计要求吊装。起吊时绳索与构件水平面的夹角不宜小于45°，否则应采用吊架或经验算确定。

检查数量：全数检查。

检验方法：观察检查。

4. 预制构件安装就位后，应采取保证构件稳定的临时固定措施，并应根据水准点和轴线校正位置。

检查数量：全数检查。

检验方法：观察，钢尺检查。

5. 装配式结构中的接头和拼缝应符合设计要求；当设计无具体要求时，应符合下列规定：

1）对承受内力的接头和拼缝应采取混凝土浇筑，其强度等级应比构件混凝土强度等级提高一级；

2）对不承受内力的接头和拼缝应采取混凝土或砂浆浇筑，其强度等级不应低于C15或M15；

3）用于接头和拼缝的混凝土或砂浆，宜采取微膨胀措施和快硬措施，在浇筑过程中应振捣密实，并应采取必要的养护措施。

检查数量：全数检查。

检验方法：检查施工记录及试件强度试验报告。

（三）允许偏差项目

柱、梁、屋架等构件安装的允许偏差和检验方法符合表3-16的规定。

检查数量：各种不同类型的构件各抽查10%，但均不应小于3件。

表3-16　柱、梁、屋架等构件安装的允许偏差和检验方法

项次	项目			允许偏差（mm）	检验方法
1	杯形基础	中心线对轴线位置偏差		10	尺量检查
		杯底安装标高		+0 −10	用水准仪检查
2	柱	中心线对定位轴线位置偏差		5	尺量检查
		下上柱接口中心线位置偏差		3	
		垂直度	≤5m	5	用经纬仪或吊线和尺量检查
			＞5m	10	
			≥10m 多节柱	1/1000柱高且 不大于20	
		牛腿上表面和柱顶标高	≤5m	+0 −5	用水准仪或尺量检查
			＞5m	+0 −8	

续表

项次	项目			允许偏差（mm）	检验方法
3	梁或吊车梁	中心线对定位轴线位置偏移		5	尺量检查
		梁上表面标高		+0 −5	用水准仪或尺量检查
4	屋架	下弦中心线对定位轴线位置偏移		5	尺量检查
		垂直度	桁架拱形屋架	1/250屋架高	用经纬仪或吊线和尺量检查
			薄腹梁	5	
5	天窗架	构件中心线对定位轴线位置偏移		5	尺量检查
		垂直度		1/300天窗架高	用经纬仪或吊线和尺量检查
6	托架梁	底座中心线对定位轴线位置偏移		5	尺量检查
		垂直度		10	用经纬仪或吊线和尺量检查
7	板	相邻板下表面平整度	抹灰	5	用直尺和楔形塞尺检查
			不抹灰	3	
8	楼梯阳台	水平位置偏移		10	尺量检查
		标高		±5	用水准仪或尺量检查
9	工业厂房墙板	标高		±5	
		墙板两端高低差		±5	

（四）验收注意事项

应选择保证质量难度大、对质量影响大或发生质量问题时危害性大的对象作为重点检查控制对象。

1. 开工前检查：主要检查开工前准备工作质量，能否保证正常施工及工程施工质量。

2. 预制构件与结构之间的连接应符合设计要求。

3. 预制构件码放、运输时的支撑位置和方法应符合设计要求。

4. 预制构件应按设计和标准图要求吊装。起吊时绳索与构件水平面的夹角不宜小于45°，否则应采用吊架或经验算确定。

六、常见工程质量问题与防治

（一）柱垂直度偏差过大

1. 原因分析：

1）吊装时没有认真校正或临时支撑不牢固。

2）柱与柱钢筋焊接变形造成柱不垂直。

3）梁与柱钢筋焊接时，因焊接变形而将柱拉偏。

2. 防治措施：

1）安装柱子时应进行初校，并点焊固定，然后进行二次校正，将位置调整准确。

2）焊接时宜对角、对称、等速焊接，并随时用经纬仪观察柱子垂直度

3）对施焊中的垂直偏差，利用施焊产生的热源，在偏差的方向继续施焊，直到基本纠正后，再等速焊接。

4）焊工必须具有技术等级资质，并在焊接前做焊接试验。

5）应采取合理施焊顺序，各框架柱应采用“梅花焊法”，先焊中柱，由中柱向两侧展开。

（二）构件吊装裂缝

1. 原因分析：

1）屋架扶直时，吊点选择不当。

2）屋架采取重叠预制时，受黏结力和吸附力影响而开裂。

3）垫木不实，屋架起吊时滑脱使下弦受振或碰裂。

4）长柱吊点选择不当。

2. 防止措施：

1）屋架扶直吊点应符合设计规定，最外面吊索与水平夹角不得小于45°；上弦受力情况验算复核，并在起吊前对屋架进行加固。

2）重叠施工的屋架，必须做好隔离层。

3）重叠生产的屋架扶直前必须将两端垫木垫实，防止扶直屋架时下弦滑下而折断。

4）山墙柱等细长构件吊装前应认真作吊装验算，选择最佳吊装方案和吊点。

（三）板安装支承长度不足，焊接点不符合要求

1. 原因分析：

1）板本身尺寸不符合要求。

2）屋架安装轴线位置不准。

3）板的搁置位置不准。

4）吊装顺序不对造成三点不能焊接。

2. 防治措施：

1）吊装前严格检查板的尺寸，不符合要求的不能安装。

2）吊装前复核屋架轴线尺寸，无误后再吊装屋架、屋面板。

3）采用合理的吊装顺序，屋面板先由边跨向前吊装，每吊装一块至少焊接三点后再往前吊第二块。

4）检查人员对屋面板的支承长度、焊点数量、焊缝长度和高度进行跟踪检查，随时纠错。

（四）构件安装焊接质量差

1. 原因分析：焊工技术不过关，构件接触处不严密，缝隙过大，预埋件位置不准。

2. 防治措施：应由持证焊工施焊，构件接触处空隙较大时，应选择较厚的铁楔，保证贴角焊焊缝尺寸；避免进行横焊或仰焊，不能满足焊缝高度时，可加厚预埋件，在原预埋件上再加焊一块厚度相同的钢板。

（五）支撑系统安装质量不符合要求

1. 原因分析：预埋件位置不准或支撑加工尺寸与安装尺寸不符，无法安装。

2. 防治措施：

1）保证每跨吊装精度，加强支撑系统图纸审查和支撑加工尺寸复核。

2）给安装操作者设置可靠的操作环境，提高焊接工人的操作技能，确保仰焊、立焊的质量。

七、质量记录清单和表样

（一）预制构件产品出厂合格证。

（二）装配式结构分项工程预检、自检、互检记录。

（三）设计变更洽商记录，竣工图。

（四）装配式结构分项工程质量检验评定记录。

（五）预检工程验收记录表。

第四章 钢结构工程

钢结构工程是用钢板、型钢等通过焊接、铆接、螺栓连接等方式制作而成的结构，具有结构承载力大、施工方便、可实现工厂化制作、绿色环保以及结构重量轻等优点。当前钢结构在大跨度结构、工业厂房与高层建筑等方面得到了广泛的应用。按《钢结构工程施工质量验收规范》（GB 50205—2012）的规定，钢结构工程分为：钢结构焊接工程、紧固件连接工程、钢零件、部件加工工程、钢构件组装及预拼装工程、单层钢结构安装工程、多层及高层钢结构安装工程、钢管结构安装工程、预应力钢索和膜结构、压型金属板工程、防腐涂料涂装工程、防火涂料涂装工程等11个分项工程。

钢结构工程在施工过程中，进行工程质量检查的主要依据为：

1. 经审查的工程勘察、设计文件。
2. 《建筑工程施工质量验收统一标准》（GB 50300—2013）。
3. 《钢结构工程施工质量验收规范》（GB 50205—2012）。
4. 《钢结构焊接规范》（GB 50661—2011）。
5. 《组合》（JGJ 138—2016）。
6. 《钢结构设计规范》（GB 50017—2003）。
7. 《钢结构工程施工规范》（GB 50755—2012）。
8. 《冷弯薄壁型钢结构技术规范》（GB 50018—2002）。
9. 《拱形钢结构技术规程》（JGJ/T 249）。
10. 《波纹腹板钢结构技术规程》（CECS）。
11. 《矩形钢管混凝土结构技术规程》（CECS）。
12. 《铸钢节点应用技术规程》（CECS）。
13. 《钢结构超声波探伤及质量分级法》（JG/T 203—2007）。
14. 《钢结构高强度螺栓连接技术规范》（JGJ 82—2011）。
15. 《建筑防腐蚀工程施工及验收规范》（GB 50212—2002）。
16. 《涂覆涂料前钢材表面处理 表面清洁度的目视评定 第1部分：未涂覆过的钢材表面和全面清除原有涂层后的钢材表面的锈蚀等级和处理等级》（GB/T 8923.1—2011）。
17. 《色漆和清漆 漆膜的划格试验》（GB/T 9286—1998）。
18. 《钢结构防火涂料应用技术规程》（CECS 24—90）。
19. 《建筑构件防火喷涂材料性能试验方法》（GB 9978）。
20. 《钢结构用高强度大六角头螺栓》（GB/T 1228—2006）。
21. 《钢结构用高强度大六角螺母》（GB/T 1229—2006）。
22. 《钢结构用高强度垫圈》（GB/T 1230—2006）。
23. 《钢结构用高强度大六角头螺栓、大六角螺母、垫圈技术条件》（GB/T 1231—2006）。
24. 《钢结构用扭剪型高强度螺栓连接副》（ GB/T 3632—2008）。

第一节 钢结构焊接

钢结构焊接是钢结构零部件连接的一种方法，是通过加热、加压或两者同时施加，使金属零部件间达到原子或分子间结合的工艺过程。钢结构焊接前，对首次采用的焊接材料、焊接方法、接头形式、焊接位置以及焊后热处理等应进行焊接工艺评定。

一、一般规定

1. 承担钢结构焊接工程的施工单位应具有相应的施工、生产资质以及焊接质量管理体系和技术标准。

2. 具有相应资格的焊接技术人员、焊接检验人员、无损检测人员、焊工、焊接热处理人员。

3. 具有与所承担的焊接工程相适应的焊接设备、检验和试验设备。

4. 检验仪器、仪表应经计量检定、校准合格且在有效期内。

5. 焊接技术人员应接受过专门的焊接技术培训并有一年以上焊接生产或施工实践经验。

6. 焊接检验人员应接受过专门的技术培训，有一定的焊接实践经验和技术水平，并具有检验人员上岗资格证。

7. 无损检测人员必须由专业机构考核合格，其资格证应在有效期内。

8. 焊工应按所从事钢结构的钢材种类、焊接节点形式、焊接方法、焊接位置等要求进行技术资格考试，并取得相应的资格证书。

9. 焊接热处理人员应具备相应的专业技术。

二、施工工艺流程

不同的焊接方法有不同的焊接工艺。焊接工艺主要根据被焊构件的材质、牌号、化学成分，焊件结构类型，焊接性能要求来确定。一般地，焊接工艺流程应包括下图所示的内容。

焊接的准备、检查 → 预热 → 焊接 → 焊后处理 → 焊接施工记录 → 焊缝外观及检测

施工质量控制要点：

（一）焊接前准备、检查

1. 焊接前准备包括母材准备、焊接材料准备、焊接接头的装配、焊接环境的检查及焊前预热和焊接过程道间温度控制措施制定等。还应检查焊接零件的组装、固定、夹紧是否牢靠，对接面是否平齐，坡口截面尺寸是否满足设计要求。

2. 高处焊接应检查焊接区操作脚手平台搭设良好，平台高度及宽度应有利于焊工操作舒适、方便，并应有防风措施。

3. 焊工配置一些必要的工具，比如凿子、焊工专用榔头、刷子以及砂轮机等。

4. 焊把线应绝缘良好，如有破损处要用绝缘布包裹好，以免拖拉焊把线时与母材打火。

5. 焊接设备应接线正确、调试好，正式焊接前宜先进行试焊，将电压、电流调至焊接工艺评定报告规定的范围内。

6. 检查坡口装配质量。应去除坡口区域的氧化皮、水分以及油污等影响焊缝质量的杂质。如坡口采用火焰切割，还应用砂轮机进行打磨掉表面氧化物至露出金属光泽。

7. 焊接前应检查焊材、焊剂烘培记录，确保焊材焊剂干燥。

8. 预热是防止焊接裂纹的有效措施，可以控制焊接冷却速度，同时还可以降低焊接应力。预热温度的确定与钢材材质、板厚、接头形式、环境温度以及焊接材料的含氢量等有关。常用钢材最低预热温度要求按表 4-1 执行。

表 4-1　常用钢材最低预热温度要求

钢材牌号	接头最厚部件的板厚 t（mm）				
	$t<20$	$20\leqslant t\leqslant 40$	$40<t\leqslant 60$	$60<t\leqslant 80$	$t>80$
Q235	—	—	40	50	80
Q345	/	40	60	80	100
Q390、Q420	20	60	80	100	120
Q460	20	80	100	120	150

1）当采用非低氢焊接材料或焊接方法焊接时，预热温度应比该表规定的温度提高 20℃。

2）当母材施焊处温度低于 0℃时，应根据焊接作业环境、母材牌号及板厚的具体情况将表中母材预热温度适当增加，且应在焊接过程中保持这一最低道间温度。

3）中等热输入指焊接热输入约为 15～25kJ/cm，热输入每增大 5 kJ/cm，预热温度可降低 20℃。

4）焊接接头板厚不同时，应按接头中较厚板的板厚选择最低预热温度和道间温度。

5）焊接接头材质不同时，应按接头中较高强度、较高碳当量的钢材选择最低预热温度。

6）电渣焊和气电立焊在环境温度为 0℃以上施焊时可不进行预热；但板厚大于 60mm 时，宜对引弧区域的母材预热且不低于 50℃。

7）焊接过程中，最低道间温度应不低于预热温度；静载结构焊接时，最大道间温度不宜超过 250℃；周期性荷载结构和调质钢焊接时，最大道间温度不宜超过 230℃。

8）预热主要采用电加热和氧—乙炔火焰加热方法，预热范围为坡口及坡口两侧不小于板厚的 1.5 倍宽度，且不小于 100mm。

9）热温度宜在焊件受热面的背面测量，测量点应在离电弧经过前的焊接点各方向不小于 75mm 处；当采用火焰加热器预热时正面测温应在火焰离开后进行。

9. 重要的对接接头和 T 接头的两端应装焊引弧板和熄弧板，其材料及接头原则上应与母材相同，其尺寸为：手工焊、半自动（50mm×30mm×6mm）；自动焊（100mm×50mm×8mm）；焊后用气割割除，磨平割口。

（二）定位焊接及施焊作业

1. 定位焊必须由持相应合格证的焊工施焊，所用焊接材料应与正式焊缝的焊接材料相当。

2. 定位焊焊接时预热温度宜高于正式施焊预热温度 20～50℃；定位焊缝与正式焊缝应具

有相同的焊接工艺和焊接质量要求；定位焊焊缝若存在裂纹、气孔、夹渣等缺欠，要完全清除。当环境温度低于0℃时，焊接区域均应进行焊前预热。

3. 定位焊焊缝厚度应不小于3mm，对于厚度大于6mm的正式焊缝，其定位焊缝厚度不宜超过正式焊缝厚度的2/3，且不大于8mm，但不应小于4mm。

4. 定位焊缝的长度应不小于40mm，定位焊缝间距宜为300～600mm。

5. 钢衬垫焊接接头的定位焊宜在接头坡口内焊接。

6. 定位焊焊缝的焊接应避免在焊缝的起始、结束和拐角处施焊，弧坑应填满，严禁在焊接区以外的母材上引弧和熄弧。

7. 对于要求疲劳验算的动荷载结构，应制定专门的定位焊焊接工艺文件。

（三）焊后处理

焊后热处理的目的是减少焊接残余应力和避免焊接结构产生裂纹，改善焊接接头的塑性和韧性。焊后热处理方法有：整体热处理、局部热处理、振动消除应力或时效处理等。

1. 设计或合同文件对焊后消除应力有要求时，需经疲劳验算的结构中承受拉应力的对接接头或焊缝密集的节点或构件，宜采用电加热器局部退火和加热炉整体退火等方法进行消除应力处理；如仅为稳定结构尺寸，可选用振动法消除应力。

2. 焊后热处理应符合国家现行行业标准《碳钢、低合金钢焊接构件焊后热处理方法》（JB/T 6046）的相关规定。当采用电加热器对焊接构件进行局部消除应力热处理时，尚应符合下列要求：

1）使用配有温度自动控制仪的加热设备，其加热、测温、控温性能应符合使用要求；

2）构件焊缝每侧面加热板（带）的宽度至少为钢板厚度的3倍，且应不小于200mm；

3）加热板（带）以外构件两侧宜用保温材料适当覆盖；

（四）焊缝检查、检测

钢结构件的焊缝主要是检，验焊缝的外观成型质量，检验内容一般为焊脚高度、咬边、焊接变形、焊瘤、弧坑以及焊缝直度等，当然还有焊缝的内在质量，如夹渣、气孔、未焊透、裂纹或未熔合等。

外观检验的器具有直尺、焊接检验尺、放大镜等，内在质量检验主要是着色探伤和磁粉探伤。

焊接质量的检验包括外观检查、无损探伤和机械性能试验三个方面。这三者是互相补充的，而以无损探伤为主。

1. 外观检查

外观检查一般以肉眼观察为主，有时用5～20倍的放大镜进行观察。通过外观检查，可发现焊缝表面缺陷，如咬边、焊瘤、表面裂纹、气孔、夹渣及未熔合等。焊缝的外形尺寸还可采用焊脚量规或样板进行测量。

2. 无损探伤

隐藏在焊缝内部的夹渣、气孔、裂纹等缺陷的检验。目前使用最普遍的是采用X射线检验，还有超声波探伤和磁力探伤。对于离焊缝表面不深的内部缺陷和表面极微小的裂纹，还可采用磁力探伤。

三、检验批划分

钢结构焊接工程可按相应的钢结构制作或安装工程检验批的划分原则划分为一个或若干个检验批。

四、材料、设备、构件验收

1. 焊条、焊丝、焊剂、电渣焊熔嘴等焊接材料与母材的匹配应符合设计要求及国家现行行业标准，优先执行《钢结构焊接规范》（GB 50661—2011）的规定。焊条、焊剂、药芯焊丝与熔嘴等在使用前，应按其产品说明书及焊接工艺文件的规定进行烘焙和存放。

2. 钢材、钢铸件的品种、规格、性能等应符合现行国家产品标准和设计要求。进口钢材产品的质量应符合设计和合同规定标准的要求。

3. 重要钢结构采用的焊接材料应进行抽样复验，复验结果应符合现行国家产品标准和设计要求。本条中“重要”是指：

1）建筑结构安全等级为一级的一、二级焊缝。

2）建筑结构安全等级为二级的一级焊缝。

3）大跨度结构中一级焊缝。

4）重级工作制吊车梁结构中一级焊缝。

5）设计要求。

4. 对属于下列情况之一的钢材，应进行抽样复验，其复验结果应符合现行国家产品标准和设计要求：

1）国外进口钢材。

2）钢材混批。

3）板厚等于或大于 40mm，且设计有 Z 向性能要求的厚板。

4）建筑结构安全等级为一级，大跨度钢结构中主要受力构件所采用的钢材。

5）设计有复验要求的钢材。

6）对质量有疑义的钢材。

5. 施工单位对其首次采用的钢材、焊接材料、焊接方法以及焊后热处理等，应进行焊接工艺评定，并应根据评定报告确定焊接工艺。

6. 施工单位对其采用的焊钉和钢材焊接应进行焊接工艺评定，其结果应符合设计要求和国家现行有关标准的规定。

五、检验批质量验收

1. 主控项目

1）焊接材料的品种、规格、性能等应符合现行国家产品标准和设计要求。

检查数量：全数检查。

检验方法：检查焊接材料的质量合格证明文件、中文标志及检验报告等。

2）重要钢结构采用的焊接材料应进行抽样复验，复验结果应符合现行国家产品标准和设计要求。

检查数量：全数检查。

检验方法：检查复验报告。

2. 一般项目

1）焊钉及焊接瓷环的规格、尺寸及偏差应符合现行国家标准《电弧螺柱焊用圆柱头焊钉》（GB/T 10433—2002）中的规定。

检查数量：按量抽查1%，且不应少于10套。

检验方法：用钢尺和游标卡尺量测。

2）焊条外观不应有药皮脱落、焊芯生锈等缺陷；焊剂不应受潮结块。

检查数量：按量抽查1%，且不应少于10包。

检验方法：观察检查。

3. 焊工必须经考试合格并取得合格证书。持证焊工必须在其考试合格项目及其认可范围内施焊。

4. 设计要求完全熔透的一、二级焊缝应采用超声波探伤进行内部缺陷的检验，超声波探伤不能做出判断时，应采用射线探伤，其内部缺陷分级及探伤方法应符合现行国家标准《焊缝无损检测超声检测技术、检测等级和评定》（GB 11345）或《金属熔化焊焊接接头射线照相》（GB 3323）的规定。

5. 焊接球节点网架焊缝、螺栓球节点网架焊缝及圆管T、K、Y形点相贯线焊缝，其内部缺陷分级及探伤方法应符合国家现行标准《钢结构超声波探伤及质量分级法》（JG/T 203—2007）的规定。

6. 一级、二级焊缝的质量等级及缺陷分级应符合表4-2的规定。

表4-2　一、二级焊缝质量等级及缺陷分级

焊缝质量等级		一级	二级
内部缺陷 超声波探伤	评定等级	Ⅱ	Ⅲ
	检验等级	B级	B级
	探伤比例	100%	20%
内部缺陷 射线探伤	评定等级	Ⅱ	Ⅲ
	检验等级	AB级	AB级
	探伤比例	100%	20%

注：探伤比例的计数方法应按以下原则确定：①对工厂制作焊缝，应按每条焊缝计算百分比，且探伤长度应不小于200mm，当焊缝长度不足200mm时，应对整条焊缝进行探伤；②对现场安装焊缝，应按同一类型、同一施焊条件的焊缝条数计算百分比，探伤长度应不小于200mm，并应不少于1条焊缝。

7. T形接头、十字接头、角接接头等要求熔透的对接和角对接组合焊缝，为减少应力集中其焊脚尺寸不应小于$t/4$；设计有疲劳验算要求的吊车梁或类似构件的腹板与上翼缘连接焊缝的焊脚尺寸为$t/2$，且不应小于10mm。焊脚尺寸的允许偏差为0～4mm。

8. 焊缝表面不得有裂纹、焊瘤等缺陷。一级、二级焊缝不得有表面气孔、夹渣、弧坑裂纹或者电弧擦伤等缺陷。且一级焊缝不许有咬边、未焊满或根部收缩等缺陷。

9. 对于需要进行焊前预热或焊后热处理的焊缝，其预热温度或后热温度应符合国家现行标准的规定或通过工艺试验确定。预热区在焊道两侧，每侧宽度均应大于焊件厚度的1.5倍以上，且不应小于100mm；后热处理应在焊后立即进行，保温时间应根据板厚按每25mm板厚1h确定。

10. 二级、三级焊缝外质量标准应符合《钢结构工程施工质量验收规范》(GB 50205—2001) 附录 A 中表 A.0.1 的规定。三级对接缝应按二级焊缝标准进行外观质量检验。

11. 焊缝尺寸允许偏差应符合《钢结构工程施工质量验收规范》(GB 50205—2001) 附录 A 中表 A.0.2 的规定。

12. 焊成凹形的角焊缝，焊缝金属与母材间应平缓过渡；加工成凹形的角焊缝，不得在其表面留下切痕。

13. 焊缝感观应达到：外形均匀、成型较好，焊道与焊道、焊道与基本金属间过渡比较平滑，焊渣和飞溅物基本清除干净。

14. 碳素结构钢应在焊缝冷却到环境温度、低合金结构钢应在完成焊接 24h 以后，进行焊缝探伤检验。

15. 焊钉焊接后应进行弯曲试验检查，其焊缝和热影响区不应有肉眼可见的裂纹。焊钉弯曲 30°后用角尺检查和观察检查。

16. 焊钉根部焊脚应均匀，焊脚立面的局部未熔合或不足 360°的焊脚应进行修补。

六、常见工程质量问题与防治

1. 焊工未经考试合格并取得合格证书。持证焊工超出其考试合格项目及其认可范围内施焊。

1）原因分析：钢结构企业或施工方未对焊工进行定期考核或未按照考核合格执业范围进行分类并安排焊工在许可范围内作业，质量意识不清晰。焊工作业前未进检查和实际考核。

2）防治措施：焊接作业前应检查焊工操作证，并检查考试合格的范围是否与实际作业范围一致。

2. 焊条、焊丝、焊剂、电渣焊熔嘴等焊接材料与母材不匹配。

1）原因分析：施工方对不同母材的材质选用不同焊材未区分对待，对相关规定理解不彻底。施焊前，未对班组进行技术交底明确焊材的使用，导致工人滥用。

2）防治措施：使用前，按其产品说明书及焊接工艺文件的规定进行烘焙和存放。烘焙合格的焊条外露在空气中超过 4h 的重新烘焙。使用前应检查焊剂烘培记录。

3. 焊材焊剂未与母材熔合，表面有未熔透的焊材焊剂。焊缝表面有气孔、夹渣、弧坑裂纹、电弧擦伤等缺陷。

1）原因分析：焊接电流过小或过大，焊接速度过快，母材未按照规定打坡口。

2）防治措施：焊接时应确保焊接的电流应适当，焊接速度不应过快，厚度大于 6mm 的母材焊接前应按照焊接工艺要求及图纸要求打坡口。对有缺陷的焊缝应打磨后重新焊接，直至合格。

七、质量记录表格清单

1. 钢结构（钢构件焊接）分项工程检验批质量验收应按表 4-3 进行记录。

2. 钢结构（焊钉焊接）分项工程检验批质量验收应按表 4-4 进行记录。

表 4-3 钢结构（钢构件焊接）分项工程检验批质量验收记录

工程名称				检验批部位	
施工单位				项目经理	
监理单位				总监理工程师	
施工依据标准				分包单位负责人	
主控项目		合格质量标准（按本规范）	施工单位检验评定记录或结果	监理（建设）单位验收记录或结果	备注
1	焊接材料进场	第 4.3.1 条			
2	焊接材料复验	第 4.3.2 条			
3	材料匹配	第 5.2.1 条			
4	焊工证书	第 5.2.2 条			
5	焊接工艺评定	第 5.2.3 条			
6	内部缺陷	第 5.2.4 条			
7	组合焊缝尺寸	第 5.2.5 条			
8	焊缝表面缺陷	第 5.2.6 条			
9					
一般项目		合格质量标准（按本规范）	施工单位检验评定记录或结果	监理（建设）单位验收记录或结果	备注
1	焊接材料进场	第 4.3.4 条			
2	预热和后热处理	第 5.2.7 条			
3	焊缝外观质量	第 5.2.8 条			
4	焊缝尺寸偏差	第 5.2.9 条			
5	凹形角焊缝	第 5.2.10 条			
6	焊缝感观	第 5.2.11 条			
7					
施工单位检验评定结果		班组长： 或专业工长： 年 月 日	质检员 或项目技术负责人： 年 月 日		
监理（建设）单位验收 结论		监理工程师（建设单位项目技术人员）：		年 月 日	

表 4-4 钢结构（焊钉焊接）分项工程检验批质量验收

工程名称				检验批部位	
施工单位				项目经理	
监理单位				总监理工程师	
施工依据标准				分包单位负责人	
主控项目		合格质量标准（按本规范）	施工单位检验评定记录或结果	监理（建设）单位验收记录或结果	备注
1	焊接材料进场	第 4.3.1 条			

续表

工程名称				检验批部位	
2	焊接材料复验	第 4.3.2 条			
3	焊接工艺评定	第 5.2.3 条			
4	焊后弯曲试验	第 5.3.2			
一般项目		合格质量标准（按本规范）	施工单位检验评定记录或结果	监理（建设）单位验收记录或结果	备注
1	焊钉和瓷环尺寸	第 4.3.3 条			
2	焊缝外观质量	第 5.3.3 条			
施工单位检验评定结果		班组长： 或专业工长： 年 月 日		质检员 或项目技术负责人： 年 月 日	
监理（建设）单位验收 结论		监理工程师（建设单位项目技术人员）： 年 月 日			

第二节 紧固件连接

紧固件连接是指将两个或两个以上的零件（或构件）紧固连接成为一件整体时所采用的一类机械零件。常见的钢结构工程应用的紧固件有：普通螺栓、扭剪型高强度螺栓、高强度大六角头螺栓、钢网架螺栓球节点用高强度螺栓及射击钉、自攻钉、拉铆钉等。本节主要介绍普通螺栓、扭剪型高强度螺栓和高强度大六角头螺栓三种。

大六角头高强度螺栓连接副：大六角头高强度螺栓连接副由一个大六角头螺栓、一个螺母和两个垫圈组成。

扭剪型高强度螺栓连接副：扭剪型高强度螺栓连接副由一个螺栓、一个螺母和一个垫圈组成。

一、一般规定

1. 检查高强度螺栓连接副的外观质量及随箱附带的出厂质量保证书。包装箱外表面应注明批号、规格及数量、生产日期。查验高强度螺栓的直径、强度等级、长度等是否与设计相匹配。

2. 对扭剪型高强度螺栓进行复验，检查其预拉力报告是否满足设计要求。对大六角高强度螺栓使用前，应检查扭矩系数报告是否满足设计要求。

3. 查验连接板的孔径及孔位是否与构件上的孔径及孔位一致，是否需要进行扩孔处理。

4. 大六角头高强度螺栓施工所用的扭矩扳手，班前必须校正，其扭矩误差不得大于±5%，合格后方准使用。校正用的扭矩扳手，其扭矩误差不得大于±3%。

5. 高强螺栓在高空安装时应放置在专用的封闭或半封闭容器或袋子里，随用随取，不得散落放置在梁上。

6. 作业区域进行封闭警示，并派专人看护，禁止交叉作业，防止高强度螺栓安装时坠落伤人。

7. 工地安装时，应按当天高强度螺栓连接副需要使用的数量领取。当天安装剩余的必须妥善保管，不得乱扔、乱放。在安装过程中，不得碰伤螺纹及沾染脏物以防扭矩系数发生变化。

8. 高强度螺栓的栓孔应采用钻孔成型，孔边应无飞边、毛刺。高强度螺栓连接处板上所有螺栓孔，均应采用量规检查，其通过率每组至少应通过85%。

二、施工工艺流程

紧固件安装流程：

作业准备 → 选择配套螺栓 → 组装连接 → 检查验收

施工质量控制要点：

（一）作业准备

1. 检查高强度螺栓连接副的外观质量及随箱附带的出厂质量保证书。包装箱外表面应注明批号、规格及数量、生产日期。

2. 查验高强度螺栓的直径、强度等级与长度等是否与设计相匹配。

3. 检查安装高强度螺栓的连接板摩擦面除锈情况是否达到设计规定的等级。

4. 检查摩擦面抗滑移检验报告是否满足设计要求。

5. 对扭剪型高强度螺栓进行复验，检查其预拉力报告是否满足设计要求。对大六角高强度螺栓使用前，应检查扭矩系数报告是否满足设计要求。

查验连接板的孔径及孔位是否与构件上的孔径及孔位一致，是否需要进行扩孔处理。

6. 大六角头高强度螺栓施工所用的扭矩扳手，班前必须校正，其扭矩误差不得大于±5%，合格后方准使用。校正用的扭矩扳手，其扭矩误差不得大于±3%。

7. 高强螺栓在高空安装时应放置在专用的封闭或半封闭容器或袋子里，随用随取，不得散落放置在梁上。

8. 作业区域进行封闭警示，并派专人看护，禁止交叉作业，防止高强度螺栓安装时坠落伤人。

（二）选择配套螺栓

配套螺栓的选择应根据设计孔径及连接板厚度、构件厚度、长度增加值等确定。

一般地，高强度螺栓的长度选择可根据表4-5进行。

表4-5 高强度螺栓的长度选择

螺栓长度计算公式				
高强螺栓规格	螺栓长度 L（大六角）	螺栓长度 L（扭剪型）	普通螺栓规格	螺栓长度 L
M10	$20+T$		M12	$27+T$
M12	$25+T$		M14	$29+T$
M16	$35+T$	$25+T$	M16	$31+T$

续表

螺栓长度计算公式				
高强螺栓规格	螺栓长度 L（大六角）	螺栓长度 L（扭剪型）	普通螺栓规格	螺栓长度 L
M20	$35+T$	$30+T$	M18	$33+T$
M22	$40+T$	$35+T$	M20	$35+T$
M24	$45+T$	$40+T$	M22	$37+T$
M27	$50+T$		M24	$41+T$
M30	$55+T$		M27	$44+T$
			M30	$46+T$

注明：T 为两块连接板板厚之和。

（三）组装连接

1. 高强度螺栓连接安装时，在每个节点上穿入的临时螺栓和冲钉数量，应符合下列条件：

①不得少于安装总数的 1/3；②不得少于两个临时螺栓；③冲钉穿入数量不宜多于临时螺栓的 30％。

2. 不得用高强度螺栓兼作临时螺栓，以防损伤螺纹引起扭矩系数的变化。

3. 高强度螺栓的安装应在结构构件中心位置调整后进行，其穿入方向应以施工方便为准，并力求一致。高强度螺栓连接副组装时，螺母带圆台面的一侧应朝向垫圈有倒角的一侧。对于大六角头高强度螺栓连接副组装时，螺栓头下垫圈有倒角的一侧应朝向螺栓头。

4. 安装高强度螺栓时，严禁强行穿入螺栓（如用锤敲打）。如不能自由穿入时，该孔应用铰刀进行修整，修整后孔的最大直径应小于 1.2 倍螺栓直径。修孔时，为了防止铁屑落入板迭缝中，铰孔前应将四周螺栓全部拧紧，使板迭密贴后再进行。禁止气割扩孔。

5. 大六角头高强度螺栓施工前，应按出厂批复验高强度螺栓连接副的扭矩系数，每批复验 5 套。5 套扭矩系数的平均值应在 0.110～0.150 范围之内，其标准偏差应小于或等于 0.010。

6. 对因板厚公差、制造偏差或安装偏差等产生的接触面间隙，按表 4-6 进行处理。

表 4-6　接触面间隙处理

项目	示意图	处理方法
1	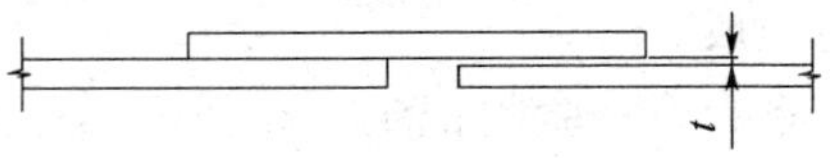	$t \leqslant 1.0$mm 时不予处理
2	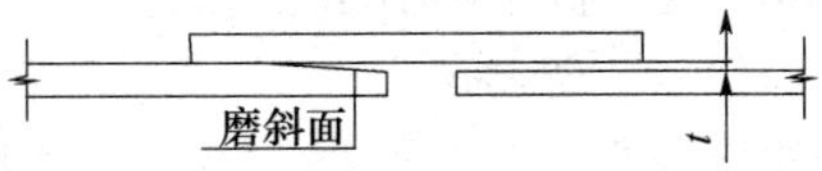	$t=1.0\sim3.0$mm 时将板厚一侧磨成 1∶10 的缓坡，使间隙小于 1.0mm
3	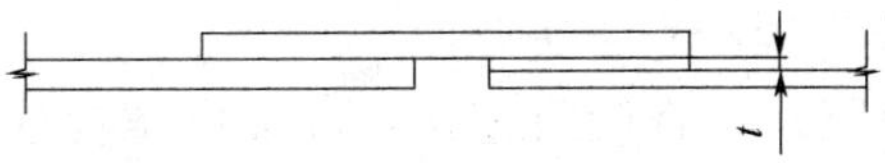	$t>3.0$mm 时加垫板，垫板厚度不小于 3mm，最多不超过 3 层，垫板材质和摩擦面处理方法应与构件相同

7. 大六角头高强度螺栓的拧紧应分为初拧、终拧。对于大型节点应分为初拧、复拧、终拧。初拧扭矩为施工扭矩的 50％左右，复拧扭矩等于初拧扭矩。初拧或复拧后的高强度螺栓应用颜色在螺母上涂上标记，然后按规定的施工扭矩值进行终拧。终拧后的高强度螺栓应用

另一种颜色在螺母上涂上标记，终拧扭矩值按以下公式确定。高强螺栓连接副施工预拉力标准值见表 4-7。

$$T_C = K \times P_C \times d$$

式中 T_C——终拧扭矩值，N·m；

P_C——施工预拉力值标准值，kN；

d——螺栓公称直径，mm；

K——扭矩系数。

8. 扭剪型高强度螺栓施工前，应按出厂批复验高强度螺栓连接副的紧固轴力，每批复验 5 套。

扭剪型高强度螺栓的拧紧应分为初拧与终拧。对于大型节点应分为初拧、复拧与终拧，复拧扭拧等于初拧扭矩值。初拧或复拧后的高强度螺栓应用颜色在螺母上涂上标记，然后用专用扳手进行终拧，直至拧掉螺栓尾部梅花头。对于个别不能用专用扳手进行终拧的扭剪型高强度螺栓，未在终拧中拧掉梅花头的螺栓数不大于该节点螺栓数的 5%，对所有梅花头未拧掉的扭剪型高强度螺栓连接副应采用扭矩法或转角法进行终拧并做标记。

表 4-7 高强螺栓连接副施工预拉力标准值（kN）

螺栓的性能等级	螺栓公称直径（mm）					
	M16	M20	M22	M24	M27	M30
8.8s	75	120	150	170	225	275
10.9s	110	170	210	250	320	390

9. 高强度螺栓在初拧、复拧和终拧时，连接处的螺栓应按一定顺序施拧，一般应由螺栓群中央顺序向外拧紧。

10. 高强度螺栓的初拧、复拧与终拧应在 24h 内全部完成。

（四）检查验收

1. 大六角头高强度螺栓检查：用小锤（0.3kg）敲击法对高强度螺栓进行普查，以防漏拧。

对每个节点螺栓数的 10%，但不少于一个进行扭矩检查。如发现有不符合规定的，应再扩大检查 10%，如仍有不合格者，则整个节点的高强度螺栓应重新拧紧。

扭矩检查应在螺栓终拧 1h 以后、24h 之前完成。

2. 大六角头高强度螺栓施工质量应有下列原始检查验收记录：高强度螺栓连接副复验数据、抗滑移系数试验数据、初拧扭矩、终拧扭矩、扭矩扳手检查数据和施工质量检查验收记录等。

3. 扭剪型高强度螺栓终拧检查，以目测尾部梅花头拧断为合格。对于不能用专用扳手拧紧的扭剪型高强度螺栓，应按大六角头高强度螺栓检查方法办理。

4. 扭剪型高强度螺栓施工质量应有下列原始检查验收记录：高强度螺栓连接副复验数据、抗滑移系数试验数据、初拧扭矩、扭矩扳手检查数据和施工质量检查验收记录等。

三、检验批划分

紧固件连接工程可按相应的钢结构制作或安装工程检验批的划分，原则划分为一个或若干个检验批。对于一般钢结构工程，可按照防火分区、楼层、施工段、轴线、沉降缝等进行检验批划分。

四、材料、设备、构件验收

1. 高强度螺栓连接副，应由制造厂按批配套供货，并必须有出厂质量保证书。

2. 高强度螺栓连接副在运输、保管过程中，应轻装、轻卸，防止损伤螺纹。

3. 高强度螺栓连接副应按包装箱上注明的批号、规格分类保管，室内存放，堆放不宜过高，防止生锈和沾染脏物。高强度螺栓连接副在安装使用前严禁任意开箱。

4. 工地安装时，应按当天高强度螺栓连接副需要使用的数量领取。当天安装剩余的必须妥善保管，不得乱扔、乱放。在安装过程中，不得碰伤螺纹及沾染脏物，以防扭矩系数发生变化。

5. 采用喷丸除锈方式进行除锈及摩擦面加工，除锈等级达到 SA2.5，摩擦面抗滑移系数达到设计要求。

6. 加工后的构件，在高强度螺栓连接处的钢板表面应平整、无焊接飞溅、无毛刺、油漆或污损等，并不允许再进行打磨或捶击、碰撞。处理好后的摩擦面应妥为保护，自然生锈。摩擦面不得重复使用，其表面处理方法应与设计图中所要求的一致。经处理后的高强度螺栓连接处摩擦面，防止沾染脏物和油污，严禁在高强度螺栓连接处摩擦面上做任何标记。

7. 构件出厂前根据规范要求进行摩擦面抗滑移系数试验，试验用试件应与钢结构构件同时进行摩擦面加工，经处理后高强度螺栓连接处摩擦面的抗滑移系数应符合设计要求。

8. 高强度螺栓连接构件的栓孔孔径应符合设计要求，孔径允许偏差应符合表 4-8 的规定。

表 4-8　高强度螺栓连接构件制孔允许偏差

名称		直径及允许偏差（mm）						
螺栓	直径	12	16	20	22	24	27	30
	允许偏差	±0.35		±0.45		±0.75		
螺栓孔	直径	13.5	17.5	22	(24)	26	(30)	33
	允许偏差	+0.350		+0.450		+0.750		
圆度（最大和最小直径之差）		0.50		1.00				
中心线斜度		应不大于板厚的 2%，且单层板不得大于 1.5mm，多层板迭组合不得大于 2.0mm						

9. 高强度螺栓连接构件栓孔孔距的允许偏差应符合表 4-9 的规定。

表 4-9　高强度螺栓连接构件的孔距允许偏差

项次	项目		螺栓孔距（mm）			
			<500	500～1200	1200～3000	>3000
1	同一组内任意两孔间	允许偏差	±0.8	±1.0	—	—
2	相邻两组的端孔间		±1.0	±1.2	±1.5	±2.5

注：孔的分组规定。

1）在节点中连接板与一根杆件相连的所有螺栓孔为一组。

2）对接接头在拼接板一侧的螺栓孔为一组。

3）在两相邻节点或接头间的螺栓孔为一组，但不包括上述两款所规定的螺栓孔。

4）受弯构件翼缘上的连接螺栓孔，每米长度范围内的螺栓孔为一组。

10. 高强度螺栓的栓孔应采用钻孔成型，孔边应无飞边、毛刺。

11. 高强度螺栓连接处板上所有螺栓孔，均应采用量规检查，其通过率每组至少应通过85%。

凡量规不能通过的孔，必须经施工图编制单位同意后，方可扩钻或补焊后重新钻孔。扩孔后的孔径不得大于原设计孔径的1.2倍，补焊时，应用与母材相匹配的焊材补焊，严禁用钢块填塞。每组孔中经补焊重新钻孔的数量不得超过20%。处理后的孔应作出记录。

12. 高强度螺栓连接处摩擦面如采用生锈处理方法时，安装前应以细钢丝刷除去摩擦面上的浮锈。

五、检验批质量验收

（一）普通紧固件连接

1. 主控项目

1）普通螺栓作为永久性连接螺栓时，当设计有要求或对其质量有疑义时，应进行螺栓实物最小拉力载荷复验，其结果应符合现行国家标准《紧固件机机械性能螺栓、螺钉和螺柱》（GB/T 3098）的规定。

检查数量：每一规格螺栓抽查8个。检验方法：检查螺栓实物复验报告。

2）连接薄钢板采用的自攻螺钉、拉铆钉、射钉等其规格尺寸应与连接钢板相匹配，其间距、边距等应符合设计要求。

检查数量：按连接节点数抽查1%，且不应少于3个。

检验方法：采用样板或钢尺检查

2. 一般项目

1）永久普通螺栓紧固应牢固、可靠、外露丝扣不应少于2扣。

检查数量：按连接节点数抽查10%，且不应少于3个。检验方法：观察和用小锤敲击检查。

2）自攻螺栓、钢拉铆钉、射钉等与连接钢板应紧固密贴，外观排列整齐。

检查数量：按连接节点数抽查10%，且不应少于3个。检验方法：观察或用小锤敲击检查。

（二）高强度螺栓连接

1. 主控项目

1）钢结构制作和安装单位应按《钢结构工程施工质量验收规范》（GB 50205）的规定分别进行高强度螺栓连接摩擦面的抗滑移系数试验和复验，现场处理的构件摩擦面应单独进行摩擦面抗滑移系数试验，其结果应符合设计要求。抗滑移系数直接影响构件的承载力，测得的抗滑移系数最小值应符合设计要求。检验方法：检查摩擦面抗滑移系数试验报告和复验报告。

除设计上采用摩擦系数小于等于0.3，并明确提出可不进行抗滑移系数试验者，其余情况在制作时为确定摩擦面的处理方法，必须按规范要求的批量用3套同材质、同处理方法的试件，进行复验。同时并附有3套同材质、同处理方法的试件，供安装前复验。

2）高强度大六角头螺栓连接副终拧完成1h后、48h内应进行终拧扭矩检查，检查结果应符合《钢结构工程施工质量验收规范》（GB 50205）的规定。

检查数量：按节点数检查10%，且不应少于10个；每个被抽查节点按螺栓数抽查10%，且不应少于2个。

3）扭剪型高强度螺栓连接副终拧后，除因构造原因无法使用专用扳手终拧掉梅花头者外，未在终拧中拧掉梅花头的螺栓数不应大于该节点螺栓数的5%。对所有梅花头未拧掉的扭剪型高强度螺栓连接副，应采用扭矩法或转角头进行终拧并做好标记，且按《钢结构工程施工质量验收规范》（GB 50205）的规定进行拧扭矩检查。

检查数量：按节点数抽查10%，但不应少于10节点，被抽查节点中梅花头未拧掉的扭剪型高强度螺栓连接副全数进行终拧扭矩检查。检验方法：观察检查及按《钢结构工程施工质量验收规范》（GB 50205—2001）附录B的要求内容检查。

2. 一般项目

1）为了使摩擦面能密贴，且螺栓受力均匀高强螺栓扭紧分为初拧、复拧和终拧。高强度螺栓连接副的施拧顺序和初拧、复拧扭矩应符合设计要求和国家现行行业标准《钢结构高强度螺栓连接技术规程》（JGJ 82）的规定。

检查数量：全数检查资料。检验方法：检查扭矩扳手标定记录和螺栓施工记录。

2）高强度螺栓连接副拧后，螺栓丝扣外露应为2～3扣，其中允许有10%的螺栓丝扣外露1扣或4扣。

检查数量：按节点数抽查5%，且不应少于10个。检验方法：观察检查。

3）高强度螺栓连接摩擦面应保持干燥、整洁，不应有飞边、毛刺、焊接飞溅物、焊疤、氧气铁皮、污垢等，除设计要求外摩擦面不应涂漆。

检查数量：全数检查。检验方法：观察检查。

4）高强度螺栓应自由穿入螺栓孔。高强度螺栓孔禁止采用气割扩孔，扩孔数量应征得设计同意，扩孔后的孔径不应超过1.2d（d为螺栓直径）。

检查数量：被扩螺栓孔全数检查。检验方法：观察检查及用卡尺检查。

5）螺栓球节点网架总拼完成后，高强度螺栓与球节点应紧固连接，高强度螺栓拧入螺栓球内的螺纹长度不应小于1.0d（d为螺栓直径），连接处不应出现有间隙、松动等未拧紧情况。

检查数量：按节点数抽查5%，且不应少于10个。检验方法：普通扳手及尺量检查。

六、常见工程质量问题与防治

（一）螺母拧紧程度不一、同厚度连接件螺杆露出螺母长度不均

1. 原因分析：技术交底不到位，班组未掌握正确的操作方法，不能分清操作步骤分为初拧和终拧，未对已经终拧的螺栓进行标记造成操作混乱。

2. 防治措施：

1）安装或拼装前，应对连接件产生的变形进行矫正到达平直；

2）拧紧螺栓时，按正确的程序依次由中间向外侧对称进行；

3）使用紧固件的工具必须与螺栓的规格一致，严禁两人合力或用套管加大臂长的方法拧紧，以防超拧或受力不均匀；

4）施拧时对已经完成的螺母应做好标记；

5）使用的螺栓长度应符合设计要求，不得任意改变长度。

（二）安装高强度螺栓时，强行穿入螺栓（如用锤敲打）或采用气割扩孔

1. 原因分析：穿入高强螺栓的连接板孔距加工不精确，超出规范要求允许偏差。

高强螺栓安装前未进行技术交底，对可能出现的质量问题未制定应对措施。施工现场缺乏管理，班组质量意识薄弱。

2. 防治措施：

1）孔径或孔距有偏差时，可采用铰刀扩孔或补焊后重新制孔，严禁使用气焊或电焊扩孔。修整后孔的最大直径应小于1.2倍螺栓直径；

2）对班组进行技术质量交底，严禁气割扩孔。对高强度螺栓不能穿入的孔应进行标记，对标记的孔统一处理。凡不能通过的孔，必须经施工图编制单位同意后，方可扩钻可补焊后重新钻孔。扩孔后的孔径不得大于原设计孔径的1.2倍，补焊前应编制相应的补焊工艺，应选用与母材相匹配的焊材补焊，严禁用钢块填塞。每组孔中经补焊重新钻孔的数量不得超过20%。处理后的孔应作出记录。

七、质量记录表格清单

1. 大六角头高强度螺栓施工质量应有下列原始检查验收记录：高强度螺栓连接副复验报告（扭矩系数）、抗滑移系数试验报告、初拧扭矩、终拧扭矩、扭矩扳手检查数据和施工质量检查验收记录等。

2. 扭剪型高强度螺栓施工质量应有下列原始检查验收记录：高强度螺栓连接副复验报告（紧固轴力）、抗滑移系数试验数据、初拧扭矩、扭矩扳手检查数据和施工质量检查验收记录等。

第三节　钢零部件加工

钢零部件加工是指组成结构梁、柱和牛腿等的最小结构单元的零件加工制作的过程。常见的零部件有：节点板、连接板、翼缘板、腹板、加劲板、柱脚板和牛腿等。

一、一般规定

1. 深化设计前应由设计人员组织设计交底，沟通设计中存在的问题，在遵循设计图纸要求的基础上，充分考虑构件加工工艺可行性的前提下进行深化设计。

2. 详图工程师对工厂加工进行技术交底及工艺交底。编制钢结构作业指导书及加工工艺。对复杂零部件加工在必要时做专项工艺。

3. 零部件加工工艺图的绘制必须结合工厂加工设备条件进行，内容包括材质、材料、材料拼装、标准接头、加工工艺要求、工艺装备、构件加工精度和焊接、收缩留量等。

二、加工工艺流程

加工工艺流程：

计划排料 → 下料切割 → 切割及边缘加工 → 矫正 → 制孔 → 组装连接 → 检查验收

加工质量控制要点：

（一）作业准备

1. 与设计人员沟通设计中存在的问题，解决设计的工艺可行性问题，对设计图纸进行深化设计。

2. 深化设计完成后，深化图应根据需要向设计单位或甲方报批，经设计单位或甲方确认后，详图工程师对工厂进行加工技术交底及工艺交底。（如详图无需报审程序需由设计或业主单位确认。）

3. 编制钢结构作业指导书。

4. 对复杂零部件加工在必要时编写专项工艺。

（二）放样及号料

1. 一般情况下采用计算机进行1：1放样，然后在计算机上进行材料的排版号料。

2. 号料时长度、宽度方向须留焊接收缩余量，具体数值由加工工艺确定。

（三）切割及边缘加工

1. 剪切过程中，切口附近的金属，因受剪力而发生挤压和弯曲，重要的结构件和焊缝的接口位置，要采用铣、刨或砂轮磨削等方法进行二次加工去除2～3mm切口边缘。需要边缘二次加工的零件，应采根据工艺书预留二次加工余量。

1）焊接坡口加工宜采用自动切割、半自动切割、坡口机、刨边等方法进行。

坡口加工时，应用样板控制坡口角度和各部分尺寸。

2）边缘加工的精度应按表4-10执行。

表4-10 边缘加工的精度

边线与号料线的允许偏差（mm）	边线的弯曲矢高（mm）	精糙度（mm）	缺口（mm）	坡度角度
±1.0	$L/3000$，且≤2.0	0.02	1.0	±2.5°

2. 矫正

1）碳素结构钢在环境温度低于－16℃、低合金结构钢在环境温度低于－12℃时，不应进行冷矫正和冷弯曲。碳素结构钢和低合金结构钢在加热矫正时，加热温度不应超过900℃。低合金结构钢在加热矫正后应自然冷却。（全数检查）

2）当零件采用热加工成型时，加热温度应控制在900～1000℃；碳素结构钢和低合金结构钢在温度分别下降到700℃和800℃之前，应结束加工；低合金结构应自然冷却。

3）矫正后的钢材表面。不应有明显的凹面或损伤，划痕深度不得大于0.5mm，并不应大于该钢材厚度允许负偏差的1/2。

3. 制孔

1）使用多轴立式钻床或数控机床等制孔。

2）同类孔径较多时，采用模板制孔。

3）小批量生产的孔，采用样板画线制孔。

4）精度要求较高时，整体构件采用成品制孔。

5）制孔过程中，孔壁应保持与构件表面垂直。

6）孔周围的毛刺、飞边，应用砂轮等清除。

7）高强螺栓孔的精度应为 H15 级，孔径的允许偏差应符合表 4-11 的规定。

表 4-11　高强螺栓孔径的允许偏差

名称	允许偏差（mm）						
螺栓	12	16	20	（22）	24	（27）	30
孔径	13.5	17.5	22	（24）	26	（30）	33
不圆度	1.0		1.5				
中心线倾斜	不应大于板厚的 3%，且单层板不得大于 2.0mm，多层板叠组合不得大于 3.0mm						

4. 组装连接

1）在节点中，连接板与一根杆件相连的所有连接孔划为一组。

2）在接头处。

3）在两相邻节点或接头间的连接孔为一组，但不包括以上两款中所指的孔。

4）受弯构件翼缘上每 1.0m 长度内的孔为一组。

三、检验批划分

钢零件及钢部件加工，可按相应的钢结构制作或钢结构安装检验批的划分原则划分为一个或若干个检验批。

1. 在节点中连接板与一根杆件相连的所有螺栓孔为一组。

2. 对接接头在拼接板一侧的螺栓孔为一组。

3. 在两相邻节点或接头间的螺栓孔为一组，但不包括上述两款所规定的螺栓孔。

4. 受弯构件翼缘上的连接螺栓孔，每米长度范围内的螺栓孔为一组。

四、材料、设备、构件验收

1. 详图的绘制必须结合工厂加工设备条件进行，内容包括材质、材料、材料拼装、标准接头、加工工艺要求、工艺装备、构件加工精度和焊接、收缩留量等。详图及其变动部分须由设计单位认可。

2. 原材料到场后，应进行实物与资料核对，如业主和总包方有要求可共同进行验收，并办理确认手续。原材料必须有符合要求的出厂质量证明书。

3. 进场材料由试验员按原材料批量进行取样复验（如业主和总包方有要求可共同进行见证取样）。试验不合格的原材料禁止使用。

五、检验批质量验收

（一）切割

一般情况下，钢板厚度在 12mm 以上的采用火焰或等离子切割，12mm 以下可以采用剪切下料。

1. 主控项目

钢材切割面或剪切面应无裂纹、夹渣、分层和大于 1mm 的缺棱及切割面垂直度超标。

检查数量：全数检查。检验方法：观察或用放大镜及百分尺检查，有疑义时作渗透、磁粉或超声波探伤检查。

2. 一般项目

气割的允许偏差应符合表 4-12 的规定。

检查数量：按切割面数抽查 10%，且不应少于 3 个。检验方法：观察检查或用钢尺、塞尺检查。

表 4-12　气割的允许偏差（mm）

项目	允许偏差
零件宽度、长度	±3.0
切割面平面度	0.05t，且不应大于 2.0
割纹深度	0.3
局部缺口深度	1.0

注：t 为切割面厚度。

3. 机械剪切的允许差应符合表 4-13 的规定。

检查数量：按切割面数抽查 10%，且不应少于 3 个。检验方法：观察检查或用钢尺、塞尺检查。

表 4-13　机械剪切的允许偏差（mm）

项目	允许偏差
零件宽度、长度	±3.0
边缘缺棱	1.0
型钢端部垂直度	2.0

（二）矫正

1. 主控项目

1）碳素结构钢在环境温度低于－16℃、低合金结构钢在环境温度低于－12℃时，不应进行冷矫正和冷弯曲。碳素结构钢和低合金结构在加热矫正时，加热温度不应超过 900℃。低合金结构钢在加热矫正后应自然冷却。

检查数量：全数检查。检验方法：检查制作工艺报告和施工记录。

2）当零件采用热加工成型时，加热温度应控制在 900～1000℃；碳素结构钢和低合金结构钢在温度分别下降到 700℃和 800℃之前，应结束加工；低合金结构钢应在自然冷却。

检查数量：全数检查。检验方法：检查制作工艺报告和施工记录。

2. 一般项目

1）钢材和零件在矫正过程中，矫正设备和吊运都有可能对表面产生影响。矫正后的钢材表面，不应有明显的凹面或损伤，划痕深度不得大于 0.5mm，且不应大于该钢材厚度允许负偏差的 1/2。

检查数量：全数检查。检验方法：观察检查和实测检查。

2）冷矫正和冷弯曲的最小曲率半径和最大弯曲矢高应符合表 4-14 的规定。

检查数量：按冷矫正和冷弯曲的件数抽查 10%，且不少于 3 个。检验方法：观察检查和实测检查。

3）钢材矫正后的允许偏差，应符合表 4-15 的规定。

检查数量：按矫正件数抽查 10%，且不应少于 3 件。检验方法：观察检查和实测检查。

4）为满足零件外形组装、拼装和受力的要求，零件长度、宽度、相邻两夹角、加工面垂直度应符合表 4-16 的质量指标。

表 4-14 冷矫正和冷弯曲的最小曲率半径和最大弯曲矢高（mm）

钢材类别	图例	对应轴	矫正		弯曲	
			r	f	r	f
钢板扁钢	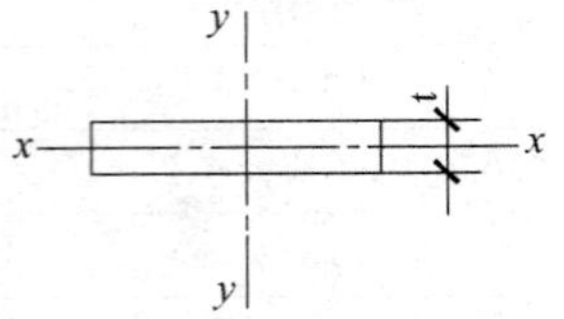	$x-x$	$50t$	$\frac{l^2}{400t}$	$25t$	$\frac{l^2}{200t}$
		$y-y$（仅对扁钢轴线）	$100b$	$\frac{l^2}{800b}$	$50b$	$\frac{l^2}{400b}$
角钢	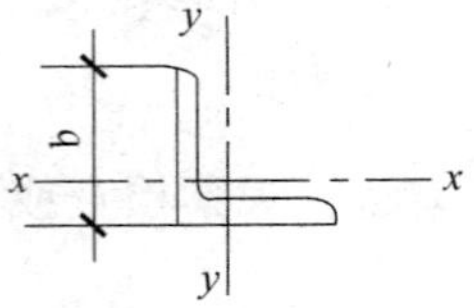	$x-x$	$90b$	$\frac{l^2}{720b}$	$45b$	$\frac{l^2}{360b}$
槽钢	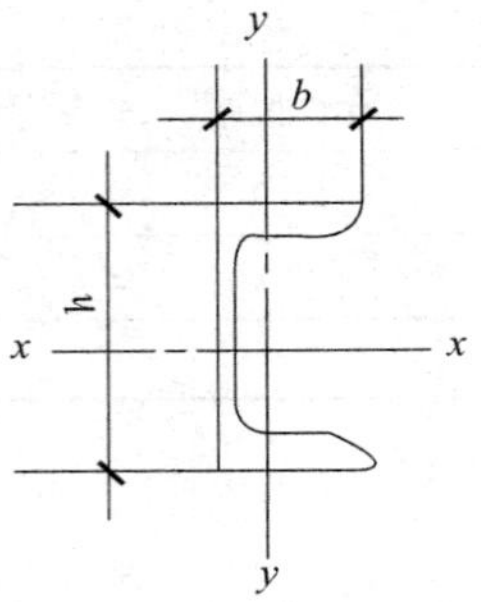	$x-x$	$50h$	$\frac{l^2}{400h}$	$25h$	$\frac{l^2}{200h}$
		$y-y$	$90b$	$\frac{l^2}{720b}$	$45b$	$\frac{l^2}{360b}$
工字钢	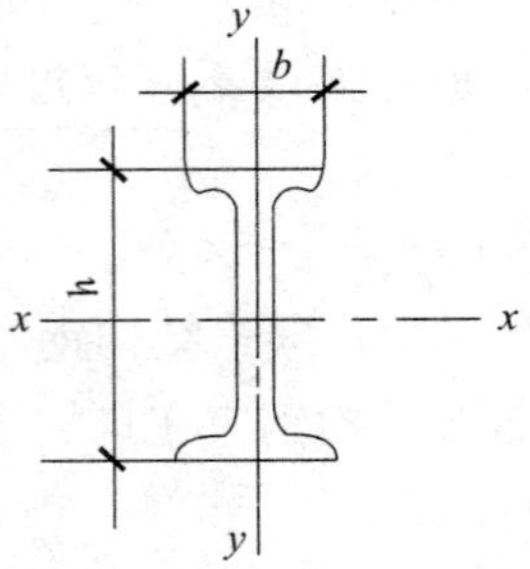	$x-x$	$50h$	$\frac{l^2}{400h}$	$25h$	$\frac{l^2}{200h}$
		$y-y$	$50b$	$\frac{l^2}{400b}$	$25b$	$\frac{l^2}{200b}$

注：r 为曲率半径；f 为弯曲矢高；l 为弯曲弦长；t 为钢板厚度。

表 4-15 钢材矫正后的允许偏差（mm）

项目		允许偏差	图例
钢板的局部平面度	$t\leqslant14$	1.5	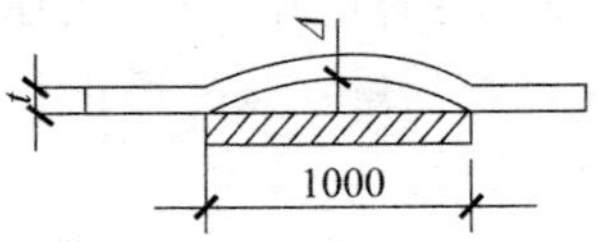
	$t>14$	1.0	

续表

项目	允许偏差	图例
型高弯曲矢高	$l/1000$ 且不应大于 5.0	
角钢肢的垂直度	$b/100$ 双肢栓接 角钢的角度不得大于 90°	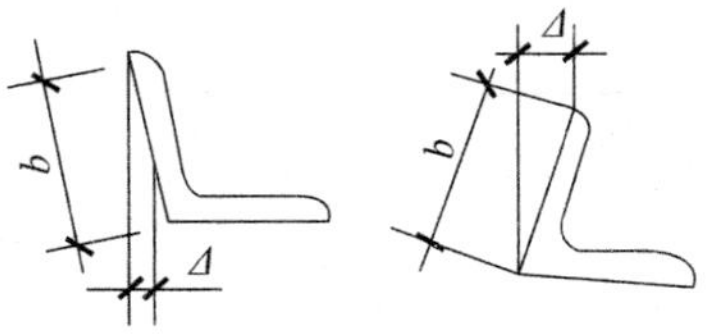
槽钢翼缘对腹板的垂直度	$b/80$	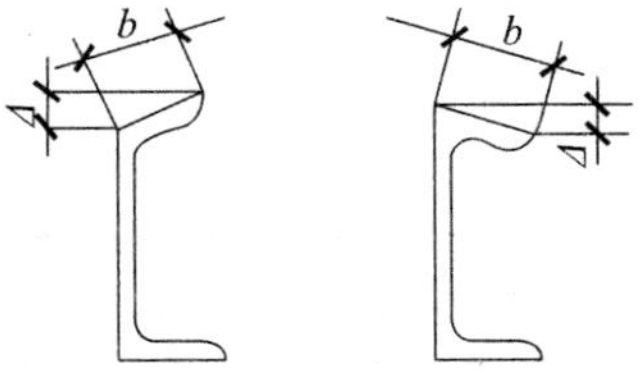
工字钢、H 型钢翼缘对腹板的 垂直度	$b/100$ 且不大于 2.0	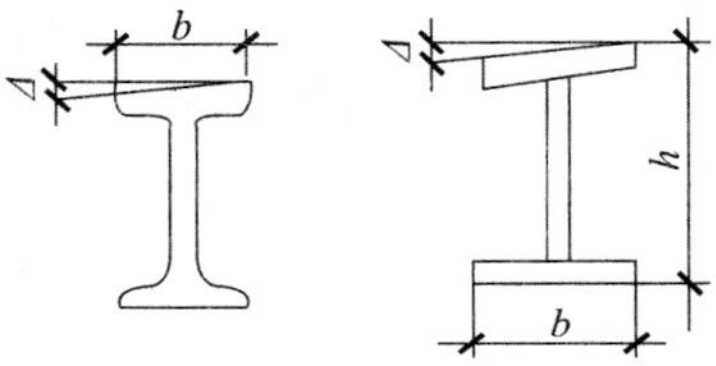

表 4-16　零件外形尺寸

项目	允许偏差
零件宽度、长度	±1.0
加工边直线度	$t/3000$，且不应大于 2.0
相邻两边夹角	±6°
加工面垂直度	$0.025t$，且不应大于 0.5
加工面表面粗糙度	

3. 管、球加工

1）主控项目

(1) 螺栓球成型后，不应有裂纹、褶皱、过烧。

检查数量：每种规格抽查 10%，且不应少于 5 个。检验方法：10 位放大镜观察检查或表面探伤。

(2) 钢板压成半圆球后，表面不应有裂纹、褶皱；焊接球其对接坡口应采用机械加工，对接焊缝表面应打磨平整。

检查数量：每种规格抽查 10%，且不少于 5 个。检验方法：10 倍放大镜观察检查或表面探伤。

2）一般项目

(1) 螺栓球加工的允许偏差应符合表 4-17 的规定。

检查数量：每种规格抽查 10%，且不应少于 5 个。检验方法：见表 4-17。

(2) 焊接球加工的允许偏差应符合下表的规定。

检查数量：每种规格抽查10%，且不应少于5个。检验方法：见表4-18。

(3) 钢网架（桁架）用钢管杆件加工的允许偏差应符合下表4-19的规定。

检查数量：每种规格抽查10%，且不应少于5根。检验方法：见表4-19。

表4-17 螺栓球加工的允许偏差（mm）

项目		允许偏差	检验方法
圆度	$d \leqslant 120$	1.5	用卡尺和游标卡尺检查
	$d>120$	2.5	
同一轴线上两铣平面平行度	$d \leqslant 120$	0.2	用百分表V形块检查
	$d>120$	0.3	
铣平面距离中心距离		±0.2	用游标卡尺检查
相邻两螺栓孔中心线夹角		±30°	用分度头检查
两铣平面与螺栓孔轴垂直度		$0.005r$	用百分表检查
球毛坯直径	$d \leqslant 120$	+2.0 −0.1	用卡尺和游标卡尺检查
	$d>120$	+3.0 −1.5	

表4-18 焊接球加工的允许偏差（mm）

项目	允许偏差	检验方法
直径	$\pm 0.005d$ ±2.5	用卡尺和游标卡尺检查
圆度	2.5	用卡尺和游标卡尺检查
壁厚减薄量	$0.13t$，且不应大于1.5	用卡尺和测厚仪检查
两半球对口错边	1.0	用套模和游标卡尺检查

表4-19 钢网架（桁架）用钢管杆件加工的允许偏差（mm）

项目	允许偏差	检验方法
长度	±1.0	用钢尺和百分表检查
端面对管轴的垂直度	$0.005r$	用百分表V形块检查
管口曲线	1.0	用套模和游标卡尺检查

4. 制孔

1) 主控项目：

A、B级螺栓孔（Ⅰ类孔）应具有H12的精度，孔壁表面粗糙度不应该大于12.5μm。其孔径不允许偏差应符合表4-20的规定。

C级螺栓孔（Ⅱ类孔），孔壁表面粗糙度不应大于25μm，其允许偏差应符合表4-21的规定。

检查数量：按钢构件数量抽查10%，且不应少于3件。检验方法：用游标卡尺或孔径量规检查。

2) 一般项目：

(1) 螺栓孔孔距的允许偏差应符合表4-22的规定。

检查数量：按钢构件数量抽查10%，且不应少于3件。检验方法：用钢尺检查。

(2) 螺栓孔孔距的允许偏差超过上表规定的允许偏差时，应采用与母材材质相匹配的焊条补焊后重新制孔。

检查数量：全数检查。检验方法：尺量检查。

表4-20　A、B级螺栓孔径的允许偏差（mm）

序号	螺栓公称直径、螺栓孔直径	螺径公称直径允许偏差	螺栓孔直径允许偏差
1	10～18	0.00～0.18	+0.18 0.00
2	18～30	0.00～0.21	+0.21 0.00
3	30～50	0.00～0.25	+0.25 0.00

表4-21　C级螺栓孔的允许偏差（mm）

项目	允许偏差
直径	+1.0 0.0
圆度	2.0
垂直度	0.03t，且不应大于2.0

表4-22　螺栓孔孔距允许偏差（mm）

螺栓孔孔距范围	≤500	501～1200	1201～3000	>3000
同一组内任意两孔间距离	±1.0	±1.5	—	—
相邻两组的端孔间距离	±1.5	±2.0	±2.5	±3.0

注：1. 在节点中连接板与一根杆件相连的所有螺栓孔为一组。
2. 对接接头在拼接板一侧的螺栓孔为一组。
3. 在两相邻节点或接头间的螺栓孔为一组，但不包括上述两款所规定的螺栓孔。
4. 受弯构件翼缘上的连接螺栓孔，每米长度范围内的螺栓孔为一组。

六、常见工程质量问题与防治

（一）在钢材校正时造成对钢材性能下降或矫正效果不明显

1. 原因分析：加工制作前对不同类型钢材的矫正方法认识理解不清晰。构件矫正前未对班组进行技术交底。

2. 防治措施：对于不同类型的钢材矫正方法不同。

1）低碳钢和普通低合金钢的热矫正加热温度一般为600～900℃，而800～900℃为热塑性变形的理想温度，但不准超过900℃。

2）普通低合金钢在加热矫正后应缓慢冷却，不得用水急速冷却。

（二）梁、桁架等部件未按照设计要求起拱，起拱数值大于或小于设计数值

1. 原因分析：对规范及图纸设计要求的理解不完整，未根据构件的跨度进行预起拱，或者只凭以往经验进行操作。

2. 防治措施：对于大跨度结构的梁、桁架等应按照设计要求起拱。在小件拼接过程中，应严格控制累计误差，注意采取相应措施（如合理的焊接顺序等），消除焊接收缩量对构件的影响。

七、质量记录表格清单

1. 焊接工艺评定报告、作业指导书。
2. 钢结构零、部件矫正记录。
3. 钢结构零件、部件加工工程检验批质量验收记录。

第四节　钢结构组装及预拼装

钢结构组装，是遵照施工图的要求，把已加工完成的各零件或半成品构件，装配成为结构单元的过程。

预拼装是根据设计规定或合同要求在出厂前进行工厂内装配，以检验构件的尺寸精度是否满足设计的和现场安装要求而进行的拼装。其目的是直观地反映出各构件装配关系和状态，保证构件安装质量。一般分为立体预拼装和平面预拼装两种形式。

一、一般规定

1. 预拼装是在构件检验合格后进行的。
2. 预拼装所用的支承凳或平台应测量找平，检查时应拆除全部临时固定和拉紧装置。
3. 进行预拼装的钢构件，其质量应符合设计要求和相关规范、标准的质量标准的规定。

二、施工工艺流程

钢结构组装流程：

拼装平台铺设 → 组对胎具制作 → 组装

预拼装流程：

测量放线 → 构件拼装 → 拼装检查 → 编号和标记拆除

施工质量控制要点：

（一）拼装平台铺设

根据预拼装单元的尺寸、数量确定组对平台的尺寸；组对平台必须平整，满足一定的平面度要求，并具满足相应的承载力要求。

（二）组装胎具的制作

1. 组装前应按 1∶1 比例在平台上放样。
2. 要注意根据设计尺寸校核相关的轴线尺寸，并在此基准上制作组装胎具，胎具制作时要标出杆件的控制边线。
3. 组装胎具必须经检查确认无误后方可使用。

（三）组装

1. 选择的场地必须平整，并具有足够的承载力。
2. 组装出首批构件后，必须由质量检查部门进行全面检查，经检查合格后，方可进行继续组装。

3. 构件制作加工应遵循：零件→部件→构件的加工顺序。

（四）测量放线

在操作平台上放出预拼装单元的轴线、中心线、标高控制线和各构件的位置线，并复验其相互关系和尺寸等是否符合图纸要求。

（五）构件拼装

1. 拼装前应在操作平台上点焊临时支撑、垫铁以及定位器等。

2. 按轴线、中心线、标高控制线依次将各构件吊装就位，然后用拼装螺栓将整个拼装单元拼装成整体，其连接部位的所有连接板均应装上。为降低成本，节约造价，拼装螺栓采用同规格的普通螺栓。高强度螺栓连接件预拼装时，

3. 先使用不少于螺栓孔总数10%冲钉定位，再采用临时螺栓紧固。临时螺栓在一组孔内不得少于螺栓孔数量的20%，且不应少于2个。

（六）编号和标记拆除

1. 预拼装经检验合格，应在构件上标注定位中心线、标高基准线与交线中心点等。同时在构件上编注顺序号，做出必要的标记。必要时焊上临时支撑和定位器等，以便按预拼装的结果进行安装。

2. 按照与拼装相反的顺序依次拆除各构件。

3. 在预拼装下一单元拼前，应对平台或支承凳重新进行检查，并对轴线、中心线以及标高控制线进行复验，以便进行下一单元的预拼装。

三、检验批划分

预拼装可按钢结构制作工程检验批的划分原则划分为一个或若干个检验批。

四、材料、设备、构件验收

1. 组装前，工作人员必须熟悉构件施工图及有关的技术要求，并根据施工图要求复核其需预拼装所需的材料及构件清单。

2. 按构件明细表核对预拼装单元各构件的规格型号、尺寸、编号等是否符合图纸要求。

五、检验批质量验收

（一）钢构件组装

1. 焊接H型钢组装

1）为避免焊缝交叉，焊接H型钢的翼缘板拼接缝和腹板拼接缝的间距不应小于200mm。翼缘板拼接长度不应小于2倍板宽且不小于600mm；腹板拼接宽度不应小于300mm，长度不应小于600mm。

检查数量：全数检查。检验方法：观察和用钢尺检查。

2）焊接H型钢的允许偏差应符合《钢结构工程施工质量验收规范》（GB 50205—2001）附录C中表C.0.1的规定。

检查数量：按钢构件数抽查10%，宜不应少于3件。检验方法：用钢尺、角尺、塞尺等

检查。

2. 吊车梁和吊车桁架组装

1）主控项目：吊车梁和吊车桁架不应下挠，组装加工时应考虑预拱度。

检查数量：全数检查。检验方法：构件直立，在两端支承后，用水准仪和钢尺检查。

2）一般项目：

(1) 焊接连接组装的允许偏差应符合《钢结构工程施工质量验收规范》(GB 50205—2001) 附录C中表C.0.2的规定。

检查数量：按构件数抽查10%，且不应少于3个。检验方法：用钢尺检验。

(2) 顶紧触面应有75%以上的面积紧贴。

检查数量：按接触面的数量抽查10%，且不少于10个。

检验方法：用0.3mm塞入面积应小于25%，边缘间隙应不应大于0.8mm.

(3) 桁架结构杆件轴心线交点错位的允许偏差不得大于3.0mm。

检查数量：按构件数抽查10%，且不应少于3个，每个抽查构件按节点数抽查10%，且不少于3个节点。检验方法：尺量检查。

3. 端部铣平及安装焊缝坡口

1）主控项目：端部铣平的允许偏差应符合表4-23的规定。

检查数量：按铣平面数量抽查10%，且不应少于3个。检验方法：用钢尺、角尺、塞尺等检查。

表 4-23 端部铣平的允许偏差（mm）

项目	允许偏差
两端铣平时构件长度	±2.0
两端铣平时零件长度	±0.5
铣平面的平面度	0.3
铣平面对轴线的垂直度	l/1500

2）一般项目：

1）安装缝坡口的允许偏差应符合下表4-24的规定。

检查数量：按坡口数量抽查10%，且不少于3条。检验方法：用焊缝量规检查。

表 4-24 安装焊缝坡口的允许偏差

项目	允许偏差
坡口角度	±5°
钝边	±1.0mm

3）外露铣平面应防锈保护。

检查数量：全数检查。检验方法：观察检查。

4. 钢构件外形尺寸：

1）主控项目：钢构件外形尺寸主控项目的允许偏差应符合表4-25的规定。

检查数量：全数检查。检验方法：用钢尺检查。

表 4-25 钢构件外形尺寸主控项目的允许偏差（mm）

项目	允许偏差
单层柱、梁、桁架受力支托（支承面）表面至第一安装孔距离	±1.0
多节柱铣平面至第一安装孔距离	±1.0
实腹梁两端最外侧安装孔距离	±3.0
构件连接处的截面几何尺寸	±3.0
柱、梁连接处的腹板中心线偏移	2.0
受压构件（杆件）弯曲矢高	l/1000，且不应大于 10.0

2）一般项目：钢构件外形尺寸一般项目的允许偏差允许应符合《钢结构工程施工质量验收规范》（GB 50205）的规定。

检查数量：按构件数量抽查 10%，且不应少于 3 件。

（二）钢结构预拼装

1. 根据设计规定或合同要求在出厂前进行构件的工厂内预拼装。预拼装均在工厂拼装平台上进行，因此对所用的拼装平台应测量找平，预拼装时应保证构件的自由状态。

2. 进行预拼装的钢构件，其质量应符合设计要求和本规范合格质量标准的规定。

3. 预拼装：

1）主控项目：高强度螺栓和普通螺栓连接的多层叠板，应采用试孔器进行检查，并应符合下列规定：

（1）当采用比孔公称直径小 1.0mm 的试孔器检查时，每组孔的通过率不应小于 85%；

（2）当采用比螺栓公称直径大 0.3mm 的试孔器检查时，通过率应为 100%。

检查数量：按预拼装单元全数检查。检验方法：采用试孔器检查。

2）一般项目：除壳体结构为立体预拼装，并可设卡、夹具外，其他结构一般均为平面预拼装，预拼装的构件应处于自由状态，不得强行固定；预拼装数据可按设计或合同要求执行。预拼装的允许偏差应符合表 4-26 的规定。

检查数量：按预拼装单元全数检查。检验方法：见表 4-26。

表 4-26 钢构件预拼装的允许偏差（mm）

构件类型	项目		允许偏差	检查方法
多节柱	预拼装单元总长		±5.0	用钢尺检查
	预拼装单元弯曲矢高		L/1500，且不应大于 10.0	用拉线和钢尺检查
	接口错边		2.0	用焊缝量规检查
	预拼装单元柱身扭曲		h/200，且不应大于 5.0	用拉线、吊线和钢尺检查
	顶紧面至任一牛腿距离		±2.0	用钢尺检查
梁、桁架	跨度最外两端安装孔或两端支承面最外侧距离		+5.0，−10.0	
	接口截面错位		2.0	用焊缝量规检查
	拱度	设计要求起拱	±L/5000	用拉线和钢尺检查
		设计未要求起拱	L/2000 0	
	节点处杆件轴线错位		4.0	划线后用钢尺检查

续表

构件类型	项目	允许偏差	检查方法
管构件	预拼装单元总长	±5.0	用钢尺检查
	预拼装单元弯曲矢高	$L/1500$，且不应大于10.0	用拉线和钢尺检查
	对口错边	$t/10$，且不应大于3.0	用焊缝量规检查
	坡口间隙	+2.0 −1.0	
构件平面总体预拼装	各楼层柱距	±4.0	用钢尺检查
	相邻楼层梁与梁之间距离	±3.0	
	各层间框架两对角线之差	$H/2000$，且不应大于5.0	
	任意两对角线之差	$\Sigma H/2000$，且不应大于8.0	

六、常见工程质量问题与防治

（一）构件组装过程中，板材或型钢对口错边超出规范要求

1. 原因分析：对班组交底不到位，质量检查不到位。

2. 防治措施：

1）组装前做好技术交底，明确规范要求。

2）精心切割，精心组装，达不到要求的必须拆除重新组对焊接。

3）焊接H型钢的翼缘板拼接缝和腹板拼接缝的间距不应小于200mm。翼缘板拼接长度不应小于2倍板宽；腹板拼接宽度不应小于300mm，长度不应小于600mm。

（二）吊车梁或吊车桁架下挠

1. 原因分析：未按照要求进行预先起拱或起拱值不满足规范要求。

2. 防治措施：

1）腹板下料时要有一定的预拱度，预拱度值的选择应根据构件重量及焊接影响综合考虑；

2）按照正确的焊接顺序，先焊接下翼缘与腹板，后焊接上翼缘与腹板。

3）对已经出现下挠的吊车梁或吊车桁架，应用手拉葫芦或千斤顶配合进行火焰矫正。

七、质量记录表格清单

1. 钢构件组装外形尺寸偏差记录。

2. 焊缝无损探伤检测报告。

3. 钢结构预拼装施工记录。

4. 钢结构（构件组装）分项工程检验批质量验收记录。

5. 钢结构（预拼装）分项工程检验批质量验收记录。

第五节　单层钢结构安装

单层钢结构安装是最普遍的钢结构安装，一般为管桁架或门式钢架结构的工业厂房或其他功能用房。主要包括：单层钢结构的主体结构、地下钢结构、檩条及墙架等次要构件、钢梯钢平台以及防护栏杆等安装工程。

一、一般规定

1. 单层钢结构安装前，应由项目技术负责人编制安装施工组织设计或安装方案，经公司技术负责人审批后报监理方或建设方批准，批准后组织向班组进行交底。

2. 单层钢结构安装前，检查吊装机械及吊具，按照施工组织设计或施工方案要求搭设操作平台或脚手架。

3. 对屋架、桁架等构件，为防止构件吊装时变形、失稳，必要时采取加固措施。

4. 根据构件重量通过计算选择合适的吊装机械和索具，并列出构件最大重量、最远距离与吊装机械起重能力之间的相互关系，严防发生安全事故。

5. 预埋螺杆，其轴线、标高、水平度、位置及伸出长度等，超出允许偏差时，做好技术处理。

6. 钢结构安装检验批应在进场验收和焊接连接、紧固件连接、制作等分项工程验收合格的基础上进行验收。

7. 安装偏差的检测，应在结构形成空间刚度单元并连接固定后进行。

8. 安装时，必须控制屋面、楼面、平台等的施工荷载，施工荷载和冰雪荷载等严禁超过梁、桁架、楼面板、屋面板、平台铺板等的承载能力。

9. 检查构件在装卸、运输及堆放中有无损坏或变形。损坏和变形的构件应予以矫正或重新加工。

10. 被碰坏的防腐底漆应补涂，并再次检查办理验收。

11. 对构件的外形几何尺寸、制孔、组装、焊接、摩擦面等进行检查做出记录。

12. 构件分类堆放，刚度较大的构件可以铺垫木水平堆放。多层叠放时垫木应在一条垂线上。钢屋架宜立放，紧靠立柱，绑扎牢固。

二、施工工艺流程

施工质量控制要点：

施工准备 → 测量放线 → 构件安装 → 高强螺栓初拧 → 测量校正 → 柱底螺栓紧固和柱底二次灌浆 → 检查验收 → 焊接

（一）施工准备

1. 编制安装施工组织设计或安装方案，经审批后，认真向班组交底。

2. 检查吊装机械及吊具，按照施工组织设计或施工方案要求搭设操作平台或脚手架。

3. 对屋架、桁架等构件，为防止构件吊装时变形、失稳，必要时采取加固措施。

4. 根据构件重量通过计算选择合适的吊装机械和索具，并列出构件最大重量、最远距离与吊装机械起重能力之间的相互关系，严防发生安全事故。

5. 预埋螺杆，其轴线、标高、水平度、位置及伸出长度等，超出允许偏差时，做好技术处理。

（二）测量放线

1. 复验安装定位所使用的轴线控制点和测量标高使用的水准点。

2. 放出标高控制线，将柱子就位轴线弹测在柱基表面，对柱基标高进行找平。

3. 各基准点、轴线、标高等都要进行两次以上的复测，以误差最小为准。

（三）构件安装

1. 一般单层钢结构安装要点：

1）构件吊装顺序：最佳的施工方案是先吊装竖向构件，后吊装平面构件，以减少纵向长度安装累积误差，保证工程质量。

2）竖向构件吊装顺序：钢柱→柱间支撑→屋面梁→吊车梁→制动桁架→托架等。

3）平面构件吊装顺序：主要以形成空间结构稳定体系为原则。

2. 钢柱安装

1）吊点选择：吊点位置及吊点数，根据钢柱形状、端面、长度、起重机性能等具体情况确定。

一般钢柱采用一点正吊，吊耳放在柱顶处，柱身垂直、易于对线校正；吊点也可放在柱长 1/3 处，吊点斜吊，对线校正较难。

对细长钢柱，为防止钢柱变形，可采用二点或三点。

2）起吊方法：根据起重机配备和现场条件确定，可单机、二机、三机等起吊，方法可采用旋转法、滑行法、递送法。

3）双机或多机抬吊注意事项：尽量选用同类型起重机，根据起重机能力，对起吊点进行荷载分配，各起重机的荷载不宜超过其相应起重能力的 80%。

在操作过程中，要互相配合，动作协调，采用铁扁担起吊时，尽量使铁扁担保持平衡，倾斜角度要小，以防一台起重机失重而使另一台起重机超载，造成安全事故。

3. 钢梁安装

起吊方法：根据钢梁重量、起重机能力、现场施工条件、工期要求等选用单机吊、双机吊，利用工具式吊耳或吊带进行起吊。

4. 轻型钢结构斜梁安装

起吊方法：可选用单机两点或三、四点起吊或用铁扁担或双机抬吊。

吊点选择：大跨度斜梁吊点须经计算确定，以免吊装过程中构件产生变形。

5. 钢屋架安装

钢屋架的侧向刚度较差，安装前需要加固。单机吊（1 点或 2、3、4 点加铁扁担）常加固下弦，双机抬吊应加固上弦。

屋架绑扎点，必须绑扎在屋架节点上，以防构件在吊点处产生弯曲变形。

第一榀屋架起吊就位后，应在屋架两侧设缆风固定；如果端部有挡风柱，校正后可与挡风柱固定。第二榀屋架起吊就位后，每坡用一个屋架间调整器，进行屋架垂直度校正，固定两端支座处，以此类推。

6. 测量校正

1）钢柱校正。钢柱校正要做三件工作：柱基标高调整、对准纵横十字线、柱身垂偏。

（1）柱基标高调整：根据钢柱实际长度，柱底平整度，钢牛腿顶部距柱底部距离，重点要保证钢牛腿顶部标高值，来决定基础标高调整值。

具体做法：钢柱安装时，在柱脚底板下的地脚螺杆上加一个调整螺母，利用调整螺母控制柱子标高如图 4-1 所示。

（2）纵横十字线：钢柱制作时，在柱脚底板侧面用钢冲打出互相垂直的四个面，每个面一个点，用三个点与基础面十字线对准即可，争取达到点线重合，如有偏差可借线。

(3) 柱身垂偏校正：采用缆风绳校正方法，用两台呈 90°的经纬仪找垂直，在校正过程中不断调整底板下螺母，直至校正完毕，将预埋螺杆螺母拧上，缆风绳松开不受力，柱身呈自由状态，再用经纬仪复核，如有小偏差，调整下螺母，无误，将预埋螺杆螺母拧紧。

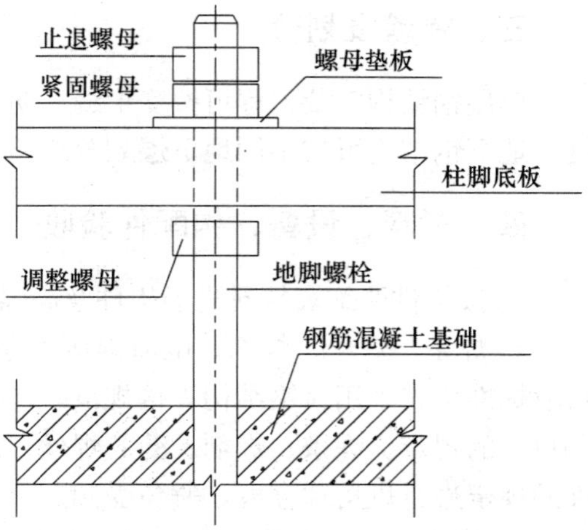

图 4-1　柱脚标高调整示意图

2) 钢梁校正。校正：包括标高调整、纵横轴线和垂直度。

(1) 标高调整：用一台水准仪架在梁上或专门搭设的平台上，进行每根梁两端面的高程测量，将所有数据进行加权平均，算出一个标准值。根据标准值计算各点标高调整值。

(2) 纵横轴线校正：用经纬仪将轴线引到柱子上，定出各梁中心线距轴线的距离，在梁顶面中心线拉一通长钢丝（或用经纬仪均可），用千斤顶和手拉葫芦逐根将梁端部调整到位。

(3) 垂直度校正：从梁的上翼缘挂一个锤球下去，测量线绳到梁腹板上下两处的水平距离。根据梁的倾斜程度（$a \neq a'$）再次进行调整，使 $a=a'$。纵横轴线和垂直度调整可同时进行如图 4-2 所示。

3) 钢屋架校正。屋架垂直度校正：在屋架下弦的一侧拉一根通长钢丝，同时在屋架上弦中心线反出一个同等距离的标尺，用线锤校正。也可用一台经纬仪，放在柱顶一侧，与轴线平移 a 距离，在对面柱子上同样有一距离为 a 的点，从屋架中线处用标尺挑出 a 距离，三点在一直线上，即可使屋架垂直见图 4-3。

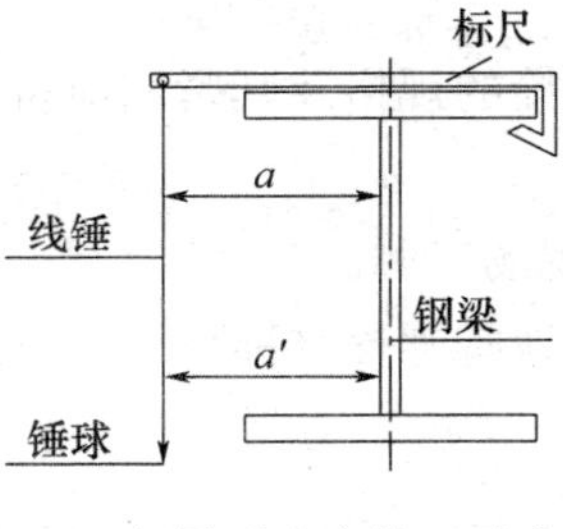

图 4-2　钢梁垂直度校正示意图

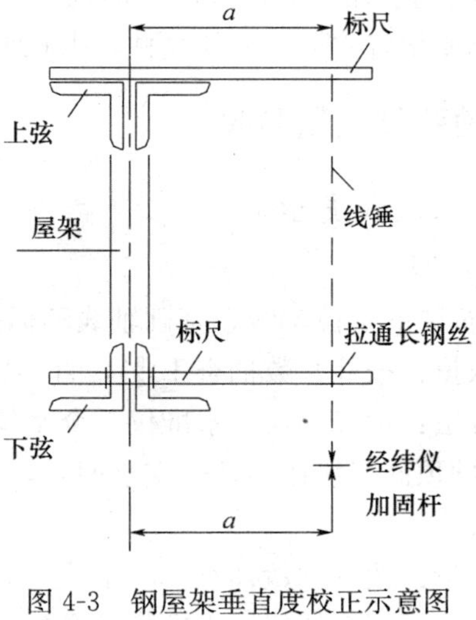

图 4-3　钢屋架垂直度校正示意图

4) 柱脚灌浆高强螺栓安装、焊接：钢构件安装形成稳定的空间结构单元并调整校正完毕后，应及时拧紧地脚螺栓螺母和进行柱底二次灌浆，灌浆料可选用高强灌浆料或细石混凝土。灌浆应密实，无空鼓。

焊接和高强螺栓安装工艺详见《钢结构焊接工程》和《紧固件连接工程》。

三、检验批划分

单层钢结构安装工程可按变形缝、防火分区或空间刚度单元等划分成一个或若干个检验批。地下钢结构可按不同地下层划分检验批。

四、材料、设备、构配件验收

1. 按构件明细表核对进场构件及高强度螺栓的数量，查验出厂合格证及有关技术资料。

2. 焊条、焊丝、焊剂、电渣焊熔嘴等焊接材料与母材的匹配应符合设计要求及国家现行行业标准优先采用《钢结构焊接规范》（GB 50661—2011）、《钢结构焊接规范》（GB 50661—2011）的规定。焊条、焊剂、药芯焊丝、熔嘴等在使用前，应按其产品说明书及焊接工艺文件的规定进行烘焙和存放，避免受潮。

3. 钢结构安装检验批应在进场验收和焊接连接、紧固件连接、制作等分项工程验收合格的基础上进行验收。

4. 测量用钢尺应与钢结构制作用的钢尺，按同一标准进行鉴定，且有相同的精确度，取得计量单位检定证明。

5. 对参与钢结构安装人员，安装工、测量工、电焊工、起重机司机、指挥工要持证上岗。

6. 安装偏差的检测，应在结构形成空间刚度单元并连接固定后进行。

7. 安装时，必须控制屋面、楼面、平台等的施工荷载，施工荷载和冰雪荷载等严禁超过梁、桁架、楼面板、屋面板、平台铺板等的承载能力。

检查构件在装卸、运输及堆放中有无损坏或变形。损坏和变形的构件应予以矫正或重新加工。

8. 被碰坏的防腐底漆应补涂，并再次检查办理验收。

9. 对构件的外形几何尺寸、制孔、组装、焊接、摩擦面等进行检查做出记录。

10. 构件分类堆放，刚度较大的构件可以铺垫木板水平堆放。多层叠放时垫木应在一条垂线上。钢屋架宜立放，紧靠立柱，绑扎牢固。

五、检验批质量验收

（一）基础和支承面

1. 主控项目

1）建筑物的定位轴线、基础轴线和标高、地脚螺栓的规格及其紧固应符合设计要求。

检查数量：按柱基数抽查10%，且不应少于3个。

检验方法：用经纬仪、水准仪、全站仪、和钢尺现场实测。

2）基础顶面直接作为柱的支承面时，其支承面、地脚螺栓（锚栓）位置的允许偏差应符合表4-27的规定。

检查数量：按柱基数抽查10%，且不应少于3个。

检验方法：用经纬仪、水准仪、全站仪、水平尺和钢尺实测。

3）采用坐浆垫板时，坐浆垫板的允许偏差应符合表4-28的规定。

检查数量：资料全数检查。按柱基数抽查10%，且不应少于3个。

检验方法：用水准仪、全站仪、水平尺和钢尺现场实测。

4）采用杯口基础时，杯口尺寸的允许偏差应符合表4-29的规定。

检查数量：按基础数抽查 10%，且不应少于 4 处。检验方法：观察及尺量检查。

2. 一般项目

1）地脚螺栓（锚栓）尺寸的偏差应符合表 4-30 的规定。

地脚螺栓（锚栓）的螺纹应受到保护。

检查数量：按柱基数抽查 10%，且不应少于 3 个。检验方法：用钢尺现场实测。

表 4-27　支承面、地脚螺栓（锚栓）位置的允许偏差（mm）

项目		允许偏差
支承面	标高	±3.0
	水平度	l/1000
地脚螺栓（锚栓）	螺栓中心偏移	5.0
预留孔中心偏移	10.0	

表 4-28　坐浆垫板的允许偏差（mm）

项 目	允许偏差
顶面标高	0，－3.0
水平度	l/1000
位置	20.0

表 4-29　杯口尺寸的允许偏差（mm）

项目	允许偏差
底面标高	0－5.0
杯口深度 H	±5.0
杯口垂直度	H/1000，且不应大于 10.0
位置	10.0

表 4-30　地脚螺栓（锚栓）尺寸的允许偏差（mm）

项目	允许偏差
螺栓（锚栓）露出长度	＋30.0，0.0
螺纹长度	＋30.0，0.0

（二）安装和校正

1. 主控项目

1）钢构件应符合设计要求和规范的规定。运输、堆放和吊装等造成钢构件变形及涂层脱落，应进行矫正和修补。如不慎构件产生变形或脱漆，应矫正或补漆后再安装。

检查数量：按构件数抽查 10%，且不应少于 3 个。检验方法：用拉线、钢尺现场实测或观察。

2）设计要求顶紧的节点，接触面不应少于 70%紧贴，且边缘最大间隙不应大于 0.8mm。

检查数量：按节点数抽查 10%，且不应少于 3 个。检验方法：用钢尺及 0.3mm 和

0.8mm 厚的塞尺现场实测。

3）钢屋（托）架、桁架、梁及受压杆件的垂直度和侧向弯曲矢高的允许偏差应符合表 4-31 的规定。

检查数量：按同类构件数抽查 10%，且不少于 3 个。检验方法：用吊线、拉线、经纬仪和钢尺现场实测。

4）单层钢结构主体结构的整体垂直度和整体平面弯曲的允许偏差符合表 4-32 的规定。

检查数量：对主要立面全部检查。对每个所检查的立面，除两列角柱外，尚应至少选取一列是间柱。检验方法：采用经纬仪、全站仪等测量。

表 4-31　钢屋（托）架、桁架、梁及受压杆件的垂直度和侧向弯曲矢高的允许偏差（mm）

项目	允许偏差		图例
跨中的垂直度	$h/250$，且不应大于 15.0		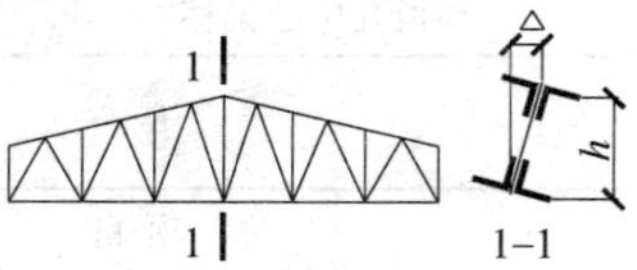
侧向弯曲矢高 f	$L\leqslant30$m	$L/1000$，且不应大于 10.0	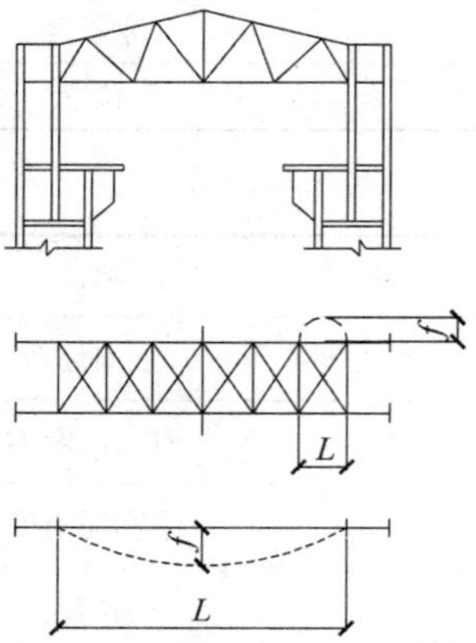
	$30<L\leqslant60$m	$L/1000$，且不应大于 30.0	
	$L>60$m	$L/1000$，且不应大于 50.0	

表 4-32　整体垂直度和整体平面弯曲的允许偏差（mm）

项目	允许偏差	图例
主体结构的整体垂直度	$H/1000$，且不应大于 25.0	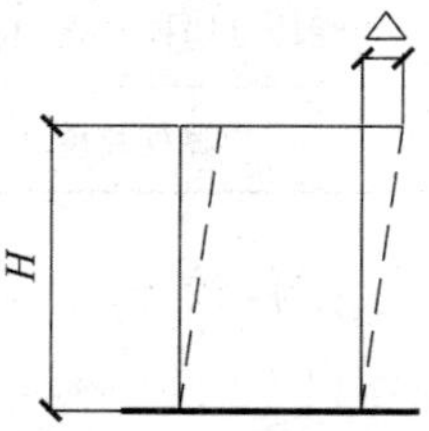
主体结构的整体平面弯曲	$L/1500$，且不应大于 25.0	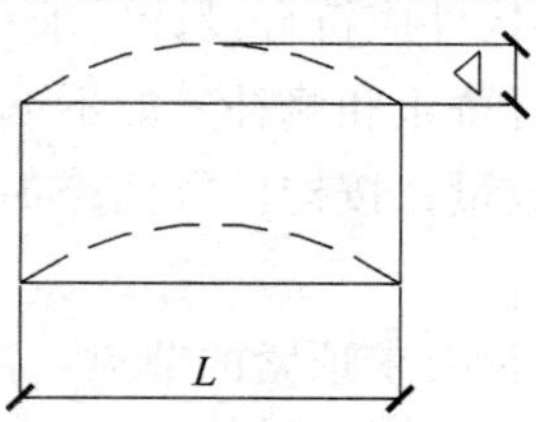

2. 一般项目

1）钢柱等主要构件的中心线及标高基准点等标记应齐全。钢构件的定位标记（中心线和标高等标记），对工程竣工后正确地进行定期观测，积累工程档案资料和工程的改、扩建至关重要。

检查数量：按同类构件数抽查 10%，且不应少于 3 件。检验方法：观察检查。

2）当钢桁架（或梁）安装在混凝土柱上时，其支座中心对定位轴线的偏差不应大于 10mm；当采用大型混凝土屋面板时，钢桁架（或梁）间距的偏差不应该大于 10mm。

检查数量：按同类构件数抽查 10%，且不应少于 3 榀。检验方法：用拉线和钢尺现场实测。

3）钢柱安装的允许偏差应符合《钢结构工程施工质量验收规范》（GB 50205—2001）附录 E 中表 E. 0. 1 的规定。

检查数量：按钢柱数抽查 10%，且不应少于 3 件。检验方法：见表 4-33。

表 4-33　钢柱安装的允许偏差（mm）

<table>
<tr><th colspan="3">项目</th><th>允许偏差</th><th>图例</th><th>检验方法</th></tr>
<tr><td colspan="3">柱脚底座中心线对定位轴线的偏移</td><td>5.0</td><td>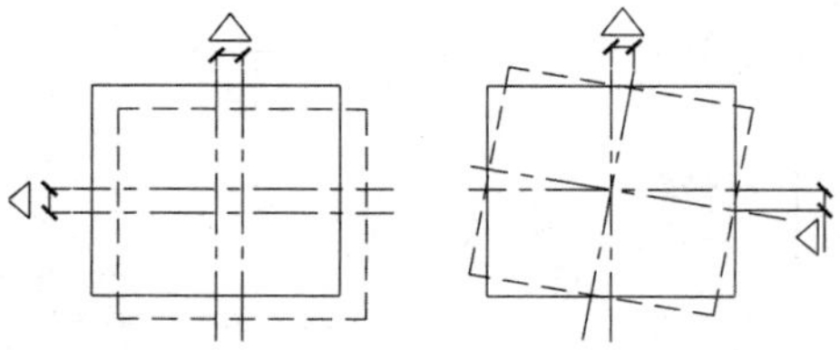</td><td>用吊线和钢尺检查</td></tr>
<tr><td rowspan="2">柱基准点标高</td><td colspan="2">有吊车梁的柱</td><td>+3.0
−5.0</td><td rowspan="2">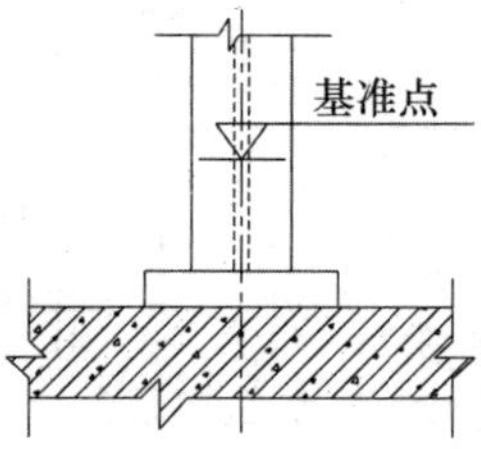
</td><td rowspan="2">用水准仪检查</td></tr>
<tr><td colspan="2">无吊车梁的柱</td><td>+5.0
−8.0</td></tr>
<tr><td colspan="3">弯曲矢高</td><td>$H/1200$，且不应大于 15.0</td><td></td><td>用经纬仪或拉线和钢尺检查</td></tr>
<tr><td rowspan="4">柱轴线垂直度</td><td rowspan="2">单单层柱</td><td>$H\leqslant 10$m</td><td>$H/1000$</td><td rowspan="4">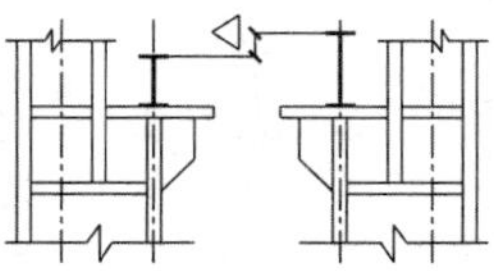</td><td rowspan="4">用经纬仪或吊线和钢尺检查</td></tr>
<tr><td>$H>10$m</td><td>$H/1000$，且不应大于 25.0</td></tr>
<tr><td rowspan="2">多节柱</td><td>单节柱</td><td>$H/1000$，且不应大于 10.0</td></tr>
<tr><td>柱全高</td><td>35.0</td></tr>
</table>

4）钢吊车梁或直接承受动力荷载的类似构件，其安装的允许偏差应符合《钢结构工程施工质量验收规范》（GB 50205—2001）附录 E 中表 E. 0. 2 的规定。

检查数量：按钢吊车梁抽查 10%，且不应少于 3 榀。检验方法：见表 4-34。

表 4-34　钢吊车梁安装的允许偏差（mm）

<table>
<tr><th colspan="2">项目</th><th>允许偏差</th><th>图例</th><th>检验方法</th></tr>
<tr><td colspan="2">梁的跨中垂直度Δ</td><td>$h/500$</td><td>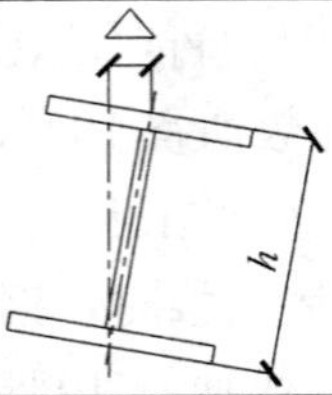
</td><td>用吊线和钢尺检查</td></tr>
<tr><td colspan="2">侧向弯曲矢高</td><td>L/1500，且不应大于10.0</td><td></td><td rowspan="4">用拉线和钢尺检查</td></tr>
<tr><td colspan="2">垂直上拱矢高</td><td>10.0</td><td rowspan="4">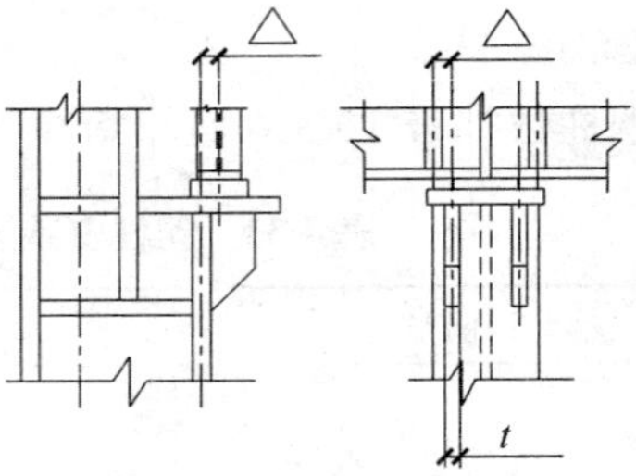
</td></tr>
<tr><td rowspan="2">两端支座中心位移Δ</td><td>安装在钢柱上时，对牛腿中心的偏移</td><td>5.0</td></tr>
<tr><td>安装在混凝土柱上时，对定位轴线的偏移</td><td>5.0</td></tr>
<tr><td colspan="2">吊车梁支座加劲板中心与柱子承压加劲板中心的偏移$Δ_1$</td><td>$t/2$</td><td>用吊线和钢尺检查</td></tr>
<tr><td rowspan="2">同跨内同一横截面吊车梁顶面高差Δ</td><td>支座处</td><td>10.0</td><td>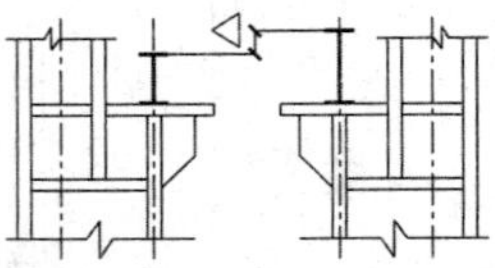</td><td rowspan="3">用经纬仪、水准仪和钢尺检查</td></tr>
<tr><td>其它处</td><td>15.0</td><td>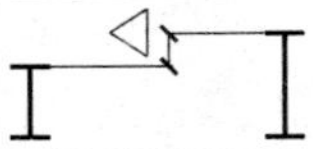</td></tr>
<tr><td colspan="2">同跨内同一横截面下挂吊车梁底面高差Δ</td><td>10.0</td><td></td></tr>
<tr><td colspan="2">同列相邻两柱间吊车梁顶面高差Δ</td><td>$L/1500$，且不应大于10.0</td><td>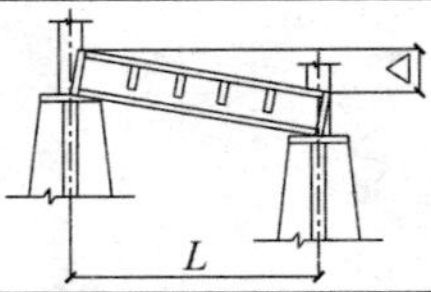
</td><td>用水准仪和钢尺检查</td></tr>
<tr><td rowspan="3">相邻两吊车梁接头部位Δ</td><td>中心错位</td><td>3.0</td><td rowspan="3">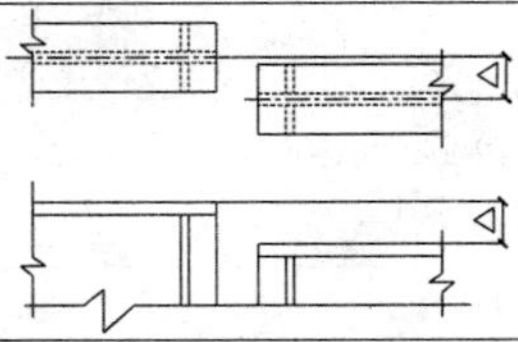</td><td rowspan="3">用钢尺检查</td></tr>
<tr><td>上承式顶面高差</td><td>1.0</td></tr>
<tr><td>下承式底面高差</td><td>1.0</td></tr>
<tr><td colspan="2">同跨间任一截面的吊车梁中心跨距Δ</td><td>±10.0</td><td>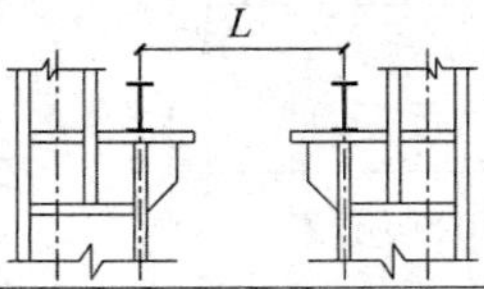
</td><td>用经纬仪和光电测距仪检查；跨度小时，可用钢尺检查</td></tr>
<tr><td colspan="2">轨道中心对吊车梁腹板轴线的偏移Δ</td><td>$t/2$</td><td>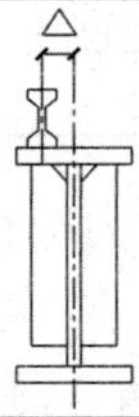</td><td>用吊线和钢尺检查</td></tr>
</table>

5）檩条、墙架等构件数安装的允许偏差应符合《钢结构工程施工质量验收规范》（GB 50205—2001）的规定。

检查数量：按同类构件数抽查10%，且不应少于3件。检验方法：见表4-35。

表4-35　檩条级墙架等次要构件安装的允许偏差（mm）

项目		允许偏差	检验方法
墙架立柱	中心线对定位轴线的偏移	10.0	用钢尺检查
	垂直度	$H/1000$，且不应大于10.0	用经纬仪或吊线和钢尺检查
	弯曲矢高	$H/1000$，且不应大于15.0	用经纬仪或吊线和钢尺检查
抗风桁架的垂直度		$h/250$，且不应大于15.0	用吊线和钢尺检查
檩条、墙梁的间距		±5.0	用钢尺检查
檩条的弯曲矢高		$L/750$，且不应大于12.0	用拉线和钢尺检查
墙梁的弯曲矢高		$L/750$，且不应大于10.0	用拉线和钢尺检查

注：1. H 为墙架立柱的高度。
2. h 为抗风桁架的高度。
3. L 为檩条或墙梁的长度。

6）钢平台、钢梯、栏杆安装应符合现行国家标准《固定式钢梯及平台安全要求　第1部分：钢直梯》（GB 4053.1）、《固定式钢梯及平台安全要求　第2部分：钢斜梯》（GB 4053.2）、《固定式钢梯及平台安全要求　第3部分：工业防护栏杆及钢平台》（GB 4053.3）的规定。钢平台、钢梯和防护栏杆安装的允许偏差应符合《钢结构工程施工质量验收规范》（GB 50205—2001）附录E中表E.0.4的规定。

检查数量：按钢平台总数抽查10%，栏杆、钢梯按总长度各抽查10%，但钢平台不应少于1个，栏杆不应少于5m，钢梯不应少于1跑。检验方法：见表4-36。

表4-36　钢平台、钢梯和防护栏杆安装的允许偏差（mm）

项目	允许偏差	检验方法
平台高度	±15.0	用水准仪检查
平台梁水平度	$L/1000$，且不应大于20.0	用水准仪检查
平台支柱垂直度	$H/1000$，且不应大于15.0	用经纬仪或吊线和钢尺检查
承重平台梁侧向弯曲	$L/1000$，且不应大于10.0	用拉线和钢尺检查
承重平台梁垂直度	$h/250$，且不应大于15.0	用吊线和钢尺检查
直梯垂直度	$L/1000$，且不应大于15.0	用吊线和钢尺检查
栏杆高度	±15.0	用钢尺检查
栏杆立柱间距	±15.0	用钢尺检查

7）现场焊缝组对间隙的允许偏差应符合表4-37的规定。

检查数量：按同类节点数抽查10%，且不应少于3个。检验方法：尺量检查。

表 4-37 现场焊缝组对间隙的允许偏差（mm）

项目	允许偏差
无垫板间隙	+3.0，0.0
有垫板间隙	+3.0，0.0

8）在钢结构安装工程中，由于构件堆放和施工现场都是露天，风吹雨淋，构件表面极易黏结泥沙、油污等脏物，不仅影响建筑物美观，而且时间长还会侵蚀涂层，造成结构锈蚀。因此，钢结构表面应采取保护措施，结构主要表面不应有疤痕、泥沙等污垢。

检查数量：按同类构件数抽查10%，且不应少于3件。检验方法：观察检查。

六、常见工程质量问题与防治

（一）桁架其受拉弦杆上焊接悬挂物或卡具等

1. 原因分析：现场质量检查不到位，未对班组进行技术交底或交底不完善，未根据现场实际情况及时纠正。质量管理人员质量意识薄弱。

2. 防治措施：吊车梁安装前，对作业人员进行技术交底。已焊接悬挂物或卡具的，应会同设计单位共同处理，不得自行切割对构件造成损伤。

（二）钢柱安装就位落钩太快或人为的推挤，导致地脚螺栓丝扣被破坏

1. 原因分析：吊装作业前未对班组进行技术交底，质量负责人未进行旁站进行质量监督。班组的质量意识薄弱，盲目图快不重视质量。

2. 防治措施：

1）吊装前召开交底会议，对指挥人员及吊车司机进行交底，口令一致。

2）钢柱安装就位时应垂直于支撑面，落钩应缓慢，防止地脚螺栓丝扣被破坏。

（三）高度较高的钢柱安装就位时未用缆风绳进行临时固定

1. 原因分析：施工方案不完善，或施工方案的细节不落实，未进行吊装前的安全技术交底，质量安全的监管不到位，对出现的问题未及时发现。

2. 防治措施：吊装作业前应准备好缆风绳，起吊前应将缆风绳与柱子顶部固定好，吊装后利用缆风绳的拉紧保证钢柱的垂直，不会因倾斜造成地脚螺栓的破坏和发生倾倒事故。

七、质量记录表格清单

1. 测量放线定位复测记录。
2. 地脚螺栓复测记录。
3. 高强度螺栓初拧记录。
4. 高强度螺栓终拧记录。
5. 高强度螺栓复验报告。
6. 高强度螺栓抗滑移试验报告。
7. 钢结构（高强度螺栓连接）分项工程检验批质量验收记录。
8. 钢构件焊接分项工程检验批质量验收记录。
9. 钢结构（普通紧固件连接）分项工程检验批质量验收记录。

10. 钢结构（零件及部件加工）分项工程检验批质量验收记录。

11. 钢柱垂直度检查记录以及钢结构（单层结构安装）分项工程检验批质量验收记录。

第六节　多层及高层钢结构安装

多层及高层钢结构安装是指高度大于2层的钢结构工程的安装，一般多层钢结构为2～12层，高层钢结构为12层以上的钢结构。多层及高层钢结构大致分为：框架支撑结构、框架混凝土结构、巨型桁架结构等多种结构形式。

一、一般规定

1. 构件进场后，应核对每个构件的质量检查记录和产品合格证。对主要构件，如梁、柱、支撑等制作质量在构件运到现场后进行复检，凡质量不符合要求的，都应在地面进行修理。

2. 根据钢结构施工图设计要求，编制安装施工组织设计，包括施工中依据的技术标准、场地布置、起重机械、安装顺序、安装的主要工艺、各工序的质量控制和质量检验、安全和环保措施等。施工组织设计经审批后，认真向班组交底。

3. 钢结构安装前，应对建筑物的定位轴线、平面尺寸闭合、基础上柱的定位轴线和标高进行复检，合格后方可开始安装工作。

4. 梁的长度应增加梁与柱接头焊接产生的收缩变形值。柱的长度应增加柱端焊接产生的收缩变形值和荷载作用下产生的弹性压缩值。

5. 检查吊装机械及吊具，按照施工组织设计或施工方案要求搭设操作平台或脚手架。

6. 因为下面一节柱的柱顶位置有安装偏差，所以不得用下节柱的柱顶位置线作上节柱的定位轴线。安装柱时，每节柱的定位轴线应从地面控制轴线直接引上，不得从下层柱的轴线引上。

7. 柱、梁、支撑等构件的长度尺寸应包括焊接收缩余量等变形值。多层及高层钢结构的柱与柱、主梁与柱的接头，一般用焊接方法连接，焊缝的收缩值以及荷载对柱的压缩变形，对建筑物的外形尺寸有一定的影响。因此，柱与主梁的制作长度要作如下考虑：柱要考虑荷载对柱的压缩变形值和接头焊缝的收缩变形值；梁要考虑焊缝的收缩变形值。

8. 钢结构安装检验批应在进场验收和焊接连接、紧固件连接、制作等分项工程验收合格的基础上进行验收。

二、施工工艺流程

施工质量控制要点：

施工准备 → 测量放线 → 构件安装 → 高强螺栓初拧 → 测量校正 → 柱底螺栓坚固和柱底二次灌浆 → 焊接 → 高强螺栓终拧 → 检查验收 → 上一层安装

（一）施工准备

1. 根据钢结构施工图设计要求，编制安装施工组织设计，包括施工中依据的技术标准、场地布置、起重机械、安装顺序、安装的主要工艺、各工序的质量控制和质量检验、安全和环保措施等。施工组织设计经审批后，认真向班组交底。

2. 选用合适的吊装机械，当采用外附式或内爬式塔式起重机时，塔式起重机的爬升装置和附着装置及其对结构的影响，都必须进行计算，制定相应的技术措施。

3. 对主要构件，如梁、柱以及支撑等制作质量在构件运到现场后进行复检，凡质量不符合要求的，都应在地面进行修理。

4. 梁长度应增加梁与柱接头焊接产生的收缩变形值。柱长度应增加柱端焊接产生的收缩变形值和荷载作用下产生的弹性压缩值。

5. 钢结构安装前，应对建筑物的定位轴线、平面封闭角、基础上柱的定位轴线和标高进行复检，合格后方可开始安装工作。

6. 检查吊装机械及吊具，按照施工组织设计或施工方案要求搭设操作平台或脚手架。

7. 预埋螺杆，其轴线、标高、水平度、位置及伸出长度等，超出允许偏差时，做好技术处理。

（二）测量放线

1. 复验安装定位所使用的轴线控制点和测量标高使用的水准点。

2. 放出标高控制线，将柱子就位轴线弹测在柱基表面，对柱基标高进行找平。

3. 各基准点、轴线、标高等都要进行两次以上的复测，以误差最小为准。

（三）构件安装

1. 柱的安装应先调整标高，再调整位移，最后调整垂直偏差，并应重复上述步骤，直至柱的标高、位移、垂直偏差符合要求。调整柱垂直度的揽风绳或支撑夹板，应在柱起吊前在地面绑扎好。

2. 柱的安装校正时，水平偏差应校正到规定的允许偏差以内。

3. 安装柱与柱之间的主梁时，应根据焊缝收缩量预留焊缝变形值，预留的变形值应作书面记录。在安装柱与柱之间的主梁时，应对柱的垂直度进行监测。除检测一根主梁两端柱子的垂直度变化外，还应监测相邻各柱因梁连接而产生的垂直度变化。

4. 柱与柱的接头焊缝，应由两名焊工在相对位置以逆时针方向在距柱角 50mm 处起焊。焊完一层后，第二层及以后各层均在距前一层起焊点 30～50mm 处起焊。每焊一遍应认真清查，焊到柱角处要稍放慢焊接速度，使柱角处焊缝饱满。最后一层盖面焊缝，可采用直径较小的焊条和较小的电流进行焊接。

5. 梁与柱接头焊缝，宜先焊梁下翼缘板，再焊其上翼缘板。先焊梁一端，待其焊缝冷却至常温后，再焊另一端，不宜对一根梁的两端同时施焊。

6. 梁与柱接头焊接完毕后，割去引弧板时应距母材 5mm 处切除。

7. 按相对标高安装时，建筑物高度的累计偏差不得大于各节柱制作允许偏差的总和。

8. 按设计标高安装时，应以每节柱为单元进行柱标高的调整工作，将每节柱接头焊缝的收缩值和在经常荷载下的压缩变形值，加到柱的制作长度中去。

9. 安装柱时，每节柱的定位轴线应从地面控制轴线直接引上，不得从下层柱的轴线引上。

10. 结构安装时，应注意日照、焊接等温度变化引起的热影响对构件伸缩和弯曲引起的变化，采取相应措施。

11. 钢结构安装和楼盖混凝土楼板施工，应相继进行，两项作业相距不宜超过5层。当超过5层时，应会同设计单位和监理单位共同协商处理。

12. 一个检验批（或流水段）的全部钢构件安装完毕并验收合格后，方可进行下一检验批的安装工作。

（四）柱脚灌浆高强螺栓安装以及焊接

1. 钢构件安装形成稳定的空间结构单元并调整校正完毕后，应及时拧紧地脚螺栓螺母和进行柱底二次灌浆，灌浆料可选用高强灌浆料或细石混凝土。灌浆应密实，无空鼓。

2. 焊接和高强螺栓安装工艺详见《钢结构焊接工程》和《紧固件连接工程》。

三、检验批划分

多层及高层钢结构安装工程可按楼层或施工段等划分为一个或若干个检验批。地下钢结构可按不同地下层划分检验批。

四、材料、设备、配件验收

1. 安装用连接材料的品种、规格、性能应符合设计文件要求，并具有产品质量证明书。

安装的焊接材料，其质量应分别符合现行国家标准《非合金钢及细晶粒钢细条》（GB/T 5117）、《热强钢焊条》（GB/T 5118）、《熔化焊用钢丝》（GB/T 14957）的要求。焊条、焊剂、药芯焊丝、熔嘴等在使用前，应按其产品说明书及焊接工艺文件的规定进行烘焙和避免受潮。

2. 对于重要的钢结构工程的焊接材料应进行抽样复验，包括建筑结构安全等级为一级的一、二级焊缝，建筑结构安全等级为二级的一级焊缝。

3. 高强度螺栓的质量应符合现行国家标准《钢结构用高强度大六角头螺栓》（GB/T 1228—2006）、《钢结构用高强度大六角螺母》（GB/T 1229—2006）、《钢结构用高强度垫圈》（GB/T 1230—2006）、《钢结构用高强度大六角头螺栓、大六角螺母、垫圈技术条件》（GB/T 1231—2006）、《钢结构用扭剪型高强度螺栓连接副》（GB/T 3632—2008）的要求。高强度大六角头螺栓连接副和扭剪型高强度螺栓连接副出厂时应分别随箱带有扭矩系数和紧固轴力（预拉力）的检验报告。

4. 对重要的焊接接头，如梁与柱、柱与柱现场焊接焊缝进行焊接工艺试验，制定出焊接工艺参数和技术措施。

5. 构件进场后，应核对每个构件的质量检查记录和产品合格证。

6. 安装用的钢尺应与制作、验收和土建施工用的量尺，按同一标准进行鉴定，并取得计量单位鉴定证明。

7. 检查构件在装卸、运输及堆放中有无损坏或变形。损坏和变形的构件应予以矫正或重新加工。被碰坏的防腐底漆应补涂，并再次检查办理验收。

五、检验批质量验收

1. 柱、梁、支撑等构件的长度尺寸应包括焊接收缩余量等变形值。多层及高层钢结构的柱与柱、主梁与柱的接头，一般用焊接方法连接，焊缝的收缩值以及荷载对柱的压缩变形，对建筑物的外形尺寸有一定的影响。因此，柱与主梁的制作长度要作如下考虑：柱要考虑荷载对柱的压缩变形值和接头焊缝的收缩变形值；梁要考虑焊缝的收缩变形值。

2. 因为下面一节柱的柱顶位置有安装偏差，所以不得用下节柱的柱顶位置线作上节柱的定位轴线。安装柱时，每节柱的定位轴线应从地面控制轴线直接引上，不得从下层柱的轴线引上。

3. 结构的楼层标高可按相对标高或设计标高进行控制。多层及高层钢结构安装中，建筑物的高度可以按相对标高控制，也可按设计标高控制，在安装前要先确定用哪一种方法。

4. 钢结构安装检验批应在进场验收和焊接连接、紧固件连接、制作等分项工程验收合格的基础上进行验收。

5. 基础和支承面

1）主控项目

(1）建筑物的定位轴线、基础上柱的定位轴线和标高、地脚螺栓（锚栓）的规格和位置、地脚螺栓（锚栓）紧固应符合设计要求。当设计无要求时，应符合表 4-38 的规定。

检查数量：按柱基数抽查 10%，且不应少于 3 个。检验方法：采用经纬仪、水准仪、全站仪和钢尺实测。

表 4-38　建筑物定位轴线、基础上柱的定位轴线和标高、地脚螺栓（锚栓）的允许偏差（mm）

项目	允许偏差
建筑物定位轴线	$L/20000$，且不应大于 3.0
基础上柱的定位轴线	1.0
基础上柱底标高	±2.0
地脚螺柱（锚栓）位移	2.0

(2）多层建筑以基础顶面直接作为柱的支承面，或以基础顶面预埋钢板或支座作为柱的支承面时，其支承面、地脚螺栓（锚栓）位置的允许偏差应符合《钢结构施工质量验收规范》(GB 50205）表 10.2.2 的规定。

检查数量：按柱基数抽查 10%，且不应少于 3 个。检验方法：用经纬仪、水准仪、全站仪、水平尺和钢尺实测。

(3）多层建筑采用坐浆垫板时，坐浆垫板的允许偏差应符合《钢结构施工质量验收规范》(GB 50205）表 10.2.3 的规定。

检查数量：资料全数检查。按柱基数抽查 10%，且不应少于 3 个。检验方法：用水准仪、全站仪、水平尺和钢尺实测。

(4）当采用杯口基础时，杯口尺寸的允许偏差应符合《钢结构施工质量验收规范》(GB 50205）表 10.2.4 的规定。

检查数量：按基础数抽查 10%，且不应少于 4 处。检验方法：观察及尺量检查。

2）一般项目：地脚螺栓（锚栓）尺寸的允许偏差应符合《钢结构施工质量验收规范》(GB 50205）表 10.2.5 的规定。地脚螺栓（锚栓）的螺纹应受保护。

检查数量：按柱基数抽查 10%，且不应少于 3 个。检验方法：用钢尺现场实测。

6. 安装和校正

1）主控项目：

(1）钢构件应符合设计要求和规范。运输、堆放和吊装等造成的钢构件变形及涂层脱落，应进行矫正和修补。

检查数量：按构件数检查 10%，且不应少于 3 个。检验方法：用拉线、钢尺现场实测或观察。

（2）柱子安装的允许偏差应符合表 4-39 的规定。

检查数量：标准柱全部检查；非标准柱抽查 10%，且不应少于 3 根。检验方法：用全站仪或激光经纬仪和钢尺实测。

表 4-39　柱子安装的允许偏差（mm）

项目	允许偏差	图例
底层柱柱底轴线对定位轴线偏移	3.0	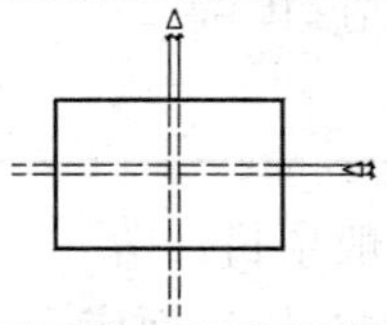
柱子定位轴线	1.0	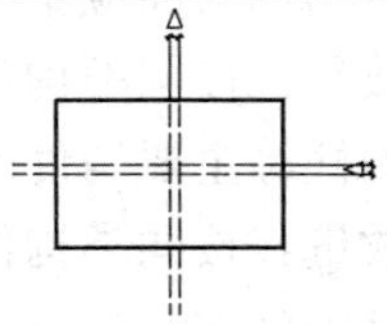
单节柱的垂直度	H/1000，且不应大于 10.0	

（3）设计要求顶紧的节点，接触面不应少于 70% 紧贴，且边缘最大间隙不应大于 0.8mm。

检查数量：按节点数抽查 10%，且不应少于 3 个。检验方法：用钢尺及 0.3mm 和 0.8mm 厚的塞尺现场实测。

（4）钢主梁、次梁及受压杆件的垂直度和侧向弯曲矢高的允许偏差应符合《钢结构施工质量验收规范》（GB 50205）表 10.3.3 中有关钢屋（托）架允许偏差的规定。

检查数量：按同类构件数抽查 10%，且不应少于 3 个。检验方法：用吊线、拉线、经纬仪和钢尺现场实测。

（5）多层及高层钢结构主体结构的整体垂直度和整体平面弯曲矢高的允许偏差符合表 4-40 的规定。

检查数量：对主要立面全部检查。对每个所检查的立面，除两列角柱外，尚应至少选取一列中间柱。检验方法：对于整体垂直度，可采用激光经纬仪、全站仪测量，也可根据各节柱的垂直度允许偏差累计（代数和）计算。对于整体平面弯曲，可按产生的允许偏差累计（代数和）计算。

表 4-40　整体垂直度和整体平面弯曲矢高的允许偏差（mm）

项目	允许偏差	图例
主体结构的整体垂直度	$(H/2500+10.0)$，且不应大于 40.0	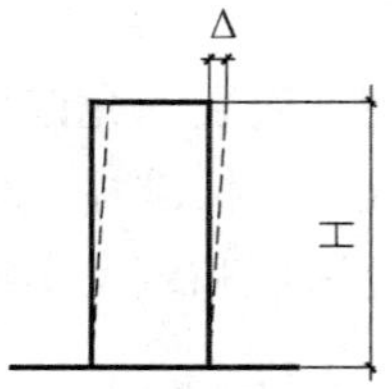
主体结构的整体平面弯曲	$L/1500$，且不应大于 25.0	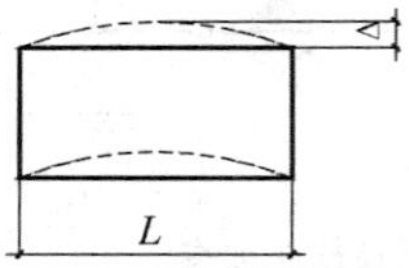

2）一般项目：

（1）钢结构表面应干净，结构主要表面不应有疤痕、泥沙等污垢。

检查数量：按同类构件数抽查 10％，且不应少于 3 件。检验方法：观察检查。

（2）钢柱等主要构件的中心线及基准点等标记应齐全。

检查数量：按同类构件数抽查 10％，且不应少于 3 件。检验方法：观察检查。

（3）钢构件安装的允许偏差应符合下表的规定。

检查数量：按同类构件或节点数抽查 10％。其中柱和梁各不应少于 3 件，主梁与次梁连接节点不应少于 3 个，支承压型金属板的钢梁长度不应少于 5m。检验方法：见表 4-41。

表 4-41　多层及高层钢结构中构件安装的允许偏差（mm）

项目	允许偏差	图例	检验方法
上、下柱连接处的错口 Δ	3.0	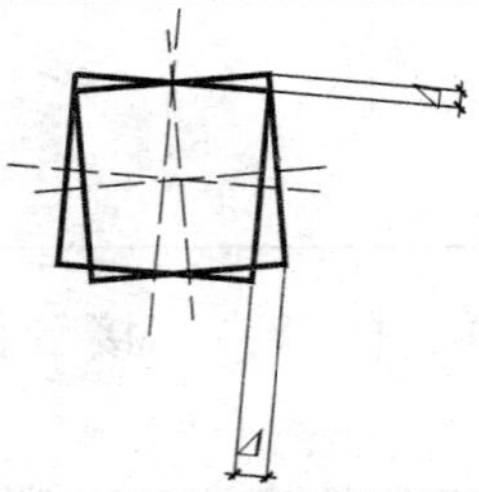	用钢尺检查
同一层柱的各柱顶高度差 Δ	5.0	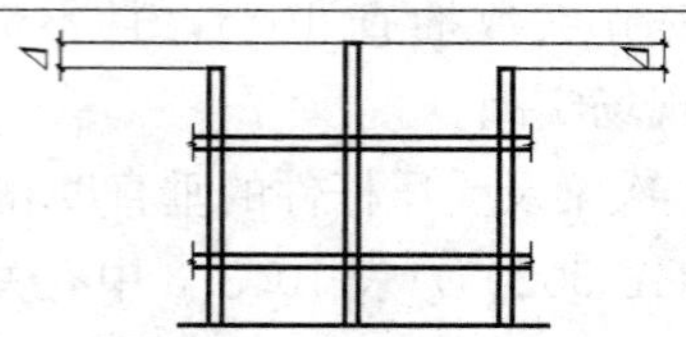	用水准仪检查
同一根梁两端顶面的高差 Δ	$L/1000$，且不应大于 10.0	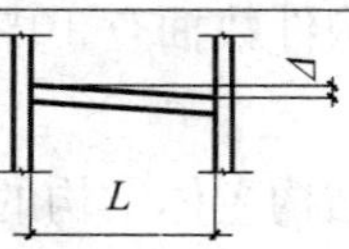	用水准仪检查
主梁与次梁表面的高差 Δ	±2.0	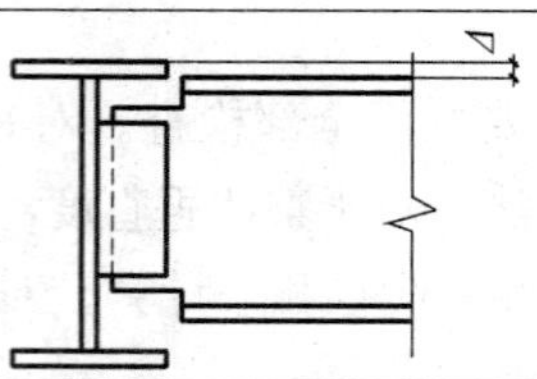	用直尺和钢尺检查

续表

项目	允许偏差	图例	检验方法
压型金属板在钢梁上相邻列的错位Δ	15.00	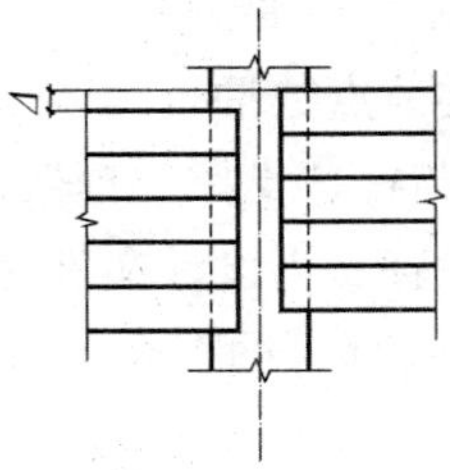	用直尺和钢尺检查

（4）主体结构总高度的允许偏差应符合表4-42的规定。

检查数量：按标准柱列数抽查10%，且不应少于4列。检验方法：采用全站仪、水准仪和钢尺实测。

表4-42　多层及高层钢结构主体结构总高度的允许偏差（mm）

项目	允许偏差	图例
用相对标高控制安装	$\pm\sum(\Delta h+\Delta z+\Delta w)$	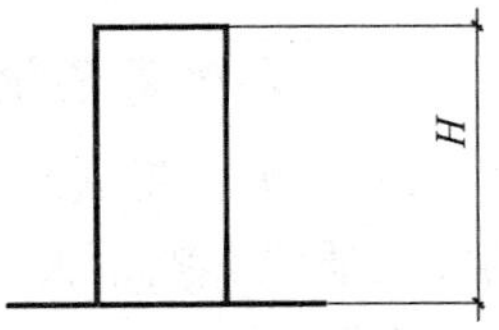
用设计标高控制安装	$H/1000$，且不应大于30.0 $-H/1000$，且不应大于-30.0	

注：1. Δh为每节柱子长度的制造允许偏差。
2. Δz为每节柱子长度受荷载后的压缩值。
3. Δw为每节柱子接头焊缝的收缩值。

（5）当钢构件安装在混凝土柱上时，其支座中心对定位轴线的偏差不应大于10mm；当采用大型混凝土屋面板时，钢梁（或桁架）间距的偏差不应大于10mm。

检查数量：按同类构件数抽查10%，且不应少于3榀。检验方法：用拉线和钢尺现场实测。

（6）多层及高层钢结构中钢吊车梁或直接承受动力荷载的类似构件，其安装的允许偏差应符合《钢结构施工质量验收规范》（GB 50205）附录E.0.2的规定。

检查数量：按钢吊车梁数抽查10%，且不应少于3榀。

（7）多层及高层钢结构中檩条、墙架等次要构件安装的允许偏差应符合《钢结构施工质量验收规范》（GB 50205）附录E.0.3的规定。

（8）多层及高层钢结构中钢平台、钢梯、栏杆安装应符合现行国家标准《固定式钢梯及平台安全要求　第1部分：钢直梯》（GB　4053.1）、《固定式钢梯及平台安全要求　第2部分：钢斜梯》（GB 4053.2）、《固定式钢梯及平台安全要求 第3部分：工业防护栏杆及钢平台》（GB 4053.3）和《固定式钢平台》（GB 4053.4）的规定。钢平台、钢梯和防护栏杆安装的允许偏差应符合《钢结构施工质量验收规范》（GB 50205）附录E中表E.0.4的规定。

检查数量：按钢平台总数抽查10%，栏杆、钢梯按总长度各抽查10%，但钢平台不应少于1个，栏杆不应少于5m，钢梯不应少于1跑。检验方法：见《钢结构施工质量验收规范》

(GB 50205）附录 E 中表 E. 0. 4。

（9）多层及高层多结构中现场焊缝组对间隙的允许偏差应符合《钢结构施工质量验收规范》(GB 50205）表 10. 3. 11 的规定。

检查数量：按同类节点数抽查 10%，且不应少于 3 个。检验方法：尺量检查。

（10）柱与柱、梁与柱、支撑与框架连接的全熔透焊缝，除进行外观检查外，并应按设计要求进行超声波探伤检查。当设计文件无明确要求时，应根据构件的受力情况确定：受拉焊缝应 100%检查，受压焊缝可抽查 50%，当发现有超标准的缺陷时，应全部进行超声波探伤检查。

（11）超声波探伤检查的等级按《钢焊无损检测（超声检测技术、检测等级和评定）》(GB 11345—2013）标准规定的 B 级要求执行，受拉焊缝的评定等级为 B 级，检查等级中的Ⅰ级，受压焊缝的评定等级为 B 级，检查等级中的Ⅱ级。经检查发现的焊缝不合格部位，必须进行返修。当焊缝有裂纹、未焊透和超标的夹渣、气孔时，必须将缺陷清除后重焊。清除可用碳弧气刨或气割进行。

六、常见工程质量问题与防治

（一）多层及高层钢结构安装时，从下层柱的轴线向上引上层柱的定位轴线

1. 原因分析：测量放线是多层及高层钢结构安装工作的重点，控制好轴线的累积偏差对整体的安装质量影响很大。因此，应足够重视多层及高层钢结构测量工作。不得从下层柱的轴线向上引测。

2. 防治措施：派专职测量员进行轴线定位，轴线定位后对轴线进行复测。明确交底，不得从下一层向上引上层定位轴线，应从地面引测。

（二）超声波探伤检测，焊缝存在缺陷

1. 原因分析：多层及高层钢结构的对接焊缝由考核不合格的焊工作业；焊接过程中未合理控制焊接材料的质量；选择不合适的焊接方法、焊接速度、焊接电流；使用过期的或雨淋、受潮的焊接材料，焊接材料不与母材匹配；焊接时未加引弧板。

2. 防治措施：多层及高层钢结构的焊接应满足规范要求。焊材的选择要与母材匹配，焊工施焊范围包括母材材质厚度、焊接位置及焊接方法要与其所持证项目相符，焊接过程中要合理控制焊接参数。

受拉焊缝应 100%检查，受压焊缝可抽查 50%，当发现有超标准的缺陷时，应全部进行超声波探伤检查。当焊缝有裂纹、未焊透和超标的夹渣、气孔时，必须将缺陷清除后重焊。清除可用碳弧气刨或气割进行。

七、质量记录表格清单

1. 测量放线定位复测记录。
2. 地脚螺栓复测记录。
3. 高强度螺栓初拧记录。
4. 高强度螺栓终拧记录。
5. 高强度螺栓复验报告。

6. 高强度螺栓抗滑移试验报告。

7. 钢结构（高强度螺栓连接）分项工程检验批质量验收记录。

8. 钢构件焊接分项工程检验批质量验收记录。

9. 钢结构（普通紧固件连接）分项工程检验批质量验收记录。

10. 钢结构（零件及部部件加工）分项工程检验批质量验收记录。

11. 钢柱整体垂直度检查记录、钢结构（多层及高层结构安装）分项工程检验批质量验收记录。

第七节　钢管结构安装

钢管结构安装是指以钢管和球节点为主的焊接球和螺栓球空间结构及管一管相贯的钢管桁架结构和采用铸钢节点的钢管桁架结构安装。

一、一般规定

1. 安装前，根据钢结构施工图设计要求，编制安装施工组织设计，包括施工中依据的技术标准、场地布置、起重机械、安装顺序、安装的主要工艺、各工序的质量控制和质量检验、安全和环保措施等。施工组织设计经审批后，认真向班组交底。

2. 钢管结构安装应在混凝土施工完成，预埋螺栓完成，混凝土强度达到75%，拼装用脚手架搭设完成后进行。

3. 对小型工程，球、杆需一次性准备完毕。对大型工程，球、杆需按施工组织计划分步进行，并向加工厂提出分步供应清单，清单中需注明每批构件的规格、型号、数量、连接件、配件的规格数量等，并应规定好到货时间和指定堆放位置。构件到场后应立即清点数量、规格，并核对清单与实际数量是否相符。

4. 拼装支架准备：按施工组织计划要求拼装支架、安全防护网。

拼装支架是保证拼装精度、减少积累误差、防止结构下沉，实现安全生产的重要技术措施。因此，拼装支架的设计、选材、搭设、验收、使用和维护等技术环节要严格把关。拼装支架应采用扣件式钢管脚手架搭设，其施工层作业面用脚手板铺设，也可用大型活动操作平台代替脚手板。搭设拼装支架时，支架上的支撑点的位置应设在下弦节点处或支座处。支架应验算承载力和稳定性，必要时可进行试压，以确保安全可靠。

5. 网架安装前应对建筑物的定位轴线（即基准轴线）、支座轴线和支承面标高，预埋螺栓（锚栓）位置等进行检查，作出检查记录，办理交接验收手续；

6. 按施工组织设计要求，对堆放场地装卸条件、设备行走路线、提升位置、马道设置、施工道路，临时设备的位置等进行全面检查，以保证运输畅通，材料不受损坏和施工安全。

7. 对于安全等级为一级、跨度40m以上公共建筑所采用的网架结构，以及对质量有怀疑时，现场必须进行复验。

8. 钢网架结构安装检验批应在进场验收和焊接连接、紧固件连接、制作等分项工程验收合格的基础上进行验收。

二、施工工艺流程

施工质量控制要点：

施工准备 → 固定安装起点锥体的下弦球、下弦杆 → 安装斜腹杆 → 安装上弦球、上弦杆 →

轴向、径向推进安装单元成整体 → 检查各控制数据，调整网架至符合验收标准 → 网架各支座固定 →

由中心向四周分段拆除支顶点 → 卸载过程监控 → 验收

（一）施工准备

1. 根据钢结构施工图设计要求，编制安装施工组织设计，包括施工中依据的技术标准、场地布置、起重机械、安装顺序、安装的主要工艺、各工序的质量控制和质量检验、安全和环保措施等。施工组织设计经审批后，认真向班组交底。

2. 混凝土施工完成，预埋螺栓完成，混凝土强度达到75%，拼装用脚手架搭设完成。

3. 对小型工程，球、杆需一次性准备完毕。对大型工程，球、杆需按施工组织计划分步进行，并向加工厂提出分步供应清单，清单中需注明每批构件的规格、型号、数量、连接件、配件的规格数量等，并应规定好到货时间和指定堆放位置。构件到场后应立即清点数量、规格，并核对清单与实际数量是否相符。

4. 拼装支架准备：按施工组织计划要求拼装支架、安全防护网。

拼装支架是保证拼装精度、减少积累误差、防止结构下沉，实现安全生产的重要技术措施。因此，拼装支架的设计、选材、搭设、验收、使用和维护等技术环节要严格把关。拼装支架应采用扣件式钢管脚手架搭设，其施工层作业面用脚手板铺设，也可用大型活动操作平台代替脚手板。搭设拼装支架时，支架上的支撑点的位置应设在下弦节点处或支座处。支架应验算承载力和稳定性，必要时可进行试压，以确保安全可靠。

5. 网架安装前应对建筑物的定位轴线（即基准轴线）、支座轴线和支承面标高，预埋螺栓（锚栓）位置等进行检查，作出检查记录，办理交接验收手续；

6. 按施工组织设计要求，对堆放场地装卸条件、设备行走路线、提升位置、马道设置、施工道路，临时设备的位置等进行全面检查，以保证运输畅通，材料不受损坏和施工安全。

7. 施工道路要雨季可使用，允许大型车辆通过和回转。

（二）网架安装

1. 网架常用的工地安装方法有六种：高空散装法、分条或分块安装法、高空滑移法、整体吊装法、整体提升法和整体顶升法。六种网架安装方法内容及适应范围详见表4-43。

2. 安装顺序应根据网架形式、支承类型、结构受力特征、杆件小拼单元（以下简称“网片”“网块”），临时稳定的边界条件，施工机械设备的性能和施工场地情况等诸多因素综合确定。为减少误差积累，避免出现大量塞杆，一般安装顺序以先中间、后两边，先中心、后四周为原则。

3. 安装起点的单元锥体时，上、下弦杆的中心位置及上、下弦球的中心都要经过测量工确认标高、轴线，无误后方可作永久固定，以后安装的单元锥体都在标高、轴线位置上依次为初步安装标准，且每一安装单元在形成完整的稳定系统之前，都不能做永久性固定，经过测量确认无误后方可固定。

表 4-43 网架典型安装方法一览表

安装方法	内容	适用范围
高空散装法	单杆件拼装	螺栓连接节点的各类型网架
	小拼单元拼装	
分条或分块安装法	条状单元组装	两向正交、正放四角锥、正放抽空四角锥等网架
	块状单元组装	
高空滑移法	单条滑移法	正放四角锥、正放抽空四角锥、两向正交正放等网架
	逐条积累滑移法	
整体吊装法	单机、多机吊装	各种类型网架
	单根、多根拔杆吊装	
整体提升法	利用拔杆提升	周边支承多点支承网架
	利用结构提升	
整体顶升法	利用网架支承柱作为顶升时的支承结构	支点较少的多点支承网架
	在原支点处或其附近设置临时顶升支架	
备注	未注明连接节点构造的网架，指各类连接节点网架均适用	

4. 支顶点的位置，应设在下弦节点处，通过计算网架的重量由中心向两边设定，

5. 网架落位（拆除支顶点）应注意事项：

1）落位前需检查可调节支承装置（千斤顶）的下降行程量是否符合该点挠度值的要求、计算千斤顶行程时要考虑由于支架下沉引起行程增大的值，据此预留足够的行程预留量（应大于 50mm）。关键支撑点要增设备用千斤顶，以防应急使用；

2）落位过程中操作人员要明确岗位职责，上岗后按指定位置“对号入座”。发现问题向所在地分指挥报告，由分指挥向总指挥报告，由总指挥统一处理问题；

3）用千斤顶落位时，千斤顶每次下降时间间隔应大于 10min 为宜，以确保结构各杆件之间内力重新分布；

4）落位后进行质量检查，并作出记录。同时要继续检测网架挠度值，直至全部设计荷载上满为止。

（三）验收

1. 交工验收时，应检查网架的纵横向边长偏差，支承点的中心偏移和高度偏差。纵横向边长偏差允许值应为长度的 1/2000，且不应大于 25mm；中心偏移允许值应为网架跨度的 1/3000，且不应大于 25mm；高度偏差允许值：对周边支承的网架相邻点之间，应为相邻支座间距的 1/400，且不应大于 12mm，最高与最低点之间，应为 25mm；对多点支承的网架，应为相邻支座间距离的 1/800，且不应大于 25mm。

2. 施工完成后，应测量网架的挠度值（包括网架自重的挠度及屋面工程完成后的挠度），所测的挠度平均值，不应大于设计值的 15%，实测的挠度曲线应存档。网架的挠度观测点：对小跨度，设在下弦中央一点，对大中跨度，可设五点，下弦中央一点，两向下弦跨度四分点处各二点，对三向网架应测量每向跨度三个四等分点处的挠度。

3. 网架工程验收应具备下列文件：网架施工图、竣工图、设计更改文件、施工组织设计、所用钢材及其他材料的质量证明书和试验报告；网架的零部件产品合格证书和试验报告、网架拼装各工序的验收记录、焊工考试合格证明、焊缝质量和高强度螺栓质量检验资料、总拼就位后几何尺寸误差和挠度记录。

三、检验批划分

钢网架结构安装工程可按变形缝、施工段或空间刚度单元划分成一个或若干检验批。

四、材料、设备、构配件验收

1. 用于制造焊接球节点的原材料品种、规格、质量应分别符合现行国家标准《碳钢焊条》(GB/T 5117)、《低合金钢焊条》(GB/T 5118)、《熔化焊用钢丝》(GB/T 14957)、《气体保护焊用钢丝》(GB/T 14958) 的要求。焊条、焊剂、药芯焊丝、熔嘴等在使用前，应按其产品说明书及焊接工艺文件的规定进行烘焙和存放。

2. 焊接用的焊条、焊剂、焊丝和施焊用的保护气体等，必须符合设计要求和钢结构焊接的专门规定；检查出厂合格证、试验报告及焊条烘焙记录，有异议时应抽样复查。

3. 焊接球焊缝必须进行无损检验，其质量应符合现行国家标准《钢结构工程施工质量验收规范》GB50205 规定的二级质量标准；

4. 焊接球节点必须按设计采用的钢管与球焊接成试件，进行单向轴心受拉和受压的承载力检验。检验方法：用拉力、压力试验机或相应的加载试验装置。现场检查产品试验报告及合格证。

5. 钢网架结构安装检验批应在进场验收和焊接连接、紧固件连接、制作等分项工程验收合格的基础上进行验收。

五、检验批质量验收

（一）焊接球

1. 建筑物的定位轴线（即网架安装的基准轴线）要求用精确的角度交汇法放线定位，并用长度交汇法进行复测，其允许偏差不超过 $L/10000$（L 为短边长度，mm）网架安装轴线标志（包括安装辅助轴线标志）和高基准点标志应准确、齐全、醒目、牢固，并要经常进行复测，以防变动。

2. 网架结构支承面、预埋螺栓（锚栓）的允许偏差应符合《钢结构工程施工质量验收规范》(GB 50205) 及表 4-44 的规定。

3. 网架安装过程中应对网架的支座轴线 \ 支承面标高（或网架下弦标高），网架屋脊线、檐口线位置和标高进行跟踪控制，发现误差积累应及时纠偏。纠偏方法可用千斤顶、倒链、钢丝绳、经纬仪、水准仪、钢尺等工具进行。

4. 各杆件与节点连接时中心线应汇交于一点，螺栓球、焊接球应汇交于球心，其偏差值不得超过 1mm。

5. 为保证拆除支顶后网架挠度符合验收标准，安装过程中的支顶点要比相应网架节点的设计标高略高。

表 4-44　支承面、预埋螺栓（锚栓）的允许偏差（mm）

项目		允许偏差
支承面	标高	0 −3.0
	水平度	L/1000（L 为短边长度）
预埋螺栓（锚栓）	螺栓中心偏移	5.0
	螺栓露出长度	±30.0 0
	螺纹长度	±30.0 0
预留孔中心偏移		10.0
检查数量	按柱基数抽查 10%，且不少于 3 个	

1）焊接球表面应符合下列要求：

合格：无明显波纹及局部凹凸不平不大于 1.5mm。

检查方法：用弧形套模，钢尺目测检查。

2）成品球壁厚减薄量应符合下列要求：

合格：减薄量小于等于 13%，且不超过 1.5mm。

检查方法：用超声波测厚仪。现场复检。

3）允许偏差项目：焊接球的允许偏差及检验方法应符合表 4-45 的规定。

表 4-45　焊接球的允许偏差及检验方法

项次	项目	允许偏差（mm）	检验方法
1	球焊缝高度与球外表面平齐	±0.5	用焊缝量规，沿焊缝周长等分取 8 个点检查
2	球直径 $D \leqslant 300$	±1.0	用卡钳及游标卡尺检查，每个球量测各向三个数值
3	球直径 $D > 300$	±2.0	
4	球的圆度 $D \leqslant 300$	≤1.0	用卡钳及游标卡尺检查，每个球测三对，每对互成 90°，以三对直径差的平均值计
5	球的圆度 $D > 300$	≤2.0	
6	两个半球对口错边量	≤1.0	用套模及游标卡尺检查，每球取最大错边处一点

（二）螺栓球

1. 检查项目

1）用于制造螺栓球节点的钢材必须符合设计规定及相应材料的技术条件和标准。

检验方法：观察检查出厂合格证、试验报告，有怀疑时应抽样复查。

2）螺栓球严禁有过烧、裂纹及隐患。

检验方法：用 10 倍放大镜目测或用磁粉探伤等其他有效方法。

3）螺纹尺寸必须符合国家标准《普通螺纹　基本尺寸》（GB 196—2003）中 6H 级精度的规定。

检验方法：用标准螺纹规。

4）成品球必须对最大的螺孔进行抗拉强度检验，以螺栓孔的螺纹被剪断时的荷载作为该螺栓球的极限承载力值，检验时螺栓拧入深度为 1d（d 为螺栓的公称直径）。

检验方法：用拉力试验机。与高强度螺栓相配合进行试验，现场检查产品的出厂合格证及试验报告。

2. 允许偏差项目

螺栓球允许偏差及检验方法应符合表 4-46 的规定。

表 4-46　螺栓球的允许偏差及检验方法

项次	项目		允许偏差（mm）	检验方法
1	球毛坯直径	$D \leqslant 120$	+1.5 −1.0	用卡钳、游标卡尺检查
		$D > 120$	+2.5 −1.5	
2	球圆度	$D \leqslant 120$	1.5	
		$D > 120$	2.5	
3	螺栓球螺孔端面与球心距		±0.15	用游标卡尺、测量芯棒、高度尺检查
4	同一轴线上两螺孔端面平行度	$D \leqslant 120$	0.15	用游标卡尺、高度尺检查
		$D > 120$	0.25	
5	相邻两螺孔轴线间夹角		+30′	用测量芯棒、高度尺、分度头检查
6	螺孔端面与轴线的垂直度		0.5%	用百分表

（三）高强螺栓

1. 检查项目

1）用于制造高强螺栓的钢材必须符合设计规定及相应材料的有关技术条件和标准。

检验方法：检查出厂合格证或试验报告。

2）高强螺栓必须符合国家标准《钢结构用高强度大六角头螺栓》（GB/T 1228—2006）规定的性能等级 8.8s 或 10.9s，并符合国家标准《钢结构用高强度大六角头螺栓、大六角螺母、垫圈技术条件》（GB/T 1231—2006），螺纹应按《普通螺纹公差》（GB/T 197—2003）中 6g 级。

检验方法：检查出厂质量合格证及试验报告。

3）高强螺栓必须逐根进行表面硬度试验，对 8.8s 的高强螺栓其硬度应为 HRC21°～29°；10.9s 高强螺栓其硬度应为 HRC32°～36°，严禁有过烧或损伤。

检验方法：硬度计、10 倍放大镜或磁粉探伤。使用前复验。

4）高强螺栓的承载能力必须符合其相应的抗拉强度检验系数允许值。

检验方法：取高强螺栓与螺栓球配合，用拉力试验机进行破坏强度检验。现场检查产品出厂合格证及试验报告，有怀疑时可抽样复验。

2. 允许偏差项目

高强螺栓的允许偏差及检验方法应符合表 4-47 的规定。

表 4-47　高强度螺栓的允许偏差及检验方法

项次	项目		允许偏差（mm）	检验方法
1	螺纹长度（t 为螺距）		$+2t$ 0	用钢尺、游标卡尺检查
2	螺栓长度		$+2t$ $-0.8t$	
3	键槽	槽深	+0.2	
4		直线度	＜0.2	
5		位置度	＜0.5	

（四）封板、锥头、套筒

1. 检查项目

1）用于制造封板、锥头、套筒的钢材必须符合设计规定及相应的材料技术条件和标准。

检验方法：检查出厂合格证或试验报告。

2）封板、锥头、套筒外观不得有裂纹、过烧及氧化皮。

检查方法：用放大镜观察检查。

2. 允许偏差项目

封板、锥头、套筒的允许偏差及检验方法应符合表 4-48 的规定。

表 4-48　封板、锥头、套筒的允许偏差及检验方法

项次	项目	允许偏差（mm）	检验方法
1	封板、锥头孔径	+0.5	用游标卡尺检查
2	封板、锥头底板厚度	+0.5 −0.2	
3	封板、锥头底板二面平行度	0.1	用百分表、V形块检查
4	封板、锥头孔与钢管安装台阶同轴度	0.2	用面分表、V形块检查
5	锥头壁厚	+0.2，0	用游标卡尺检查
6	套筒内孔与外接圆同轴度	0.5	用游标卡尺、百分表、测量芯棒检查
7	套筒长度	±0.2	用游标卡尺检查
8	套筒两端面与轴丝的垂直度	0.5%	用游标卡尺、百分表、测量芯棒检查
9	套筒两端面的平行度	0.3	

（五）杆件

1. 检查项目

1）用于制造杆件的钢材品种、规格、质量必须符合设计规定及相应标准。

2）钢管杆件与封板、锥头的连接必须按设计要求进行焊接；当要求按等强度连接时，焊缝质量标准必须符合现行国家标准《钢结构施工质量验收规范》（GB 50205）二级质量标准。

检验方法：超声无损检验。

3）钢管杆件与封板或锥头的焊缝应进行抗拉强度检验，其承载能力检验系数应满足相应规定的要求。

检验方法：生产厂用拉力试验机检验。现场应检查试验报告及出厂合格证。

2. 允许偏差项目

1）杆件允许偏差及检验方法应符合表4-49的规定。

表 4-49　杆件允许偏差及检验方法

项次	项目	允许偏差（mm）	检验方法
1	角钢杆件制作长度	±2	用钢尺检查
2	焊接球网架钢管杆件制作长度	±1	用钢尺及百分表检查
3	螺栓球网架钢管杆件成品长度	±1	
4	杆件轴线不平直度	$L/1000$ 且≯5	用百分表、V形块检查
5	封板或锥头与钢管轴线垂直度	0.5% r	

注：L—杆件长度；
　　r—封板或锥头底半径。

高空散装法安装网架，只要有一般的起重机械和扣件式钢管脚手架即可进行安装，对设计、施工无特殊要求，是一种较为合理的网架安装方法。因此，近年来不仅螺栓连接节点的各类型网架采用此法安装，焊接空心球节点网架也采用此法安装，因此以下涉及的内容都是以高空散拼法为例说明的。

2）网架结构总拼完成后，网架结构安装允许偏差及检验方法及符合《钢结构工程施工质量验收规范》（GB 50205）及表4-50的规定。

六、常见工程质量问题与防治

（一）进行下道工序施工时（如防火涂料涂刷、铺屋面板、水电安装以及装饰等），在网架上加设计以外的荷载，在上、下弦杆上加垂直荷载

1. 原因分析：施工方未进行技术交底，未进行工序的交接检查。工序交接时，未明确下道工序应注意的成品保护措施。

2. 防治措施：对班组进行技术交底，明确技术要领。进行下道工序施工时（如防火涂料涂刷、铺屋面板、水电安装、装饰等），不能在网架上加设计以外的任何荷载，必要的施工荷载也要注意分散分部，尤其不能在上、下弦杆上加垂直荷载。

（二）网架长期暴露，锈蚀生锈，下道工序施工时，破坏杆件上的防锈漆，破损处未补涂

1. 原因分析：施工方未进行工序交接检查，未制定成品保护措施。技术交底不到位，质量意识不强，质量责任落实不到位。

2. 防治措施：网架施工完成后应及时刷防火涂料、铺屋面板，避免网架长期暴露，以免锈蚀，下道工序施工时，避免破坏杆件上的防锈漆，破损处要给予补涂。

表 4-50　钢网架结构安装允许偏差及检查方法

一、小拼单元偏差值

项目			合格质量偏差（mm）
节点中心偏移			2.0
焊接球节点与钢管中心的偏移			1.0
杆件轴线的弯曲矢高			L_1/1000 且不大于 5.0
锥体型小拼单元	弦杆长度		±2.0
	锥体高度		±2.0
	上弦杆对角线长度		±3.0
平面桁架型小拼单元	跨长	≤24m	+3.0，−7.0
		>24m	+5.0，−10.0
	跨中高度		±3.0
	跨中拱度	设计要求起拱	±L/5000
		设计未要求起拱	±10.0

检查数量：按单元数抽查 5%，且不应少于 5 个。
检查方法：用钢尺和拉线等辅助量具实测。

L_1—杆件长度；L—跨长。

二、中拼单元偏差值

项目		合格质量偏差（mm）
单元长度 L≤20m 时，拼接边长度	单跨	±10.0
	多跨连续	±5.0
单元长度 L>20m 时，拼接边长度	单跨	±20.0
	多跨连续	±10.0

三、钢网架结构安装的偏差值（mm）

项目	允许偏差	检查方法
纵向、横向长度	L/2000 且不大于 30.0 −L/2000 且为大于−30.0	用钢尺实测
支座中心偏移	L/3000，且不大于 30.0	用钢尺或经纬仪实测
用边支承网架相邻支座高差	L/400，且不大于 15.0	用钢尺和水准仪实测
支座最大高差	30.0	
多点支承网架相邻支座高差	L_1/800 且不大于 30.0	
杆件弯曲矢高	L_2/1000 且不大于 5.0	用拉线和钢尺实测

检查数量：除杆件弯曲矢高按杆件数抽查 5%外，其余全数检查。

注：L—纵向、横向长度；L_1—相邻支座间距；L_2—杆件长度。

七、质量记录及表样

1. 测量放线定位复测记录。
2. 地脚螺栓复测记录。
3. 高强度螺栓初拧记录。

4. 高强度螺栓终拧记录。

5. 高强度螺栓复验报告。

6. 高强度螺栓抗滑移试验报告。

7. 钢结构（高强度螺栓连接）分项工程检验批质量验收记录。

8. 钢构件焊接分项工程检验批质量验收记录。

9. 钢结构（普通紧固件连接）分项工程检验批质量验收记录。

10. 钢结构（焊接球及螺栓球部件加工）分项工程检验批质量验收记录。

11. 钢结构（焊接球及螺栓球安装）分项工程检验批质量验收记录。

12. 网架拼装验收记录。

13. 总拼就位后几何尺寸误差和挠度记录。

第八节　预应力钢索和膜结构

预应力钢索是钢丝索以及平行线绞合钢丝束的总称，有时也指数根绳索或平行线绞合钢丝束构成的集束体。

膜结构是一种新型建筑结构形式，是由多种高强薄膜材料及加强构件（钢架、钢柱或钢索）通过一定方式使其内部产生一定的预张应力以形成某种空间形状，作为覆盖结构，并能承受一定的外荷载作用的一种空间结构形式。其具有造型自由、轻巧、柔美、阻燃、制作简易、安装快捷、充满力量感、节能、使用安全等优点。

（一）常用膜材料分类

常用膜材料分为3类：A类、B类、C类。

1. A类最好，以玻璃纤维织物为基材涂PTFE（永久膜材）而成。

2. B类次之，以玻璃纤维织物为基材涂PVC而成。

3. C类是三类中最次的，以聚酯（涤纶）织物为基材涂PVC而成。按涂层材料分，有聚四氟乙烯（PTFE）、聚偏氟乙烯（PVDF）、聚氟乙烯（PVF）、聚氯乙烯（PVC）、聚氨酯（PU）、橡胶等，它的寿命因不同的表面涂层而异，一般可达10～20年。

（二）膜结构分类

1. 膜结构建筑按结构分类，如图4-4所示。

2. 膜结构建筑形式的分类：分为骨架式膜结构（又名支承式膜结构）、张拉式膜结构、充气式膜结构三种形式。

1）骨架式膜结构（又名支承式，Frame Supported Structure）：以钢构或是集成材构成的屋顶骨架，在其上方张拉膜材的构造形式，下部支撑结构安定性高，因屋顶造型比较单纯，开口部不易受限制，且经济效益高等特点，广泛适用于任何大、小规模的空间膜结构工程。

2）张拉式膜结构（Tension Suspension Structure）：张拉膜结构通过柱及钢架支承或钢索张拉成型，其造型非常优美灵活。张拉膜结构是由膜面与索通过施加预张力形成具有一定刚度的稳定曲面，从而能够承受一定外荷载的空间结构形式。除了可实践具创意，创新且美观的造型外，也是最能展现膜结构精神的构造形式。大型跨距空间也多采用以钢索与压缩材构成钢索网来支撑上部膜材的形式。因施工精度要求高，结构性能强，且具丰富的表现力，

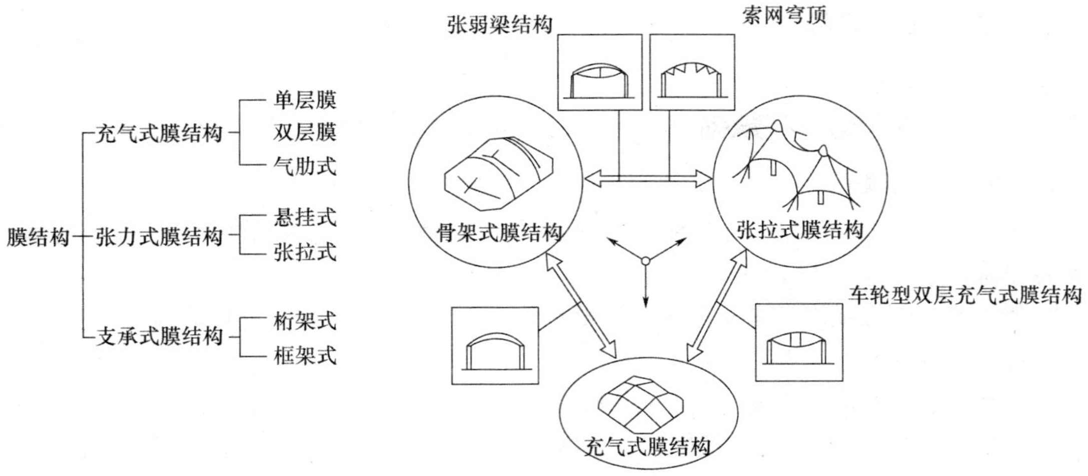

图 4-4　膜结构分类

所以造价略高于骨架式膜结构。

3）充气式膜结构（Pneumatic Structure）：充气式膜结构是将膜材固定于屋顶结构周边，利用送风系统让室内气压上升到一定压力后，使屋顶内外产生压力差，以抵抗外力，因利用气压来支撑，及钢索作为辅助材，无需任何梁，柱支撑，可得更大的空间，施工快捷，经济效益高，但需维持进行 24 小时送风机运转，在持续运行及机器维护费用的成本上较高。

一、一般规定

1. 加工制作场地应平整，加工环境应满足一定的温湿度要求。承放膜材的工作平台应干燥无污染物，整个加工过程膜材应保持清洁。

2. 膜材应储存在通风干燥处，不得与其他物品混放，不应接触易褪色的物品或对其性能有危害的化学溶剂。

3. 在膜结构制作前，先复核支承结构的各个尺寸，使每个控制点的安装误差均在设计和规范允许的范围内；如超出允许范围，应会同设计、甲方、监理方根据量测的数据制定膜片裁剪尺寸的调整方案。

4. 在膜结构制作前，需要对工程所用膜材及配件按设计和规范要求进行材质和力学性能检验，如膜材的双向拉伸试验。

5. 膜体进场安装前，应组织项目有关人员对施工方案进行评审，确定详细的安装作业与安全技术措施。

6. 膜体进场后，对膜体及配件的出厂证明、产品质量保证书、检测报告及品种、规格、数量进行验收；检查膜体外观是否有破损、褶皱，热熔合缝是否有脱落，螺栓、铝合金压条、不锈钢压条有无拉伤或锈蚀，索和锚具涂层是否破坏。

7. 膜结构加工操作人员必须有经专业培训的上岗证，上岗证应明确其岗位及技能要求。

8. 与膜结构相关的钢结构焊接、紧固件连接、零部件加工等材料器具检查验收参照相关章节的规定进行验收和审查。

二、施工工艺流程

施工质量控制要点：

施工准备→支承结构安装→膜体裁剪→膜体安装→膜体清理→验收

（一）施工准备

1. 加工制作场地应平整，加工环境应满足一定的温湿度要求。承放膜材的工作平台应干燥无污染物，整个加工过程膜材应保持清洁。

2. 膜材应储存在通风干燥处，不得与其他物品混放，不应接触易褪色的物品或对其性能有危害的化学溶剂。

3. 在膜结构制作前，先复核支承结构的各个尺寸，使每个控制点的安装误差均在设计和规范允许的范围内；如超出允许范围，应会同设计、甲方、监理方根据量测的数据制定膜片裁剪尺寸的调整方案。

4. 在膜结构制作前，需要对工程所用膜材及配件按设计和规范要求进行材质和力学性能检验，如膜材的双向拉伸试验。

5. 膜体进场安装前，应组织项目有关人员对施工方案进行评审，确定详细的安装作业与安全技术措施。

6. 对膜体及配件的出厂证明、产品质量保证书、检测报告及品种、规格、数量进行验收；检查膜体外观是否有破损、褶皱，热熔合缝是否有脱落，螺栓、铝合金压条、不锈钢压条有无拉伤或锈蚀，索和锚具涂层是否破坏。

（二）支承结构安装

1. 支承结构安装工艺流程：

预埋交底→结构预埋→结构件制作→基础预埋复核→构件吊装→构件防腐涂装→构件防火涂装

2. 张拉索膜结构的支承可分为刚性边界和柔性边界。支承结构安装误差的大小，不仅直接影响建筑的外观，还影响结构内预应力的分布，严重者将影响结构的安全性。在安装支承钢结构前，应按规范和设计要求对钢结构基础的顶面标高、轴线尺寸做严格的复测，并作复测纪录。

（三）膜体裁剪

1. 制作应符合以下工艺流程：膜材验收，技术参数的确定，膜的裁剪，裁剪膜片的几何尺寸的检验，膜片的连接，连接强度的检验，膜体的几何外形的检验，连接件定位固定，膜体的清理，膜体的包装，标记、运输。

2. 膜结构制作应在专业化工厂进行，应具备洁净、干燥、避免阳光直射的环境条件，应具备膜的制作专用设备和专用车间，室内工作温度保持在5～30℃范围内，应避免热源对膜材的热辐射影响。

3. 膜结构制作应具备专业工艺流程线、必要的裁剪、热合设备及测试设备。同时应具备经鉴定或专业评定的膜结构裁剪设计软件。膜材加工制作要严格按设计图纸在专业车间由专业人员制作。裁剪人员在膜材裁剪加工过程中加入一些补救措施是相当必要的。

4. 对已裁剪的膜片要分别进行尺寸复测和编号，并详细记录实测偏差值。

5. 膜片下料完成后再根据排水方向和膜片连接节点确定热熔合方案。在正式热合加工前，要进行焊接试验，确保焊接处强度不低于母材强度。

6. 经检验合格的成品膜体，在包装前，应根据膜体特性、施工方案等确定完善的包装方案。如聚四氟乙烯为涂层的是玻璃纤维为基层的膜材料可以以卷的方式包装，其中卷芯直径不得小于 100mm，对于无法卷成筒的膜体可以在膜体内衬填软质填充物，然后折叠包装。包装完成后，在膜体外包装上标记包装内容、使用部位及膜体折叠与展开方向。

7. 在膜材运输过程中要尽量避免重压、弯折和损坏。同时在运输时也要充分考虑安装次序，尽量将膜体一次运送到位，避免膜体在场内的二次运输，减少膜体受损的机会。

（四）膜体安装

膜结构的安装包括膜体展开、连接固定和张拉成形三个部分。按详细工序可分为膜体展开、初始连接、初始张拉、全面连接、循序张拉、连接固定。

1. 膜面展开时，应采取有效的保护措施以保护膜材不受损伤。

2. 膜结构安装时，应在膜面上安设爬用安全网，作业人员必须系安全带。在安装过程中，作业人员在膜面上行走应穿软底鞋，不应佩挂钥匙等硬物。

3. 膜结构的安装宜在风力不大于四级的情况下进行。在安装过程中应充分注意风速和风向，避免发生颤动现象。同时应根据降雨的程度决定工程的中止和继续。

4. 对大型的张拉膜结构，要收集安装期间的气象信息。安装过程中要密切注意风向和风速，避免膜体发生颤动现象。在强风或大雨天气要及时停止施工，并采取相应的安全防护措施。

5. 张拉时应确定分批张拉顺序、量值，控制张拉的速度，并根据材料的特性确定超张拉量值。

6. 当下道工序或相邻工程开始施工时，对膜结构已完成部分必须采取保护措施，防止损坏。无有效保护措施，严禁在膜材周边 2m 范围内做焊接、切削作业。

7. 膜体铺设过程中必须做好成品保护，不应损坏膜面。膜面支承结构之间必须设隔离层，不得直接接触。

8. 膜面展开前应首先安装紧固的夹板，夹板的间距不应大于 2m，根据膜结构的跨度大小，调整夹板中心的间距，夹板的螺栓、螺母必须拧紧到位。

9. 在膜结构安装过程中在脊索、谷索安装之前宜采用临时脊、谷压绳。以防止未完工膜结构在风载下产生过大晃动。

10. 膜结构的脊索、谷索其锚头的组装必须严格按工艺标准执行，脊索、谷索应张拉到位。对有控制要求的张力值应作施工记录，对无控制要求的应做张拉行程记录。

11. 施加预张力应采用专用施力机具，每一施力位置使用的施力机具，其施力标定值不宜小于设计施力值的两倍，施力机具的测力仪表均应事先标定，测力仪表的测力误差不得大于 5%。

12. 施加预张力应分步进行，各步的间隔时间宜大于 24h。工程竣工两年后宜第二次施加预张力，施加预张力时应以施力点位移达到设计值为控制标准，位移允许偏差为±10%，对有代表性的施力点还应进行力值抽检，力值允许偏差为±10%，应由设计单位与施工单位共同选定有代表性的施力点。

三、检验批划分

预应力钢索和膜结构安装工程可按施工段、施工缝、防火分区、轴线、建筑面积等划分为一个或若干个检验批。

四、材料、设备构配件验收

1. 结构工程的施工单位必须具备相应的膜结构工程施工资质，施工现场必须有相应的技术标准，完善的质量管理体系，质量控制及检验制度，施工组织设计及施工方案等技术文件，并应符合规定要求。

2. 制作膜结构所使用的测试设备、工具、量具应按国家有关规定，经计量鉴定合格，量具应一次标定。

3. 所有进场材料及零部件均应有质量合格证、中文标志、检验报告。

4. 材的力学性能、化学成分、或进口钢材均应符合设计要求及按规定进行检测。对膜结构膜片需要进行光度检验、强度检验和热合试验。

5. 焊接材料的品种，规格性能应符合现行国家产品标准和设计要求，全数检查焊材的质量合格证书，中文标志及检验报告及重要钢结构焊材的复验报告。

6. 膜结构加工操作人员必须有经专业培训的上岗证，上岗证应明确其岗位及技能要求。

7. 膜片安装前，应对膜体及零配件的出厂报告、产品质保书、检测报告以及品种、规格、色泽、数量进行验收。

8. 与膜结构相关的钢结构焊接、紧固件连接、零部件加工等材料器具检查验收参照相关章节的规定进行验收和审查。

五、检验批质量验收

1. 膜片安装前检查项目：

1）膜片上所有的拼缝及结合处无裂纹，无分离剥落，无明显褶皱、污渍，不应出现断丝、裂缝和破损，无明显色差。

2）螺栓、垫圈、不锈钢夹片无拉伤和锈蚀。

3）钢索、锚具无涂层破坏及锈蚀，涂塑钢索无污损。

2. 支承结构预埋件位置的允许偏差为±5mm，同一支座地脚螺栓相对位置的允许偏差为±2mm。对地脚螺栓、螺母应进行防锈和防碰撞保护，对临时连接的部位应采取安全、可靠，便于拆卸的固定措施。

3. 膜材之间的连接缝布置，应根据建筑体型、支承结构位置、膜材主要受力方向及建筑美观效果等因素综合确定。膜片连接部分必须进行抗拉强度测试。测试要求由设计单位提出，宜在同一连接方法同一工艺同一批次中抽验5%且不小于3件。

检验方法：拉力试验。

4. 剪后的膜片外观质量应无明显串色、无明显褶皱、无划伤、无污渍、无疵点。膜片裁剪后应全部进行检验，各向尺寸偏差不应大于±2mm。热合后的膜单元，周边尺寸与设计尺寸的偏差，对A类膜材不应大于0.5%，对B、C类膜材不应大于1%。

检验方法：人工目测或专用仪器，制作中应100%检验，验收时应按10%抽样且不应少于3个膜片。

5. 膜片的连接部分外观应接缝宽度均匀、接合膜面平整、线条清晰、缝制时针脚均匀无脱针、跳针。

检验方法：人工目测，制作中应100%检验，验收时应按10%抽样且不应小于3个膜片。

6. 膜体张拉和膜连接节点应符合设计要求。膜材之间的连接可采用搭接或对接方式。采用搭接热合连接时，考虑防水要求应使上部膜材覆盖在下部膜材上。热合连接的搭接缝宽度应根据膜材的类别、厚度和强度的要求确定。对A类膜材不宜小于40mm，对于B、C类膜材不宜小于75mm。接缝数量宜少，避免接缝的交叉和叠合。接缝附近和可能产生应力集中的部位宜用斜向增强片进行加强。膜片与膜片连接部分缝线无脱落、断线，热融合粘接处无起壳、剥离。

7. 膜片连接处应保持高度水密性，应进行抗剥离测试，并应防止磨损、撕裂。连接处的金属构件应有防止腐蚀的措施。连接构造应充分考虑膜材蠕变的影响。

8. 锚具与索连接的抗拉强度，浇铸时不得小于索抗拉强度的95%，压接式不得小于索抗拉强度的90%。钢索的加工制作应符合国家现行有关标准的规定。钢丝绳下料前应进行预张拉，索的制作长度应考虑预拉力的影响。

索长度的加工允许偏差：当长度不大于50m时，允许偏差±10mm；当长度大于50m且不大于100m时，允许偏差±15mm；当长度大于100m时，允许偏差±20mm。

9. 对组成热挤聚乙烯高强钢丝拉索钢绞线钢丝绳的钢丝应进行镀锌或其他防腐镀层处理对碳素钢或低合金钢棒应进行镀锌镀铬等防腐处理对外露的钢绞线钢丝绳可采用高密度聚乙烯护套或其他方式防护锚具与有防护层的索的连接处应进行防水密封。

10. 对重要的工程应采用铝合金或不锈钢夹板夹具和不锈钢紧固螺栓。对其他工程可采用钢制夹板夹具和镀锌紧固螺栓。当采用铝合金夹板夹具时，应做电化学阳极氧化处理。当采用钢制夹板夹具时，应进行防腐处理。

11. 支承构件防锈面漆、防火涂层在施工前，必须将支承骨架与膜面的连接部位以圆角处理打磨光滑，确保连接处无毛刺、棱角。膜体安装前，支承骨架应已完成防锈、防火涂层的施工工作，以免污染膜面。膜的坚固夹板在安装前必须倒角打磨平整，不应有锐角边。螺栓不应有飞刺。所有与膜体接触的金属件不应有尖锐棱角。

12. 膜片热合加工制作前，应根据膜材的特点、对连接方式、搭接或对接宽度等进行试验。膜材热合处的拉伸强度应不低于母材强度的80%，符合要求后方可正式进行热合加工。在热合过程中应严格按照试验参数进行作业 并做好热合加工记录。热合缝应均匀饱满、线条清晰、宽度不得出现负偏差。膜材周边加强处应平整，热合后不得有污渍 、划伤 、破损现象。

13. 膜体表观质量验收，表面蹭伤检查以单元计。局部拉毛蹭伤尺寸不应大于20mm，当单元面积大于100m^2，每增加200m2增加一个单元计算，但每单元蹭伤数不应大于6个。

14. 安装完成的膜结构不得有渗漏现象，无明显褶皱，不得有积水。膜面排水坡度、排水沟槽、檐口设置应符合设计要求，排水顺畅。

检验方法：目测、自然淋水或局部淋水试验。

15. 膜结构的所有部分在安装完毕后应清洁干净。膜面不得接触任何对膜面有损的化学试剂，清洁时应使用膜供应商许可的、安全性好的专用清洁剂。

六、常见工程质量问题与防治

（一）膜材吊装时或在大风等外力作用下撕裂破坏

1. 原因分析：膜张拉刚度不够，膜处于松弛状态。吊装时没有直接与起吊设备相连的膜角节点板及钢索等在膜面吊装就位前安装。施工方案中关于膜结构吊装的天气因素未充分考虑，尤其是阵风的影响。

2. 防治措施：

1）保证膜面在张拉后，具有足够的刚度。对发生松弛的膜面要及时进行二次张拉。

2）膜结构的施工技术设计要周详，吊装、张拉要由有安装经验的工人在安装指导人员的指导下进行。

3）吊装时直接与起吊设备相连的膜节点板及钢索等在膜面吊装就位后再安装，以避免因节点板及钢索的自重造成膜材料撕裂。

4）张拉过程循序渐进，并密切监视膜面情况，避免应力集中或张拉过度。

5）及时关注天气情况，禁止在三级以上有风天气作业。

（二）膜材表面平整度达不到要求，表面有积水

1. 原因分析：膜面坡度不满足设计要求，排水路径设计不合理。膜材的张拉力不足，对局部松弛的部分未进行二次张拉。

2. 防治措施：

1）设计膜面造型时，采用较大的膜面坡度，并使膜面排水路径便捷。

2）张拉时，膜面的预张力需达到设计预张力水平；松弛的膜面要及时进行二次张拉。

3）发生膜面积水情况要及时人工协助排水，并采取相应的补救、修改措施。

七、质量记录表格清单

在膜结构的安装过程中应形成下列记录文件：

1. 技术交底记录。

2. 与膜结构相连接部位的检验记录、钢构件现场焊缝的检验记录。

3. 材料出厂质量证明文件和复验报告。包括钢构件、拉索、附件、膜单元等运抵安装现场后的验收记录、下部支承结构及预埋件的检测报告。

4. 施工检验记录，施加预张力记录，隐蔽工程验收记录，加工、安装自检记录，膜结构脊、谷索张力值记录，张拉行程记录。

5. 分项工程的验收记录。

第九节　压型金属板

压型金属板是以冷轧薄钢板为基板，经镀锌或镀锌后覆以彩色涂层再经辊弯成型的波纹板材。具有成型灵活、施工速度快、外观美观、重量轻、易于工业化、商业化再生产等特点，广泛用作建筑楼层、墙面及屋面维护材料。

一般地，按照金属板表面的处理工艺将其分为：镀锌压型钢板、涂层压型钢板、铝锌复合涂层压型钢板等。在工程实际中也常用压制成型后板宽来表示板型。如：YX75-230-690，就表示：波峰高度为 75mm、波距为 230mm、成型后板宽度 690mm 的压型钢板。

一、一般规定

1. 压型钢板施工之前应及时办理与之相关楼层的钢结构安装、焊接、节点处高强度螺

栓、油漆等工程的施工隐蔽验收，验收合格后才可进行压型钢板的安装施工。

2. 压型钢板长度不大于3m者捆扎不得少于2道；长度为3～6m者捆扎不得少于3道；长度大于6m者捆扎不得少于4道。捆扎时需用木板，木板与彩板间应加隔软泡沫，以免损伤压型钢板表面。

3. 根据排版设计确定排版起始线的位置。屋面施工中，先在梁上标定出起点，即沿跨度方向在每个梁上标出排版起始点，各个点的连线应与建筑物的纵轴线相垂直，而后在板的宽度方向每隔几块板继续标注一次，以限制和检查板的宽度安装偏差积累。

4. 金属板安装应在钢结构安装工程检验批质量验收合格后进行。弹出安装线、门窗洞口位置线清理出与压型板搭接处钢架、檩条空隙并检查其尺寸、位置是否符合安装要求，当不符合时提出处理意见并做好记录。

5. 按施工组织设计要求，对堆放场地装卸条件、设备行走路线、提升位置、马道设置、施工道路，临时设备的位置等进行全面检查，以保证运输畅通，材料不受损坏和施工安全。堆放场地要求平整，不积水、不妨碍交通，材料不易受到损坏的地方。施工道路要雨季可使用，允许大型车辆通过和回转。

二、施工工艺流程

施工质量控制要点：

施工准备 → 屋面板安装 → 屋面板锁口 → 堵头，封口 → 屋脊安装 → 屋面防水 → 墙面板安装 →

门、窗包边包角安装 → 自攻钉，拉铆钉 → 安装过程中暗胶玻璃胶防水，玻璃及 → 清扫交检

（一）施工准备

1. 金属板安装应在钢结构安装工程检验批质量验收合格后进行。弹出安装线、门窗洞口位置线清理出与压型板搭接处钢架、檩条空隙并检查其尺寸、位置是否符合安装要求，当不符合时提出处理意见并做好记录。

2. 提升压型金属板因其重量小，一般不需大型机具。提升设备：汽车吊、卷扬机、滑轮、拔杆、吊盘等，按不同的工程面积、高度，选用不同的机具。

3. 认真审读施工详图设计，排版图、节点构造及施工组织设计要求。

4. 组织施工人员学习以上内容，并由项目部技术人员向安装负责人及具体施工人员讲解施工要求和规定。

5. 检查安装前的结构安装是否满足围护结构安装条件。

6. 按施工组织设计要求，对堆放场地装卸条件、设备行走路线、提升位置、马道设置、施工道路，临时设备的位置等进行全面检查，以保证运输畅通，材料不受损坏和施工安全。堆放场地要求平整，不积水、不妨碍交通，材料不易受到损坏的地方。施工道路要雨季可使用，允许大型车辆通过和回转。

7. 安装放线前应对安装面上的已有建筑成品进行测量，对达不到安装要求的部分提出修改。对施工偏差作出记录，并针对偏差提出相应的整改或安装措施。

8. 根据排版设计确定排版起始线的位置。屋面施工中，先在梁上标定出起点，即沿跨度方向在每个梁上标出排版起始点，各个点的连线应与建筑物的纵轴线相垂直，而后在板的宽度方向每隔几块板继续标注一次，以限制和检查板的宽度安装偏差积累。

（二）压型金属板安装

1. 实测安装板材的实际需要长度，按实测长度核对对应板号的板材长度，需要时对该板材进行剪裁。

2. 提升到屋面的板材按排板起始线放置，使板材的宽度覆盖标志线对准起始线，并在板长方向两端排出设计的构造长度（图 4-5）。

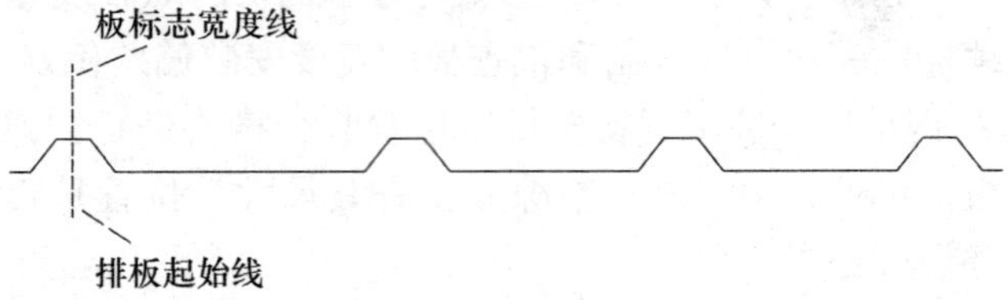

图 4-5　压型金属板安装标志线

3. 紧固件紧固两端后，再安装第二块板，其安装顺序为先自左（右）至右（左），后自下而上。

4. 装到下一放线标志点处，复查板材安装的偏差，当满足设计要求后进行板材的全面紧固。不能满足要求时，应在下一标志段内调整，当在本标段内可调整时可调整本标志段后再全面紧固。依次全面展开安装。

5. 屋面板搭接处均应设置胶条，纵横方向搭接边设置的胶条应连续，胶条本身应拼接，檐口的搭接边除了胶条处尚应设置与压型钢板剖面相配的封堵。

6. 装夹心板时，应挤密板间缝隙，当就位准确，仍有缝隙时，应用保温材料填充。

7. 装现场复合的板材时，上下两层钢板均按前述方法。保温棉铺设应保持其连续性。

8. 安装完毕后的屋面应及时检查有无遗漏紧固点，对保温屋面，应将屋脊的空隙处用保温材料填满。

9. 紧固自攻螺丝时应掌握紧固的程度，不可过度，过度会使密封垫圈上翻，甚至将板面压得下凹而积水。紧固不够会使密封不到位而出现漏洞，我国已生产出新一代自攻螺丝，在接近紧固完毕时可发出一响声，可以控制紧固的程度。

10. 板的纵向搭接，应按设计铺设密封条和密封胶，并在搭接处用自攻螺丝或带密封垫的拉铆钉连接，紧固件应搭在密封条处，压型板施工中应采取措施保护板面，防止油漆和钢板受损。

三、检验批划分

压型金属板的制作和安装工程可按屋面、墙面、楼面的变形缝、楼层、施工段等划分为一个或若干个检验批。

四、材料、设备构配件验收

1. 压型钢板的规格应与设计要求相一致，如采用的型号、材质等与设计有区别时，应征得原设计单位认可。

2. 压型钢板施工之前应及时办理有关楼层的钢结构安装、焊接、节点处高强度螺栓、油漆等工程的施工隐蔽验收。

3. 压型钢板的有关材质复验和有关试验鉴定。

4. 压型钢板长度不大于3m者捆扎不得少于2道；长度为3～6m者捆扎不得少于3道；长度大于6m者捆扎不得少于4道。捆扎时需用木板垫隔，不得损伤压型钢板。

五、检验批质量验收

（一）压型金属板安装

压型金属板安装应在钢结构安装工程检验批质量合格后进行。

（二）压型金属制作

1. 压型金属板成型后，其基板不应有裂纹。

检查数量：按计件数抽查5%，且不应少于10件。检验方法：观察和用10倍放大镜检查。

2. 压型金属板主要用于建筑物的维护结构，兼结构功能与建筑功能于一体，尤其对于表面有涂层时，涂层的完整与否直接影响压型金属板的使用寿命。因此，有涂层、镀层压型金属板成型后，涂、镀层不应有肉眼可见的裂纹、剥落和擦痕等缺陷。

检查数量：按计件数抽查5%，且不应少于10件。检验方法：观察检查。

3. 压型金属板的尺寸允许偏差应符合表4-51的规定。

检查数量：按计件数抽查5%，且不应少于10件。

检验方法：用拉线和钢尺检查。

4. 压型金属板成型后，表面应干净，不应有明显凹凸和皱褶。

检查数量：按计件数抽查5%，且不应少于10件。

检验方法：观察检查。

5. 压型金属板施工现场制作的允许偏差应符合表4-52的规定。

检查数量：按计件数抽查5%，且不应少于10件。检验方法：用钢尺、角尺检查。

表4-51　压型金属板的尺寸允许偏差（mm）

项目			
波距			±2.0
波高	压型钢板	截面高度≤70	±1.5
		截面高度>70	±2.0
侧向弯曲	在测量长度h_1范围内	20.0	

注：h_1为测量长度，指板长扣除两端各0.5m后的实际长度（小于10m）或扣除任选的10m长度。

表4-52　压型金属板施工现场制作的允许偏差（mm）

项目		允许偏差
压型金属板的覆盖宽度	截面高度≤70	+10.0，−0.2
	截面高度>70	+6.0，−2.0
板长		±9.0
横向剪切		6.0
泛水板、包角板尺寸	板长	±6.0
	折弯曲宽度	±3.0
	折弯曲夹角	2°

（三）压型金属板安装

1. 压型金属板与支承构件（主体结构或支架）之间，以及压型金属板相互之间的连接是通过不同类型连接件来实现的，固定可靠与否直接与连接件数量、间距、连接质量有关。需设置防水密封材料处，敷设良好才能保证板间不发生渗漏水现象。故压型金属板、泛水板和包角板等应固定可靠、牢固、防腐涂料涂刷和密封材料敷设应完好，连接件数量、间距应符合设计要求和国家现行有关标准规定。

检查数量：全数检查。检验方法：观察检查及尺量。

2. 压型金属板在支承构件上的可靠搭接是指压型金属板通过一定的长度与支承构件接触，且在该接触范围内用紧固件将压型金属板与支承构件连接成为一体。压型金属板应在支承构件上可靠搭接，搭接长度应符合设计要求，且不应小于表 4-53 所规定的数值。

表 4-53 压型金属板在支承构件上的搭接长度（mm）

项目		搭接长度
截面高度小于 70		375
截面高度不大于 70	屋面坡度小于 1/10	250
	屋面坡度不小于 1/10	200
墙面		120

3. 组合楼板中压型钢板与主体结构（梁）的锚固支承长度应符合设计要求，且不应小于 50mm，端部锚固件连接可靠，设置位置应符合设计要求。

检查数量：沿连接纵向长度抽查 10%，且不应少于 10m。检验方法：观察和用钢尺检查。

4. 压型金属板安装应平整、顺直、板面不应有施工残留和污物。檐口和墙下端应吊直线，不应有未经处理的错钻孔洞。

检查数量：按面积抽查 10%，且不应少于 $10m^2$。检验方法：观察检查。

5. 压型金属板安装的允许偏差应符合表 4-54 的规定。

检查数量：檐口与屋脊的平行度：按长度抽查 10%，且不应少于 10m。其他项目：每 20m 长度应抽查 1 处，不应少于 2 处。检验方法：用拉线、吊线和钢尺检查。

表 4-54 压型金属板安装的允许偏差（mm）

项目		允许偏差
屋面	檐口与屋脊的平行度	12.0
	压型金属板波纹线对屋脊的垂直度	L/800，且不应大于 25.0
	檐口相邻两块压型金属板端部错位	6.0
	压型金属板卷边板件最大波浪高	4.0
墙面	墙板波纹线的垂直度	H/800，且不应大于 25.0
	墙板包角板的垂直度	H/800，且不应大于 25.0
	相邻两块压型金属板的下端错位	6.0

注：1. L 为屋面半坡或单坡长度。
2. H 为墙面高度。

6. 压型钢板在装卸安装中严禁用钢丝绳捆绑直接起吊，运输及堆放应有足够支点，以防变形。

7. 压型钢板施工质量要求波纹对直，所有的开孔、节点裁切不得用氧气乙炔焰施工，避免烧掉镀锌层；

8. 板缝咬口点间距不得大于板宽度的1/2且不得大于400mm，整条缝咬合应确保咬口平整，咬口深度一致；所有的板与板、板与构件之间的缝隙不能直接透光，所有宽度大于5mm的缝应用砂浆、胶带等堵住，避免漏浆。

六、常见工程质量问题与防治

（一）压型钢板吊运时产生变形

1. 产生原因：压型钢板吊运前未制定严密的成品保护措施，对作业班组未进行技术交底，吊装方法不正确。

2. 防治措施：压型钢板长度不大于3m者捆扎不得少于2道；长度为3～6m者捆扎不得少于3道；长度大于6m者捆扎不得少于4道。捆扎时需用木板垫隔，不得损伤压型钢板。且禁止用钢丝绳吊运。

（二）屋面压型钢板排板累计误差过大，造成板缝不顺直

1. 产生原因：压型板屋面安装前未制定有效的控制累计误差的方案，对质量问题的防范不足。

2. 防治措施：屋面施工中，先在梁上标定出起点，即沿跨度方向在每个梁上标出排版起始点，各个点的连线应与建筑物的纵轴线相垂直，而后在板的宽度方向每隔几块板继续标注一次，以限制和检查板的宽度安装偏差积累，不按规定放线出现锯齿现象和超宽现象。

屋面板安装完毕后应对配件的安装做二次放线，以保证檐口线、屋脊线、转角线等的水平度和垂直度。

七、质量记录表格清单

1. 压型金属板安装作业指导书。
2. 压型金属板安装测量放线记录。
3. 压型金属板安装排板图。
4. 压型金属板安装技术交底。
5. 隐蔽工程验收记录
6. 压型金属板安装分项工程检验批质量验收记录。
7. 压型金属板安装分项工程检验批有关允许偏差记录。

第十节　防腐涂料涂装

钢结构防腐蚀涂装是利用涂层的保护作用，防止钢结构腐蚀，延长其使用寿命。防腐涂料有常规防腐涂料和重防腐涂料，钢结构工程常用的底漆有环氧富锌底漆、水性无机富锌底漆、水性环氧防腐底漆，常用的中间漆有氯化橡胶去铁中间漆、环氧云铁中间漆，常用的面

漆有环氧防腐面漆、聚氨酯面漆、氧化橡胶面漆、氯化橡胶丙稀烯磁漆。

一、一般规定

1. 油漆工施工作业应有特殊工种作业操作证。

2. 涂装作业环境应配置干湿度计和露点仪。

3. 防腐涂装工程前钢结构工程已检查验收，并符合设计要求。

4. 钢结构普通涂料涂装工程应在钢结构构件组装、预拼装或钢结构安装工程检验的施工质量验收合格后进行。

5. 涂装前钢材表面除锈应符合设计要求和国家现行有关标准的规定。

6. 涂料、涂装遍数、涂层厚度均应符合设计要求。

7. 漆装时的环境温度和相对湿度应符合涂料产品说明书的要求，当产品说明书无要求时，环境温度宜在5～38℃之间，相对湿度不应大于85%。漆装时构件表面不应有结露；涂装后4h内应保护免受雨淋。

二、施工工艺流程

施工质量控制要点：

表面处理→油漆色号与牌号的核对→配比，熟化→涂装前温湿度→涂装→中间过程湿膜的测量→最终干膜测量→附着力测量→外观检查→最终报专验→合格交付

（一）基层清理

1. 建筑钢结构工程的油漆涂装应在钢结构安装验收合格后进行。油漆涂刷前，应将需涂装部位的铁锈、焊缝药皮、焊接飞溅物、油污以及尘土等杂物清理干净。

2. 基面清理除锈质量的好坏，直接关系到涂层质量的好坏。构件表面的除锈方法与除锈等级应与设计采用的涂料相适应。

3. 为了保证涂装质量，根据不同需要可以分别选用以下除锈工艺：

1）喷砂除锈，它是利用压缩空气的压力，连续不断地用石英砂或铁砂冲击钢构件的表面，把钢材表面的铁锈、油污等杂物清理干净，露出金属钢材本色的一种除锈方法。这种方法效率高，除锈彻底，是比较先进的除锈工艺。

2）酸洗除锈，它是把需涂装的钢构件浸放在酸池内，用酸除去构件表面的油污和铁锈。采用酸洗工艺效率也高，除锈比较彻底，但是酸洗以后必须用热水或清水冲洗构件，不得有残酸存在。

3）人工除锈，是由人工用一些比较简单的工具，如刮刀、砂轮、砂布、钢丝刷等工具，清除钢构件上的铁锈。这种方法工作效率低，劳动条件差，除锈也不彻底。

（二）底漆涂装

1. 涂装前应先检查油漆色差与油漆品种应符合设计要求。

2. 调合红丹防锈漆，控制油漆的黏度、稠度、稀度，兑制时应充分地搅拌，使油漆色泽、黏度均匀一致。

3. 刷第一层底漆时涂刷方向应该一致、整齐。

4. 刷漆时应采用勤沾、短刷的原则，防止刷子带漆太多而流坠。

5. 待第一遍刷完后，应保持一定的时间间隙，防止第一遍未干就上第二遍，这样会使漆液流坠发皱，质量下降。

6. 待第一遍干燥后，再刷第二遍，第二遍涂刷方向应与第一遍涂刷方向垂直，这样会使漆膜厚度均匀一致。

7. 施工过程中和涂层干燥固化前，环境温度宜保持在 5～38℃，相对湿度不宜大于 85％，空气应流通。当风速大于 5m/s，或雨天和构件表面结露时，不宜作业。底漆涂装后起码需 4～8h 后才能达到表干、表干前不应涂装面漆。

8. 钢构件制作前，应对构件隐蔽部位、结构夹层难以除锈的部位，提前除锈，提前涂刷。

（三）面漆涂装

1. 建筑钢结构涂装底漆与面漆一般中间间隙时间较长。钢构件涂装防锈漆后送到工地去组装，组装结束后才统一涂装面漆。这样在涂装面漆前需对钢结构表面进行清理，清除焊缝焊药，对烧去或碰去漆的构件，还应事先补漆。

2. 涂装前应先检查油漆色差与油漆品种应符合设计要求。

3. 面漆的调制应选择颜色完全一致的面漆，兑制的稀料应合适，面漆使用前应充分搅拌，保持色泽均匀。其工作黏度、稠度应保证涂装时不流坠，不显刷纹。

4. 涂装工艺采用喷涂施工时，应调整好喷嘴口径、喷涂压力，喷枪胶管能自由拉伸到作业区域，空气压缩机气压应在 0.4～0.7N/mm2。

5. 喷涂时应保持好喷嘴与涂层的距离，一般喷枪与作业面距离应在 100mm 左右，喷枪与钢结构基面角度应该保持垂直，或喷嘴略为上倾为宜。大口径喷枪为 200～300mm，小口径喷枪为 150～250mm，喷枪的运行速度稳定在 20～60cm/s。

6. 喷涂时喷嘴应该平行移动，移动时应平稳，速度一致，保持涂层均匀。但是采用喷涂时，一般涂层厚度较薄，故应多喷几遍，每层喷涂时应待上层漆膜已经干燥时进行。

7. 手工刷涂顺序，一般应按自下而上，从左到右，先里后外，先斜后直，先难后易的原则，使漆膜均匀、致密、光滑和平整。

（四）涂层检查与验收

1. 表面涂装施工时和施工后，应对涂装过的工件进行保护，防止飞扬尘土和其他杂物。

2. 涂装后的处理检查，应该是涂层颜色一致，色泽鲜明光亮，不起皱皮，不起疙瘩。

3. 涂装漆膜厚度的测定，用触点式漆膜测厚仪测定漆膜厚度，漆膜测厚仪一般测定 3 点厚度，取其平均值。

4. 油漆附着力的测定：附着力检查方法按国家标准《漆膜附着力测定法》（GB 1720）或《色漆和清漆　漆膜的划格试验》（GB/T 9286）用划格法进行附着力测定，附着力至少达到 1 级。

三、检验批划分

钢结构涂装工程可按钢结构制作或施工缝、楼层、防火分区等进行检验批的划分。

四、材料、设备、构配件验收

1. 钢结构防锈涂料、稀释剂和固化剂等的品种、型号和质量应符合设计要求和国家现行有关标准的规定，并附有出厂产品质量证明书。

2. 油漆工施工作业应有特殊工种作业操作证。

3. 防腐涂装工程前钢结构工程已检查验收，并符合设计要求。

4. 涂装前钢材表面除锈应符合设计要求和国家现行有关标准的规定。

5. 涂料、涂装遍数、涂层厚度均应符合设计要求。

五、检验批验收要点

1. 由钢结构普通涂料涂装工程应在钢结构构件组装、预拼装或钢结构安装工程检验的施工质量验收合格后进行。钢结构防火涂料涂装工程应在钢结构安装工程检验批和钢结构普通涂料涂装检验批的施工质量验收合格后进行。

2. 漆装时的环境温度和相对湿度应符合涂料产品说明书的要求，当产品说明书无要求时，环境温度宜在5～38℃之间，相对湿度不应大于85%。漆装时构件表面不应有结露；涂装后4h内应保护免受雨淋。

3. 主控项目

1）涂装前钢材表面除锈应符合设计要求和国家现行有关标准和规定。处理后的钢材表面不应有焊渣、焊疤、灰尘、油污、水和毛刺等。当设计无要求时，钢材表面除锈等级应符合表4-55的规定。

检查数量：按构件数量抽查10%，且同类构件不应少于3件。检验方法：用铲刀检查和用现行国家标准《涂覆涂料前钢材表面处理　表面清洁度的目视评定 第1部分：未涂覆过的钢材表面和全面清除原有涂层后的钢材表面的锈蚀等级和处理等级》（GB/T 8923.1—2011）规定的图片对照观察检查。

表4-55　各种底漆或防锈漆要求最低的除锈等级

涂料品种	除锈等级
油性酚醛、醇酸等底漆或防锈漆	ST2
高氯化聚乙烯、氯化橡胶、氯磺化聚乙烯、环氧树脂、聚氨酯等底漆或防锈漆	SA2
无机富锌、有机硅、过氯乙烯等底漆	SA2½

2）漆料、涂装遍数、涂层厚度均应符合设计要求。当设计对涂层厚度无要求时，涂层干漆膜总厚度：室外应为15μm，室内应为125μm，其允许偏差－25μm. 每遍涂层干漆膜厚度的允许偏差－5μm。

检查数量：按构件数抽查10%，且同类构件不应少于3件。检验方法：用干漆膜测量厚仪检查。每个构件检测5处，每处的数值为3个相距50mm测点涂层干漆膜厚度的平均值。

4. 一般项目

1）构件表面不应误漆、漏涂，涂层不应脱皮和返锈等。涂层应均匀、无明显皱皮、流坠、针眼和气泡等。

检查数量：全数检查。检验方法：观察检查。

2）当钢结构处在有腐蚀介质环境或外露且设计有要求时，应进行涂层附着力测试，在检测处范围内，当涂层完整程度达到70%以上时，涂层附着力达到合格质量标准的要求。

检查数量：按构件数抽查1%，且不应少于3件，每件测3处。检验方法：按照现行国家标准《漆膜附着力测定法》（GB 1720）或《色漆和清漆　漆膜的划格试验》（GB 9286）执行。

3）对于安装单位来说，构件的标志、标记和编号（对于重大构件应标注重量和起吊位置）是构件安装的重要依据，故要求全数检查。涂装完成后，构件的标志、标记和编号应清晰完整。

检查数量：全数检查。检验方法：观察检查。

六、常见工程质量问题与防治

（一）防腐涂装构件表面有流坠，漏涂、返锈等缺陷

1. 产生原因：防腐涂料涂装前未进行技术交底，未明确操作要领和技术标准，防腐涂料施工队伍不专业，没有相应的施工资质。现场质量监督检查不到位。

2. 防治措施：应选择有资质的防腐施工队伍进行钢结构防腐施工。对油漆作业班组进行作业前技术交底，明确构件表面不应误漆、漏涂，涂层不应脱皮和返锈等。涂层应均匀、无明显皱皮、流坠、针眼和气泡等。对已经生锈的构件应重新除锈和补刷防锈漆。加强对质量的动态跟踪和控制。

（二）露天防腐施工在大风、遇雨、严寒等天气作业

1. 产生原因：施工方未进行技术交底，质量意识淡薄。不应在抢工期的同时牺牲质量。

2. 防治措施：对油漆作业班组进行作业前技术交底，明确大风、雨天和低温等天气不得进行油漆涂刷或喷涂。

七、质量验收记录及表样

1. 隐蔽工程验收记录。

2. 钢结构涂层质量检查记录。

3. 钢结构涂层质量验收报告。

第十一节　防火涂料涂装

钢结构防火涂装是利用防火涂料，使钢结构在遭遇火灾时，能在构件所要求的耐火极限内不致倒塌。

钢结构防火涂料可分为：薄型钢结构防火涂料和厚型钢结构防火涂料。

薄型钢结构防火涂料：涂层厚度一般为2～7mm，有一定的装饰效果，高温时膨胀增后，耐火极限可达0.5～1.5h。

厚型钢结构防火涂料：涂层厚度一般为8～50mm，呈粉状面，密度小、导热率低，耐火极限可达1.5～3.0h。

一、一般规定

1. 施工单位应具备消防部门批准的施工准许证明文件，应由经培训合格的专业操作人员施工。

2. 防火涂料涂装的基层应无油污、灰尘和泥沙等污垢。

3. 防火涂装前，应对钢构件防锈涂层碰损或漏涂部位补刷防锈漆，防锈漆涂装经验收合格后方可进行防火涂料涂装。

4. 防火涂料涂装前，钢结构工程应检查验收合格，并符合设计要求和规范规定。

5. 钢结构防火涂料涂装应在室内装饰之前和不被后续工程所损坏的条件下进行。施工前，对不需要进行防火保护的墙面、门窗、机械设备和其他构件应采用塑料布遮挡保护。

6. 涂装施工时，环境温度宜保持在5～38℃，相对湿度不宜大于90%，空气应流动。露天涂装施工作业应选择适当的天气，大风、遇雨、严寒等均不应作业。

二、施工工艺流程

施工准备 → 调配涂料 → 防火涂料涂刷 → 验收

施工质量控制要点：

（一）施工准备

1. 根据设计文件要求，编制防火涂料涂装施工方案、技术交底等技术文件。

2. 钢结构应在除锈和涂装防锈漆后，方可进行防火涂料的施工。防火涂料涂装的基层应无油污、灰尘和泥沙等污垢。

防火涂装前，应对钢构件防锈涂层碰损或漏涂部位补刷防锈漆，防锈漆涂装经验收合格后方可进行防火涂料涂装。

3. 钢结构防火涂料涂装应在室内装饰之前和不被后续工程所损坏的条件下进行。施工前，对不需要进行防火保护的墙面、门窗、机械设备和其他构件应采用塑料布遮挡保护。

4. 涂装施工时，环境温度宜保持在5～38℃，相对湿度不宜大于90%，空气应流动。露天涂装施工作业应选择适当的天气，大风、遇雨、严寒等均不应作业。

（二）涂料配制

单组分湿涂料，现场采用便携式搅拌器搅拌均匀；单组分干粉涂料，现场加水或其他稀释剂调配，应按照产品说明书的规定配比混合搅拌；双组分涂料，按照产品说明书规定的配比混合搅拌。

防火涂料配制搅拌，应边配边用，当天配制的涂料必须在说明书规定时间内使用完。

搅拌和调配涂料，使之均匀一致，且稠度适宜，既能在输送管道中流动畅通，而喷涂后又不会产生流淌和下坠现象。

（三）防火涂料涂刷

1. 钢结构安装就位，与其相连的相关构件，如吊杆、马道、管架等安装完毕，并验收合格后，方可进行防火涂料施工。钢结构在防火涂料施工前应已完成防锈施工工作。

2. 薄型防火涂料的底涂层宜采用重力或喷枪喷涂，其压力约为0.4～0.6MPa。底层一般喷2～3遍，每遍厚度不超过2.5mm（超薄型不超过1mm），必须在上一遍干燥后，再喷涂后一遍。

面层装饰涂料可用刷涂、喷涂或滚涂，一般饰涂1～2次，面层应颜色均匀，接茬平整。最后一遍应做抹平处理，确保均匀平整。

3. 操作者应携带测厚仪检测涂层厚度，并确保喷涂达到设计的厚度。

4. 厚型防火涂料宜采用压送式喷涂机喷涂，空气压力 0.4～0.6MPa，喷枪口直径6～10mm。

5. 配料时应严格按配合比加料或加稀释剂，并使稠度适宜，边配边用。

6. 喷涂施工应分遍成活，厚型防火涂料每遍喷涂厚度宜为5～10mm，必须在上一遍基本干燥固化后，再喷涂后一遍。

7. 喷涂、施工过程中，操作者应采用测厚针检测涂层厚度，直至达到设计规定的厚度时，方可停止喷涂。

8. 喷涂后，对于明显凹凸不平处，采用抹灰刀等工具进行剔除和补涂处理，以确保涂层表面均匀。

9. 喷涂后，喷涂形成的涂层是粒状表面，当设计要求涂层表面平整光滑时，待喷涂完最后一遍应采用抹灰刀等工具进行抹平处理，以确保涂层表面均匀平整。

三、检验批划分

钢结构防火涂料涂装工程可按钢结构制作或施工缝、楼层、防火分区等进行检验批的划分。

四、材料、设备、构配件验收

1. 钢结构防火涂料的选用应符合《钢结构防火涂料》（GB 14907）和《钢结构防火涂料应用技术规程》（CECS 24：90）标准的规定和设计的要求。

2. 所选用防火涂料应是经主管部门鉴定合格，并经当地消防部门批准的产品。

3. 钢结构防火涂料材料的品种和技术性能应符合现行国家产品标准和设计要求。

4. 防火涂料涂装前，钢结构工程已检查验收合格，并符合设计要求和规范规定。

5. 钢结构防火涂料应具备国家质量检测检验机构对产品的耐火极限检测报告和理化力学性能检测报告。

6. 钢结构防火涂料应具有消防监督部门颁发的消防产品生产许可证和该产品的合格证。

7. 施工单位具备消防部门批准的施工准许证明文件，应由经培训合格的专业操作人员施工。

五、检验批质量验收

1. 防火漆料涂装前钢材表面除锈及防锈底漆涂装应符合设计要求和国家现行有关标准的规定。

检查数量：按构件数抽查10%，且同类构件不应少于3件。检验方法：表面除锈用铲刀检查和用现行国家标准《涂覆涂料前钢材表面处理 表面清洁度的目视评定 第1部分：未涂覆过的钢材表面和全面清除原有涂层后的钢材表面的锈蚀等级和处理等级》（GB/T 8923.1—2011）规定的图片对照观察检查。底漆涂装用干漆膜测厚仪检查，每个构件检测5处，每处的数值为3个相距50mm测点涂层干漆膜厚度的平均值。

2.《钢结构工程施工质量验收规范》（GB 50205—2001）：钢结构防火漆料的黏结强度、抗压强度应符合国家现行标准《钢结构防火漆料应用技术规程》（CECS 24：90）的规定。检验方法应符合现行国家标准《建筑构件耐火试验方法》（GB 9978.1～GB 9978.9）的规定。

检查数量：每使用 100t 或不足 100t 薄涂型防火涂料应抽检一次黏结强度；每使用 500t 或不足 500t 厚涂型防火涂料应抽检一次黏结强度和抗压强度。检验方法：检查复检报告。

3. 薄涂型防火涂料的涂层厚度应符合有关耐火极限的设计要求。厚漆型防火涂料涂层的厚度，80%及以上面积应符合有关耐火极限的设计要求，且最薄处厚度不应低于设计要求的 85%。

检查数量：按同类构件数抽查 10%，且均不应少于 3 件。检验方法：用涂层厚度测量仪、测针和钢尺检查。测量方法应符合国家现行标准《钢结构防火漆料应用技术规程》（CECS24：90）及《钢结构防火涂料工程施工验收规范》附录 F 的规定。

4. 薄涂型防火漆料漆层表面裂纹宽度不应大于 0.5mm；厚涂型防火漆料涂层表面裂宽度不应大于 1mm。

检查数量：按同类构件数量抽查 10%，且均不应少于 3 件。检验方法：观察和用量尺检查。

5. 防火漆料漆装基层不应有油污、灰尘和泥砂等污垢。

检查数量：全数检查。检验方法：观察检查。

6. 防火漆料不应有误涂、漏涂，涂层应闭合无脱层、空鼓、明显凹陷、粉化松散和浮浆等外观缺陷，乳突应剔除。

检查数量：全数检查。检验方法：观察检查。

7. 涂层应在规定时间内干燥固化，各层间黏结牢固，不出现粉化、空鼓、脱落和明显裂纹。

8. 钢结构接头、转角处的涂层应均匀一致，无漏涂出现。

六、常见工程质量问题与防治

防火涂料厚度不满足耐火极限和防火等级规定的厚度要求。

产生原因：防火涂料施工队伍不专业，没有相应的施工资质。防火涂料的涂刷遍数与检测报告不符。现场质量监督检查不到位。

防治措施：对厚度检测不够的防火涂料应进行多遍涂刷、补刷，确保满足防火等级规定的厚度要求。对涂刷质量进行定期跟踪检查。

七、质量验收记录及表样

1. 钢结构防火涂料产品质量证明书及各项检验和试验报告。
2. 隐蔽工程验收记录。
3. 涂装检测资料。
4. 钢结构（防火涂料涂装）分项工程检验批质量验收记录。

第五章　屋面工程

屋面工程是建筑工程的一个分部工程，它由结构层以上的屋面找平层、隔气层、保温隔热层、防水层、保护层或使用面层等构造层次所组成，起着保护房屋不受日晒、雨淋或风雪的侵入，并对房屋顶部起到保温与隔热作用。其施工质量的优劣直接关系到建筑物的使用功能和寿命。

屋面按其形式可分为平屋面、坡屋面和异形屋面；按其使用功能可分为非上人屋面和上人屋面；按其保温隔热的功能可分为保温隔热屋面和非保温隔热屋面。

屋面防水工程根据所采用的防水材料可分为刚性防水屋面和柔性防水屋面。屋面依据其防水层所采用的防水材料材质不同，则又可分为刚性混凝土防水屋面以及平瓦屋面、卷材防水屋面、涂膜防水屋面、油毡瓦防水屋面、金属板材防水屋面。按其防水方法的不同，还可分为复合防水与结构自防水。

依据的规范标准：

1.《建筑工程施工质量验收统一标准》GB 50300—2013。

2.《屋面工程质量验收规范》GB 50207—2012。

3.《屋面工程技术规范》GB 50345—2012。

第一节　基层与保护工程

屋面基层大多为钢筋混凝土结构和钢结构，保护工程包括找坡层和找平层、隔气层、隔离层和保护层。混凝土结构层的施工，应符合现行国家标准《混凝土结构工程施工质量验收规范》GB 50204 的有关规定；钢结构的施工，应符合现行国家标准《钢结构工程施工质量验收规范》GB 50205 的有关规定。

一、一般规定

（一）找坡层和找平层

1. 找坡层宜采用轻质材料；找坡材料应分层铺设和适当压实，表面应平整。

2. 找平层宜采用水泥砂浆或细石混凝土；找平层的抹平工序应在初凝前完成，压光工序应在终凝前完成，终凝后应进行养护。

3. 找平层分格缝纵横间距不宜大于 6m，分格缝的宽度宜为 5～20mm。

（二）隔汽层

1. 隔汽层的基层应平整、干净、干燥。

2. 隔汽层应设置在结构层与保温层之间；隔汽层应选用气密性、水密性较好的材料。

3. 在屋面与墙的连接处，隔汽层应沿墙面向上连续铺设，高出保温层上表面不得小于 150mm。

4. 隔汽层采用卷材时宜空铺，卷材搭接应满粘，其搭接宽度不应小于 80mm；隔汽层采用涂料时，应涂刷均匀。

5. 穿过隔汽层的管道周围应封严，转角处应无折损；隔汽层凡有缺陷或破损的部位，均应进行返修。

（三）隔离层

1. 块体材料、水泥砂浆或细石混凝土保护层与卷材、涂膜防水层之间，应设置隔离层。

2. 隔离层可采用干铺塑料膜、土工布、卷材或铺抹低强度等级砂浆。

（四）保护层

1. 防水层上的保护层施工，应待卷材铺贴完成或涂料固化成膜，并经检验合格后进行。

2. 用块体材料做保护层时，宜设置分格缝，分格缝纵横间距不应大于 10m，分格缝宽度宜为 20mm。

3. 用水泥砂浆做保护层时，表面应抹平压光，并应设表面分格缝，分格面积宜为 $1m^2$。

4. 用细石混凝土做保护层时，混凝土应振捣密实，表面应抹平压光，分格缝纵横间距不应大于 6m。分格缝宽度宜为 10～20mm。

5. 块体材料、水泥砂浆或细石混凝土保护层与女儿墙和山墙之间，应预留宽度为 30mm 的缝隙，缝内填塞聚苯乙烯泡沫塑料，并应用密封材料嵌填密实。

二、施工工艺流程

（一）找坡层和找平层施工工艺流程

施工质量控制要点：

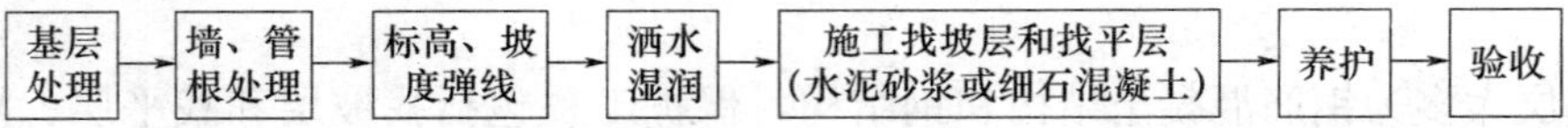

1. 基层处理：施工前将验收合格的基层表面尘土、杂物清理干净；凸出基层的灰渣、粘结物要铲除干净，局部坑洼处用水泥砂浆进行修补。

2. 墙、管根处理：大面积做找平层前，应先将出屋面的管、墙等构件及变形缝根部处理好，并按设计要求及规范做好泛水。

3. 标高、坡度弹线：在女儿墙上，按照设计坡度弹出找坡层和找平层的控制线；在屋脊部位钉立标高控制桩，待施工完毕后去除。

4. 施工找坡层和找平层：施工前应在基层表面洒水湿润，但不得洒水过量，达到与基层能牢固结合为度，扫水泥浆一次；根据设计坡度要求，拉线找坡，按流水方向以间距 2m 冲筋，并按设计要求设置找平层分格缝，如设计无具体要求，分格缝宽度一般为 20mm，最大间距为 6m；按分格块装灰、铺平，用 2m 刮尺靠贴冲筋条刮平，找平后用木抹子搓揉、压实，待砂浆表面稍干后，用铁抹子进行压实，分三次成活；在女儿墙、管根部及基层转角处，找平层均应做成圆弧形，且整齐平顺。

（二）保护层施工工艺流程

施工质量控制要点：

1. 基层清理：施工保护层前将已验收合格的防水层表面清扫干净，不得有铁钉、木楞等容易损坏防水层的杂物。

2. 隔离层：在干燥的防水层上按照设计要求一般铺设一层卷材隔离层，卷材采用点粘法铺设，卷材搭接用油膏盖缝或热熔粘贴。

3. 分格缝留置：当采用水泥砂浆保护层时，分格缝纵横间距为 1m 或分格面积宜为 $1m^2$，用成品塑料条分格。当采用细石混凝土保护层时，分格缝间距不应大于 6m，分格缝的宽度宜为 10～20mm，分格缝材料同上。

4. 钢筋网片施工：按照设计要求绑扎钢筋网片，钢筋网片设置在保护层中间，弯钩向下，不得露出保护层，钢筋保护层厚度不小于 10mm，钢筋网片在分格缝处断开。

5. 水泥砂浆或细石混凝土施工：水泥砂浆或细石混凝浇筑按照由远而近，先高后低的原则进行。在分格缝内，水泥砂浆或细石混凝应连续浇筑，不得留施工缝，水泥砂浆或细石混凝要铺平铺匀，水泥砂浆应压实，混凝土应振捣密实，表面应抹平压光。保护层与女儿墙和凸起构件间，应预留 30mm 宽缝隙，缝内填塞聚苯乙烯泡沫塑料，并应用密封材料嵌填密实。

6. 养护：保护层施工完毕 12h 内应进行养护，养护时间不应少于 7d，采用洒水、覆盖养护方法。

7. 嵌缝：当保护层强度达到 75％以上时，将分格条起出，注意不要损坏分格缝两侧的混凝土；嵌填材料采用防水油膏，分格缝应干净、干燥，嵌缝材料应适当高出保护层，表面连续、光滑，宽窄一致。

三、材料、设备、构配件的验收

1. 水泥出厂合格证，水泥进场复检试验记录。

2. 陶粒、珍珠岩等松散材料出厂合格证。

3. 进场砂、石试验记录。

4. 块体材料出厂合格证及进场复检试验记录。

四、检验批的划分

屋面工程各分项工程宜按屋面面积每 500～$1000m^2$ 划分为一个检验批，不足 $500m^2$ 应按一个检验批；基层与保护工程各分项工程每个检验批的抽检数量应按屋面面积每 $100m^2$ 抽查一处，每处应为 $10m^2$，且不得少于 3 处。

五、检验批质量验收

（一）找坡层和找平层

1. 主控项目

1）找坡层和找平层所用的材料质量及配合比，必须符合设计要求。

检验方法：检查出厂合格证、质量检验报告和计量措施。

2）找坡层和找平层的排水坡度，必须符合设计要求。

检验方法：坡度尺检查。

2. 一般项目

1）找平层应抹平、压光，不得有酥松、起砂或起皮现象。

检验方法：观察检查。

2）卷材防水层的基层与凸出屋面结构的交接处，以及基层的转角处，找平层应做成圆弧形，且应整齐平顺。

检验方法：观察检查。

3）找平层分格缝的宽度和间距，均应符合设计要求。

检验方法：观察和尺量检查。

4）找坡层表面平整度的允许偏差为7mm，找平层表面平整度的允许偏差为5mm。

检验方法：用2m靠尺和楔形塞尺检查。

（二）保护层

1. 主控项目

1）保护层所用材料的质量及配合比，必须符合设计要求。

检验方法：检查出厂合格证、质量检验报告和计量措施。

2）块体材料、水泥砂浆或细石混凝土保护层的强度等级，必须符合设计要求。

检验方法：检查块体材料、水泥砂浆或细石混凝土抗压强度试验报告。

3）保护层排水坡度，必须符合设计要求。

检验方法：坡度尺检查。

2. 一般项目

1）块体材料保护层表面应干净，接缝应平整，周边应顺直，镶嵌应正确，应无空鼓现象。

检查方法：小锤轻击和观察检查。

2）水泥砂浆、细石混凝土保护层不得有裂纹、脱皮、麻面和起砂等现象。

检验方法：观察检查。

3）保护层的允许偏差和检验方法应符合表5-1的规定。

表5-1 保护层的允许偏差和检验方法

项目	允许偏差（mm）			检验方法
	块体材料	水泥砂浆	细石混凝土	
表面平整度	4.0	4.0	5.0	2m靠尺和塞尺检查
缝格平直	3.0	3.0	3.0	拉线和尺量检查
接缝高低差	1.5	—	—	直尺和塞尺检查
板块间隙宽度	2.0	—	—	尺量检查
保护层厚度	设计厚度的10%，且不得大于5mm			钢针插入和尺量检查

六、常见工程质量问题与防治

（一）找平层、保护层起砂、开裂

1. 原因分析：

1）找平层、保护层起砂一般未经抹平压实处理，水泥砂浆或细石混凝土强度低，养护不及时等原因造成。

2）找平层、保护层开裂一般是分格缝设置不合理，女儿墙等屋面凸出物周围未设置30mm宽的膨胀缝，未按照设计要求绑扎抗裂钢筋网片，养护不及时等原因。

2. 预防措施：

1）抹水泥砂浆找平层时，水泥砂浆的灰砂比应严格按照设计要求拌合，拌合均匀，和易性好。铺抹过程中要求薄厚均匀一致，并抹平压实；细石混凝土强度应符合设计要求，采用机械振捣密实；水泥砂浆或细石混凝土找平收水后，还应用铁抹子进行二次压光处理，终凝后应及时洒水、覆盖养护。

2）找平层分格缝纵横间距不宜大于6m，缝宽5～20mm；块体材料做保护层时，分格缝纵横间距不应大于10m，分格缝宽度宜为20mm；水泥砂浆做保护层时，分格面积宜为$1m^2$；细石混凝土做保护层时，分格缝纵横间距不应大于6m，分格缝宽度宜为10～20mm。保护层在女儿墙等屋面凸出物周围设置30mm宽的膨胀缝，膨胀缝应贯穿保护层厚度，缝内填塞聚苯乙烯泡沫塑料，并应用密封材料嵌填密实。

（二）屋面排水坡度不足或出现倒坡现象

1. 原因分析：施工找坡层时未按照设计坡度要求进行冲筋、打点。

2. 预防措施：在女儿墙上，按照设计坡度弹出找坡层的控制线，在屋脊部位钉立标高控制桩，待找坡层施工完毕后去除。

七、需形成的质量记录列表

1. 材料的产品合格证书、性能检测报告、进场验收记录和复试报告。
2. 隐蔽工程验收记录。
3. 分项工程质量验收记录。
4. 抽样质量检验及观感检查记录。

第二节　保温工程

屋面保温分正置式和倒置式保温屋面，正置式保温屋面一般为保温层设置在防水层下面，倒置式屋面是将保温层设置在防水层之上的屋面，具有节能保温隔热、延长防水层使用寿命等特点。由于含水率对保温层材料的导热系数影响较大，保温层施工时保温材料应干燥，即使用自然干燥不浸水的保温材料就可以了，如果屋面保温层干燥有困难时，应采用排气屋面。

本节适用于板状材料和整体现浇（喷）保温层。

一、一般规定

（一）板状材料保温层

1. 板状材料保温层采用干铺法施工时，板状保温材料应紧靠在基层表面上，应铺平垫稳；分层铺设的板块上下层接缝应相互错开，板间缝隙采用同类材料的碎屑嵌填密实。

2. 板状材料保温层采用点粘法施工时，胶粘剂应与保温材料的材性相容，并应贴严、粘牢；板状材料保温层的平面接缝应挤紧拼严，不得在板块侧面涂抹胶粘剂，超过2mm的缝隙应采用相同材料板条填塞严实。

3. 板状保温材料采用机械固定法施工时，应选择专用螺钉和垫片；固定件与结构层之间应连接牢固。

（二）现浇泡沫混凝土保温层

1. 在浇筑泡沫混凝土前，应将基层上的杂物和油污清理干净；基层应浇水湿润，但不得有积水。

2. 保温层施工前应对设备进行调试，并应制备试样进行泡沫混凝土的性能检测。

3. 泡沫混凝土的配合比应准确计量，制备好的泡沫加入水泥料浆中应搅拌均匀。

4. 浇筑过程中，应随时检查泡沫混凝土的湿密度。

（三）喷涂硬泡聚氨酯保温层

1. 保温层施工前应对喷涂设备进行调试，并应制备试样进行硬泡聚氨酯的性能检测。

2. 硬泡聚氨酯的配比应准确计量，发泡厚度应均匀一致。

3. 喷涂时喷嘴与施工基面的距离应由试验确定。

4. 一个作业面应分遍喷涂完成，每遍厚度不宜大于 15mm；当日的作业面应当日连续地施工完毕。

5. 硬泡聚氨酯喷涂后 20min 内严禁上人；硬泡聚氨酯保温层喷涂完成后，应及时做保护层。

二、施工工艺流程

（一）板状材料保温层施工工艺流程

基层处理 → 测量放线 → 铺设保温层 → 细部处理 → 验收

施工质量控制要点：

1. 基层处理：施工保温层前将基层表面清扫干净，凸出基层的灰渣、粘结物要铲除干净，局部坑洼处用水泥砂浆进行修补；预埋件安装（出屋面的管道，太阳能支架等）。

2. 测量放线：设定保温层标高、坡度的控制点。

3. 铺设保温层：板状保温材料应紧贴（靠）基层，铺平垫稳，拼缝严密，分层错缝，嵌缝密实，找坡正确。

4. 细部处理：保温材料在管道、预埋件、凸出屋面的结构物等处，应套割严密。

5. 验收：保温层施工完毕后，应及时组织相关人员和部门进行验收，验收合格后及时进行保护层的施工，以免受到雨淋等。

（二）泡沫混凝土保温层现浇施工工艺流程

施工准备 → 基层处理 → 测量放线 → 现浇泡沫混凝土制备 → 泡沫混凝土现浇施工 → 养护 → 验收

施工质量控制要点：

1. 施工准备：施工前进行人员、材料、机具等的准备工作，进场材料试验合格后方可使用；根据屋面高度、天气温度、所使用的原材料及各组分用量等情况，由试验室出具配合比；对所用机具进行调试，确保能够正常使用。

2. 基层处理：检查基层是否有裂缝、孔洞等漏浆部位，如有需进行封闭处理；清扫基层，无浮灰、杂物、油污等，浇筑前适当洒水湿润，但不得有积水；将屋面的管道、雨水口等封堵密实，防止施工过程中泡沫混凝土流入管道造成堵塞。

3. 测量放线：按照设计的泛水坡度和保温厚度，贴灰饼，拉线冲筋。

4. 现浇泡沫混凝土的制备：根据设计要求，试配泡沫混凝土，确定其水泥、发泡剂、水及外加剂等的掺量；配制泡沫浆料要求均匀，不允许有团块及大颗粒存在，稠度合适，有较好的黏性和分散性；将配制好的发泡浆料和水泥浆一起高速混合搅拌均匀，至上部无泡沫漂浮，下部无水泥浆块，稠度合适，即可形成泡沫混凝土。

5. 现浇泡沫混凝土施工：泡沫混凝土浇筑应按顺序进行，大面积浇筑时，可采用分区浇筑的方法，用范本将施工面分割成若干小块逐块施工，也可采用分段分层、全面分层的浇筑方法，一次浇筑厚度不宜超过 200mm，出料口距离基层不要太高，防止破泡，一般不超过 1m；当浇筑厚度达到标定高度后，用刮杠刮平，有蜂窝的地方反复划动几次，以消除蜂窝，浇筑表面应在初凝前进行刮平，同时检查设计排水坡度及表面平整度，如有偏差或遇塌陷应及时补浇；刮平后终凝前不得扰动，应及时覆盖塑料薄膜，保持泡沫混凝土水分，防止开裂。

6. 养护：泡沫混凝土终凝后应洒水、覆盖养护，养护时间不得少于 14d；养护期间严禁人员在上面走动及堆积材料，以免破坏气泡结构；验收合格后，及时施工找平层或保护层。

（三）硬泡聚氨酯保温层喷涂施工工艺流程

施工质量控制要点：

基层处理→细部处理→聚氨酯底漆施工→硬泡聚氨酯保温层喷涂施工→聚氨酯表面接口处理

1. 基层处理：去除基层上的浮灰、尘土、油污及基层凸起物等杂物，基层含水率应小于 9%。

2. 细部处理：对屋面落水口、屋面管道、预埋件等凸出部位应采用聚氨酯防水涂料做防水处理。

3. 聚氨酯底漆施工：基层验收合格后，将稀释好的聚氨酯底漆用辊刷均匀地涂刷于基层上，涂刷两遍，时间间隔为 2h。阴雨天、大风天避免施工，湿度大的天气，适当延长时间间隔，第一遍表干为准。不得有漏刷、透底现象。

4. 硬泡聚氨酯保温层喷涂施工：首先做好其他部位的遮挡工作以防污染；开启高压无气喷涂机将聚氨酯保温硬泡均匀地喷涂在屋面上，喷涂次序应从屋面边缘向中心方向喷涂，发起泡后，沿发泡边缘喷涂施工；第一遍喷涂厚度宜控制在 10mm 左右，喷涂第一遍后在硬泡层上插上与设计厚度相符的标志杆，标志杆间距成梅花分布，间距一般为 600mm；插标志杆后继续喷涂施工，喷涂可多遍完成，每遍厚度不宜大于 15mm，控制喷涂厚度刚好至标志杆刻度为止。

5. 聚氨酯表面接口处理：硬泡聚氨酯保温层施工 1h 后，对厚度超出 5mm 部分，可用手锯将过厚处修平；4h 后可做聚氨酯接口砂浆处理，接口砂浆可用辊子均匀地涂在聚氨酯保温基层上；保温层施工完 3～7d 后，即可施工抗裂砂浆复合耐碱玻纤网格布，抗裂砂浆一般分两遍完成，总厚度约 5mm，耐碱玻纤网格布要含在抗裂砂浆中，铺贴平整，无皱褶，可隐约见网格，砂浆饱满度达到 100%，局部不饱满处随即补抹第二遍抗裂砂浆找平并压实。

三、材料、设备、构配件的验收（表 5-2）

序号	材料名称	组批及抽样	外观质量检查	物理性能检查
1	模塑聚苯乙烯泡沫塑料	同规格按 $100m^3$ 为一批，不足 $100m^3$ 的按一批计。 在每批产品中随机抽取 20 块进行规格尺寸和外观质量检验。从规格尺寸和外观质量检验合格的产品中，随机取样进行物理性能检验	色泽均匀，阻燃型应掺有颜色的颗粒；表面平整，无明显收缩变形和膨胀变形；熔结良好；无明显油渍和杂质	表观密度、压缩强度、导热系数、燃烧性能、尺寸稳定性、吸水率、水蒸气渗透系数
2	挤塑聚苯乙烯泡沫塑料	同类型、同规格按 $50m^3$ 为一批，不足 $50m^3$ 的按一批计。 在每批产品中随机抽取 10 块进行规格尺寸和外观质量检验。从规格尺寸和外观质量检验合格的产品中，随机取样进行物理性能检验	表面平整，无夹杂物，颜色均匀；无明显起泡、裂口、变形	压缩强度、导热系数、阻燃性能、尺寸稳定性、吸水率、水蒸气渗透系数
3	硬质聚氨酯泡沫塑料	同原料、同配方、同工艺条件按 $50m^3$ 为一批，不足 $50m^3$ 的按一批计。 在每批产品中随机抽取 10 块进行规格尺寸和外观质量检验。从规格尺寸和外观质量检验合格的产品中，随机取样进行物理性能检验	表面平整，无严重凹凸不平	表观密度、压缩强度、导热系数、燃烧性能、水蒸气渗透系数、尺寸稳定性、吸水率
4	泡沫玻璃绝热制品	同品种、同规格按 250 件为一批，不足 250 件的按一批计。 在每批产品中随机抽取 6 个包装箱，每箱各抽取 1 块进行规格尺寸和外观质量检验。从规格尺寸和外观质量检验合格的产品中，随机取样进行物理性能检验	垂直度、最大弯曲度、缺棱、缺角、孔洞、裂纹	表观密度、压缩强度、导热系数、燃烧性能、尺寸稳定性、吸水率
5	膨胀珍珠岩制品（憎水性）	同品种、同规格按 2000 块为一批，不足 2000 块的按一批计。 在每批产品中随机抽取 10 块进行规格尺寸和外观质量检验。从规格尺寸和外观质量检验合格的产品中，随机取样进行物理性能检验	弯曲度、缺棱、掉角、裂纹	表观密度、抗压强度、导热系数、燃烧性能
6	加气混凝土砌块	同品种、同规格、同等级按 $200m^3$ 为一批，不足 $200m^3$ 的按一批计。 在每批产品中随机抽取 50 块进行规格尺寸和外观质量检验。从规格尺寸和外观质量检验合格的产品中，随机取样进行物理性能检验	缺棱掉角；裂纹、爆裂、黏膜和损坏深度，表面酥松、层裂；表面油污	表观密度、抗压强度、导热系数、燃烧性能
7	泡沫混凝土砌块		缺棱掉角；平面弯曲；裂纹、黏膜和损坏深度，表面酥松、层裂；表面油污	干密度、抗压强度、导热系数、吸水率、燃烧性能
8	玻璃棉、岩棉、矿渣棉制品	同原料、同工艺、同品种、同规格按 $1000m^2$ 为一批，不足 $1000m^2$ 的按一批计。 在每批产品中随机抽取 6 个包装箱或卷进行规格尺寸和外观质量检验。从规格尺寸和外观质量检验合格的产品中，抽取 1 个包装箱或卷样进行物理性能检验	表面平整，伤痕、污迹、破损，覆盖与基材粘贴	表观密度、导热系数、燃烧性能

续表

序号	材料名称	组批及抽样	外观质量检查	物理性能检查
9	金属面绝热夹芯板	同原料、同生产工艺、同厚度按150块为一批，不足150块的按一批计。 在每批产品中随机抽取5块进行规格尺寸和外观质量检验。从规格尺寸和外观质量检验合格的产品中，抽取3块进行物理性能检验	表面平整，无明显凹凸、翘曲、变形；切口平直、切面整齐，无毛刺；芯板切面整齐，无剥落	剥离性能、抗弯承载力、防火性能

四、检验批的划分

屋面工程各分项工程宜按屋面面积每 $500m^2$～$1000m^2$ 划分为一个检验批，不足 $500m^2$ 应按一个检验批；保温工程各分项工程每个检验批的抽检数量应按屋面面积每 $100m^2$ 抽查一处，每处应为 $10m^2$，且不得少于3处。

五、检验批质量验收

（一）板状材料保温层

1. 主控项目

1）板状保温材料的质量，应符合设计要求。

检验方法：检查出厂合格证、质量检验报告和进场检验报告。

2）板状材料保温层的厚度应符合设计要求，其正偏差应不限，负偏差应为5%，且不得大于4mm。

检验方法：钢针插入和尺量检查。

3）屋面热桥部位处理应符合设计要求。

检验方法：观察检查。

2. 一般项目

1）板状保温材料铺设应紧贴基层，应铺平垫稳，拼缝应严密，粘贴应牢固。

检验方法：观察检查。

2）固定件的规格、数量和位置均匀符合设计要求；垫片应与保温层表面齐平。

检验方法：观察检查。

3）板状保温材料层表面平整度的允许偏差为5mm。

检验方法：2m靠尺和塞尺检查。

4）板状材料保温层接缝高低差的允许偏差为2mm。

检验方法：直尺和塞尺检查。

（二）现浇泡沫混凝土保温层

1. 主控项目

1）现浇泡沫混凝土所用原材料的质量及配合比，应符合设计要求。

检验方法：检查原材料出厂合格证、质量检验报告和计量措施。

2）现浇泡沫混凝土保温层的厚度应符合设计要求，其正、负偏差应为5%，且不得大于5mm。

检验方法：钢针插入和尺量检查。

3）屋面热桥部位处理应符合设计要求。

检验方法：观察检查。

2. 一般项目

1）现浇泡沫混凝土应分层施工，黏结应牢固，表面应平整，找坡应正确。

检验方法：观察检查。

2）现浇泡沫混凝土不得有贯通性裂缝，以及疏松、起砂、起皮现象。

检验方法：观察检查。

3）现浇泡沫混凝土保温层表面平整度的允许偏差为5mm。

检验方法：2m靠尺和塞尺检查。

（二）喷涂硬泡聚氨酯保温层

1. 主控项目：

1）喷涂硬泡聚氨酯所用原材料的质量及配合比，应符合设计要求。

检验方法：检查原材料出厂合格证、质量检验报告和计量措施。

2）喷涂硬泡聚氨酯保温层的厚度应符合设计要求，其正偏差应不限，不得有负偏差。

检验方法：钢针插入和尺量检查。

3）屋面热桥部位处理应符合设计要求。

检验方法：观察检查。

2. 一般项目

1）喷涂硬泡聚氨酯应分遍喷涂，黏结应牢固，表面应平整，找坡应正确。

检验方法：观察检查。

2）喷涂硬泡聚氨酯保温层表面平整度的允许偏差为5mm。

检验方法：2m靠尺和塞尺检查。

六、常见工程质量问题与防治

（一）板状保温材料含水率过大、铺设不平、顶层房间内有结露发霉现象

1. 原因分析：

1）保温材料吸水率大，制品成型时含水过多；在铺好的保温层上施工找平层时浇水过多，无法及时排出。

2）基层表面不平整，保温材料未紧贴在基层上；保温板块不规格，厚度差异过大。

3）保温层未连续严密包裹，屋面热桥未处理，女儿墙内、外侧及压顶未做保温。

2. 防治措施：

1）保温材料进场应有防雨淋措施；施工找平层时用喷壶洒水湿润，不得用胶管浇水。

2）铺设保温层前应将基层清理干净，基层表面无突出物等；控制保温材料规格质量，厚度要求一致，施工时板上口要挂线控制保温板上表面平整度和坡度。

3）按照设计要求和有关规定进行施工，保温层施工应连续、严密。

（二）泡沫混凝土保温层抗压强度较低、坍陷量较大、表面平整度超差

1. 原因分析：

1）泡沫混凝土强度较低是由于配制泡沫混凝土采用的水泥强度等级低，或掺加水泥用量

不足，或使用过期水泥；采用的外加剂过期变质，或泡沫剂的掺量过多；泡沫混凝土的配合比设计不当，配制中计量不准确。

2）坍陷量较大是在配制泡沫混凝土时，水泥与泡沫剂的比例不当，水泥用量过少，泡沫剂用量过多；泡沫剂存放时间太长，泡沫剂变质，泌水性较大，泡沫稳定性差，或泡沫剂的掺量过多等。

2. 防治措施：配制泡沫混凝土的水泥强度等级一般不应低于 32.5MPa，水泥用量一般不宜少于 250kg/m^3；各种外加剂的用量应通过计算确定，并按一定要求进行配制；通过试验确定水泥用量和水料比，这是满足泡沫混凝土表观密度和抗压强度两个技术指标的重要参数；为防止泡沫出现过多损失和破坏结构，搅拌时间应根据不同泡沫剂、不同掺量、不同搅拌机械等因素，通过试验确定。

（三）喷涂硬泡聚氨酯平整度不够、泡沫收缩、起壳

1. 原因分析：

1）发泡剂掺量不当，发泡不均匀；操作人员技术水准差，喷涂不均匀等。

2）配方不当，如加入的阻燃剂过量，泡沫塑性增强，强度降低。

3）基层清理不干净，有浮灰，影响聚氨酯硬泡与基层的黏结强度；基层较潮湿，未对基层进行防潮隔气和增强基层处理。

2. 防治措施：

1）增加泡沫骨架强度，使之足以抵抗变形；选用低沸点碳化合物发泡剂；严格控制各种材料的掺量，经试验合格后再进行施工。

2）控制基层含水率在 8%以内，基层清扫干净，无浮灰；施工前在基层上涂刷接口处理剂。

七、需形成的质量记录列表

1. 材料的产品合格证书、性能检测报告、进场验收记录和复试报告。

2. 隐蔽工程验收记录。

3. 淋水或蓄水检验记录。

4. 分项工程质量验收记录。

5. 抽样质量检验及观感检查记录。

第三节　瓦面与板面工程

本节适用于烧结瓦、混凝土瓦、沥青瓦和金属板铺装等分项工程。

一、一般规定

（一）烧结瓦和混凝土瓦铺装

1. 木质望板、檩条、顺水条、挂瓦条等构件，均匀做防腐、防蛀、防火处理；金属顺水条、挂瓦条以及金属板、固定件，均匀做防锈处理。

2. 平瓦与脊瓦应边缘整齐、表面光洁，不得有分层、裂纹和露砂缺陷；平瓦的瓦爪与瓦槽的尺寸应配合。

3. 基层应平整、干净、干燥；持钉层厚度应符合设计要求；顺水条应垂直正脊方向铺钉在基层上，顺水条表面应平整，其间距不宜大于500mm；挂瓦条的间距应根据瓦片尺寸和屋面坡长经计算确定；挂瓦条应铺钉平整、牢固，上棱应成一直线。

4. 挂瓦应从两坡的檐口同时对称进行，瓦后爪应与挂瓦条挂牢，并应与邻边、下面两瓦落槽密合；檐口瓦、斜天沟瓦应用镀锌铁丝拴牢在挂瓦条上，每片瓦均应与挂瓦条固定牢固；整坡瓦面应平整，行列应横平竖直，不得有翘角和张口现象；正脊和斜脊应平铺挂直，脊瓦搭盖应顺主导风向和流水方向。

5. 烧结瓦和混凝土瓦铺装的有关尺寸，应符合下列规定：

1）瓦屋面檐口挑出墙面的长度不宜小于300mm。

2）脊瓦在两坡面瓦上的搭盖宽度，每边不应小于40mm。

3）脊瓦下端距坡面瓦的高度不宜大于80mm。

4）瓦头伸入檐沟、天沟内的长度宜为50mm～70mm。

5）金属檐沟、天沟伸入瓦内的宽度不应小于150mm。

6）瓦头挑出檐口的长度宜为50mm～70mm。

7）突出屋面结构的侧面瓦伸入泛水的宽度不应小于50mm。

（二）沥青瓦铺装

1. 沥青瓦应边缘整齐，切槽应清晰，厚薄应均匀，表面应无孔洞、楞伤、裂纹、皱折和起泡等缺陷。

2. 沥青瓦应自檐口向上铺设，起始层瓦应由瓦片经切除垂片部分后制得，且起始层瓦沿檐口平行铺设并伸出檐口10mm，并应用沥青基胶黏材料与基层黏结；第一层瓦应与起始层瓦迭合，但瓦切口应向下指向檐口；第二层瓦应压在第一层瓦上且露出瓦切口，但不得超过切口长度。相邻两沥青瓦的拼缝及切口应均匀错开。

3. 铺设脊瓦时，宜将沥青瓦沿切口剪开分成三块作为脊瓦，并应用2个固定钉固定，同时应有沥青基胶粘材料密封；脊瓦搭盖应顺主导风向。

4. 沥青瓦的固定应符合下列规定：

1）沥青瓦铺设时，每张瓦片不得少于4个固定钉，在大风地震设防地区或屋面坡度大于100%时，每张瓦片不得少于6个固定钉或设计另有加固措施。

2）固定钉应垂直钉如沥青瓦压盖面，顶帽应与瓦片表面齐平。

3）固定钉顶入持钉层深度应符合设计要求。

4）屋面边缘部位沥青瓦之间以及起始瓦与基层之间，均匀采用沥青基胶粘材料满粘。

5. 沥青瓦铺装的有关尺寸应符合下列规定：

1）脊瓦在两坡面瓦上的搭盖宽度，每边不应小于150mm。

2）脊瓦与脊瓦的压盖面不应小于脊瓦面积的1/2。

3）沥青瓦挑出檐口的长度宜为10mm～20mm。

4）金属泛水板与沥青瓦的搭盖宽度不应小于100mm。

5）金属泛水板与突出屋面墙体的搭接高度不应小于250mm。

6）金属滴水板伸入沥青瓦下的宽度不应小于80mm。

（三）金属板铺装

1. 金属板材应边缘整齐，表面应光滑，色泽应均匀，外形应规则，不得有翘曲、脱膜和锈蚀等缺陷。

2. 金属板材应有专用吊具安装，安装和运输过程中不得损伤金属板材。

3. 金属板材应根据要求板型和深化设计的排板图铺设，并应按设计图纸规定的连接方式固定。

4. 金属板固定支架或支座位置应准确，安装应牢固。

5. 金属板屋面铺装的有关尺寸应符合下列规定：

1）金属板檐口挑出墙面的长度不应小于200mm。

2）金属板伸入檐沟、天沟内的长度不应小于100mm。

3）金属泛水板与突出屋面墙体的搭接高度不应小于250mm。

4）金属泛水板、变形缝盖板与金属板的搭接宽度不应小于200mm。

5）金属屋脊盖板在两坡面金属板上的搭盖宽度不应小于250mm。

二、施工工艺流程

（一）烧结瓦和混凝土瓦施工工艺流程

施工质量控制要点：

施工放线 → 顺水条、挂瓦条安装 → 挂（铺）主瓦 → 挂斜沟、脊瓦 → 屋面泛水 → 验收

1. 施工放线：在屋面找平层和防水层施工完后，应根据屋面结构特征将屋脊、排水沟、檐口等位置进行定位，根据屋面瓦的特点和屋面的实际尺寸，通过计算在屋面上弹出顺水条和挂瓦条的安装位置线。

2. 顺水条、挂瓦条安装：顺水条应垂直正脊方向铺钉在持钉层上；屋架结构屋面持钉层一般为木望板，望板厚度应符合设计要求；混凝土结构屋面持钉层为找平层，一般按照设计要求在找平层内预埋固定埋件或用相应长度的钢钉直接将顺水条固定在找平层混凝土中；在屋脊、檐口、排水沟等部位采用附加顺水条，顺水条不得采用有结疤、开裂等现象的木条施工。挂瓦条的间距要根据瓦的尺寸和坡面长度经计算确定，长度一般不小于三根顺水条间距，接头在顺水条上，钉置牢固，不得漏钉，接头要错开，同一顺水条上不得连续超过三个接头，挂瓦条必须上口平直。

3. 挂（铺）主瓦：安装瓦片应由檐口自下而上进行，每片主瓦的瓦爪必须紧扣在挂瓦条上，并与邻边和下面两块瓦落槽密合，随时注意瓦面、瓦楞平直，隔排措缝排瓦，檐口瓦要挑出檐口50～70mm，每块檐口瓦、变坡折线两侧的第一排瓦均应用铜丝拴牢在挂瓦条上。

4. 挂斜沟、脊瓦：斜沟瓦一般在主瓦铺设前用水泥砂浆固定，线条应顺直，斜沟处主瓦应用整瓦或可用的缺边瓦挂好，主瓦伸入沟瓦长度宜为50～70mm，在主瓦上弹出墨线，将多余的瓦面用切割机割除，保证锯口平直，每块斜天沟处边瓦应用铜丝与挂瓦条拴牢；斜脊处的瓦也按上诉方法由下往上施工，保证脊瓦搭盖主瓦的宽度每边不应小于40mm，挂脊瓦时应通长拉线，铺平挂直，脊瓦采用麻刀灰或玻纤灰卧瓦。

5. 屋面泛水：女儿墙、突出屋面结构的侧面均应加设泛水，泛水应按设计要求预先在地面上制作，安装应顺直整齐、结合严密、搭盖合理，施工时注意保护已施工完毕的瓦面。

（二）沥青瓦施工工艺流程

施工质量控制要点：

基层处理 → 细部节点处理 → 沥青瓦铺设 → 屋面泛水 → 验收

1. 基层处理：木望板基层应牢固平整，最大板间隙不应大于5mm，且间隙应平缓，油毡垫层必须牢固固定；水泥砂浆或混凝土找平层应表面平整、洁净，不得有起砂、起皮现象，待基层干燥后，涂刷冷底子油两遍，不得有漏刷、透底现象。

2. 细部节点处理：在屋面山墙、女儿墙及突出屋面结构等形成的阴角处，在铺钉沥青瓦前，需在阴角铺设防水卷材，其宽度为每侧不小于250mm；斜天沟处一般应先满粘一层宽度为800mm以上的改性沥青防水卷材，再铺设沥青沟瓦。

3. 沥青瓦铺设：

1）为保证铺设整齐，在铺设前应在基层上根据沥青瓦的规格弹垂直于屋脊和平行于檐口的控制线；

2）先铺设起始层，起始层瓦由沥青瓦去掉外露面切割而成，保留搭接部分，起始层沿屋面坡底檐口处直接铺设并伸出檐口10mm，有粘接胶的一面向上，另一面涂抹沥青胶，粘在屋面上，并用屋面钉固定；

3）第一层沥青瓦应与起始层瓦迭合，沿山墙和檐口要确保第一层沥青瓦同起始层瓦的边缘对齐，在压盖面上用屋面钉固定，钉子应垂直钉入，且顶帽与瓦平齐，防止斜钉与沉钉破坏瓦面而导致渗漏，具体钉子固定数量取决于瓦的种类和屋面坡度或地区大风的影响；按顺序从一端到另一端，自下而上铺设沥青瓦，沥青瓦应紧密连接在一起，但不能相互挤压，相邻两层沥青瓦的拼缝应均匀错开；

4）调整最后几层沥青瓦的宽度，确保最后一层沥青瓦能够被脊瓦所覆盖，搭盖宽度每边不小于150mm，脊瓦应顺主导风向搭接。

4. 屋面泛水：女儿墙、突出屋面结构的侧面均应加设泛水，泛水应按设计要求预先在地面上制作，安装应顺直整齐、结合严密、搭盖合理，施工时注意保护已施工完毕的瓦面。

（三）金属板施工工艺流程

施工质量控制要点：

测量放线→内天沟安装→屋面内衬板安装→保温棉铺装→屋面板安装→外檐沟安装→屋脊封檐板安装

1. 测量放线：在验收合格的钢结构屋面上，使用紧线器拉钢丝线测放出屋脊、檐口处的板端并行线，确保屋面金属板边缘整齐。

2. 内天沟安装：首先在屋脊双檩条间铺设保温棉，然后天沟压在其上，正好卡在双檩条间，找正位置用自攻螺钉将天沟固定在檩条上，天沟板后一块压住前一块，互相搭接，用不锈钢焊条焊接严密，在落水口位置用无齿锯开口，后将落水斗焊于其上；内天沟安装搭接要工整、顺直，应伸入屋面板的长度不小于100mm。

3. 屋面内衬板安装：内衬板安装一般采用高空车或吊笼施工，根据屋面檩条的布置，每道檩条一个人；内衬板采用吊装方法吊至屋面结构上，按柱间、同一坡向分次吊装，每次6～7块衬板；内衬板安装一般横向搭接不小于一个波距，纵向搭接不小于120mm，使用自攻螺钉将内衬板固定在檩条下方，自攻螺钉应打在内衬板的波谷上。

4. 保温棉铺装：内衬板分段安装完后随即铺置保温棉，保温棉应铺置连续、严密、平整，接头用专业胶带封严，铺置保温棉时严禁踩踏已安装完的内衬板。

5. 屋面板安装：为防止保温棉遭受雨淋应尽快安装屋面板，将屋面板吊至安装位置，施工人员将首块板抬至安装位置，根据控制线安放就位，调整好后用自攻螺钉固定，下一块板采用搭接时，搭接宽度应不小于一个波峰间距，采用机械咬合收口的，接口咬合紧密，板面无裂缝或孔洞，上下搭接应顺水流方向，搭接固定点应在檩条上方；自攻螺钉应设在波峰上，应采用带防水垫的自攻螺钉。

三、材料、设备、构配件的验收（表 5-3）

序号	材料名称	现场抽样数量	外观质量检验	物理性能检验
1	烧结瓦、混凝土瓦	同一批至少抽一次	边缘整齐，表面光滑，不得有分层、裂纹、露砂	抗渗性、抗冻性、吸水率
2	玻纤胎沥青瓦		边缘整齐，切槽清晰，厚薄均匀，表面无孔洞、硌伤、裂纹、皱折及起泡	可溶物含量、拉力、耐热度、柔度、不透水性、叠层剥离强度
3	彩色涂层钢板及钢带	同牌号、同规格、同镀层重量、同镀层厚度、同涂料种类和颜色为一批	钢板表面不应有气泡、缩孔、漏涂等缺陷	屈服强度、抗拉强度、断后伸长率、镀层重量、镀层厚度
4	沥青基防水卷材用基层处理剂	每 5t 产品为一批，不足 5t 的按一批抽样	均匀液体，无结块、无凝胶	固体含量、耐热性、低温柔度、剥离强度
5	高分子胶黏剂		均匀液体，无杂质、无分散颗粒或凝胶	剥离强度、浸水 168h 后的剥离强度保持率
6	改性沥青胶黏剂		均匀液体，无结块、无凝胶	剥离强度
7	合成橡胶胶黏带	每 1000m 为一批，不足 1000m 的按一批抽样	表面平整，无固块、杂物、孔洞、外伤及色差	剥离强度、浸水 168h 后的剥离强度保持率
8	改性石油沥青密封材料	每 1t 产品为一批，不足 1t 的按一批抽样	黑色均匀膏状，无结块和未浸透的填料	耐热性、低温柔度、拉伸黏结性、施工度
9	合成高分子密封材料		均匀膏状物或黏稠液体，无结皮、凝胶或不宜分散的固体团状	拉伸模量、断裂伸长率、定伸黏结性

四、检验批的划分

屋面工程各分项工程宜按屋面面积每 500～1000m^2 划分为一个检验批，不足 500m^2 应按一个检验批；瓦面与板面工程各分项工程每个检验批的抽检数量应按屋面面积每 100m^2 抽查一处，每处应为 10m^2，且不得少于 3 处。

五、检验批质量验收

（一）烧结瓦和混凝土瓦

1. 主控项目

1）瓦材及防水垫层的质量，应符合设计要求。

检验方法：检查出厂合格证、质量检验报告和进场检验报告。

2）烧结瓦、混凝土瓦屋面不得有渗漏现象。

检验方法：雨后观察或淋水试验。

3）瓦片必须铺置牢固。在大风及地震设防地区或屋面坡度大于100%时，应按设计要求采取固定加强措施。

检验方法：观察或手扳检查。

2. 一般项目

1）挂瓦条应分档均匀，铺钉应平整、牢固；瓦面应平整，行列应整齐，搭接应严密，檐口应平直。

检验方法：观察检查。

2）脊瓦应搭盖正确，间距应均匀，封固应严密；正脊和斜脊应顺直，应无起伏现象。

检验方法：观察检查。

3）泛水做法应符合设计要求，并应顺直整齐。

4）结合严密。

检验方法：观察检查。

5）烧结瓦和混凝土瓦铺装的有关尺寸，应符合设计要求。

检验方法：尺量检查。

（二）沥青瓦

主控项目：

1）沥青瓦所用固定钉应垂直钉入持钉层，顶帽不得外露。

检验方法：观察检查。

2）沥青瓦应与基层粘钉牢固，瓦面应平整，檐口应平直。

检验方法：观察检查。

3）泛水做法应符合设计要求，并应顺直整齐、结合就紧密。

检验方法：观察检查。

4）沥青瓦铺装的有关尺寸，应符合设计要求。

检验方法：尺量检查。

（二）金属板

1. 主控项目

1）金属板材及其辅助材料的质量，应符合设计要求。

检验方法：检查出厂合格证、质量检验报告和进场检验报告。

2）金属板屋面不得有渗漏现象。

检验方法：雨后观察或淋水试验。

2. 一般项目

1）金属板铺装应平整、顺滑；排水坡度应符合设计要求。

检验方法：坡度尺检查。

2）压型金属板的咬口锁边连接应严密、连续、平整，不得扭曲和裂口。

检验方法：观察检查。

3）压型金属板的紧固件连接应采用带防水垫圈的自攻螺钉，固定点应设置在波峰上；所有自攻螺钉外露部分均匀密封处理。

检验方法：观察检查。

4）金属面绝热夹芯板的纵向和横向搭接，应符合设计要求。

检验方法：观察检查。

5）金属板的屋脊、檐口、泛水，直线段应顺直，曲线段应顺畅。

检验方法：观察检查。

6）金属板材铺装的允许偏差和检验方法，应符合表 5-4 的要求。

表 5-4 金属板铺装的允许偏差和检验方法

项目	允许偏差（mm）	检验方法
檐口与屋脊的平行度	15	拉线和尺量检查
金属板对屋脊的垂直度	单坡长度的 1/800，且不得有 25	
金属板咬缝的平整度	10	
檐口相邻两板的端部错位	6	
金属板铺装的有关尺寸	符合设计要求	尺量检查

七、常见工程质量问题与防治

（一）沥青瓦屋面渗水

1. 原因分析：屋面基层不平整导致瓦片接缝处张口而产生爬水；固定瓦片的固定钉规格不符合要求，且固定方法不当；增设的附加防水层，未按质量要求进行施工，且与基层没有做到紧贴或密封。

2. 防治措施：

1）瓦屋面基层应牢固、平整，所有木方、望板的尺寸必须符合设计要求，并进行干燥处理，木望板铺设后应板缝严密；钢筋混凝土屋面板、细石混凝土或水泥砂浆找平层如有起砂、起皮或裂缝等缺陷时，应事先进行处理。

2）固定钉长度宜为 25～32mm，且应深入屋面板内至少 20mm，确保锚固可靠，钉材质应采用镀锌防腐处理，固定钉应垂直钉入，顶帽与瓦表面平齐，不得外露或凹陷，更不许斜向钉入，以免顶帽划破瓦片表面；对个别因施工不当而废弃的钉孔，要用沥青胶修补，如有必要应更换整张新的沥青瓦。

3）在木望板施工后，应及时铺设一层完好无损的沥青防水卷材垫毡。垫毡应紧贴木望板，垫毡之间搭接宽度一般纵向不小于 50mm，横向不小于 100mm。在细石混凝土或水泥砂浆找平层上，为防止过高的水泥碱性腐蚀沥青瓦中的玻璃纤维胎基，缩短其使用年限，设计的防水层或涂刷沥青冷底子油应精心组织、精心操作，使之达到连续密封的要求。

（二）金属瓦屋面渗水

1. 原因分析：因施工不当而废弃的钉孔未进行有效封堵；纵横向搭接不符合要求或纵向解封咬合不严，从接缝处漏水；排水沟焊接不严密，或焊缝未进行防腐处理。

2. 防治措施：

1）钉孔较小的可采用耐候密封胶封堵，钉孔较大或较多的应更换新屋面板；固定钉应打在波峰位置。

2）纵向搭接宽度应不小于一个波峰间距，采用机械咬合时应咬合严密、连续，不得扭曲和裂口，机械设备应调试正常，避免因长期使用无法咬合紧密；横向搭接一般不小于250mm，并应顺水流方向。

3）排水沟焊接应连续、严密，焊接完毕应做蓄水试验，发现漏点应及时补焊，试验合格及时做防腐处理。

六、需形成的质量记录列表

1. 材料的产品合格证书、型式检验报告、性能检测报告、进场验收记录和复试报告。
2. 隐蔽工程验收记录。
3. 淋水或蓄水试验记录。
4. 分项工程质量验收记录。
5. 抽样质量检验及观感质量检查记录。
6. 工序交接检验记录。
7. 检验批质量验收记录。
8. 安全与功能抽样检验（检测）记录。

第六章　防水工程

防水工程主要包括：屋面防水、地下室防水、卫生间防水、外墙防水等。防水效果的好坏，对建筑物的质量至关重要，防水工程在建筑工程中占有十分重要的地位，在整个建筑工程施工中，必须严格、认真地做好建筑防水工程。

依据的规范标准：

1.《建筑工程施工质量验收统一标准》(GB 50300—2013)。

2.《屋面工程质量验收规范》(GB 50207—2012)。

3.《屋面工程技术规范》(GB 50345—2012)。

4.《地下工程防水技术规范》(GB 50108—2008)。

5.《地下防水工程质量验收规范》(GB 50208—2011)。

6.《建筑外墙防水防护技术规程》(JGJ/T 235－2011)。

7.《铝合金门窗工程技术规范》(JGJ214—2010)。

第一节　屋面防水工程

屋面防水工程主要采用卷材防水屋面、涂膜防水屋面等。屋面防水应以防为主，以排为辅。在完善设防的基础上，应选择正确的排水坡度，将雨水迅速排走，以减少渗水的机会。

一、一般规定

(一) 卷材防水屋面

1. 卷材防水层应采用高聚物改性沥青防水卷材、合成高分子防水卷材或沥青防水卷材。所选用的基层处理剂、接缝胶粘剂、密封材料等配套材料应与铺贴的卷材相容。

2. 在坡度大于25%的屋面上采用卷材做防水层时，应采取固定措施。固定点应密封严密。

3. 卷材铺贴方向应符合下列规定：

1) 屋面坡度小于3%时，卷材宜平行屋脊铺贴。

2) 屋面坡度在3%～15%时，卷材可平行或垂直屋脊铺贴。

3) 屋面坡度大于15%或屋面受震动时，沥青防水卷材应垂直屋脊铺贴，高聚物改性沥青防水卷材和合成高分子防水卷材可平行或垂直屋脊铺贴。

4. 卷材厚度选用应符合表6-1的规定。

5. 铺贴卷材采用搭接法时，上下层及相邻两幅卷材的搭接缝应错开。各种卷材搭接宽度应符合表6-2的要求。

表 6-1　卷材厚度选用表

屋面防水等级	设防道数	合成高分子防水卷材	高聚物改性沥青防水卷材	沥青防水卷材
Ⅰ级	三道或三道以上设防	不应小于 1.5mm	不应小于 3mm	—
Ⅱ级	二道设防	不应小于 1.2mm	不应小于 3mm	—
Ⅲ级	一道设防	不应小于 1.2mm	不应小于 4mm	三毡四油
Ⅳ级	一道设防	—	—	二毡三油

表 6-2　卷材搭接宽（mm）

铺贴方法卷材种类		短边搭接		长边搭接	
		满粘法	空铺、点粘、条粘法	满粘法	空铺、点粘、条粘法
沥青防水卷材		100	150	70	100
高聚物改性沥青防水卷材		80	100	80	100
合成高分子防水卷材	胶粘剂	80	100	80	100
	胶粘带	50	60	50	60
	单缝焊	60，有效焊接宽度不小于 25			
	双缝焊	80，有效焊接宽度 10×2＋空腔宽			

6. 冷粘法铺贴卷材应符合下列规定：

1）胶黏剂涂刷应均匀，不露底，不堆积。

2）根据胶黏剂的性能，应控制胶粘剂涂刷与卷材铺贴的间隔时间。

3）铺贴的卷材下面的空气应排尽，并辊压粘黏牢固。

4）铺贴卷材应平整顺直，搭接尺寸准确，不得扭曲、皱折。

5）接缝口应用密封材料封严，宽度不应小于 10mm。

7. 热熔法铺贴卷材应符合下列规定：

1）火焰加热器加热卷材应均匀，不得过分加热或烧穿卷材；

2）卷材表面热熔后应立即滚铺卷材，卷材下面的空气应排尽，并辊压黏结牢固，不得空鼓；

3）卷材接缝部位必须溢出热熔的改性沥青胶。

4）铺贴的卷材应平整顺直，搭接尺寸准确，不得扭曲、皱折。

8. 自粘法铺贴卷材应符合下列规定：

1）铺贴卷材前基层表面应均匀涂刷基层处理剂，干燥后应及时铺贴卷材。

2）铺贴卷材时，应将自粘胶底面的隔离纸全部撕净。

3）卷材下面的空气应排尽，并辊压粘黏牢固。

4）铺贴的卷材应平整顺直，搭接尺寸准确，不得扭曲、皱折。搭接部位宜采用热风加热，随即粘贴牢固。

5）接缝口应用密封材料封严，宽度不应小于 10mm。

9. 天沟、檐沟、檐口、泛水和立面卷材收头的端部应裁齐，塞入预留凹槽内，用金属压条钉压固定，最大钉距不应大于 900mm，并用密封材料嵌填封严。

10. 卷材防水层完工并经验收合格后，应做好成品保护。保护层的施工应符合下列规定：

1）水泥砂浆保护层的表面应抹平压光，并设表面分格缝，分格面积宜为 $1m^2$。

2）块体材料保护层应留设分格缝，分格面积不宜大于 100m²，分格缝宽度不宜小于 20mm。

3）细石混凝土保护层，混凝土应密实，表面抹平压光，并留设分格缝，分格面积不大于 36m²；

4）浅色涂料保护层应与卷材粘结牢固，厚薄均匀，不得漏涂。

5）水泥砂浆、块材或细石混凝土保护层与防水之间应设置隔离层。

6）刚性保护层与女儿墙、山墙、屋面凸起物之间应预留宽度为 30mm 的缝隙，并用密封材料嵌填严密。

（二）涂膜防水屋面

1. 防水涂料应采用高聚物改性防水涂料、合成高分子防水涂料。

2. 涂膜防水施工注意事项：

1）涂膜应根据防水涂料的品种分层分遍涂布，不得一次涂成。

2）应待先涂的涂层干燥成膜后，方可涂后一遍涂料。

3）需铺设胎体增强材料时，屋面坡度小于 15%时可平行屋脊铺设，屋面坡度大于 15%时应垂直于屋脊铺设。

4）胎体长边搭接宽度不应小于 50mm，短边搭接宽度不应小于 70mm。

5）采用二层胎体增强材料时，上下层不得相互垂直铺设，搭接缝应错开，其间距不应少于幅宽的 1/3。

3. 涂膜厚度选用应符合表 6-3 的规定。

表 6-3　涂膜厚度选用表

屋面防水等级	设防道数	高聚物改性沥青防水涂料	合成高分子防水涂料
Ⅰ级	三道或三道以上设防	—	不应小于 1.5mm
Ⅱ级	二道设防	不应小于 3mm	不应小于 1.5mm
Ⅲ级	一道设防	不应小于 3mm	不应小于 2mm
Ⅳ级	一道设防	不应小于 3mm	—

4. 天沟、檐沟、檐口、泛水和立面涂膜防水层的收头，应用防水涂料多遍涂刷或用密封材料封严。

5. 涂膜防水层完工并经验收合格后，应做好成品保护。保护层的施工同卷材防水保护层规定。

二、施工工艺流程

（一）沥青基卷材（热熔法）施工工艺流程

施工质量控制要点：

清理基层 → 涂刷基层处理剂 → 铺贴卷材附加层 → 铺贴卷材 → 热熔封边 → 蓄水试验 → 保护层施工

1. 清理基层：施工前将验收合格的基层表面尘土、杂物清理干净。

2. 涂刷基层处理剂：高聚物改性沥青卷材施工，按产品说明书配套使用，基层处理剂是将氯丁橡胶沥青胶粘剂加入工业汽油稀释，搅拌均匀，用长把滚刷均匀涂刷于基层表面上，常温经过 4h 后，开始铺贴卷材。

3. 附加层施工：一般用热熔法使用改性沥青卷材施工防水层，在女儿墙、水落口、管根、檐口、阴阳角等细部先做附加层，附加的范围应符合设计和屋面工程技术规范的规定。

4. 铺贴卷材：卷材的层数、厚度应符合设计要求。多层铺设时接缝应错开。将改性沥青防水卷材剪成相应尺寸，用原卷心卷好备用；铺贴时随放卷随用火焰喷枪加热基层和卷材的交界处，喷枪距加热面 300mm 左右，经往返均匀加热，趁卷材的材面刚刚熔化时，将卷材向前滚铺、粘贴，搭接部位应满粘牢固，搭接宽度满粘法为 80mm。

5. 热熔封边：将卷材搭接处用喷枪加热，趁热使二者黏结牢固，以边缘挤出沥青为度；末端收头用密封膏嵌填严密。

6. 防水保护层施工：上人屋面按设计要求做各种刚性防水层屋面保护层。不上人屋面做保护层有两种形式：

1）防水层表面涂刷氯丁橡胶沥青胶黏剂，随即撒石片，要求铺撒均匀，黏结牢固，形成石片保护层；

2）防水层表面涂刷银色反光涂料。

（二）高分子卷材施工工艺流程

施工质量控制要点：

清理基层 → 涂刷基层处理剂 → 铺贴卷材附加层 → 卷材与基层之间涂胶 → 铺贴卷材 → 卷材收头封边 → 卷材接头密封 → 蓄水试验 → 保护层施工

1. 清理基层：施工防水层前将已验收合格的基层表面清扫干净。不得有浮尘、杂物等影响防水层质量的缺陷。

2. 附加层施工：阴阳角、管根、水落口等部位必须先做附加层，可采用自黏性密封胶或聚氨酯涂膜、也可铺贴一层合成高分子防水卷材处理。应根据设计要求确定。

3. 卷材与基层表面涂胶：

1）卷材表面涂胶：将卷材铺展在干净的基层上，用长把滚刷蘸胶滚涂均匀。涂刷胶粘剂厚度要均匀，不得有漏底或凝聚块类物质存在；用原卷材筒将刷胶面向外卷起来，卷时要端头平整，卷劲一致，直径不得一头大，一头小，并要防止卷入砂粒和杂物，保持洁净。

2）基层表面涂胶：已涂底胶干燥后，在其表面涂刷，不得在一处反复涂刷，防止粘起底胶或形成凝聚块，细部位置可用毛刷均匀涂刷，即可铺贴卷材。

4. 卷材铺贴：卷材及基层已涂胶后即可进行铺贴卷材施工。卷材的层数、厚度应符合设计要求。

1）卷材应平行屋脊从檐口处往上铺贴，双向流水坡度卷材搭接应顺流水方向，长边及端头的搭接宽度，如空铺、点粘、条粘时，均为 100mm；满粘法均为 80mm，且端头接茬要错开 250mm；

2）卷材应从流水坡度的下坡开始，按卷材规格弹出基准线铺贴，并使卷材的长向与流水坡向垂直。注意卷材配制应减少阴阳角处的接头；

3）铺贴平面与立面相连接的卷材，应由下向上进行，使卷材紧贴阴阳角，铺展时对卷材不可拉得过紧，且不得有皱折、空鼓等现象；

4）排气、压实：每当铺完一卷卷材后，应立即用干净松软的长把滚刷从卷材的一端开始，朝卷材的横向顺序用力滚压一遍，以排除卷材黏结层间的空气。排除空气后，平面部位可用外包橡胶的长300mm、重30kg的铁辊滚压，使卷材与基层黏结牢固，垂直部位用手持压辊滚压。

5. 防水层蓄水试验：卷材防水层施工后，经隐蔽工程验收，确认做法符合设计要求，应做淋水、蓄水试验。蓄水高度高于卷材表面和雨水口不小于20mm，蓄水时间不少于24h，确认不渗漏水，方可施工防水层保护层。

6. 保护层施工：在卷材铺贴完毕，经隐检、蓄水试验，确认无渗漏的情况下，非上人屋面用长把滚刷均匀涂刷着色保护涂料；上人屋面根据设计要求做块材等刚性保护层。

三、材料、设备、构配件的验收

表6-4 屋面防水材料进场检验、验收项目

序号	防水材料名称	现场抽样数量	外观质量检查	物理性能检验
1	高聚物改性沥青防水卷材	大于1000卷抽5卷，每500卷～1000卷抽4卷，100卷～499卷抽3卷，100卷以下抽2卷，进行规格尺寸和外观质量检验。在外观质量检验合格的卷材中，任取1卷做物理性能检验	表面平整，边缘整齐，无孔洞、缺边、裂口、胎基未浸透，矿物粒料粒度，每卷卷材的接头	可溶物含量、拉力、最大拉力时延伸率、耐热度、低温柔度、不透水性
2	合成高分子防水卷材		表面平整，边缘整齐，无气泡、裂纹、黏结疤痕。每卷卷材的接头	断裂拉伸强度、拉断伸长率、低温弯折性、不透水性
3	高聚物改性沥青防水涂料	每10t为一批，不足10t按一批抽样	水乳型：无色差、凝胶、结块、明显沥青丝； 溶剂型：黑色黏稠物，细腻、均匀胶状液体	固体含量、耐热性、低温柔性、不透水性、断裂伸长率或抗裂性
4	合成高分子防水涂料		反应固化型：均匀黏稠物、无凝胶、结块； 挥发固化型：经搅拌后无结块，呈均匀状态	固体含量、拉伸强度、断裂伸长率、低温柔性、不透水性
5	聚合物水泥防水涂料		液体组分：无杂质、无凝胶的均匀乳液； 固体组分：无杂质、无结块的粉末	固体含量、拉伸强度、断裂伸长率、低温柔性、不透水性

四、检验批的划分

屋面防水工程施工质量检验批量应符合下列规定：

1. 卷材防水层面、涂膜防水层面、刚性防水屋面工程，应按屋面面积每$100m^2$抽查一处，每处$10m^2$，且不得少于3处。

2. 接缝密封防水，每50m应抽查一处，每处5m，且不得少于3处。

3. 细部构造根据分项工程的内容，应全部进行检查。

五、检验批质量验收

（一）卷材防水

1. 主控项目

1）找平层的材料质量及配合比，必须符合设计要求。

检验方法：检查出厂合格证、质量检验报告和计量措施。

2）屋面（含天沟、檐沟）找平层的排水坡度，必须符合设计要求。

检验方法：用水平仪（水平尺）、拉线和尺量检查。

2. 一般项目

1）基层与突出屋面结构的交接处和基层的转角处，均应做成圆弧形，且整齐平顺。

检验方法：观察和尺量检查。

2）水泥砂浆、细石混凝土找平层应平整、压光，不得有酥松、起砂、起皮现象；沥青砂浆找平层不得有拌合不匀、蜂窝现象。

检验方法：观察检查。

3）找平层分缝的位置和间距应符合设计要求。

检验方法：观察和尺量检查。

4）找平层表面平整度的允许偏差为5mm。

检验方法：用2m靠尺和楔形塞尺检查。

（二）涂膜防水

1. 主控项目

1）防水涂料和胎体增强材料必须符合设计要求。

检验方法：检查出厂合格证、质量检验报告和现场抽样复验报告。

2）涂膜防水层不得有渗漏或积水现象。

检验方法：观察检查。

3）涂膜防水层在天沟、檐沟、檐口、水落口、泛水、变形缝和伸出屋面管道和防水构造，必须符合设计要求。

检验方法：观察检查和检查隐蔽工程验收记录。

2. 一般项目

1）涂膜防水层的平均厚度应符合设计要求，最小厚度不应小于设计厚度的80%。

检验方法：针测法或取样量测。

2）涂膜防水层与基层应黏结牢固，表面平整，涂刷均匀，无流淌、皱折、鼓泡、露胎体和翘边等缺陷。

检验方法：观察检查。

3）涂膜防水层上的撒布材料或浅色涂料保护层应铺撒或涂刷均匀，黏结牢固；水泥砂浆、块材或细石混凝土保护层与涂膜防水层间应设置隔离层；刚性保护层的分格缝留置应符合设计要求。

检验方法：观察检查。

六、常见工程质量问题与防治

（一）防水层起泡、空鼓、皱折

1. 原因分析：防水层施工时基层不干净、起砂、含水率高、表面不平整。

2. 防治措施：

1）防水层施工前要对基层平整度进行验收，基层应有一定的强度，表面平整、坚实、洁净，不得有浮灰、积灰、坑洼、凸出物等。

2）基层含水率根据所选卷材的特性和施工工艺确定。采用排气屋面做法。

3）起鼓直径在100mm以下的可采取抽气灌胶法处理，直径在100mm以上的可用刀按斜十字形割开，放气、清水，再分层重新铺贴。

（二）变形缝漏水

1. 原因分析：屋面变形缝，如伸缩缝、沉降缝等没有按规定附加干铺卷材或留出余量，变形时将卷材拉裂。

2. 防治措施：

1）变形缝严格按设计要求和规范施工。

2）变形缝做法应符合设计要求。

七、质量记录表格清单

1. 材料的产品合格证书、性能检测报告、进场验收记录和复试报告。
2. 隐蔽工程验收记录。
3. 淋水或蓄水检验记录。
4. 分项工程质量验收记录。
5. 抽样质量检验及观感检查记录。

第二节　地下防水工程

地下防水工程包括防水混凝土、水泥砂浆防水层、卷材防水层、涂料防水层、塑料防水板防水层、金属板防水层以及其他防水工程。本节就卷材防水层和涂料防水层分项工程简要介绍。

一、一般规定

（一）卷材防水层

1. 铺贴防水卷材前，基层清扫应干净、干燥，并应涂刷基层处理剂；当基面潮湿时，应涂刷湿固化型胶黏剂或潮湿界面隔离剂。

2. 基层阴阳角应做成圆弧或45°坡角，其尺寸应根据卷材品种确定；在转角处、变形缝、施工缝，穿墙管等部位应铺贴卷材加强层，加强层宽度不应小于500mm。

3. 防水卷材的搭接宽度应符合表6-5的要求。铺贴双层卷材时，上下两层和相邻两幅卷材的接缝应错开1/3～1/2幅宽，且两层卷材不得相互垂直铺贴。

表6-5　防水卷材的搭接宽度

卷材品种	搭接宽度（mm）
弹性体改性沥青防水卷材	100
改性沥青聚乙烯胎防水卷材	100
自粘聚合物改性沥青防水卷材	80

续表

卷材品种	搭接宽度（mm）
三元乙丙橡胶防水卷材	100/60（胶粘剂/胶结带）
聚氯乙烯防水卷材	60/80（单面焊/双面焊）
	100（胶结剂）
聚乙烯丙纶复合防水卷材	100（黏结料）
高分子自粘胶膜防水卷材	70/80（自黏胶/胶结带）

4. 热熔法铺贴卷材应符合下列规定：

1）火焰加热器加热卷材应均匀，不得加热不足或烧穿卷材；

2）卷材表面热熔后应立即滚铺，排除卷材下面的空气，并粘结牢固；

3）铺贴卷材应平整、顺直，搭接尺寸准确，不得有扭曲、皱折；

4）卷材接缝部位应溢出热熔的改性沥青胶料，并黏结牢固，封闭严密。

5. 自粘法铺贴卷材应符合下列规定：

1）铺贴卷材时，应将有黏性的一面朝向主体结构；

2）外墙、顶板铺贴时，应排除卷材下面的空气，并黏结牢固；

3）铺贴卷材应平整、顺直，搭接尺寸准确，不得有扭曲、皱折；

4）立面卷材铺贴完成后，应将卷材端头固定，并应用密封材料封严；

5）低温施工时，宜对卷材和基面用热风适当加热，然后铺贴卷材。

6. 铺贴聚乙烯丙纶复合防水卷材应符合下列规定：

1）应采用配套的聚合物水泥防水粘结材料；

2）卷材与基层粘贴应采用满粘法，黏结面积不应小于 90%，刮涂黏结料应均匀，不得露底、堆积、流淌；

3）固化后的黏结料厚度不应小于 1.3mm；

4）卷材接缝部位应挤出黏结料，接缝表面处应刮 1.3mm 厚 50mm 宽聚合物水泥黏结料封边；

5）聚合物水泥黏结料固化前，不得在其上行走或进行后续作业。

7. 卷材防水层保护层的规定：

1）顶板的细石混凝土保护层与防水层之间宜设置隔离层。细石混凝土保护层厚度：机械回填时不宜小于 70mm，人工回填时不宜小于 50mm；

2）底板的细石混凝土保护层厚度不应小于 50mm；

3）侧墙宜采用软质保护材料或铺抹 20mm 厚 1：2.5 水泥砂浆。

（二）涂料防水层

1. 有机防水涂料应采用反应型、水乳型、聚合物水泥等涂料；无机防水涂料应采用掺外加剂、掺合料的水泥基防水涂料或水泥基渗透结晶型防水涂料。

2. 有机防水涂料基面应干燥。当基面较潮湿时，应涂刷湿固化型胶结剂或潮湿界面隔离剂；无机防水涂料施工前，基面应充分润湿，但不得有明水。

3. 涂料防水层的施工应符合下列规定：

1）多组分涂料应按配合比准确计量，搅拌均匀，并应根据有效时间确定每次配制的用量。

2）涂料应分层涂刷或喷涂，涂层应均匀，涂刷应待前遍涂层干燥成膜后进行；每遍涂刷时应交替改变涂层的涂刷方向，同层涂膜的先后搭压宽度宜为30～50mm。

3）涂料防水层的甩槎处接缝宽度不应小于100mm，接涂前应将其甩槎表面处理干净。

4）采用有机防水涂料时，基层阴阳角处应做成圆弧；在转角处、变形缝、施工缝、穿墙管等部位应增加胎体增强材料和增涂防水涂料，宽度不应小于50mm。

5）胎体增强材料的搭接宽度不应小于100mm，上下两层和相邻两幅胎体的接缝应错开1/3幅宽，且上下两层胎体不得相互垂直铺贴。

4. 保护层应符合下列规定：

1）顶板的细石混凝土保护层与防水层之间宜设置隔离层。细石混凝土保护层厚度：机械回填时不宜小于70mm，人工回填时不宜小于50mm。

2）底板的细石混凝土保护层厚度不应小于50mm。

3）侧墙宜采用软质保护材料或铺抹20mm厚1∶2.5水泥砂浆。

二、材料、设备、构配件的验收（参见第一节）

三、检验批的划分

卷材防水层和涂料防水层分项工程检验批的抽检数量，应按铺贴面积每100m^{2}抽查1处，每处10m^2，且不得少于3处。

四、施工工艺流程

（一）卷材防水层施工工艺流程

施工质量控制要点：

基层清理、修补→基层验收→喷（涂）基层处理剂→特殊部位增强处理→弹铺贴线、试铺→卷材铺贴→收头、节点密封→检查修补→验收→保护层施工

1. 基层清理：施工前将验收合格的基层清理干净。

2. 涂刷基层处理剂：在基层表面满刷一道基层处理剂，当基面潮湿时，应涂刷固化型胶黏剂或潮湿界面隔离剂，涂刷应均匀，不透底。基层处理剂应与卷材及黏结材料的材性相容。

3. 铺贴附加层：管根、阴阳角部位加铺一层卷材。按规范及设计要求将卷材裁成相应的形状进行铺贴。

4. 铺贴卷材：将改性沥青防水卷材按铺贴长度进行裁剪并卷好备用，操作时将已卷好的卷材，用ϕ30的管穿入卷心，卷材端头比齐，开始铺贴起点，点燃汽油喷灯或专用火焰喷枪，加热基层与卷材交接处，喷枪距加热面保持300mm左右的距离，往返喷烤、观察。当卷材的沥青刚刚熔化时，手扶管心两端向前缓缓滚动铺设，要求用力均匀、不窝气，掌握好铺设压边宽度，满贴法搭接宽度为80mm，条粘法搭接宽度为100mm。

聚乙烯丙纶铺贴，施工前应按要求先做好细部位的附加层，附加层的宽度不小于300mm，附加层使用的防水材料和做法同防水卷材，将水泥胶粘剂分散倒在准备粘贴防水卷材的近前方，用刮板稍刮均匀，不得漏底。然后用力压住卷材捆向前滚粘，粘贴后及时用刮

板排除粘贴防水卷材时遗留在里面的空气，并刮出多余的胶粘剂。多层设防防水层粘贴方法同上，防水卷材接缝应错开。卷材与找平层的粘接度不小于85%，不得有大面积空鼓。

5. 封边：SBS防水卷材采用热熔封边卷材搭接缝处用喷枪加热，压合至边缘挤出沥青粘牢。卷材末端收头用沥青嵌缝膏嵌固填实。其余均为粘接封边，以黏结剂从边缘缝隙被挤出为标准。

6. 保护层施工：平面做水泥砂浆或细石混凝土保护层；详见保护层做法及要求。

（二）涂料防水层施工工艺流程

施工质量控制要点：

基层处理 → 检查处理剂涂刷 → 涂刷涂料 → 涂刷密封材料 → 特殊部位处理 → 验收 → 保护层施工

1. 基层处理：基层表面应干净、平整、无浮浆，不应有气孔、凹凸不平、蜂窝麻面等缺陷。

2. 基层处理剂涂刷：涂（刷）基层处理剂时，用刷子用力薄涂，使涂料尽量刷入基层表面毛细孔中，并将基层可能留下的少量灰尘等杂质，像填充料一样混入基层处理剂中，使之与基层牢固结合。

3. 涂刷涂料：防水涂料应分层涂刷或喷涂，涂层应均匀，不得流淌、皱折、鼓泡、露胎体和翘边等缺陷；每边涂刷时应交替改变涂层的涂刷方向，同层涂膜的先后搭压宽度宜为30～50mm；地下防水工程结构有高低差时，在平面上的涂刷应按照“先远后近，先高后底，先细部后大面”的原则涂刷，立面则由上而下，先转角及管道根部、变形缝等加强部位，再涂大面。

4. 涂刷密封材料：为防止收头部位出现翘边现象，所有收头均应用密封材料压边，压边宽度不小于10mm；涂刷收头处的增强材料应裁剪整齐，如有凹槽时应压入凹槽内，不得出现翘边、皱折、露头等现象，否则应先进行处理后再涂刷密封材料。

5. 特殊部位处理：穿过墙、顶、地的管根部，地漏、排水口、阴阳角、变形缝等薄弱部位，应在防水涂料大面积施工前，增加胎体增强材料和增涂防水涂料，宽度不应小于50mm，胎体层应充分浸透防水涂料，不得有露槎及皱折；在胎体上涂刷涂料时，涂料应浸透胎体，覆盖完全，不得有胎体外露现象。

6. 涂膜保护层施工：涂膜施工完毕，经检查合格后，应立即进行保护层施工，以免防水层受损伤；底板、顶板防水层与保护层之间宜设置隔离层，侧墙迎水面保护层宜选用软质保护材料或20mm厚1∶2.5水泥砂浆。

五、检验批质量验收

（一）卷材防水

1. 主控项目

1）卷材防水层所用卷材及其配套材料必须符合设计要求。

检验方法：检查产品合格证、产品性能检测报告和材料进场检验报告。

2）卷材防水层在转角处、变形缝、施工缝、穿墙管等部位做法必须符合设计要求。

检验方法：观察检查和检查隐蔽工程验收记录。

2. 一般项目

1）卷材防水层的搭接缝应粘贴或焊接牢固，密封严密，不得有扭曲、皱折、翘边和起泡等缺陷。

检验方法：观察检查。

2）采用外防外贴法铺贴卷材防水层时，立面卷材接槎的搭接宽度，高聚物改性沥青类卷材应为150mm，合成高分子类卷材应为100mm，且上层卷材应盖过下层卷材。

检验方法：观察和尺量检查。

3）侧墙卷材防水层的保护层与防水层应结合紧密、保护层厚度应符合设计要求。

检验方法：观察和尺量检查。

4）卷材搭接宽度的允许偏差为－10mm。

检验方法：观察和尺量检查。

（二）涂料防水

1. 主控项目

1）涂料防水层所用的材料及配合比必须符合设计要求。

检验方法：检查产品合格证、产品性能检测报告、计量措施和材料进场检验报告。

2）涂料防水层的平均厚度应符合设计要求，最小厚度不得低于设计厚度的90％。

检验方法：用针测法检查。

3）涂料防水层在转角处、变形缝、施工缝、穿墙管等部位做法必须符合设计要求。

检验方法：观察检查和检查隐蔽工程验收记录。

2. 一般项目

1）涂料防水层应与基层黏结牢固、涂刷均匀，不得流淌、鼓泡以及露槎。

检验方法：观察检查。

2）涂层间夹铺胎体增强材料时，应使防水涂料浸透胎体覆盖完全，不得有胎体外露现象。

检验方法：观察检查。

3）侧墙涂料防水层的保护层与防水层应结合紧密，保护层厚度应符合设计要求。

检验方法：观察检查。

六、常见工程质量问题与防治

（一）转角部位渗漏水

1. 原因分析：转角部位基层未用水泥砂浆抹成圆角，卷材韧性较差，转角处未按有关要求增设卷材附加层。

2. 防治措施：所有阴阳角部位均用水泥砂浆抹成圆角，保证卷材在此部位粘贴牢固；当转角部位出现粘贴不牢或遭到破坏时，将此处卷材撕开，并根据不同卷材的品种，将卷材逐层搭接补好。

（二）卷材搭接不符合规范要求

1. 原因分析：搭接接头宽度不够，搭接不严，铺贴卷材甩槎污损、撕破，层次不清。

2. 防治措施：做好施工前的技术交底工作，加强操作人员技术水平和责任心。做好成品保护工作。

七、需形成的质量记录清单

1. 材料的产品合格证书、性能检测报告、进场验收记录和复试报告。
2. 隐蔽工程验收记录。
3. 淋水或蓄水检验记录。
4. 分项工程质量验收记录。
5. 抽样质量检验及观感检查记录。

第三节　室内防水工程

室内防水包括卫生间、淋浴间以及其它用水环境的房间室内防水。

一、一般规定

1. 结构施工时卫生间穿楼板管道预留洞的位置要准确，管道安装前要用线坠吊线检查，确保管道周围缝隙不小于 30mm，个别位置不准确的孔洞用水钻开孔，严禁随意剔凿。

2. 卫生间墙体根部应做高度不小于 200mm 的混凝土现浇带，现浇带应于楼板混凝土同时浇筑。

3. 热水及暖气管道穿楼板要使用套管，套管顶部应高出装饰地面 50mm，下部与楼板底面相平，安装前应准确计算其长度。穿过楼板的套管与管道之间缝隙应用阻燃密实材料和防水油膏填实，端面要光滑。

4. 居室地面施工时，在卫生间门口处预留出 300mm 宽做防水，待卫生间防水层施工完毕后和防水保护层一起施工。

二、施工工艺流程

（一）涂膜防水层施工工艺流程

施工质量控制要点：

基层清理→涂刷底胶→细部附加层→第一层涂膜→第二层涂膜→第三层涂膜→闭水试验→保护层施工

1. 找平层施工之前，结构基层表面上的灰皮、尘土、砂粒等 杂物应清扫干净，特别是套管根部，地漏和排水口等部位的清理尤为重要。基层如有油污时，应采用钢丝刷或砂纸彻底清除，基层表面局部破损或凹陷处要用水泥砂浆或水泥胶砂浆补平。

2. 找平层施工：为使找平层和基层结合牢固，应将基层的浮灰、油污等处理干净，找平层施工时应边扫素水泥浆边抹灰，卫生间周圈墙角处抹成 $R=30$mm 的圆弧，管道周围留凹槽内嵌油膏。分两次抹压，最后压光压平，找平层要及时养护，以防找平层开裂、空鼓或起砂。

3. 细部附加层：找平层做完干燥后，首先将找平层彻底清扫干净，然后先在地漏、套管、洁具根部、四周墙根周围、阴阳角等部位涂刷一道附加层，内加 8 目玻纤布（玻纤布的搭接宜顺流水方向搭接，搭接宽度应不小于 100mm)，其范围为：管道周围直径为 300mm，墙角处沿墙高和楼板水平方向各 250mm。待附加层干燥到不粘手时，再刷第二遍附加层，待干燥后（不少于 24h）即可开始大面积涂刷防水层。每道附加层的厚度不宜小于 0.6mm。

4. 防水层施工：整体涂刷要分层进行，每层涂膜厚度要均匀，涂刷方向要一致，不得漏涂。相邻两层涂膜涂刷方向应相互垂直，时间间隔根据环境温度和涂膜固化程度控制。各整体防水层在墙根处应向上卷起至少200mm，门口铺出300mm宽。防水层厚度要符合设计要求。

5. 防水层的验收（闭水试验）：防水层施工完毕后，必须进行闭水试验，试验时间为24h以上。自顶板下方观测管道周边和其他墙边角处等部位有无渗水、湿润现象。经监理单位、建设单位验收合格后办理隐蔽验收记录。

6. 保护层施工：防水层上的保护层要一次成活。施工时要做好成品保护，防止破坏防水层。保护层向地漏找坡坡度不小于3%。

注意事项：

1）堵洞前管道周围缝隙不得小于30mm，位置不准确的孔洞严禁随意剔凿开孔，以保证堵洞质量。

2）涂刷涂膜时厚度要均匀一致，不宜太厚，前后两次涂刷方向应相互垂直，总厚度必须符合设计要求。

3）闭水试验合格后应及时施工防水保护层，以防人为破坏。

（二）高分子卷材施工工艺流程

施工质量控制要点：

基层清理 → 素水泥浆一道 → 20厚1：3水泥砂浆找平 → 刷界面处理剂 → 粘贴合成高分子卷材 → 闭水试验 → 保护层施工

1. 基层清理：基层表面突出部分应铲平，将尘土、砂浆、灰渣认真清理干净。

2. 合成高分子卷材施工：

1）施工前应有主防水层的合格验收证明，施工材料运输通道应用软物质垫在卷材上以免损坏卷材，施工人员应穿软底鞋操作，防止卷材意外损坏。

2）基底清理完毕必须均匀刷素水泥浆，待水泥浆凝固后做上边的水泥砂浆找平层。卷材铺贴前，刷界面处理剂一道。待处理剂与找平层充分结合后，进行卷材铺贴，卷材铺贴长边搭接不小于100mm，短边搭接不小于150mm，必须粘贴牢固。

3）防护层抹完后表面应平整、光滑、洁净、不应有脱皮、起皱或严重裂缝现象，防护层抹平压光并进行养护，以达到设计强度。

4）防护层养护结束，竣工前应将层面上所有剩余材料及建筑垃圾清理干净。

5）补强层施工时排水集中部位、复杂部位按图纸做好补强。补强材料可用聚氨酯、玛琋脂、改性沥青等，补强施工应在防护层养护期后进行，防护层含水量低于9%时方可补强施工，施工材料低于100℃时允许浇在补强部位。补强面积从补强部位边缘自外延伸200mm，补强厚度为3～7mm，可根据材料确定。

三、材料、设备、构配件的验收（参见第一节）

四、质量控制

（一）涂料防水

1. 主控项目

1）所用涂膜防水材料的品种、牌号及配合比，应符合设计要求和国家现行有关标准的规定。

检验方法：检查产品合格证、产品性能检测报告、计量措施和材料进场检验报告。

2）涂膜防水层与预埋管件、表面坡度等细部做法，应符合设计要求和施工规范的规定，不得有渗漏现象。

检验方法：观察检查和检查隐蔽工程验收记录。并做蓄水试验合格

3）涂料防水层的平均厚度应符合设计要求，最小厚度不得低于设计厚度的90%。

检验方法：用针测法检查。

2. 一般项目

1）涂料防水层应与基层黏结牢固、涂刷均匀，不得流淌、鼓泡、露槎。

检验方法：观察检查。

2）涂层间夹铺胎体增强材料时，应使防水涂料浸透胎体覆盖完全，不得有胎体外露现象。

检验方法：观察检查。

3）侧墙涂料防水层的保护层与防水层应结合紧密，保护层厚度应符合设计要求。

检验方法：观察检查。

（二）卷材防水

1. 主控项目

1）卷材防水层所用卷材及其配套材料必须符合设计要求。

检验方法：检查产品合格证、产品性能检测报告和材料进场检验报告。

2）卷材防水层在转角处、变形缝、施工缝、穿墙管等部位做法必须符合设计要求。

检验方法：观察检查和检查隐蔽工程验收记录。

2. 一般项目

1）卷材防水层的搭接缝应粘贴或焊接牢固，密封严密，不得有扭曲、皱折、翘边和起泡等缺陷。

检验方法：观察检查。

2）卷材防水层的保护层与防水层应结合紧密、保护层厚度应符合设计要求。

检验方法：观察和尺量检查。

3）卷材搭接宽度的允许偏差应为－10mm。

检验方法：观察和尺量检查。

五、常见工程质量问题与防治

（一）管道根部漏水

1. 原因分析：

1）卫生洁具及管口周边填塞不严。

2）卫生洁具及管口周边防水材料黏结不牢。

2. 防治措施：

1）将漏水部位彻底清理，刮填弹性嵌缝材料，进行密封处理。

2）将漏水部位粘结不牢的防水材料彻底清除，重新铺贴。

（二）墙根部渗漏及墙身返潮

1. 原因分析：

1）卫生间墙体根部未做200mm高的混凝土现浇带，或该部位卷材高度不够，黏结牢固。

2）地面坡度不适或地漏高出地面，使室内墙根积水。

2. 防治措施：

1）墙体根部卷材卷起高度应高于地面完成面不小于250mm，卷材黏结不牢应撕开重新铺贴。

2）将原地面拆除，找好坡重新铺抹，地漏周围应明显低于其他地面。

六、质量记录表格清单

1. 材料的产品合格证书、性能检测报告、进场验收记录和复试报告。
2. 隐蔽工程验收记录。
3. 蓄水检验记录。
4. 分项工程质量验收记录。
5. 抽样质量检验及观感检查记录。

第四节　外墙防水工程

外墙防渗漏部位主要集中于混凝土墙体与砖墙交接部位、窗框与墙体交接处、爬架预留孔，穿墙螺杆以及外墙配电箱薄弱部位。

一、一般规定

1. 外墙穿墙螺栓眼采用高膨胀聚氨酯发泡填压密实，表面采用“水不漏”进行封堵，外脚手架孔洞采用膨胀混凝土进行密封填实，外侧采用高分子防水卷材进行局部防水处理。

2. 外墙水泥砂浆防水层做法。将墙面清扫干净，防止空鼓。在砂浆中掺加适量防水剂并抹平、压实，切断抹灰层的毛细管。抹灰过程中在混凝土墙面与砖墙交界处（内外两侧加钉200mm宽、网眼10～12mm的钢丝网一道，沿缝居中。找平层及底层应做到接合平整，色泽一致，无明显接合缝隙。在底层砂浆有6～7成干时，抹第二层聚合物防水砂浆并压光。

3. 防水砂浆抹灰完成后，可在填充墙与混凝土墙交接部位以及窗口与窗框交接处等薄弱部位粘贴200mm宽的高分子防水卷材。

4. 对已安装的线盒、箱体、单向管路的空隙孔洞，必须用1∶2水泥砂浆填塞捣实。严禁用碎砖、余渣填塞，大于200mm×200mm的孔洞用细石混凝土填堵。

5. 对于露出墙面的铁件预埋件，割平后将外墙面用1∶1的水泥砂浆掺入防水剂抹平。

6. 外墙施工完成后，采用高压喷淋方式进行试验，如发现渗水，应查明原因及时处理。

7. 窗口处施工处理

1）为保证窗框下塞缝密室，窗框在安装前必须先用聚氨酯高压发泡枪对窗框四周进行密闭发泡处理；发泡要压入框内，对于外溢部分干燥后采用刀片进行分离。然后在外侧涂刷防水胶两道。对于有副框的外窗，高分子卷材一般卷至副框内侧，外卷至外墙面200mm处。

2）窗台抹灰应内高外低，保证外窗台有20%的坡度。外墙窗楣、雨篷、阳台、压顶和突出腰线等，均应在上面做流水坡度，下面做滴水槽或鹰嘴，滴水槽的宽度和深度均不小于 10mm。

3）加强对铝合金门窗自身质量的检查，所有接缝、螺丝均要涂玻璃胶，认真封闭，消除一切可能导致渗水的缝隙。

4）窗台板、空调板等飘出部分底部均应做 1cm 高 30°鹰嘴，防止反坡进水。

5）每个窗边用高压喷枪做压力冲水试验检查抗渗能力，如果出现渗漏的必须返工，直到不渗漏为止。

8. 保温层的防水处理

外墙保温层的抗裂砂浆层施工应符合下列规定：

1）抗裂砂浆层的厚度、配比应符合设计要求。当内掺纤维等抗裂材料时，比例应符合设计要求，并应搅拌均匀。

2）当外墙保温层采用有机保温材料时，抗裂砂浆施工时应先涂刮界面处理材料，然后分层抹压抗裂砂浆。

3）抗裂砂浆层的中间宜设置耐碱玻纤网格布。玻纤网格布应与墙体结构固定牢固。玻纤网格布铺贴应平整无皱折，两幅间的搭接宽度不应小于 50mm。

4）抗裂砂浆应抹平压实，表面无接槎印痕，网格布不得外露。防水层为防水砂浆时，抗裂砂浆表面应搓毛。

5）抗裂砂浆终凝后应进行保湿养护。防水砂浆养护时间不宜少于 14d；养护期间不得受冻。

二、质量检查要点

1. 建筑外墙防水工程的质量应符合下列规定：

1）防水层不得有渗漏现象。

2）使用的材料应符合设计要求。

3）找平层应平整、坚固，不得有空鼓、酥松、起砂、起皮现象。

4）门窗洞口、穿墙管、预埋件及收头等部位的防水构造，应符合设计要求。

5）砂浆防水层应坚固、平整，不得有空鼓、开裂、酥松、起砂、起皮现象。

6）防水层应无裂纹、皱折、流淌、鼓泡和露胎体现象。

7）防水卷材应铺设平整、固定牢固，不得有皱折、翘边等现象。

8）外墙防护层应平整、固定牢固，构造符合设计要求。

2. 外墙防水层渗漏检查应在持续淋水 2h 后或雨后进行。

3. 外墙防水使用的材料应有产品合格证和出厂检验报告，材料的品种、规格、性能等应符合国家现行有关标准和设计要求。对进场的防水材料应抽样复检，不合格的材料不得在工程中使用。

三、材料、设备、构配件的验收（参见第一节）

四、检验批的划分

1. 外墙防水工程应按装饰装修分部工程的子分部工程进行验收，外墙防水子分部工程各分项工程的划分应符合表 6-6 要求。

表 6-6 墙防水子分部工程各分项工程的划分

子分部工程	分项工程
建筑外墙防水工程	砂浆防水层
	涂膜防水层
	防水透气膜防水层

2. 建筑外墙防水工程各分项工程施工质量检验数量，应按外墙面积，每 500m2 抽查一处，每处 10m2，且不得少于 3 处；不足 500m2 时应按 500m2 计算。节点构造应全部进行检查。

五、检验批质量控制

（一）主控项目

1. 砂浆防水层的原材料、配合比及性能指标，必须符合设计要求。

检验方法：检查出厂合格证、质量检验报告、计量措施和抽样试验报告。

2. 砂浆防水层不得有渗漏现象。

检验方法：持续淋水 30min 后观察检查。

3. 砂浆防水层与基层之间及防水层各层之间应结合牢固，无空鼓。

检验方法：观察和用小锤轻击检查。

4. 砂浆防水层在门窗洞口、穿墙管、预埋件、分格缝及收头等部位的节点做法，应符合设计要求。

检验方法：观察检查和检查隐蔽工程验收记录。

（二）一般项目

1. 砂浆防水层表面应密实、平整，不得有裂纹、起砂、麻面等缺陷。

检验方法：观察检查。

2. 砂浆防水层施工缝留槎位置应正确，接槎应按层次顺序操作，层层搭接紧密。

检验方法：观察检查。

3. 砂浆防水层的平均厚度应符合设计要求，最小厚度不得小于设计值的 80%。

检验方法：观察和尺量检查。

六、常见工程质量问题与防治

（一）外墙裂缝漏水

1. 原因分析：

1）外填充墙砌筑顶部接缝未分两次施工，造成顶部露缝；

2）外墙两种墙体材料交接处未进行钢丝网加固，面层未做防水处理造成渗漏。

2. 防治措施：

1）填充墙与结构相接处应预留 30～50mm 缝隙，待砌筑完 14d 后再用微膨胀细石混凝土填实。

2）外墙两种墙体材料交接采用钢丝网加固处理，面层做一道卷材防水处理。

（二）外墙与窗框间漏水

1. 原因分析：

1）外窗台坡度不正确，返坡造成窗台积水。

2）窗框下填塞不密实，基层未做防水处理。

2. 防治措施：

1）外窗台抹灰坡度不小于 20%，窗框应突出坡度线不小于 10mm。

2）窗框下填塞采用聚氨酯发泡严密，基层做防水卷材一道。

（三）穿墙拉杆漏水

1. 原因分析：外墙穿墙拉杆未进行封堵，或封堵不严。

2. 防治措施：所有穿墙拉杆应采用聚氨酯发泡封堵，严禁使用砂浆封堵。

第七章　建筑节能

本章主要介绍了新建、改建和扩建的民用建筑工程中的墙体、幕墙、门窗、屋面、地面、采暖、通风与空调、空调与采暖系统的冷热源及管网、配电与照明、监测与监控等建筑节能工程施工。单位工程竣工验收应在建筑节能分部工程验收合格后进行。

一、基本规定

（一）技术与管理

1. 施工现场应建立相应的质量管理体系、施工质量控制和检验制度，具有相应的施工技术标准。

2. 设计变更不得降低建筑节能效果。当设计变更涉及建筑节能效果时，应经原施工图设计审查机构审查，在实施前应办理设计变更手续，并获得监理或建设单位的确认。

3. 建筑节能工程采用的新技术、新设备、新材料、新工艺，应按照有关规定进行评审、鉴定及备案。施工前应对新的或首次采用的施工工艺进行评价，并制定专门的施工技术方案。

4. 单位工程的施工组织设计应包括建筑节能工程施工内容。建筑节能工程施工前，施工单位应编制建筑节能工程施工方案并经监理（建设）单位审查批准。施工单位应对从事建筑节能工程施工作业的人员进行技术交底和必要的实际操作培训。

（二）材料与设备

1. 建筑节能工程使用的材料、设备等，必须符合设计要求及国家有关标准的规定。严禁使用国家明令禁止使用与淘汰的材料和设备。

2. 材料和设备进场应遵守下列规定：

1）对材料和设备的品种、规格、包装、外观和尺寸等进行检查验收，并应经监理工程师（建设单位代表）确认，形成相应的验收记录。

2）对材料和设备的质量证明文件进行核查，并应经监理工程师（建设单位代表）确认，纳入工程技术档案。进入施工现场用于节能工程的材料和设备均应具有出厂合格证、中文说明书及相关性能检测报告；定型产品和成套技术应有型式检验报告，进口材料和设备应按规定进行出入境商品检验。

3）对材料和设备应按照表 7-1 在施工现场抽样复验。复验应为见证取样送检。

表 7-1　建筑节能工程进场材料见证取样与检验项目表

序号	类别	取样名称	取样批次与数量	取样方法	常规检验项目	执行标准
1	增体节能	保温材料	同一厂家，同一品种的产品，当单位建筑工程面积在 20000 m^2 以下时各抽查不少于 3 次；当单位工程建筑面积在 20000m^2 以上时各抽查不少于 6 次	随机抽取	导热系数、密度、抗压强度或压缩强度	《建筑节能工程施工质量验收规范》GB 50411
		粘结材料			粘结强度	
		增强网			力学性能、抗腐蚀性能	

续表

序号	类别	取样名称	取样批次与数量	取样方法	常规检验项目	执行标准
2	幕墙节能	保温材料	同一厂家的同一种产品抽查不少于1组	随机抽取	导热系数、密度	《建筑节能工程施工质量验收规范》GB 50411
		幕墙玻璃			可见光透射比、传热系数、遮阳系数、中空玻璃露点	
		隔热型材			抗拉强度、抗剪强度	
3	门窗节能	建筑外窗	同一厂家同一品种同一类型的产品各抽查不少于3樘（件）	随机抽取	气密性、传热系数、玻璃遮阳系数、可见光透视比、中空玻璃露点	
4	屋面节能	保温材料	同一厂家、同一品种的产品各抽查不少于3组	从外观合格的产品中随机抽取	导热系数、密度、抗压强度或压缩强度、燃烧性能	
5	地面节能	保温材料	同一厂家、同一品种的产品各抽查不少于3组	从外观合格的产品中随机抽取	导热系数、密度、抗压强度或压缩强度、燃烧性能	
6	采暖节能	散热器	同一厂家同一规格产品的1%但不少于2组	随机抽取	单位散热量、金属热强度	
		保温材料	同一厂家同材质的保温材料不少于2次	随机抽取	导热系数、密度、吸水率	
7	通风与空调节能	绝热材料	同一厂家同材质的绝热材料复验次数不得少于2次	随机抽取	导热系数、密度、吸水率	
		风机盘管	同一厂家的风机盘管机组按数量复验2%，但不少于2台	随机抽取	供冷量、供热量、风量、出口静压、噪声及功率	
8	空调与采暖系统冷热源及管网节能工程	绝热材料	同一厂家同材质的绝热材料不少于2次	随机抽取	导热系数、密度、吸水率	
9	配电与照明节能	低压配电系统电缆、电线	同厂家各种规格总数的10%，且不少于2个规格	随机抽取	截面和每芯导体电阻值	

4）建筑节能工程使用材料的燃烧性能等级和阻燃处理，应符合设计要求和现行国家标准《建筑设计防火规范》GB 50016和《建筑内部装修设计防火规范》GB 50222等的规定。

5）建筑节能工程使用的材料应符合国家现行有关标准对材料有害物质限量的规定，不得对室内外环境造成污染。

6）现场配制的材料如保温砂浆、聚合物砂浆等，应按设计要求或试验室给出的配合比配制。当未给出要求时，应按照施工方案和产品说明书配制。

7）节能保温材料在施工使用时的含水率应符合设计要求、工艺要求及施工技术方案要求。当无上述要求时，节能保温材料在施工使用时的含水率不应大于正常施工环境湿度下的自然含水率，否则应采取降低含水率的措施。

（三）施工与控制

1. 建筑节能工程应按照经审查合格的设计文件和经审查批准的施工方案施工。

2. 建筑节能工程施工前，对于采用相同建筑节能设计的房间和构造做法，应在现场采用相同材料和工艺制作样板间或样板件，经有关各方确认后方可进行施工。

3. 建筑节能工程的施工作业环境和条件，应满足相关标准和施工工艺的要求。节能保温材料不宜在雨雪天气中露天施工。

（四）验收

1. 建筑节能工程为单位建筑工程的一个分部工程。其分项工程和检验批的划分，应符合下列规定：

1）建筑节能分项工程应按照表 7-2 划分。

2）建筑节能工程应按照分项工程进行验收。当建筑节能分项工程的工程量较大时，可以将分项工程划分为若干个检验批进行验收。

3）当建筑节能工程验收无法按照上述要求划分分项工程或检验批时，可由建设、监理、施工等各方协商进行划分。但验收项目、验收内容、验收标准和验收记录均应遵守《墙体节能工程建筑节能工程施工质量验收规范》GB50411—2007 的规定。

4）建筑节能分项工程和检验批的验收应单独填写验收记录，节能验收资料应单独组卷。

表 7-2　建筑节能分项工程划分

序号	分项工程	主要验收内容
1	墙体节能工程	主体结构基层、保温材料、饰面层等
2	幕墙节能工程	主体结构基层、隔热材料、保温材料、隔汽层、幕墙玻璃、单元式幕墙板块、通风换气系统、遮阳设施、冷凝水收集排放系统等
3	门窗节能工程	门、窗、玻璃、遮阳设施等
4	屋面节能工程	基层、保温隔热层、保护层、防水层、面层等
5	地面节能工程	基层、保温层、保护层、面层等
6	采暖节能工程	系统制式、散热器、阀门与仪表、热力入口装置、保温材料、调试等
7	通风与空气调节节能工程	系统制式、通风与空调设备、阀门与仪表、绝热材料、调试等
8	空调与采暖系统冷热源及管网节能工程	系统制式、冷热源设备、辅助设备、管网、阀门与仪表、绝热、保温材料、调试等
9	配电与照明节能工程	低压配电电源，照明光源，灯具，附属装置，控制功能，调试等
10	监测与控制节能工程	冷，热源系统的监测控制系统，空调水系统的监测控制系统，通风与空调系统的监测控制系统，监测与计量装置，供配电的监测控制系统，照明自动控制系统，综合控制系统等

2. 建筑节能分部工程的质量验收，应在检验批、分项工程全部验收合格的基础上，进行外墙节能构造实体检验，严寒、寒冷和夏热冬冷地区的外窗气密性现场检测，以及系统节能性能检测和系统联合试运转与调试，确认建筑节能工程质量达到验收条件后方可进行。

3. 建筑节能工程验收的程序和组织应遵守《建筑工程施工质量验收统一标准》GB 50300的要求，并应符合下列规定：

1）节能工程的检验批验收和隐蔽工程验收应由监理工程师主持，施工单位相关专业的质量检查员与施工员参加。

2）节能分项工程验收应由监理工程师主持，施工单位项目技术负责人和相关专业的质量检查员、施工员参加；必要时可邀请设计单位相关专业的人员参加。

3）节能分部工程验收应由总监理工程师（建设单位项目负责人）主持，施工单位项目经理、项目技术负责人和相关专业的质量检查员、施工员参加；施工单位的质量或技术负责人应参加；设计单位节能设计人员应参加。

4. 建筑节能工程的检验批质量验收合格，应符合下列规定：

1）检验批应按主控项目和一般项目验收。

2）主控项目应全部合格。

3）一般项目应合格；当采用计数检验时，至少应有90％以上的检查点合格，且其余检查点不得有严重缺陷。

4）应具有完整的施工操作依据和质量验收记录。

5. 建筑节能分项工程质量验收合格，应符合下列规定：

1）分项工程所含的检验批均应合格。

2）分项工程所含检验批的质量验收记录应完整。

6. 建筑节能分部工程质量验收合格，应符合下列规定：

1）分项工程应全部合格。

2）质量控制资料应完整。

3）外墙节能构造现场实体检验结果应符合设计要求。

4）严寒、寒冷和夏热冬冷地区的外窗气密性现场实体检测结果应合格。

5）建筑设备工程系统节能性能检测结果应合格。

7. 质量记录表格清单

建筑节能工程验收时应对下列资料核查，并纳入竣工技术档案：

1）设计文件、图纸会审记录、设计变更和洽商。

2）主要材料、设备和构件的质量证明文件、进场检验记录、进场核查记录、进场复验报告、见证试验报告。

3）隐蔽工程验收记录和相关图像资料。

4）分部、分项、检验批工程质量验收记录。

5）建筑围护结构节能构造现场实体检验纪录。

6）严寒、寒冷和夏热冬冷地区外窗气密性现场检测报告。

7）风管及系统严密性检验记录。

8）现场组装的组合式空调机组的漏风量测试记录。

9）设备单机试运转及调试记录。

10）系统联合试运转及调试记录。

11）系统节能性能检验报告。

12）其他对工程质量有影响的重要技术资料。

二、依据的规范、标准

1.《建筑节能工程施工质量验收规范》GB 50411—2007。
2.《建筑内部装修设计防火规范》GB 50222—95（2001 年修订版）。
3.《建筑设计防火规范》GB 50016—2014。
4.《建筑材料及制品燃烧性能分级》GB 8624—2012。
5.《建筑节能工程施工质量验收规程》DG J08—113—2009。
6.《外墙外保温工程技术规程》JGJ 144—2008。
7.《建筑工程施工质量验收统一标准》GB 50300—2013。
8.《建筑工程资料管理规程》DB13（J）145—2012。

第一节　墙体节能工程

一、一般规定

1. 本节主要介绍了板材、浆料、块材及预制复合墙板等墙体保温材料或构件的建筑墙体节能工程施工。

2. 主体结构完成后进行施工的墙体节能工程，应在基层质量验收合格后施工，施工过程中应及时进行质量检查、隐蔽工程验收和检验批验收，施工完成后应进行墙体节能分项工程验收。与主体结构同时施工的墙体节能工程，应与主体结构一同验收。

3. 墙体节能工程当采用外保温定型产品或成套技术时，其型式检验报告中应包括安全性和耐候性检验。

4. 墙体节能工程应对下列部位或内容进行隐蔽工程验收，并应有详细的文字记录和必要的图像资料：

1）保温层附着的基层及其表面处理；
2）保温层粘结或固定；
3）锚固件；
4）增强网铺设；
5）墙体热桥部位处理；
6）预制保温板或预制保温墙板的板缝及构造节点；
7）现场喷涂或浇筑有机类保温材料的界面；
8）被封闭的保温材料厚度；
9）保温隔热砌块填充墙体。

5. 墙体节能工程的保温材料在施工过程中应采取防潮、防水等保护措施。

二、检验批的划分

墙体节能工程验收的检验批划分应符合下列规定：

1. 采用相同材料、工艺和施工做法的墙面，每 500～1000m^{2}面积划分为一个检验批，不足 500m^{2}也为一个检验批。

2. 检验批的划分也可根据与施工流程相一致且方便施工与验收的原则，由施工单位与监理（建设）单位共同商定。

三、检验批质量验收

（一）主控项目

1. 用于墙体节能工程的材料、构件等，其品种、规格应符合设计要求和相关标准的规定。

检验方法：观察、尺量检查；核查质量证明文件。

检查数量：按进场批次，每批随机抽取 3 个试样进行检查；质量证明文件应按照其出厂检验批进行核查。

2. 墙体节能工程使用的保温隔热材料，其导热系数、密度、抗压强度或压缩强度、燃烧性能应符合设计要求。

检验方法：核查质量证明文件及进场复验报告。

检查数量：全数检查。

3. 墙体节能工程采用的保温材料和粘结材料等，进场时应对其下列性能进行复验，复验应为见证取样送检：

1）保温材料的导热系数、密度、抗压强度或压缩强度；

2）黏结材料的粘结强度；

3）增强网的力学性能、抗腐蚀性能。

检验方法：随机抽样送检，核查复验报告。

检查数量：同一厂家同一品种的产品，当单位工程建筑面积在 20000m^2 以下时各抽查不少于 3 次；当单位工程建筑面积在 20000m^2 以上时各抽查不少于 6 次。

4. 严寒和寒冷地区外保温使用的粘结材料，其冻融试验结果应符合该地区最低气温环境的使用要求。

检验方法：核查质量证明文件。

检查数量：全数检查。

5. 墙体节能工程施工前应按照设计和施工方案的要求对基层进行处理，处理后的基层应符合保温层施工方案的要求。

检验方法：对照设计和施工方案观察检查；核查隐蔽工程验收记录。

检查数量：全数检查。

6. 墙体节能工程各构造层做法应符合设计要求，并应按照经过审批的施工方案施工。

检验方法：对照设计和施工方案观察检查；核查隐蔽工程验收记录。

检查数量：全数检查。

7. 墙体节能工程的施工，应符合下列规定：

1）保温隔热材料的厚度必须符合设计要求。

2）保温板材与基层及各构造层之间的粘结或连接必须牢固。粘结强度和连接方式应符合设计要求。保温板材与基层的粘结强度应做现场拉拔试验。

3）保温浆料应分层施工。当采用保温浆料做外保温时，保温层与基层及各层之间的粘结必须牢固，不应脱层、空鼓和开裂。

4）当墙体节能工程的保温层采用预埋或后置锚固件固定时，锚固件数量、位置、锚固深度和拉拔力应符合设计要求。后置锚固件应进行锚固力现场拉拔试验。

检验方法：观察；手扳检查；保温材料厚度采用钢针插入或剖开尺量检查；粘结强度和锚固力核查试验报告；核查隐蔽工程验收记录。

检查数量：每个检验批抽查不少于3处。

8. 外墙采用预置保温板现场浇筑混凝土墙体时，保温板的验收应符合本节检验批质量验收主控项目中第2条的规定；保温板的安装位置应正确、接缝严密，保温板在浇筑混凝土过程中不得移位、变形，保温板表面应采取界面处理措施，与混凝土粘结应牢固。混凝土和模板的验收，应按《混凝土结构工程施工质量验收规范》GB 50204的相关规定执行。

检验方法：观察检查；核查隐蔽工程验收记录。

检查数量：全数检查。

9. 当外墙采用保温浆料作保温层时，应在施工中制作同条件养护试件，检测其导热系数、干密度和压缩强度。保温浆料的同条件养护试件应见证取样送检。

检验方法：核查试验报告。

检查数量：每个检验批应抽样制作同条件养护试块不少于3组。

10. 墙体节能工程各类饰面层的基层及面层施工，应符合设计和《建筑装饰装修工程质量验收规范》GB 50210的要求，并应符合下列规定：

1）饰面层施工的基层应无脱层、空鼓和裂缝，基层应平整、洁净，含水率应符合饰面层施工的要求。

2）外墙外保温工程不宜采用粘贴饰面砖做饰面层；当采用时，其安全性与耐久性必须符合设计要求。饰面砖应做粘结强度拉拔试验，试验结果应符合设计和有关标准的规定。

3）外墙外保温工程的饰面层不得渗漏。当外墙外保温工程的饰面层采用饰面板开缝安装时，保温层表面应具有防水功能或采取其他防水措施。

4）外墙外保温层及饰面层与其他部位交接的收口处，应采取密封措施。

检验方法：观察检查；核查试验报告和隐蔽工程验收记录。

检查数量：全数检查。

11. 保温砌块砌筑的墙体，应采用具有保温功能的砂浆砌筑。砌筑砂浆的强度等级应符合设计要求。砌体的水平灰缝饱满度不应低于90%，竖直灰缝饱满度不应低于80%。

检验方法：对照设计核查施工方案和砌筑砂浆强度试验报告。用百格网检查灰缝砂浆饱满度。

检查数量：每楼层的每个施工段至少抽查一次，每次抽查5处，每处不少于3个砌块。

12. 采用预制保温墙板现场安装的墙体，应符合下列规定：

1）保温板应有型式检验报告，型式检验报告中应包含安装性能的检验。

2）保温墙板的结构性能、热工性能及与主体结构的连接方法应符合设计要求，与主体结构连接必须牢固。

3）保温墙板的板缝处理、构造节点及嵌缝做法应符合设计要求。

4）保温墙板板缝不得渗漏。

检验方法：核查型式检验报告、出厂检验报告、对照设计观察和淋水试验检查；核查隐蔽工程验收记录。

检查数量：型式检验报告、出厂检验报告全数核查；其他项目每个检验批抽查5%，并不少于3块（处）。

13. 当设计要求在墙体内设置隔汽层时，隔汽层的位置、使用的材料及构造做法应符合设计要求和相关标准的规定。隔汽层应完整、严密，穿透隔汽层处应采取密封措施。隔汽层冷凝水排水构造应符合设计要求。

检验方法：对照设计观察检查；核查质量证明文件和隐蔽工程验收记录。

检查数量：每个检验批抽查5%，并不少于3处。

14. 外墙或毗邻不采暖空间墙体上的门窗洞口四周的侧面，墙体上凸窗四周的侧面，应按设计要求采取节能保温措施。

检验方法：对照设计观察检查，必要时抽样剖开检查；核查隐蔽工程验收记录。

检查数量：每个检验批抽查5%，并不少于5个洞口。

15. 严寒和寒冷地区外墙热桥部位，应按设计要求采取节能保温等隔断热桥措施。

检验方法：对照设计和施工方案观察检查；核查隐蔽工程验收记录。

检查数量：按不同热桥种类，每种抽查20%，并不少于5处。

（二）一般项目

1. 进场节能保温材料与构件的外观和包装应完整无破损，符合设计要求和产品标准的规定。

检验方法：观察检查。

检查数量：全数检查。

2. 当采用加强网作为防止开裂的措施时，加强网的铺贴和搭接应符合设计和施工方案的要求。砂浆抹压应密实，不得空鼓，加强网不得皱褶、外露。

检验方法：观察检查；核查隐蔽工程验收记录。

检查数量：每个检验批抽查不少于5处，每处不少于$2m^2$。

3. 设置空调的房间，其外墙热桥部位应按设计要求采取隔断热桥措施。

检验方法：对照设计和施工方案观察检查；核查隐蔽工程验收记录。

检查数量：按不同热桥种类，每种抽查10%，并不少于5处。

4. 施工产生的墙体缺陷，如穿墙套管、脚手眼、孔洞等，应按照施工方案采取隔断热桥措施，不得影响墙体热工性能。

检验方法：对照施工方案观察检查。

检查数量：全数检查。

5. 墙体保温板材接缝方法应符合施工方案要求。保温板接缝应平整严密。

检验方法：观察检查。

检查数量：每个检验批抽查10%，并不少于5处。

6. 墙体采用保温浆料时，保温浆料层宜连续施工；保温浆料厚度应均匀、接茬应平顺密实。

检验方法：观察、尺量检查。

检查数量：每个检验批抽查10%，并不少于10处。每处不少于$2m^2$。

7. 墙体上容易碰撞的阳角、门窗洞口及不同材料基体的交接处等特殊部位，其保温层应采取防止开裂和破损的加强措施。

检验方法：观察检查；核查隐蔽工程验收记录。

检查数量：按不同部位，每类抽查 10%，并不少于 5 处。

8. 采用现场喷涂或模板浇筑的有机类保温材料做外保温时，有机类保温材料应达到陈化时间后方可进行下道工序施工。

检验方法：对照施工方案和产品说明书进行检查。

检查数量：全数检查。

四、常见工程质量问题与防治

（一）外保温系统局部脱落

1. 原因分析：

1）保温层黏结面积不足 40%。

2）找平砂浆与主体墙空鼓，特别是长时间渗水，容易发生持续性空鼓和空鼓面积扩大，使保温层连带空鼓或局部破坏。

3）保温板表面荷载过大，极易直接剥离保温层造成脱落。

4）基层强度太低或表面清理不彻底，降低了粘结胶浆层与基层的附着力和粘结力。

5）材料质量不合格：如保温板质量不合格，压缩强度高，柔性差，造成边角部位翘起，降低保温板的粘贴效果；砂浆中聚合物添加量太少，粘结强度不够；保温板的界面剂质量差，没有起到提高界面粘结强度的效果（XPS 板通常需要界面处理）。

6）对负风压抵抗措施采用不合理，如在沿海地区或高层建筑外墙采用非钉粘结合的保温的粘贴方式，极易形成某些保温板块被风压破坏而空鼓、脱落。

2. 防治措施：

1）对现场质检人员的培训，在对保温层结构了解的基础上，要清楚各种材料的特性及现场的检测方法。

2）在施工时严格控制粘结面积。

3）对使用的粘结材料不要过多的加水。

4）对现场基面进行界面处理。

5）对正负风压较大地区防护措施采用粘结或铆钉加固共用，并尽量提高其粘结面积。

6）抹灰打底严格按照配比施工，确保基层强度。将表面清理干净，提高粘结胶浆层与基层的附着力和粘结力。

7）材料验收、检验严格按照有关标准执行，确保材料合格后用于工程。

（二）墙体饰面层裂纹

1. 原因分析：

1）板拼缝太宽，同时板缝没有用专用材料填充或留有粘结胶浆。

2）玻纤网格布埋设位置不当、拼缝处没有搭接或搭接不合理。

3）保温板和其他材料相接触的区域，未设置控制缝和未采用弹性密封材料勾填。

4）由于面砖勾缝料质量不合格、勾缝砂浆配置不正确或施工质量不合格造成面砖勾缝处开裂。

5）施工环境温度不符合规范规定，施工期间处于太阳下暴晒或在大风天气下施工。

6）洞口部位排板不正确，洞口四角未设置加强网或设置不规范造成洞口应力集中产生四角开裂。

7）刚性腻子柔韧性不够：不耐水的腻子受到水的浸渍后起泡开裂。

8）采用了漆膜坚硬的涂料，涂料断裂延伸率很小产生开裂。

9）板材的质量不符合要求（如板材密度、压缩强度及板材陈化期达不到设计及规范要求），板材强行上墙施工，板材后期收缩变形导致墙体裂纹。

10）抹面胶浆配比不正确，在阳光直射和风的作用下，胶浆失水过快引起表面干缩裂纹。

11）玻纤网抗拉强度不够或耐碱强度保留率低导致大面积出现水平和垂直方向微细裂纹。

12）使用与外墙保温系统不匹配的腻子和外墙涂料导致墙面出现不规则细裂纹。

13）胶粘剂刮抹厚度不均匀，保温板粘贴不平整。

14）板材切割不规范，板材尺寸太小或小板材集中铺贴，使局部应力过于集中而产生裂纹。

2. 防治措施：

1）保温材料进场施工单位应对材料的品种、规格、包装、外观和尺寸等进行检查验收，并应经监理工程师（建设单位代表）确认，形成相应的验收记录。外墙外保温施工前，应按规范规定对进场材料见证取样送检和现场检测，合格后方可进行施工。

2）聚苯板产品合格证中要注明保温材料生产日期，达不到陈化时间的聚苯板不得用于工程中［聚苯板（EPS）自然条件下陈化时间不得低于42d，60°恒温蒸汽条件下不得低于5d，挤塑板（XPS）自然条件下陈化时间不得低于28d］。

3）采用抗裂外墙腻子。外墙抗裂腻子具有优秀的防水性能和良好透气性，其网状结构可以让空气分子从里向外透出，而由于其良好的分子结构可以阻止水分子的进入。

4）抹面胶浆的配制应严格按供应商提供的配比和制作工艺在现场进行，每次配制不得过多，视不同环境温度条件控制在2h内或按产品说明书中规定的时间内用完。

5）现场用聚苯板和玻纤网的质量宜采取见证送检和监督抽检相结合的控制措施，防止出现化验好的用差的情况发生，保证工程用聚苯板和玻纤网的质量。

6）不允许用刚性腻子找补大角、横竖线角及大面平整，涂料饰面应选用柔性耐水腻子和弹性外墙涂料；腻子和外墙涂料经现场见证取样送检，合格后方可用于工程中。

7）板材切割应规范，切口与板面必须垂直。整块墙面的边角处应用最小尺寸超过300mm的板材。

8）铺设标准玻纤网遇有搭接时，搭接长度不应小于100mm，转角处搭接长度不应小于200mm。首层墙面加铺一层玻纤网，铺设时加抹一道抹面胶浆。

9）严格控制聚苯板的粘贴质量，聚苯板粘贴时应轻柔、均匀挤压，注意随时清除板边溢出的胶黏剂，板的侧边不得有胶；随时用2m靠尺和托线板检查平整度和垂直度；若板缝间隙在1.5mm以上，应采用阻燃型聚氨酯发泡胶填充。

10）在连续墙面上如需停顿，第一道抹面胶浆不应完全覆盖已铺好的玻纤网，需与玻纤网、第一道抹面胶浆形成台阶形坡槎，留槎间距不小于150mm。

11）聚苯板在门窗洞口四角部位应进行不小于200mm的整体套割铺贴，严禁拼缝，并在门窗洞口45°处加贴附加网，附加网尺寸不小于300mm×200mm，加强网应设于大面积网格布下面。

12）保温板和其他材料相接触的区域应设置控制缝，缝宽不应小于20mm，缝内填塞发泡聚乙烯圆棒（条）做背衬，分两次用弹性密封材料（建筑密封胶）勾填，勾填厚度为缝宽的50％～70％。

13）网格布的铺贴应保证网格布压于胶结层内，先在聚苯板表面均匀涂抹一道厚度为2～3mm的抹面胶浆，立即将玻纤网压入抹面胶浆中，以覆盖玻纤网、微见玻纤网轮廓为宜，要平整压实，无褶皱。待第一道抹面胶浆稍干硬可以触碰时再抹第二道抹面胶浆，厚度约2mm，以完全覆盖玻纤网为宜。但厚度严禁过厚，要最大限度发挥网格布抵抗因温度而产生的应力。

14）外墙饰面砖勾缝应采用专用勾缝料，面砖勾缝料的性能应符合规范要求，勾缝料进场后应进行复验，复验应为见证取样送检，检验合格后方可用于工程中。勾缝料的配置应严格按供应商提供的配比和制作工艺在现场进行。严禁用水泥代替勾缝料对面砖缝隙进行勾缝处理。勾缝时，先勾水平缝再勾竖缝，纵横交叉处要过渡自然，不能有明显的痕迹，砖缝要在同一水平面上，应连续、平直，缝深宜控制在2～3mm，缝宽不应小于5mm。

15）严格控制外保温施工条件，外保温工程施工期间以及完工后24h内，基层及环境空气温度不应低于5℃，夏季应避免阳光暴晒。在5级以上大风天气和雨天不得施工。

（三）外保温墙体局部泛碱、破损、渗漏

1. 原因分析：

1）面砖饰面的勾缝处出现了开裂，勾缝砂浆吸水率增大，引起饰面层泛碱，雨水通过该处缝隙渗入保温系统，造成局部渗漏。

2）外保温施工完成后，由于施工单位对外保温工程成品保护措施不到位，工程出现踩踏、磕碰外窗台、装饰线条、大角以及墙面现象，且不能及时修补。

3）外窗台部位使用普通腻子找补顺直，腻子与外保温系统不相容，且强度低，容易破损。

4）涂料的封闭底漆封闭性不好或漏刷封闭底漆。

5）对脚手架眼和废弃孔洞的封堵不严，造成墙体渗漏。

6）外墙出现裂缝，雨水通过裂缝渗入保温系统内部，导致墙体出现渗漏。

7）各种固定件未提前进行预埋并做防水处理。

8）窗的四周、墙身管道等容易渗水的地方，防水处理不到位或未采用防水处理。

2. 防治措施：

1）选用低碱型高柔外保温抹面层。

2）严格控制外墙饰面砖勾缝料的质量，保证勾缝处不出现裂纹。

3）施工过程中要采用质量合格的封闭底漆，在进行饰面层施工前施工人员要对封闭底漆进行专项检查，施工时，监理人员要进行旁站监理，防治漏刷现象发生。

4）对脚手架眼和废弃孔洞的封堵要进行专项验收，基层墙面应使用防水砂浆进行找平处理。

5）施工单位应加强对外保温工程的成品保护，尽量避免或减少对外保温系统的破坏，一旦出现损坏情况，应立即组织人员对损坏部位进行修复。

6）外墙外保温施工前，门窗框应安装完毕，伸出墙面的落水管、各种进户管线、防盗网、空调器等预埋件、连接件应采取防水措施处理完毕，并按外保温系统厚度留出间隙。

7）窗楣保温阳角部位应采用专用塑料护角条做成鹰嘴。管道穿墙部位，应在管道周圈填嵌 20mm 宽的密封膏进行密封处理。

第二节　幕墙节能工程

一、一般规定

1. 本节主要介绍了透明或非透明的各类建筑幕墙的节能工程施工。

2. 附着于主体结构上的隔汽层、保温层应在主体结构工程质量验收合格后施工。施工过程中应及时进行质量检查、隐蔽工程验收和检验批验收，施工完成后应进行幕墙节能分项工程验收。

3. 当幕墙节能工程采用隔热型材时，隔热型材生产厂家应提供型材所使用的隔热材料的力学性能和热变形性能试验报告。

4. 幕墙节能工程施工中应对下列部位或项目进行隐蔽工程验收，并应有详细的文字记录和必要的图像资料：

1）被封闭的保温材料厚度和保温材料的固定；

2）幕墙周边与墙体的接缝处保温材料的填充；

3）构造缝、结构缝；

4）隔汽层；

5）热桥部位、断热接点；

6）单元式幕墙板块间的接缝构造；

7）冷凝水收集和排放构造；

8）幕墙的通风换气装置。

5. 幕墙节能工程使用的保温材料在安装过程中应采取防潮、防水等保护措施。

二、检验批的划分

幕墙节能工程检验批划分，可按照《建筑装饰装修工程质量验收规范》（GB 50210）第 9.1.5 条的规定执行：

1. 相同设计、材料、工艺和施工条件的幕墙工程每 500～1000 ㎡应划分为一个检验批，不足 500 ㎡也应划分为一个检验批。

2. 同一单位工程的不连续的幕墙工程应单独划分检验批。

3. 对于异型或有特殊要求的幕墙，检验批的划分应根据幕墙的结构、工艺特点及幕墙工程规模，由监理单位（或建设单位）和施工单位协商确定。

三、检验批质量验收

（一）主控项目

1. 用于幕墙节能工程的材料、构件等，其品种、规格应符合设计要求和相关标准的规定。

检验方法：观察、尺量检查；核查质量证明文件。

检查数量：按进场批次，每批随机抽取3个试样进行检查；质量证明文件应按照其出厂检验批进行核查。

2. 幕墙节能工程使用的保温隔热材料，其导热系数、密度、燃烧性能应符合设计要求。幕墙玻璃的传热系数、遮阳系数、可见光透射比、中空玻璃露点应符合设计要求。

检验方法：核查质量证明文件和复验报告。

检查数量：全数核查。

3. 幕墙节能工程使用的材料、构件等进场时，应对其下列性能进行复验，复验应为见证取样送检：

1）保温材料：导热系数、密度；

2）幕墙玻璃：可见光透射比、传热系数、遮阳系数、中空玻璃露点；

3）隔热型材：抗拉强度、抗剪强度。

检验方法：进场时抽样复验，验收时核查复验报告。

检查数量：同一厂家的同一种产品抽查不少于一组。

4. 幕墙的气密性能应符合设计规定的等级要求。当幕墙面积大于3000m^2或建筑外墙面积50%时，应现场抽取材料和配件，在检测试验室安装制作试件进行气密性能检测，检测结果应符合设计规定的等级要求。

密封条应镶嵌牢固、位置正确、对接严密。单元幕墙板块之间的密封应符合设计要求。开启扇应关闭严密。

检验方法：观察及启闭检查；核查隐蔽工程验收记录、幕墙气密性能检测报告、见证记录。

气密性能检测试件应包括幕墙的典型单元、典型拼缝、典型可开启部分。试件应按照幕墙工程施工图进行设计。试件设计应经建筑设计单位项目负责人、监理工程师同意并确认。气密性能的检测应按照国家现行有关标准的规定执行。

检查数量：核查全部质量证明文件和性能检测报告。现场观察及启闭检查按检验批抽查30%，并不少于5件（处）。气密性能检测应对一个单位工程中面积超过1000m^2的每一种幕墙均抽取一个试件进行检测。

5. 幕墙节能工程使用的保温材料，其厚度应符合设计要求，安装牢固，且不得松脱。

检验方法：对保温板或保温层采取针插法或剖开法，尺量厚度；手扳检查。

检查数量：按检验批抽查10%，并不少于5处。

6. 遮阳设施的安装位置应满足设计要求。遮阳设施的安装应牢固。

检验方法：观察；尺量；手扳检查。

检查数量：检查全数的10%，并不少于5处；牢固程度全数检查。

7. 幕墙工程热桥部位的隔断热桥措施应符合设计要求，断热节点的连接应牢固。

检验方法：对照幕墙节能设计文件，观察检查。

检查数量：按检验批抽查10%，并不少于5处。

8. 幕墙隔汽层应完整、严密、位置正确，穿透隔汽层处的节点构造应采取密封措施。

检验方法：观察检查。

检查数量：按检验批抽查10%，并不少于5处。

9. 冷凝水的收集和排放应畅通，并不得渗漏。

检验方法：通水试验、观察检查。

检查数量：按检验批抽查10%，并不少于5处。

（二）一般项目

1. 镀（贴）膜玻璃的安装方向、位置应正确。中空玻璃应采用双道密封。中空玻璃的均压管应密封处理。

检验方法：观察；检查施工纪录。

检查数量：每个检验批抽查10%，并不少于5件（处）。

2. 单元式幕墙板块组装应符合下列要求：

1）密封条：规格正确，长度无负偏差，接缝的搭接符合设计要求。

2）保温材料：固定牢固，厚度符合设计要求。

3）隔汽层：密封完整、严密。

检验方法：观察检查；手扳检查；尺量；通水试验。

检查数量：每个检验批抽查10%，并不少于5件（处）。

3. 幕墙与周边墙体间的接缝处应采用弹性闭孔材料填充饱满，并应采用耐候密封胶密封。

检验方法：观察检查。

检查数量：每个检验批抽查10%，并不少于5件（处）。

4. 伸缩缝、沉降缝、抗震缝的保温或密封做法应符合设计要求。

检验方法：对照设计文件观察检查。

检查数量：每个检验批抽查10%，并不少于10件（处）。

5. 活动遮阳设施的调节机构应灵活，并应能调节到位。

检验方法：现场调节试验，观察检查。

检查数量：每个检验批抽查10%，并不少于10件（处）。

第三节　门窗节能工程

一、一般规定

1. 本节主要介绍了建筑外门窗节能工程的施工，包括金属门窗、塑料门窗、木质门窗、各种复合门窗、特种门窗、天窗以及门窗玻璃安装等节能工程。

2. 建筑门窗进场后，应对其外观、品种、规格及附件等进行检查验收，对质量证明文件进行核查。

3. 建筑外门窗工程施工中，应对门窗框与墙体接缝处的保温填充做法进行隐蔽工程验收，并应有隐蔽工程验收记录和必要的图像资料。

4. 建筑外门窗工程的检查数量应符合下列规定：

1）建筑门窗每个检验批应抽查5%，并不少于3樘，不足3樘时应全数检查；高层建筑的外窗，每个检验批应抽查10%，并不少于6樘，不足6樘时应全数检查；

2）特种门每个检验批应抽查50%，并不少于10樘，不足10樘时应全数检查。

二、检验批的划分

建筑外门窗工程的检验批应按下列规定划分：

1. 同一厂家的同一品种、类型、规格的门窗及门窗玻璃每 100 樘划分为一个检验批，不足 100 樘也为一个检验批。

2. 同一厂家的同一品种、类型和规格的特种门每 50 樘划分为一个检验批，不足 50 樘也为一个检验批。

3. 对于异形或有特殊要求的门窗，检验批的划分应根据其特点和数量，由监理（建设）单位和施工单位协商确定。

三、检验批质量验收

（一）主控项目

1. 建筑外门窗的品种、规格应符合设计要求和相关标准的规定。

检验方法：观察、尺量检查；核查质量证明文件。

检查数量：按本节一般规定中的第 4 条执行；质量证明文件应按照其出厂检验批进行核查。

2. 建筑外窗的气密性、保温性能、中空玻璃露点、玻璃遮阳系数和可见光透射比应符合设计要求。

检验方法：核查质量证明文件和复验报告。

检查数量：全数核查。

3. 建筑外窗进入施工现场时，应按地区类别对其下列性能进行复验，复验应为见证取样送检：

1）严寒、寒冷地区：气密性、传热系数和中空玻璃露点。

2）夏热冬冷地区：气密性、传热系数、玻璃遮阳系数、可见光透射比、中空玻璃露点。

3）夏热冬暖地区：气密性、玻璃遮阳系数、可见光透射比、中空玻璃露点。

检验方法：随机抽样送检；核查复验报告。

检查数量：同一厂家同一品种同一类型的产品各抽查不少于 3 樘（件）。

4. 建筑门窗采用的玻璃品种应符合设计要求。中空玻璃应采用双道密封。

检验方法：观察检查；核查质量证明文件。

检查数量：按本节一般规定中的第 4 条执行。

5. 金属外门窗隔断热桥措施应符合设计要求和产品标准的规定，金属副框的隔断热桥措施应与门窗框的隔断热桥措施相当。

检验方法：随机抽样，对照产品设计图纸，剖开或拆开检查。

检查数量：同一厂家同一品种、类型的产品各抽查不少于 1 樘。金属副框的隔断热桥措施按检验批抽查 30%。

6. 严寒、寒冷、夏热冬冷地区的建筑外窗，应对其气密性作现场实体检验，检测结果应满足设计要求。

检验方法：随机抽样现场检验。

检查数量：同一厂家同一品种、类型的产品各抽查不少于 3 樘。

7. 外门窗框或副框与洞口之间的间隙应采用弹性闭孔材料填充饱满，并使用密封胶密封；外门窗框与副框之间的缝隙应使用密封胶密封。

检验方法：观察检查；核查隐蔽工程验收记录。

检查数量：全数检查。

8. 严寒、寒冷地区的外门安装，应按照设计要求采取保温、密封等节能措施。

检验方法：观察检查。

检查数量：全数检查。

9. 外窗遮阳设施的性能、尺寸应符合设计和产品标准要求；遮阳设施的安装应位置正确、牢固，满足安全和使用功能的要求。

检验方法：核查质量证明文件；观察、尺量、手扳检查。

检查数量：按本节一般规定中的第 4 条执行；安装牢固程度全数检查。

10. 特种门的性能应符合设计和产品标准要求；特种门安装中的节能措施，应符合设计要求。

检验方法：核查质量证明文件；观察、尺量检查。

检查数量：全数检查。

11. 天窗安装的位置、坡度应正确，封闭严密，嵌缝处不得渗漏。

检验方法：观察、尺量检查；淋水检查。

检查数量：按本节一般规定中的第 4 条执行。

（二）一般项目

1. 门窗扇密封条和玻璃镶嵌的密封条，其物理性能应符合相关标准的规定。密封条安装位置应正确，镶嵌牢固，不得脱槽，接头处不得开裂。关闭门窗时密封条应接触严密。

检验方法：观察检查。

检查数量：全数检查。

2. 门窗镀（贴）膜玻璃的安装方向应正确，中空玻璃的均压管应密封处理。

检验方法：观察检查。

检查数量：全数检查。

3. 外门窗遮阳设施调节应灵活，能调节到位。

检验方法：现场调节试验检查。

检查数量：全数检查。

第四节 屋面节能工程

一、一般规定

1. 本节主要介绍了建筑屋面节能工程，包括采用松散保温材料、现浇保温材料、喷涂保温材料、板材、块材等保温隔热材料的屋面节能工程的施工。

2. 屋面保温隔热工程的施工，应在基层质量验收合格后进行。施工过程中应及时进行质量检查、隐蔽工程验收和检验批验收，施工完成后应进行屋面节能分项工程验收。

3. 屋面保温隔热工程应对下列部位进行隐蔽工程验收，并有详细的文字记录和必要的图像资料：

1）基层；

2）保温层的敷设方式、厚度；板材的缝隙填充质量；

3）屋面热桥部位；

4）隔汽层。

4. 屋面保温隔热层施工完成后，应及时进行找平层和防水层的施工，避免保温隔热层受潮、浸泡或受损。

二、检验批的划分

屋面工程各分项工程宜按屋面面积每 500～1000m^2划分为一个检验批，不足 500m^2应按一个检验批。

三、检验批质量验收

（一）主控项目

1. 用于屋面节能工程的保温隔热材料，其品种、规格应符合设计要求和相关标准的规定。

检验方法：观察，尺量检查；核查质量证明文件。

检查数量：按进场批次，每批随机抽取 3 个试样进行检查；质量证明文件应按照其出厂检验批进行核查。

2. 屋面节能工程使用的保温隔热材料，其导热系数、密度、抗压强度或压缩强度、燃烧性能应符合设计要求。

检验方法：核查质量证明文件及进场复验报告。

检查数量：全数检查。

3. 屋面节能工程使用的保温隔热材料，进场时应对其导热系数、密度、抗压强度或压缩强度、燃烧性能进行复验，复验应为见证取样送检。

检验方法：随机抽样送检，核查复验报告。

检查数量：同一厂家同一品种的产品各抽查不少于 3 组。

4. 屋面保温隔热层的敷设方式、厚度、缝隙填充质量及屋面热桥部位的保温隔热做法，必须符合设计要求和有关标准的规定。

检验方法：观察、尺量检查。

检查数量：每 100m^2抽查一处，每处 10m^2，整个屋面抽查不得少于 3 处。

5. 屋面的通风隔热架空层，其架空高度、安装方式、通风口位置及尺寸应符合设计及有关标准要求。架空层内不得有杂物。架空面层应完整，不得有断裂和露筋等缺陷。

检验方法：观察、尺量检查。

检查数量：每 100m^2抽查一处，每处 10m^2，整个屋面抽查不得少于 3 处。

6. 采光屋面的传热系数、遮阳系数、可见光透射比、气密性应符合设计要求。节点的构造做法应符合设计和相关标准的要求。

检验方法：核查质量证明文件；观察检查。

检查数量：全数检查。

7. 采光屋面的安装应牢固，坡度正确，封闭严密，嵌缝处不得渗漏。

检验方法：观察、尺量检查；淋水检查；核查隐蔽工程验收记录。

检查数量：全数检查。

8. 屋面的隔汽层位置应符合设计要求，隔汽层应完整、严密。

检验方法：对照设计观察检查；核查隐蔽工程验收记录。

检查数量：每 $100m^2$ 抽查一处，每处 $10m^2$，整个屋面抽查不得少于 3 处。

（二）一般项目

1. 屋面保温隔热层应按施工方案施工，并应符合下列规定：

1）松散材料应分层敷设、按要求压实、表面平整、坡向正确。

2）现场采用喷、浇、抹等工艺施工的保温层，其配合比应计量正确，搅拌均匀、分层连续施工，表面平整，坡向正确。

3）板材应粘贴牢固、缝隙严密、平整。

检验方法：观察、尺量、称重检查。

检查数量：每 $100m^2$ 抽查一处，每处 $10m^2$，整个屋面抽查不得少于 3 处。

2. 金属板保温夹芯屋面应铺装牢固、接口严密、表面洁净、坡向正确。

检验方法：观察、尺量检查；核查隐蔽工程验收记录。

检查数量：全数检查。

3. 坡屋面、内架空屋面当采用敷设于屋面内侧的保温材料作保温隔热层时，保温隔热层应有防潮措施，其表面应有保护层，保护层的做法应符合设计要求。

检验方法：观察检查；核查隐蔽工程验收记录。

检查数量：每 $100m^2$ 抽查一处，每处 $10m^2$，整个屋面抽查不得少于 3 处。

第五节　地面节能工程

一、一般规定

1. 本节主要介绍了建筑地面节能工程的施工。包括底面接触室外空气、土壤或毗邻不采暖空间的地面节能工程。

2. 地面节能工程的施工，应在主体或基层质量验收合格后进行。施工过程中应及时进行质量检查、隐蔽工程验收和检验批验收，施工完成后应进行地面节能分项工程验收。

3. 地面节能工程应对下列部位进行隐蔽工程验收，并应有详细的文字记录和必要的图像资料：

1）基层；

2）被封闭的保温材料厚度；

3）保温材料黏结；

4）隔断热桥部位。

二、检验批的划分

地面节能分项工程检验批划分应符合下列规定：

1. 检验批可按施工段或变形缝划分。

2. 当面积超过 $200m^2$ 时，每 $200m^2$ 可划分为一个检验批，不足 $200m^2$ 也为一个检验批。

3. 不同构造做法的地面节能工程应单独划分检验批。

三、检验批质量验收

（一）主控项目

1. 用于地面节能工程的保温材料，其品种、规格应符合设计要求和相关标准的规定。

检验方法：观察、尺量或称重检查；核查质量证明文件。

检查数量：按进场批次，每批随机抽取 3 个试样进行检查；质量证明文件应按照其出厂检验批进行核查。

2. 地面节能工程使用的保温材料，其导热系数、密度、抗压强度或压缩强度、燃烧性能应符合设计要求。

检验方法：核查质量证明文件和复验报告。

检查数量：全数检查。

3. 地面节能工程采用的保温材料，进场时应对其导热系数、密度、抗压强度或压缩强度、燃烧性能进行复验，复验应为见证取样送见。

检验方法：随机抽样送检，核查复验报告。

检查数量：同一厂家同一品种的产品各抽查不少于 3 组。

4. 地面节能工程施工前，应对基层进行处理，使其达到设计和施工方案的要求。

检验方法：对照设计和施工方案观察检查。

检查数量：全数检查。

5. 地面保温层、隔离层、保护层等各层的设置和构造做法以及保温层的厚度应符合设计要求，并应按施工方案施工。

检验方法：对照设计和施工方案观察检查；尺量检查。

检查数量：全数检查。

6. 地面节能工程的施工质量应符合下列规定：

1）保温板与基层之间、各构造层之间的粘接应牢固，缝隙应严密。

2）保温浆料应分层施工。

3）穿越地面直接接触室外空气的各种金属管道应按设计要求，采取隔断热桥的保温措施。

检验方法：观察检查；核查隐蔽工程验收记录。

检查数量：每个检验批抽查 2 处，每处 $10m^2$；穿越地面的金属管道处全数检查。

7. 有防水要求的地面，其节能保温作法不得影响地面排水坡度，保温层面层不得渗漏。

检验方法：用长度 500mm 水平尺检查；观察检查。

检查数量：全数检查。

8. 严寒、寒冷地区的建筑首层直接与土壤接触的地面、采暖地下室与土壤接触的外墙、毗邻不采暖空间的地面以及底面直接接触室外空气的地面应按设计要求采取保温措施。

检验方法：对照设计观察检查。

检查数量：全数检查。

9. 保温层的表面防潮层、保护层应符合设计要求。

检验方法：观察检查。

检查数量：全数检查。

（二）一般项目

采用地面辐射采暖的工程，其地面节能做法应符合设计要求，并应符合《辐射供暖供冷技术规程》（JGJ 142）的规定。

检验方法：观察检查。

检查数量：全数检查。

第六节　采暖节能工程

一、一般规定

1. 本节主要介绍了温度不超过95℃室内集中热水采暖系统节能工程施工。

2. 采暖系统节能工程的验收，可按系统、楼层等进行。

二、检验批的划分

检验批可根据施工、质量控制和专业验收的需要，按照系统、区域、施工段或楼层等划分。

三、检验批质量验收

（一）主控项目

1. 采暖系统节能工程采用的散热设备、阀门、仪表、管材、保温材料等产品进场时，应按设计要求对其类型、材质、规格及外观等进行验收，并应经监理工程师（建设单位代表）检查认可，且形成相应的验收记录。各种产品和设备的质量证明文件和相关技术资料应齐全，并应符合国家现行有关标准和规定。

检验方法：观察检查；核查质量证明文件和相关技术资料。

检查数量：全数检查。

2. 采暖系统节能工程采用的散热器和保温材料等进场时，应对其下列技术性能参数进行复验，复验应为见证取样送检：

1）散热器的单位散热量、金属热强度。

2）保温材料的导热系数、密度以及吸水率。

检验方法：现场随机抽样送检；核查复验报告。

检查数量：同一厂家同一规格的散热器按其数量的1%进行见证取样送检，但不得少于2组；同一厂家同材质的保温材料见证取样送检的次数不得少于2次。

3. 采暖系统的安装应符合下列规定：

1）采暖系统的制式，应符合设计要求。

2）散热设备、阀门、过滤器、温度计及仪表应按设计要求安装齐全，不得随意增减和更换。

3）室内温度调控装置、热计量装置、水力平衡装置以及热力入口装置的安装位置和方向应符合设计要求，并便于观察、操作和调试。

4）温度调控装置和热计量装置安装后，采暖系统应能实现设计要求的分室（区）温度调控、分栋热计量和分户或分室（区）热量分摊的功能。

检验方法：观察检查。

检查数量：全数检查。

4. 散热器及其安装应符合下列规定：

1）每组散热器的规格、数量及安装方式应符合设计要求。

2）散热器外表面应刷非金属性涂料。

检验方法：观察检查。

检查数量：按散热器组数抽查 5%，不得少于 5 组。

5. 散热器恒温阀及其安装应符合下列规定：

1）恒温阀的规格、数量应符合设计要求。

2）明装散热器恒温阀不应安装在狭小和封闭空间，其恒温阀阀头应水平安装，且不应被散热器、窗帘或其他障碍物遮挡。

3）暗装散热器的恒温阀应采用外置式温度传感器，并应安装在空气流通且能正确反映房间温度的位置上。

检验方法：观察检查。

检查数量：按总数抽查 5%，不得少于 5 个。

6. 地温热水地面辐射供暖系统的安装除了应符合主控项目中第 3 条的规定外，尚应符合下列规定：

1）防潮层和绝热层的做法及绝热层的厚度应符合设计要求。

2）室内温控装置的传感器应安装在避开阳光直射和有发热设备且距地 1.4m 处的内墙面上。

检验方法：防潮层和绝热层隐蔽前观察检查；用钢针刺入绝热层、尺量；观察检查、尺量室内温控装置传感器的安装高度。

检查数量：防潮层和绝热层按检验批抽查 5 处，每处检查不少于 5 点；温控装置按每个检验批抽查 10 个。

7. 采暖系统热力入口装置的安装应符合下列规定：

1）热力入口装置中各种部件的规格、数量，应符合设计要求。

2）热计量装置、过滤器、压力表、温度计的安装位置、方向应正确，并便于观察、维护。

3）水力平衡装置及各类阀门的安装位置、方向应正确，并便与操作和调试。安装完毕后，应根据系统水力平衡要求进行调试并做出标志。

检验方法：观察检查；核查进场验收记录和调试报告。

检查数量：全数检查。

8. 采暖管道保温层和防潮层的施工应符合下列规定：

1）保温层应采用不燃或难燃材料，其材质、规格及厚度等应符合设计要求。

2）保温管壳的粘贴应牢固、铺设应平整；硬质或半硬质的保温管壳每节至少应用防腐金属丝或难腐织带或专用胶带进行捆扎或粘贴2道，其间距为300～350mm，且捆扎、粘贴应紧密，无滑动、松弛及断裂现象。

3）硬质或半硬质保温管壳的拼接缝隙不应大于5mm，并用黏结材料勾缝填满；纵缝应错开，外层的水平接缝应设在侧下方。

4）松散或软质保温材料应按规定的密度压缩其体积，疏密应均匀；毡类材料在管道上包扎时，搭接处不应有空隙。

5）防潮层应紧密粘贴在保温层上，封闭良好，不得有虚粘、气泡、皱褶以及裂缝等缺陷。

6）防潮层的立管应由管道的低端向高端敷设，环向搭接缝应朝向低端；纵向搭接缝应位于管道的侧面，并顺水。

7）卷材防潮层采用螺旋形缠绕的方式施工时，卷材的搭接宽度宜为30～50mm。

8）阀门及法兰部位的保温层结构应严密，且能单独拆卸并不得影响其操作功能。

检验方法：观察检查；用钢针刺入保温层、尺量。

检查数量：按数量抽查10%，且保温层不得少于10段、防潮层不得少于10m、阀门等配件不得少于5个。

9）采暖系统应随施工进度对于节能有关的隐蔽部位或内容进行验收，并应有详细的文字记录和必要的图像资料。

检验方法：观察检查；核查隐蔽工程验收记录。

检查数量：全数检查。

10）采暖系统安装完毕后，应在采暖期内与热源进行联合试运转和调试。联合试运转和调试结果应符合设计要求，采暖房间温度相对于设计计算温度不得低于2℃，且不高于1℃。

检验方法：检查室内采暖系统试运转和调试记录。

检查数量：全数检查。

（二）一般项目

采暖系统过滤器等配件的保温层应密实、无空隙，且不得影响其操作功能。

检验方法：观察检查。

检查数量：按类别数量抽查10%，且不得少于2件。

第七节　通风与空调节能工程

一、一般规定

通风与空调系统节能工程的验收，可按系统、楼层等进行．

二、检验批的划分

检验批可根据施工、质量控制和专业验收的需要，按照系统、区域等划分。

三、检验批质量验收

（一）主控项目

1. 通风与空调系统节能工程所使用的设备、管道、阀门、仪表、绝热材料等产品进场时，应按设计要求对其类型、材质、规格及外观等进行验收，并应对下列产品的技术性能参数进行核查。验收与核查的结果应经监理工程师（建设单位代表）检查认可，并形成相应的验收、核查记录。各种产品和设备的质量证明文件和相关技术资料应齐全，并应符合有关国家现行标准和规定。

1）组合式空调机组、柜式空调机组、新风机组、单元式空调机组、热回收装置等设备的冷量、热量、风量、风压、功率及额定热回收效率。

2）风机的风量、风压、功率及其单位风量耗功率。

3）成品风管的技术性能参数；

4）自控阀门与仪表的技术性能参数。

检验方法：观察检查；技术资料和性能检测报告等质量证明文件与实物核对。

检查数量：全数检查。

2. 风机盘管机组和绝热材料进场时，应对其下列技术性能参数进行复验，复验应为见证取样送检。

1）风机盘管机组的供冷量、供热量、风量、出口静压、噪声及功率。

2）绝热材料的导热系数、密度、吸水率。

检验方法：现场随机抽样送检；核查复验报告。

检查数量：同一厂家的风机盘管机组按数量复验 2%，但不得少于 2 台；同一厂家同材质的绝热材料复验次数不得少于 2 次。

3. 通风与空调节能工程中的送、排风系统及空调风系统、空调水系统的安装，应符合下列规定：

1）各系统的制式，应符合设计要求。

2）各种设备、自控阀门与仪表应按设计要求安装齐全，不得随意增减和更换。

3）水系统各分支管路水力平衡装置、温控装置与仪表的安装位置、方向应符合设计要求，并便于观察、操作和调试。

4）空调系统应能实现设计要求的分室（区）温度调控功能。对设计要求分栋、分区或分户（室）冷、热计量的建筑物，空调系统应能实现相应的计量功能。

检验方法：观察检查。

检查数量：全数检查。

4. 风管的制作与安装应符合下列规定：

1）风管的材质、断面尺寸及厚度应符合设计要求。

2）风管与部件、风管与土建及风管间的连接应严密、牢固。

3）风管的严密性及风管系统的严密性检验和漏风量，应符合设计要求或现行国家标准《通风与空调工程施工质量验收规范》（GB 50243）的有关规定。

4）需要绝热的风管与金属支架的接触处、复合风管及需要绝热的非金属风管的连接和内部支撑加固等处，应有防热桥的措施，并应符合设计要求。

检验方法：观察、尺量检查；核查风管及风管系统严密性检验记录。

检查数量：按数量抽查 10%，且不得少于 1 个系统。

5. 组合式空调机组、柜式空调机组、新风机组、单元式空调机组的安装应符合下列规定：

1）各种空调机组的规格、数量应符合设计要求。

2）安装位置和方向应正确，且与风管、送风静压箱、回风箱的连接应严密可靠。

3）现场组装的组合式空调机组各功能段之间连接应严密，并应作漏风量的检测，其漏风量应符合现行国家标准《组合式空调机组》（GB/T 14294）的规定。

4）机组内的空气热交换器翅片和空气过滤器应清洁、完好，且安装位置和方向必须正确，并便于维护和清理。当设计未注明过滤器的阻力时，应满足粗效过滤器的初阻力不大于50Pa（粒径不小于5.0μm，效率：80%＞E≥20%）；中效过滤器的初阻力不大于80Pa（粒径不小于1.0μm，效率：70%＞E≥20%）的要求。

检验方法：观察检查；核查漏风量测试记录。

检查数量：按同类产品的数量抽查20%，且不得少于1台。

6. 风机盘管机组的安装应符合下列规定：

1）规格、数量应符合设计要求。

2）位置、高度、方向应正确，并便于维护、保养。

3）机组与风管、回风箱及风口的连接应严密、可靠。

4）空气过滤器的安装应便于拆卸和清理。

检验方法：观察检查。

检查数量：按总数抽查10%，且不得少于5台。

7. 通风与空调系统中风机的安装应符合下列规定：

1）规格、数量应符合设计要求。

2）安装位置及进、出口方向应正确，与风管的连接应严密、可靠。

检验方法：观察检查。

检查数量：全数检查。

8. 带热回收功能的双向换气装置和集中排风系统中的排风热回收装置的安装应符合下列规定：

1）规格、数量及安装位置应符合设计要求。

2）进、排风管的连接应正确、严密、可靠。

3）室外进、排风口的安装位置、高度及水平距离应符合设计要求。

检验方法：观察检查。

检查数量：按总数抽检20%，且不得少于1台。

9. 空调机组回水管上的电动两通调节阀、风机盘管机组回水管上的电动两通（调节）阀、空调冷热水系统中的水力平衡阀、冷（热）量计量装置等自控阀门与仪表的安装应符合下列规定：

1）规格、数量应符合设计要求。

2）方向应正确，位置应便于操作和观察。

检验方法：观察检查。

检查数量：按类型数量抽查10%，且均不得少于1个。

10. 空调风管系统及部件的绝热层和防潮层施工应符合下列规定：

1）绝热层应采用不燃或难燃材料，其材质、规格及厚度等应符合设计要求。

2）绝热层与风管、部件及设备应紧密贴合，无裂缝、空隙等缺陷，且纵、横向的接缝应错开。

3）绝热层表面应平整，当采用卷材或板材时，其厚度允许偏差为5mm；采用涂抹或其他方式时，其厚度允许偏差为10mm。

4）风管法兰部位绝热层的厚度，不应低于风管绝热层厚度的80%。

5）风管穿楼板和穿墙处的绝热层应连续不间断。

6）防潮层（包括绝热层的端部）应完整，且封闭良好，其搭接缝应顺水。

7）带有防潮层隔汽层绝热材料的拼缝处，应用胶带封严，粘胶带的宽度不应小于50mm。

8）风管系统部件的绝热，不得影响其操作功能。

检验方法：观察检查；用钢针刺入绝热层、尺量检查。

检查数量：管道按轴线长度抽查10%；风管穿楼板和穿墙处及阀门等配件抽查10%，且不得少于2个。

11. 空调水系统管道及配件的绝热层和防潮层施工，应符合下列规定：

1）绝热层应采用不燃或难燃材料，其材质、规格及厚度等应符合设计要求。

2）绝热管壳的粘贴应牢固、铺设应平整；硬质或半硬质的绝热管壳每节至少应用防腐金属丝或难腐织带或专用胶带进行捆扎或粘贴2道，其间距为300～350mm，且捆扎、粘贴应紧密，无滑动、松弛与断裂现象。

3）硬质或半硬质绝热管壳的拼接缝隙，保温时不应大于5mm、保冷时不应大于2mm，并用黏结材料勾缝填满；纵缝应错开，外层的水平接缝应设在侧下方。

4）松散或软质保温材料应按规定的密度压缩其体积，疏密应均匀；毡类材料在管道上包扎时，搭接处不应有空隙。

5）防潮层与绝热层应结合紧密，封闭良好，不得有虚粘、气泡、皱褶以及裂缝等缺陷。

6）防潮层的立管应由管道的低端向高端敷设，环向搭接缝应朝向低端；纵向搭接缝应位于管道的侧面，并顺水。

7）卷材防潮层采用螺旋形缠绕的方式施工时，卷材的搭接宽度宜为30～50mm。

8）空调冷热水管穿楼板和穿墙处的绝热层应连续不间断，且绝热层与穿楼板和穿墙处的套管之间应用不燃材料填实不得有空隙，套管两端应进行密封封堵。

9）管道阀门、过滤器及法兰部位的绝热结构应能单独拆卸，且不得影响其操作功能。

检验方法：观察检查；用钢针刺入绝热层、尺量检查。

检查数量：按数量抽查10%，且绝热层不得少于10段、防潮层不得少于10m、阀门等配件不得少于5个。

12. 空调水系统的冷热水管道与支、吊架之间应设置绝热衬垫，其厚度不应小于绝热层厚度，宽度应大于支、吊架支承面的宽度。衬垫的表面应平整，衬垫与绝热材料之间应填实无空隙。

检验方法：观察、尺量检查。

检查数量：按数量抽检5%，且不得少于5处。

13. 通风与空调系统应随施工进度对与节能有关的隐蔽部位或内容进行验收，并应有详细的文字记录和必要的图像资料。

检验方法：观察检查；核查隐蔽工程验收记录。

检查数量：全数检查。

14. 通风与空调系统安装完毕，应进行通风机和空调机组等设备的单机试运转和调试，并应进行系统的风量平衡调试。单机试运转和调试结果应符合设计要求；系统的总风量与设计风量的允许偏差不应大于10%，风口的风量与设计风量的允许偏差不应大于15%。

检验方法：观察检查；核查试运转和调试记录。

检查数量：全数检查。

（二）一般项目

1. 空气风幕机的规格、数量、安装位置和方向应正确，纵向垂直度和横向水平度的偏差均不应大于2/1000。

检验方法：观察检查。

检查数量：按总数量抽查10%，且不得少于1台。

2. 变风量末端装置与风管连接前宜做动作试验，确认运行正常后再封口。

检验方法：观察检查。

检查数量：按总数量抽查10%，且不得少于2台。

第八节　空调与采暖系统冷热源及管网节能工程

一、一般规定

空调与采暖系统冷热源设备、辅助设备及其管道和管网系统节能工程的验收，可分别按冷源和热源系统及室外管网进行。

二、检验批的划分

检验批可根据施工、质量控制和专业验收的需要，按照系统、区域等划分。

三、检验批质量验收

（一）主控项目

1. 空调与采暖系统冷热源设备及其辅助设备、阀门、仪表、绝热材料等产品进场时，应按设计要求对其类型、规格和外观等进行检查验收，并应对下列产品的技术性能参数进行核查。验收与核查的结果应经监理工程师（建设单位代表）检查认可，并形成相应的验收、核查记录。各种产品和设备的质量证明文件和相关技术资料应齐全，并应符合国家现行标准和规定。

1）锅炉的单台容量及其额定热效率。

2）热交换器的单台换热量。

3）电机驱动压缩机的蒸汽压缩循环冷水（热泵）机组的额定制冷量（制热量）、输入功率、性能系数（COP）及综合部分负荷性能系数（IPLV）。

4）电机驱动压缩机的单元式空气调节机、风管送风式和屋顶式空气调节机组的名义制冷量、输入功率及能效比（EER）。

5）蒸汽和热水型溴化锂吸收式机组及直燃型溴化锂吸收式冷（温）水机组的名义制冷量、供热量、输入功率及性能系数。

6）集中采暖系统热水循环水泵的流量、扬程、电机功率及耗电输热比（HER）。

7）空调冷热水系统循环水泵的流量、扬程、电机功率及输送能效比（ER）。

8）冷却塔的流量及电机功率。

9）自控阀门与仪表的技术性能参数。

检验方法：观察检查；技术资料和性能检测报告等质量证明文件与实物核对。

检查数量：全数检查。

2. 空调与采暖系统冷热源及管网节能工程的绝热管道、绝热材料进场时，应对绝热材料的导热系数、密度、吸水率等技术性能参数进行复验，复验应为见证取样送检。

检验方法：现场随机抽样送检；核查复验报告。

检查数量：同一厂家同材质的绝热材料复验次数不得少于2次。

3. 空调与采暖系统冷热源设备和辅助设备及其管网系统的安装，应符合下列规定：

1）管道系统的制式，应符合设计要求。

2）各种设备、自控阀门与仪表应按设计要求安装齐全，不得随意增减和更换。

3）空调冷（热）水系统，应能实现设计要求的变流量或定流量运行。

4）供热系统应能根据热负荷及室外温度变化实现设计要求的集中质调节、量调节或质一量调节相结合的运行。

检验方法：观察检查。

检查数量：全数检查。

4. 空调与采暖系统冷热源和辅助设备及其管道和室外管网系统，应随施工进度对与节能有关的隐蔽部位或内容进行验收，并有详细的文字记录和必要的图像资料。

检验方法：观察检查；核查隐蔽工程验收记录。

检查数量：全数检查。

5. 冷热源侧的电动两通调节阀、水力平衡阀及冷（热）量计量装置等自控阀门与仪标的安装，应符合下列规定：

1）规格、数量应符合设计要求。

2）方向应正确，位置应便于操作和观察。

检验方法：观察检查。

检查数量：全数检查。

6. 锅炉、热交换器、电机驱动压缩机的蒸汽压缩循环冷水（热泵）机组、蒸汽或热水型溴化锂吸收式冷水机组及直燃型溴化锂吸收式冷（温）水机组等设备的安装，应符合下列要求：

1）规格、数量应符合设计要求。

2）安装位置及管道连接应正确。

检验方法：观察检查。

检查数量：全数检查。

7. 冷却塔、水泵等辅助设备的安装应符合下列要求：

1）规格、数量应符合设计要求。

2）冷却塔设置位置应通风良好，并应远离厨房排风等高温气体。

3）管道连接应正确。

检验方法：观察检查。

检查数量：全数检查。

8. 空调冷热源水系统管道及配件绝热层和防潮层的施工要求，可按照本章第七节检验批质量验收中主控项目的第 11 条规定执行。

9. 当输送介质温度低于周围空气露点温度的管道，采用封闭孔绝热材料作绝热层时，其防潮层和保护层应完整，且封闭良好。

检验方法：观察检查。

检查数量：全数检查。

10. 冷热源机房、换热站内部空调冷热水管道与支、吊架之间绝热衬垫的施工可按照本章第七节检验批质量验收中主控项目的第 12 条规定执行。

11. 空调与采暖系统冷热源和辅助设备及其管道和管网系统安装完毕后，系统试运转及调试必须符合下列规定：

1）冷热源和辅助设备必须进行单机试运转及调试。

2）冷热源和辅助设备必须同建筑物内空调或采暖系统进行联合试运转及调试。

3）联合试运转及调试结果应符合设计要求，且允许偏差或规定值应符合表 7-3 的有关规定。当联合试运转及调试不在制冷期或采暖期时，应先对表 7-3 中序号 2、3、5、6 四个项目进行检测，并在第一个制冷期或采暖期内，带冷（热）源补做序号 1、4 两个项目的检测。

表 7-3　联合试运转及调试检测项目与允许偏差或规定值

序号	检测项目	允许偏差或规定值
1	室内温度	冬季不得低于设计计算温度 2℃，且不应高于 1℃ 夏季不得高于设计计算温度 2℃，且不应低于 1℃
2	供热系统室外管网的水力平衡度	0.9～1.2
3	供热系统的补水率	≤0.5%
4	室外管网的热输送效率	≥0.92
5	空调机组的水流量	≤20%
6	空调系统冷热水、冷却水总流量	≤10%

检验方法：观察检查；核查试运转和调试记录。

检查数量：全数检查。

（二）一般项目

空调与采暖系统的冷热源设备及其辅助设备、配件的绝热，不得影响其操作功能。

检验方法：观察检查。

检查数量：全数检查。

第九节　配电与照明节能工程

一、一般规定

建筑配电与照明节能工程的施工质量验收，应符合《建筑电气工程施工质量验收规范》（GB 50303）的有关规定、已批准的设计图纸、相关技术规定和合同约定内容的要求。

二、检验批的划分

建筑配电与照明节能工程验收的检验批划分应按本章基本规定中相关验收的规定执行。当需要重新划分检验批时，可按照系统、楼层、建筑分区划分为若干个检验批。

三、检验批质量验收

（一）主控项目

1. 照明光源、灯具及其附属装置的选择必须符合设计要求，进场验收时应对下列技术性能进行核查，并经监理工程师（建设单位代表）检查认可，形成相应的验收、核查记录。质量证明文件和相关技术资料应齐全，并应符合国家现行有关标准和规定。

1）荧光灯灯具和高强度气体放电灯灯具的效率不应低于表 7-4 的规定。

表 7-4　荧光灯灯具和高强度气体放电灯灯具的效率允许值

灯具出光口形式	开敞式	保护罩（玻璃或塑料）		格栅	格栅或透光罩
		透明	磨砂、棱镜		
荧光灯灯具	75%	65%	55%	60%	
高强度气体放电灯灯具	75%	—	—	60%	60%

2）管型荧光灯镇流器能效限定值应不小于表 7-5 的规定。

表 7-5　镇流器能效限定值

标称功率（W）		18	20	22	30	32	36	40
镇流器能效因素（BEF）	电感型	3.154	2.952	2.770	2.232	2.146	2.030	1.992
	电子型	4.778	4.370	3.998	2.870	2.678	2.402	2.270

3）照明设备谐波含量限值应符合表 7-6 的规定。

表 7-6　照明设备谐波含量的限值

谐波次数 n	基波频率下输入电流百分比数表示的最大允许谐波电流（%）
2	2
3	$30\times\lambda$
5	10
7	7
9	5
$11\leqslant n\leqslant 39$（仅有奇次谐波）	3

注：λ 是电路功率因数。

检验方法：观察检查；技术资料和性能检测报告等质量证明文件与实物核对。

检查数量：全数检查。

2. 低压配电系统选择的电缆、电线截面不得低于设计值，进场时应对其截面和每芯导体电阻值进行见证取样送检。每芯导体电阻值应符合表 7-7 的规定。

表 7-7　不同标称截面的电缆、电线每芯导体最大电阻值

标称截面（mm^2）	20℃时导体最大电阻（Ω/km）圆铜导体（不镀金属）
0.5	36.0
0.75	24.5
1.0	18.1
1.5	12.1
2.5	7.41
4	4.61
6	3.08
10	1.83
16	1.15
25	0.727
35	0.524
50	0.387
70	0.268
95	0.193
120	0.153
150	0.124
185	0.0991
240	0.0754
300	0.0601

检验方法：进场时抽样送检，验收时核查检验报告。

检查数量：同厂家各种规格总数的10%，且不少于2个规格。

3. 工程安装完成后应对低压配电系统进行调试，调试合格后应对低压配电电源质量进行检测。其中：

1）供电电压允许偏差：三相供电电压允许偏差为标称系统电压的±7%；单相220V为+7%、-10%。

2）公共电网谐波电压限值为：380V的电网标称电压，电压总谐波畸变率（THDu）为5%，奇次（1～25次）谐波含有率为4%，偶次（2～24次）谐波含有率为2%。

3）谐波电流不应超过表7-8中规定的允许值。

表 7-8　谐波电流允许值

标准电压（kV）	基准短路容量（MVA）	谐波次数及谐波电流允许值（A）											
		2	3	4	5	6	7	8	9	10	11	12	13
0.38	10	78	62	39	62	26	44	19	21	16	28	13	24
		谐波次数及谐波电流允许值（A）											
		14	15	16	17	18	19	20	21	22	23	24	25
		11	12	9.7	18	8.6	16	7.8	8.9	7.1	14	6.5	12

4）三相电压不平衡度允许值为2%，短时不得超过4%。

检验方法：在已安装的变频和照明等可产生谐波的用电设备均可投入的情况下，使用三相电能质量分析仪在变压器的低压侧测量。

检查数量：全部检测。

4. 在通电试运行中，应测试并记录照明系统的照度和功率密度值。

1）照度值不得小于设计值的90%。

2）功率密度之应符合《建筑照明设计标准》（GB 50034）中的规定。

检验方法：在无外界光源的情况下，检测被检区域内平均照度和功率密度。

检查数量：每种功能区检查不少于2处。

（二）一般项目

1. 母线与母线或母线与电器接线端子，当采用螺栓搭接连接时，应采用力矩扳手拧紧，制作应符合《建筑电气工程施工质量验收规范》（GB 50303）标准中的有关规定。

检验方法：使用力矩扳手对压接螺栓进行力矩检测。

检查数量：母线按检验批抽查10%。

2. 交流单芯电缆或分相后的每相电缆宜品字形（三叶形）敷设，且不得形成闭合铁磁回路。

检验方法：观察检查。

检查数量：全数检查。

3. 三相照明配电干线的各相负荷宜分配平衡，其最大相负荷不宜超过三相负荷平均值的115%，最小相负荷不宜小于三相负荷平均值的85%。

检验方法：在建筑物照明通电试运行时开启全部照明负荷，使用三相功率计检测各相负载电流、电压和功率。

检查数量：全部检查。

第十节　监测与控制节能工程

一、一般规定

1. 监测与控制系统施工质量的验收应执行《智能建筑工程质量验收规范》（GB 50339）相关章节的规定和《建筑节能工程施工质量验收规范》（GB 50411—2007）规范的规定。

2. 监测与控制系统验收的主要对象应为采暖、通风与空气调节和配电与照明所采用的监测与控制系统，能耗计量系统以及建筑能源管理系统。

建筑节能工程所涉及的可再生能源利用、建筑冷热电联供系统、能源回收利用以及其他与节能有关的建筑设备监控部分的验收，应参照本节的相关规定执行。

3. 监测与控制系统的施工单位应依据国家相关标准的规定，对施工图设计进行复核。当复核结果不能满足节能要求时，应向设计单位提出修改建议，由设计单位进行设计变更，并经原节能设计审查机构批准。

4. 施工单位应依据设计文件制定系统控制流程图和节能工程施工验收大纲。

5. 监测与控制系统的验收分为工程实施和系统检测两个阶段。

6. 工程实施由施工单位和监理单位随工程实施过程进行，分别对施工质量管理文件、设计符合性、产品质量、安装质量进行检查，及时对隐蔽工程和相关接口进行检查，同时，应由详细的文字和图像资料，并对监测与控制系统进行不少于 168h 的不间断试运行。

7. 系统检测内容应包括对工程实施文件和系统自检文件的复核，对监测与控制系统的安装质量、系统节能监控功能、能源计量及建筑能源管理等进行检查和检测。

系统检测内容分为主控项目和一般项目，系统检测结果是监测与控制系统的验收依据。

8. 对不具备试运行条件的项目，应在审核调试记录的基础上进行模拟检测，以检测监测与控制系统的节能监控功能。

二、检验批的划分

检验批可根据施工、质量控制和专业验收的需要，按照系统、区域等进行划分。

三、检验批质量验收

（一）主控项目

1. 监测与控制系统采用的设备、材料及附属产品进场时，应按照设计要求对其品种、规格、型号、外观和性能等进行检查验收，并应经监理工程师（建设单位代表）检查认可，且应形成相应的质量记录。各种设备、材料和产品附带的质量证明文件和相关技术资料应齐全，并应符合国家现行有关标准和规定。

检验方法：进行外观检查；对照设计要求核查质量证明文件和相关技术资料。

检查数量：全数检查。

2. 监测与控制系统安装质量应符合以下规定：

1）传感器的安装质量应符合《自动化仪表工程施工及质量验收规范》（GB 50093）的有关规定。

2）阀门型号和参数应符合设计要求，其安装位置、阀前后直管段长度、流体方向等应符合产品安装要求。

3）压力和压差仪表的取压点、仪表配套的阀门安装应符合产品要求。

4）流量仪表的型号和参数、仪表前后的直管段长度等应符合产品要求。

5）温度传感器的安装位置、插入深度应符合产品要求。

6）变频器安装位置、电源回路敷设、控制回路敷设应符合设计要求。

7）智能化变风量末端装置的温度设定器安装位置应符合产品要求。

8）涉及节能控制的关键传感器应预留检测孔或检测位置，管道保温时应做明显标注。

检验方法：对照图纸或产品说明书目测和尺量检查。

检查数量：每种仪表按 20%抽检，不足 10 台全部检查。

3. 对经过试运行的项目，其系统的投入情况、监控功能、故障报警连锁控制及数据采集等功能，应符合设计要求。

检验方法：调用节能监控系统的历史数据、控制流程图和试运行记录，对数据进行分析。

检查数量：检查全部进行过试运行的系统。

4. 空调与采暖的冷热源、空调水系统的监测控制系统应成功运行，控制及故障报警功能应符合设计要求。

检验方法：在中央工作站使用检测系统软件，或采用在直接数字控制器或冷热源系统自带控制器上改变参数设定值和输入参数值，检测控制系统的投入情况及控制功能；在工作站或现场模拟故障，检测故障监视、记录和报警功能。

检查数量：全部检测。

5. 通风与空调监测控制系统的控制功能及故障报警功能应符合设计要求。

检验方法：在中央工作站使用检测系统软件，或采用在直接数字控制器或通风与空调系统自带控制器上改变参数设定值和输入参数值，检测控制系统的投入情况及控制功能；在工作站或现场模拟故障，检测故障监视、记录和报警功能。

检查数量：按总数的 20％抽样检测，不足 5 台全部检测。

6. 监测与计量装置的检测计量数据应准确，并符合系统对测量准确度的要求。

检验方法：用标准仪器仪表在现场实测数据，将此数据分别与直接数字控制器和中央工作站显示数据进行比对。

检查数量：按 20％抽样检测，不足 10 台全部检测。

7. 供配电的监测与数据采集系统应符合设计要求。

检验方法：试运行时，监测供配电系统的运行工况，在中央工作站检查运行数据和报警功能。

检查数量：全部检测。

8. 照明自动控制系统的功能应符合设计要求，当设计无要求时应实现下列控制功能：

1）大型公共建筑的公用照明区应采用集中控制并应按照建筑使用条件和天然采光状况采取分区、分组控制措施，并按需要采用调光或降低照度的控制措施。

2）旅馆的每间（套）客房应设置节能控制型开关。

3）居住建筑有天然采光的楼梯间、走道的一般照明，应采用节能自熄开关。

4）房间或场所设有两列或多列灯具时，应按下列方式控制：

（1）所控灯列与侧窗平行。

（2）电教室、会议室、多功能厅、报告厅等场所，按靠近或远离讲台分组。

9. 检验方法：

1）现场操作检查控制方式。

2）依据施工图，按回路分组，在中央工作站上进行被检回路的开关控制，观察相应回路的动作情况。

3）在中央工作站改变时间表控制程序的设定，观察相应回路的动作情况。

4）在中央工作站采用改变光照度设定值、室内人员分布等方式，观察相应回路的控制情况。

5）在中央工作站改变场景控制方式，观察相应的控制情况。

检查数量：现场操作检查为全数检查，在中央工作站上检查按照明控制箱总数的 5％检测，不足 5 台全部检测。

10. 综合控制系统应对以下项目进行功能检测，检测结果应满足设计要求：

1）建筑能源系统的协调功能。

2）采暖、通风与空调系统的优化监控。

检验方法：采用人为输入数据的方法进行模拟测试，按不同的运行工况检测协调控制和优化监控功能。

检查数量：全部检测。

11. 建筑能源管理系统的能耗数据采集与分析功能，设备管理和运行管理功能，优化能源调度功能，数据集成功能应符合设计要求。

检验方法：对管理软件进行功能检测。

检查数量：全部检查。

（二）一般项目

检测监测与控制系统的可靠性、实时性、可维护性等系统性能，主要包括下列内容：

1）控制设备的有效性，执行器动作应与控制系统的指令一致，控制系统性能稳定符合设计要求。

2）控制系统的采样速度、操作响应时间、报警反应速度应符合设计要求。

3）冗余设备的故障检测正确性及其切换时间和切换功能应符合设计要求。

4）应用软件的在线编程（组态）、参数修改、下载功能、设备及网络故障自检测功能应符合设计要求。

5）控制器的数据存储能力和所占存储容量应符合设计要求。

6）故障检测与诊断系统的报警和显示功能应符合设计要求。

7）设备启动和停止功能及状态显示应正确。

8）被控设备的顺序控制和连锁功能应可靠。

9）应具备自动控制、远程控制以及现场控制模式下的命令冲突检测功能。

10）人机界面及可视化检查。

检验方法：分别在中央工作站、现场控制器和现场利用参数设定、程序下载、故障设定、数据修改和事件设定等方法，通过与设定的显示要求对照，进行上述系统的性能检测。

检查数量：全部检测。

第十一节　建筑节能工程现场检验

一、围护结构现场实体检验

1. 建筑围护结构施工完成后，应对围护结构的外墙节能构造和严寒、寒冷、夏热冬冷地区的外窗气密性进行现场实体检测。当条件具备时，也可直接对围护结构的传热系数进行检测。

2. 外墙节能构造的现场实体检验方法见附录。其检验目的是：

1）验证墙体保温材料的种类是否符合设计要求。

2）验证保温层厚度是否符合设计要求。

3）检查保温层构造做法是否符合设计和施工方案要求。

3. 严寒、寒冷、夏热冬冷地区的外窗现场实体检测应按照国家现行有关标准的规定执行。其检验目的是验证建筑外窗气密性是否符合节能设计要求和国家有关标准的规定。

4. 外墙节能构造和外窗气密性的现场实体检验，其抽样数量可以在合同中约定，但合同中约定的数量不应低于《建筑节能工程施工质量验收规范》（GB 50411—2007）的要求。当无合同约定时应按照下列规定抽样：

1）每个单位工程的外墙至少抽查 3 处，每处一个检查点；当一个单位工程外墙有 2 种以上节能保温做法时，每种节能做法的外墙应抽查不少于 3 处。

2）每个单位工程的外窗至少抽查3樘。当一个单位工程外窗有2种以上品种、类型和开启方式时，每种品种、类型和开启方式的外窗应抽查不少于3樘。

5. 外墙节能构造的现场实体检验应在监理（建设）人员见证下实施，可委托有资质的检测机构实施，也可由施工单位实施。

6. 外窗气密性的现场实体检测应在监理（建设）人员见证下抽样，委托有资质的检测机构实施。

7. 当对围护结构的传热系数进行检测时，应由建设单位委托具备检测资质的检测机构承担；其检测方法、抽样数量、检测部位和合格判定标准等可在合同中约定。

8. 当外墙节能构造或外窗气密性现场实体检验出现不符合设计要求和标准规定的情况时，应委托有资质的检测机构扩大一倍数量抽样，对不符合要求的项目或参数再次检验。仍然不符合要求时应给出“不符合设计要求”的结论。

对于不符合设计要求的围护结构节能构造应查找原因，对因此造成的对建筑节能的影响程度进行计算或评估，采取技术措施予以弥补或消除后重新进行检测，合格后方可通过验收。

对于建筑外窗气密性不符合设计要求和国家现行标准规定的，应查找原因进行修理，使其达到要求后重新进行检测，合格后方可通过验收。

二、系统节能性能检测

1. 采暖、通风与空调、配电与照明工程安装完成后，应进行系统节能性能的检测，且应由建设单位委托具有相应检测资质的检测机构检测并出具报告。受季节影响未进行的节能性能检测项目，应在保修期内补做。

2. 采暖、通风与空调、配电与照明系统节能性能检测的主要项目及要求见表7-9，其检测方法应按国家现行有关标准规定执行。

表7-9　系统节能性能检测主要项目及要求

序号	检测项目	抽样数量	允许偏差或规定值
1	室内温度	居住建筑每户抽测卧室或起居室1间，其他建筑按房间总数抽测10%	冬季不得低于设计计算温度2℃，且不应高于1℃；夏季不得高于设计计算温度2℃，且不应低于1℃
2	供热系统室外管网的水力平衡度	每个热源与换热站均不少于1个独立的供热系统	0.9～1.2
3	供热系统的补水率	每个热源与换热站均不少于1个独立的供热系统	0.5%～1%
4	室外管网的热输送效率	每个热源与换热站均不少于1个独立的供热系统	≥0.92
5	各风口的风量	按风管系统数量抽查10%，且不得少于1个系统	≤15%
6	通风与空调系统的总风量	按风管系统数量抽查10%，且不得少于1个系统	≤10%
7	空调机组的水流量	按系统数量抽查10%，且不得少于1个系统	≤20%
8	空调系统冷热水、冷却水总流量	全数	≤10%
9	平均照度与照明功率密度	按同一功能区不少于2处	≤10%

3. 系统节能性能检测的项目和抽样数量也可以在工程合同中约定，必要时可增加其他检测项目，但合同中约定的检测项目和数量不应低于《建筑节能工程施工质量验收规范》（GB 50411—2007）的规定。

附录　外墙节能构造钻芯检验方法

1. 本方法适用于检验带有保温层的建筑外墙其节能构造是否符合设计要求。

2. 钻芯检验外墙节能构造应在外墙施工完工后、节能分部工程验收前进行。

3. 钻芯检验外墙节能构造的取样部位和数量，应遵守下列规定：

1）取样部位应由监理（建设）与施工双方共同确定，不得在外墙施工前预先确定；

2）取样部位应选取节能构造有代表性的外墙上相对隐蔽的部位，并宜兼顾不同朝向和楼层；取样部位必须确保钻芯操作安全，且应方便操作；

3）外墙取样数量为一个单位工程每种节能保温做法至少取 3 个芯样。取样部位宜均匀分布，不宜在同一个房间外墙上取 2 个或 2 个以上芯样。

4. 钻芯检验外墙节能构造应在监理（建设）人员见证下实施。

5. 钻芯检验外墙节能构造可采用空心钻头，从保温层一侧钻取直径 70mm 的芯样。钻取芯样深度为钻透保温层到达结构层或基层表面，必要时也可钻透墙体。

当外墙的表层坚硬不易钻透时，也可局部剔除坚硬的面层后钻取芯样。但钻取芯样后应恢复原有外墙的表面装饰层。

6. 钻取芯样时应尽量避免冷却水流入墙体内及污染墙面。从空芯钻头中取出芯样时应谨慎操作，以保持芯样完整。当芯样严重破损难以准确判断节能构造或保温层厚度时，应重新取样检验。

7. 对钻取的芯样，应按照下列规定进行检查：

1）对照设计图纸观察、判断保温材料种类是否符合设计要求；必要时也可采用其他方法加以判断；

2）用分度值为 1mm 的钢尺，在垂直于芯样表面（外墙面）的方向上量取保温层厚度，精确到 1mm；

3）观察或剖开检查保温层构造做法是否符合设计和施工方案要求。

8. 在垂直于芯样表面（外墙面）的方向上实测芯样保温层厚度，当实测芯样厚度的平均值达到设计厚度的 95%及以上且最小值不低于设计厚度的 90%时，应判定保温层厚度符合设计要求；否则，应判定保温层厚度不符合设计要求。

9. 实施钻芯检验外墙节能构造的机构应出具检验报告。检验报告至少应包括下列内容：

1）抽样方法、抽样数量与抽样部位；

2）芯样状态的描述；

3）实测保温层厚度，设计要求厚度；

4）按照本章第十一节围护结构现场实体检验中第 2 条的检验目的给出是否符合设计要求的检验结论；

5）附有带标尺的芯样照片并在照片上注明每个芯样的取样部位；

6）监理（建设）单位取样见证人的见证意见；

7）参加现场检验的人员及现场检验时间；

8）检测发现的其他情况和相关信息。

10. 当取样检验结果不符合设计要求时，应委托具备检测资质的见证检测机构增加一倍数量再次取样检验。仍不符合设计要求时应判断围护结构节能构造不符合设计要求。此时应根据检验结果委托原设计单位或其他有资质的单位重新验算房屋的热工性能，提出技术处理方案。

11. 外墙取样部位的修补，可采用聚苯板或其他保温材料制成的圆柱形塞填充并用建筑密封胶密封。修补后宜在取样部位挂贴注有“外墙节能构造检验点”的标志牌。

参考文献

[1] 中国建筑工程总公司，建筑工程施工工艺标准汇编［M］．北京：中国建筑工业出版社，2008.

[2] 河北省工程建设质量监督检测管理总站，建筑工程质量监督与管理［M］．北京：中国建筑工业出版社，2011.

[3] 中国建筑业协会工程建设质量监督与检测分会，建筑工程施工质量验收统一标准填写规范与指南［M］．北京：中国建筑工业出版社，2016.

[4] GB 50007—2011 建筑地基基础设计规范［S］

[5] GB 50026—2007 工程测量规范［S］

[6] GB 50202—2002 建筑地基基础工程施工质量验收规范［S］

[7] GB 50300—2013 建筑工程施工质量验收统一标准［S］

[8] GB 50330—2002 建筑边坡工程技术规范［S］

[9] JGJ 79—2011 建筑地基处理技术规范［S］

[10] JGJ 94—2008 建筑桩基技术规范［S］

[11] GB 50924—2014 砌体结构工程施工规范［S］

[12] GB 50203—2011 砌体工程施工质量验收规范［S］

[13] JGJ/T 14—2011 混凝土小型空心砌块建筑技术规程［S］

[14] JGJ 104—2011 建筑工程冬期施工规范［S］

[15] GB 50204—2015 混凝土结构工程施工质量验收规范［S］

[16] JGJ 162—2008 建筑施工模板安全技术规范［S］

[17] JGJ 144—2008 外墙外保温工程技术规程［S］

[18] JGJ 92—2004 无粘结预应力混凝土结构技术规程［S］

[19] GB 50164—2011 混凝土质量控制标准［S］

[20] GB 50496—2009 大体积混凝土施工规范［S］

[21] JGJ 74—2003 建筑工程大模板技术规程［S］

[22] JGJ 80—2016 建筑施工高处作业安全技术规范［S］

[23] GB 50017—2003 钢结构设计规范［S］

[24] GB 50018—2002 冷弯薄壁型钢结构设计规范［S］

[25] GB 50666—2011 混凝土结构工程施工规范［S］

[26] GB 50010—2010 混凝土结构设计规范［S］

[27] GB 50011—2010 建筑抗震设计规范［S］

[28] GB 50205—2012 钢结构工程施工质量验收规范［S］

[29] GB 50661—2011 钢结构焊接规范［S］

[30] GB 50755—2012 钢结构工程施工规范［S］

[31] GB 50207—2012 屋面工程质量验收规范［S］

[32] GB 50345—2012 屋面工程技术规范［S］

[33] GB 50411—2007 建筑节能工程施工质量验收规范［S］

[34] DB13（J）145—2012 建筑工程资料管理规程［S］

模拟试卷（A）

一、单选题

1. 根据《建筑企业资质管理规定》施工总承包有(　　)个类别。

A. 4　　B. 5　　C. 10　　D. 12

2. 建筑工程开工前(　　)应当按国家有关规定向工程所在地县级以上人民政府建设行政主管部门申请领取施工许可证。

A. 建设单位　　B. 总包单位　　C. 分包单位　　D. 监理单位

3. 下列各选项中，不属于《中华人民共和国建筑法》规定约束的是(　　)。

A. 建筑工程发包与承包　　B. 建筑工程涉及的土地征用

C. 建筑安全生产管理　　D. 建筑工程质量管理

4. 某建筑公司承包某科技有限公司的办公楼扩建项目，根据《中华人民共和国建筑法》有关建筑工程承发包的有关规定，该公司可以(　　)。

A. 把工程转让给安民建筑公司

B. 把工程分为土建工程和安装工程，分别转让给两家有相应资质的建筑公司

C. 经某科技有限公司同意，把内墙抹灰工程发包给别的建筑公司

D. 经某科技有限公司同意，把主体结构的施工发包给别的建筑公司

5. (　　)的颁布实施，标志着安全生产成为我国现阶段建筑业工作的重点，安全生产制度被确立为促进我国建筑业发展的一项根本制度。

A.《中华人民共和国建筑法》　　B.《中华人民共和国安全生产法》

C.《建筑工程安全生产管理条例》　　D.《建设工程质量管理条例》

6. 建设单位应当将施工图设计文件报(　　)人民政府建设行政主管部门或者其他有关部门审查。

A. 乡级以上　　B. 县级以上　　C. 省级以上　　D. 市级以上

7. 建设单位在领取施工许可证或者开工报告(　　)，应当按照国家有关规定办理工程质量监督手续。

A. 前　　B. 后　　C. 中　　D. 过程

8. 企业应当自工伤事故发生之日起或职业病确诊之日起，在法定期限内向当地劳动行政部门提出工伤报告，这一法定期限为(　　)。

A. 16 日　　B. 18 日　　C. 15 日　　D. 30 日

9. 下列选项中，不属于仲裁委员会备案范围的是(　　)。

A. 企业开除其职工

B. 职工甲因购买本公司商品与公司发生争议

C. 因履行劳动合同发生争议

D. 某公司在与甲签订劳动合同时确定工资为 1000 元/月，后违约只给 800 元/月

10.（　　）是组织设置的项目管理机构，承担项目实施的管理任务和目标实现的全面责任。

A. 项目经理　　B. 企业　　C. 项目经理部　　D. 企业法人

11.（　　）应作为项目管理的基本制度，是评价项目经理绩效的依据。

A. 安全生产责任制　　B. 项目绩效考核制度

C. 领导带班制度　　D. 项目经理责任制

12.《建设工程项目管理规范规定》中规定：项目部所需的A类材料应编制需用计划，由（　　）负责订货或从市场中采购。

A. 项目部　　B. 项目经理　　C. 项目总工　　D. 企业物资部门

13. 当建设工程施工合同因工程价款结算引起双方当事人发生争议而通过仲裁机构裁决后，如果当事人一方不执行，另一方当事人可以向（　　）人民法院申请强制执行。

A. 合同签订地　　B. 工程所在地　　C. 发包人住所地　　D. 承包人住所地

14. 建筑总平面图中的尺寸单位是（　　）

A. 毫米　　B. 厘米　　C. 米　　D. 公分

15. 绝对标高标注在（　　）中

A. 建筑平面图　　B. 建筑立面图　　C. 建筑详图　　D. 建筑总平面图

16. 施工图中标注的尺寸是（　　）。

A. 设计尺寸　　B. 按比例缩小后的尺寸

C. 按比例放大后的尺寸　　D. 据情况而定

17. 建筑平面图是假想用一个水平剖切平面在（　　）适当位置将房屋剖切开来所作的水平面投影图。

A. 勒脚以上　　B. 窗台线以上　　C. 楼面以上　　D. 圈梁以上

18. 在立面图中，最外轮廓线采用（　　）表示。

A. 粗实线　　B. 中实线　　C. 细线　　D. 点画线

19. 下列选项中，属于水硬性胶凝材料的是（　　）

A. 火山灰水泥　　B. 石灰　　C. 石膏　　D. 水玻璃

20. 水泥强度是根据规定龄期的（　　）划分的。

A. 抗压强度　　B. 抗折强度

C. 抗压强度和抗折强度　　D. 抗压强度和抗拉强度

21. 国家标准规定硅酸盐水泥的强度等级是以水泥胶砂试件在（　　）龄期的强度来评定。

A. 28d　　B. 3d 和 28d　　C. 3d、7d 和 28d　　D. 7d 和 28d

22. 下列各种水泥中，耐热性最好的是（　　）。

A. 硅酸盐水泥　　B. 普通硅酸盐水泥

C. 矿渣硅酸盐水泥　　D. 火山灰质硅酸盐水泥

23. 国家规定，混凝土立方体抗压强度以立方体试件在标准条件下养护28d时测定，该立方体的边长规定为（　　）。

A. 200mm×200mm×200mm　　B. 150mm×150mm×150mm

C. 100mm×100mm×100mm　　D. 50mm×50mm×50mm

24. 关于抹面砂浆的选用，（　　）表述是不正确的。

A. 水泥砂浆多用于易受碰击磨损和受水潮湿的环境，如室内外地面受水作用的构件表面和容易潮湿的墙面等

B. 水泥石灰混合砂浆多用于室内混凝土构件表面和墙柱表面抹灰的底层和中层

C. 石灰砂浆可用于室外墙柱和容易潮湿的墙面等

D. 掺入纸筋的纸筋石灰浆，则用于干燥的墙柱表面和顶棚抹灰的面层

25. 水泥石灰混合砂浆多用于(　　)。

A. 易受碰击磨损　　B. 受水潮湿的环境

C. 室内混凝土构件表面　　D. 潮湿的墙柱表面

26. 冲击韧性指标是通过冲击试验确定的，冲击韧性值越大，说明(　　)。

A. 钢材断裂前吸收的能量越多，钢材的冲击韧性越差

B. 钢材断裂前吸收的能量越少，钢材的冲击韧性越好

C. 钢材断裂前吸收的能量越少，钢材的冲击韧性越差

D. 钢材断裂前吸收的能量越多，钢材的冲击韧性越好

27. 钢筋的冷弯性能是检验钢筋在(　　)性质。

A. 常温下的抵抗弹性变形性能　　B. 常温下的抵抗塑性变形性能

C. 负温下的抵抗弹性变形性能　　D. 负温下的抵抗塑性变形性能

28. 石油沥青的组分长期在大气中将会转化，其转化顺序为(　　)

A. 按油分—树脂—地沥青质的顺序递变　B. 固定不变

C. 按地沥青质—树脂—油分的顺序递变　D. 不断减少

29. 为保证基础的稳定性，基础的埋置深度不能浅于(　　)。

A. 300mm　　B. 200mm　　C. 500mm　　D. 400mm

30. 圈梁应连续地设在同一水平面上，并形成封闭状，当圈梁被门窗洞口截断时，应在洞口(　　)附加圈梁。

A. 下部增设一道断面小于圈梁的　　B. 上部增设一道断面小于圈梁的

C. 下部增设一道断面不小于圈梁的　　D. 上部增设一道断面不小于圈梁的

31. 在受力刚体上加上或去掉任何一个平衡力系. 并不改变原力系对刚体的作用效果，称为(　　)。

A. 作用力与反作用力公理　　B. 加减平衡力系公理

C. 力的平行四边形法则　　D. 二力平衡公理

32. 刚性基础基本上不可能发生(　　)。

A. 挠曲变形　　B. 弯曲变形　　C. 剪切变形　　D. 轴向拉压变形

33. 扩展基础的混凝土强度等级不应低于(　　)。

A. C10　　B. C15　　C. C20　　D. C30

34. 在调节水准仪粗平时，要求气泡移动的方向与左手大拇指转动脚螺旋的方向(　　)。

A. 相反　　B. 相同　　C. 不能确定　　D. 无关

35. 天然状态下的土经开挖后，其体积因松散而增加，虽经回填夯实也不能恢复到原来的体积，土的这种性质称为土的(　　)。

A. 最初可松性系数　B. 最终可松性系数　C. 可松性　　D. 渗透性

36. 反铲挖土机的挖土特点是(　　)。

A. 后退向下，强制切土　　B. 前进向上，强制切土

C. 后退向下，自重切土　　D. 直上直下，自重切土

37. 下列地基处理的方法中属于复合地基的是(　　)。

A. 换填垫层　　B. 加筋垫层

C. 压实、夯实、挤密地基　　D. 水泥粉煤灰碎石桩

38. CFG 桩是(　　)的简称。

A. 低标号素混凝土桩　　B. 水泥白灰碎石桩

C. 白灰粉煤灰碎石桩　　D. 水泥粉煤灰碎石桩

39. 砌体结构工程施工所用的施工图应经审查机构审查合格；当需变更时，应由(　　)同意并提供有效设计变更文件。

A. 施工单位　　B. 原设计单位　　C. 建设单位　　D. 监理单位

40. 水泥在使用中，对其质量有怀疑或水泥出厂超过(　　)个月时，应进行复验，并按复验结果使用。

A. 一　　B. 二　　C. 三　　D. 四

41. 施工前高大模板支架应编制施工方案，还应按有关规定进行(　　)。

A. 专家论证　　B. 技术论证　　C. 技术交底　　D. 设计交底

42. 梁跨度为 8m 时，梁底支模的起拱高度可取(　　)mm。

A. 4～12　　B. 8～24　　C. 16～48　　D. 20～60

43. 模板拆除顺序应按设计方案进行。当无规定时，应按照顺序(　　)拆除混凝土模板。

A. 先支后拆，后支先拆　　B. 先支先拆，后支后拆

C. 先拆承重模板，后拆非承重模板　　D. 先拆复杂部分，后拆简单部分

44. 悬挑长度为 1.8m、混凝土强度为 C35 的现浇阳台板，当混凝土强度至少达到(　　)时方可拆除底模。

A. $15N/mm^2$　　B. $22.5N/mm^2$　　C. $21N/mm^2$　　D. $35N/mm^2$

45. 钢结构工程实施前，应有经(　　)审批的施工组织设计、与其配套的专项施工方案等技术文件，并按有关规定报送监理工程师或业主代表。

A. 项目技术负责人　B. 施工单位技术负责人C. 主管工程师　　D. 建设单位

46. 设计要求全焊透的一、二级焊缝，内部缺陷的检验方法是(　　)

A. 用超声波检查，不用判断缺陷时采用射线探伤

B. 用射线探伤检查，不用判断缺陷时采用超声波

C. 先用超声波检查，再用射线探伤

D. 先用射线探伤，再用超声波检查

47. 单层钢结构分项工程检验批按(　　)划分。

A. 变形缝　　B. 施工段

C. 屋面、墙板、楼面等　　D. 楼层

48. 高强度螺栓的初拧、复拧、终拧应在(　　)完成。

A. 4 小时　　B. 同一天　　C. 8 小时　　D. 两天内

49. 地下工程的防水等级分为(　　)级。

A. 一　　B. 二　　C. 三　　D. 四

50. 防水混凝土的配合比应经试验确定，试配要求的抗渗水压值应比设计值(　　)。

A. 提高 0.2MPa　B. 提高 0.5MPa　C. 提高 1.0MPa　D. 提高 5.0MPa

51. 防水混凝土连续浇筑每 500m^3 应留置一组(　　)个抗渗试件，且每项工程不得少于两组。

A. 3　B. 5　C. 6　D. 9

52. 室内墙面、柱面和门洞口的护角高度不应低于(　　)。

A. 1.5 m　B. 1.8 m　C. 2 m　D. 全高

53. 室内墙面、柱面和门洞口的护角每侧宽度不应小于(　　)mm。

A. 20　B. 50　C. 80　D. 100

54. 重点、难点分部（分项）工程和专项工程施工方案应由施工单位技术部门组织相关专家评审，(　　)批准；

A. 监理工程师　B. 项目技术负责人

C. 项目负责人　D. 施工单位技术负责人

55. 对下列达到一定规模的危险性较大的分部（分项）工程编制专项施工方案，并附具安全验算结果，经施工单位技术负责人、(　　)签字后实施。

A. 总监理工程师　B. 项目技术负责人

C. 项目负责人　D. 施工单位技术负责人

56. 施工前，应由施工单位制定分项工程和检验批的划分方案，并由(　　)审核。

A. 监理工程师　B. 项目技术负责人

C. 监理单位　D. 项目负责人

57. 单位工程质量竣工验收记录由施工单位填写，验收结论由(　　)填写。

A. 监理工程师　B. 监理单位　C. 总监理工程师　D. 项目负责人

58. 按照施工质量验收层次划分方法，屋面工程中卷材防水层属于(　　)。

A. 检验批　B. 分项工程　C. 分部工程　D. 单位工程

59. 按照施工质量验收层次划分方法，屋面工程中细部构造属于(　　)。

A. 检验批　B. 分项工程　C. 子分部工程　D. 分部工程

60. 下列属于土方回填工程的施工质量控制点的是(　　)。

A. 回填深度　B. 压实度　C. 基底土质　D. 基坑尺寸

61. 下列属于钢筋安装工程质量控制点的是(　　)。

A. 钢筋安装的位置　B. 钢筋保护层的厚度

C. 钢筋绑扎的质量　D. 接头位置的设置

62. 相同材料和做法的屋面，每(　　)m^2 为一个检验批。

A. 100　B. 300　C. 500　D. 1000

63. 保温层平均厚度必须符合设计要求，不允许有(　　)。

A. 负偏差　B. 正偏差　C. 偏差　D. 无要求

64. 复验是指建筑材料、设备等进入施工现场后，在(　　)符合要求的基础上，按照有关规定从施工现场抽取试样送至试验室进行检验的活动。

A. 外观质量检查　B. 质量证明文件核查

C. 合格证　D. A 与 B

65. 按照《建筑工程施工质量验收统一标准》(GB 50300－2013)，当专业验收规范对工程中的验收项目未做出相应规定时，应由(　　)组织监理、设计、施工等相关单位制定专项验收要求。

A. 质量监督单位　B. 勘察单位　C. 建设单位　D. 建设管理局

66. 以下水准仪中哪一种型号的精度最高。(　　)

A. DS10　B. DS3　C. DS05　D. DS1

67. 单位工程完工后，施工单位自检合格，应向(　　)提交工程竣工报告，申请工程竣工验收。

A. 监理单位　B. 建设单位　C. 设计单位　D. 勘察单位

68. 屋面防水工程、有防水要求的卫生间、房间和外墙面的防渗漏工程的最低的保修期为(　　)年。

A. 1　B. 2　C. 5　D. 10

69. 电气管线、给排水管道、设备安装和装修工程的最低保修期为(　　)年。

A. 2　B. 5　C. 10　D. 20

70. 防止边坡塌方或滑坡的措施有不包括(　　)。

A. 在施工中严格按照设计边坡开挖放坡

B. 做好地面排水，避免在影响边坡稳定的范围内积水.

C. 基坑周边范围内堆土

D. 在施工期间，加强周边环境的边坡监护、观测

71. 引起砌体裂缝的原因不包括(　　)。

A. 地基不均匀沉降　B. 温差变化

C. 砖砌体承载力不足　D. 砌块质量差

72. 《砌体结构工程施工质量验收规范》(GB 50203—2011)规定，施工时所用的小砌块的产品龄期不应小于(　　)。

A. 12d　B. 24d　C. 28d　D. 36d

73. 模板工程施工中，下列做法(　　)最易造成成型后梁中部下挠，底部混凝土面不平这一质量通病。

A. 模板加工尺寸误差大　B. 模板支撑的基层土不实

C. 模板斜支撑安装不紧　D. 模板未刷隔离剂

74. 钢材、钢铸件的品种、规格、性能等应符合现行国家产品标准和设计要求。下述对其检验标准的描述不妥的是(　　)。

A. 要检查质量合格证明文件　B. 要检查中文标志

C. 要检查出厂检验报告　D. 要进行抽样检查

75. 墙体节能工程验收的检验划分，采用相同材料，工艺和施工做法的墙面，每(　　)m²面积划分一个检验批；不足(　　)m²也为一个检验批。

A. 500～1000；500　B. 400～800；400　C. 600～1200；600　D. 1000～1500；1000

76. 基础的超量沉降可能随上部荷载的增加而继续发展；混凝土结构出现裂缝可能随环境温度的不同而发展，构造的变形会随荷载作用持续的时间增长而增大。这些现象体现出建筑工程质量事故的(　　)。

A. 复杂性　　B. 严重性　　C. 可变性　　D. 多发性

77. 水泥砂浆地面施工不正确的做法是(　　)。

A. 基层处理应达到密实、平整、无积水、无起砂

B. 水泥砂浆铺设前，先涂刷水泥浆黏结层

C. 水泥砂浆初凝前完成抹面和压光

D. 整体面层施工后，养护时间不应少于 7d；抗压强度应达到 5MPa 后方准上人行走；

78. 某建筑有防水要求的地砖地面检验批数量共 4 间房间，则检验时抽检房间数量应为(　　)间。

A. 1　　B. 2　　C. 3　　D. 4

79. 对一、二、三级抗震等级的框架结构，当设计无具体要求时，其纵向受力钢筋检验所得的钢筋的抗拉强度实测值与屈服强度实测值的比值不应小于(　　)。

A. 1.2　　B. 1.25　　C. 1.3　　D. 1.4

80. 当发现钢筋脆断，焊接性能不良或力学性能显著不正常等现象时，应对该批钢筋进行(　　)检验或其他专项检查。

A. 屈服强度　　B. 化学成分　　C. 伸长率　　D. 抗拉强度

二、多选题

1. 建设工程施工合同具有下列情形之一的，认定无效。(　　)

A. 施工总承包单位将劳务作业分包给具有相应资质等级的劳务分包企业的

B. 建设工程必须进行招标而未进行招标或者中标无效的

C. 承包人未取得建筑施工企业资质或者超越资质等级的

D. 没有资质的实际施工人借用有资质的建筑施工企业名义的

2.《建筑法》规定：禁止总承包单位将工程分包给不具备相应资质条件的单位，禁止分包单位将其承包的工程再分包。以下情形属于违法分包的是(　　)。

A. 分包单位将其承包的建设工程再分包的

B. 施工总承包人或专业分包人将其承包工程中的劳务作业分包给劳务分包企业

C. 总承包单位将建设工程分包给不具备相应资质条件的单位的

D. 建设工程总承包合同中未有约定，又未经建设单位认可，承包单位将其承包的部分建设工程交由其他单位完成的

3. 建设单位应当向施工单位提供(　　)，并保证资料的真实、准确、完整。

A. 建设项目周围环境现状

B. 相邻建筑物和构筑物、地下工程的有关资料

C. 气象和水文观测材料

D. 施工现场及毗邻区域内供水、排水、供电、供气、供热、通信、广播电视等地下管线资料

4. 以下各项中，属于施工单位的质量责任和义务的有(　　)。

A. 建立质量保证体系

B. 见证取样

C. 对建筑材料、构配件和设备进行检验的责任

D. 组织竣工验收

5. 职业健康安全生产三级教育指(　　)，未经教育的人员不得上岗作业。

A. 公司教育　　B. 项目经理部教育

C. 作业队教育　　D. 委培教育

6. 项目目标动态控制的纠偏措施主要包括(　　)。

A. 组织措施　　B. 管理措施　　C. 经济措施　　D. 技术措施

7. 建筑施工图中包括(　　)。

A. 框架柱配筋平面图　　B. 建筑平面图

C. 立面图　　D. 建筑详图

8. 施工图中尺寸标注由(　　)组成。

A. 尺寸线　　B. 尺寸界限　　C. 起止符号　　D. 数值

9. 从(　　)图中可以读出建筑的总高。

A. 建筑总平面图　　B. 建筑平面图　　C. 建筑剖面图　　D. 墙身详图

10. 在画全剖面图时，要标注(　　)等内容。

A. 剖切位置线　　B. 投影方向线　　C. 编号　　D. 位置

11. 在下列按用途和性能分类的水泥中，属于通用水泥的是(　　)。

A. 硅酸盐水泥　　B. 火山灰质硅酸盐水泥

C. 白色硅酸盐水泥　　D. 快硬硅酸盐水泥

12. 混凝土具有的优点有(　　)。

1. 易于加工成型　　B. 抗拉强度高

C. 可调整性强　　D 经久耐用，维修费用低

13. 下列选项中，关于建筑钢材的优缺点，正确的说法是(　　)。

A. 在建筑中可用作各种构件，特别适用于大跨度及高层建筑

B. 在钢筋混凝土中，能弥补混凝土抗拉、抗弯、抗剪和抗裂性能较低的缺点

C. 在常温下建筑钢材能承受较大的塑性变形，可以进行冷弯、冷拉、冷拔、冷轧各种冷加工

D. 可以焊接和铆接，便于装配

14. 下面具有承重作用的是(　　)。

A. 门窗　　B. 墙体　　C. 基础　　D. 屋顶

15. 作用在同一物体上的两个力，使刚体平衡的必要和充分条件是(　　)。

A. 两个力的大小相等　　B. 方向相反

C. 作用在同一直线上　　D. 必须作用在同意作用点上

16. 对于房屋顶层墙体，下列防止或减轻墙体开裂的构造措施中，正确的有(　　)。

A. 可以在屋面设保温与隔热层

B. 可以增大基础圈梁的刚度

C. 可以在顶层屋面板下设现浇钢筋混凝土圈梁

D. 可以在顶层屋面板下设现浇屋盖和瓦材屋盖

17. 多层砌体房屋抗震构造措施中，下列正确的是(　　)。

A. 纵横墙数量可以相差较远

B. 纵横墙的布置宜均匀对称，沿平面内宜对齐，沿竖向应上下连续

C. 同一轴线上的窗间墙宽度宜均匀

D. 应优先采用横墙承重或纵横墙共同承重的结构体系

18. 下列砖砌体构造或部位应设置拉结筋的有(　　)。

A. 构造柱砌体　　B. 斜槎砌体

C. 直槎砌体　　D. 预留临时洞口砌体

19. 混凝土模板支撑工程，下列(　　)属于超过一定规模的危险性较大的分部分项工程。

A. 搭设高度 5m 的模板支撑工程

B. 搭设跨度 18m 及以上的模板支撑工程

C. 施工总荷载 $15kN/m^2$ 的模板支撑工程

D. 集中线荷载 20kN/m 的模板支撑工程

20. 对属于下列情况之一的钢材，应进行抽样复验(　　)。

A. 进口钢材　　B. 设计有复验要求的钢材

C. 钢材混批　　D. 对质量有疑义的钢材

三、判断题（正确的选 A，错误的选 B）

1. 在我国的建设法规的五个层次中，法律效力的层级是上位法高于下位法，具体表现为：建设法律→建设行政法规→建设部门规章→地方性建设法规→地方建设规章。(　　)

2. 承包建筑工程的单位只要实际资质等级达到法律规定，即可在其资质等级许可的业务范围内承揽工程。(　　)

3. 建设单位由于没有履行职责造成人员伤亡和事故损失的，依法给予不同金额的罚款处理。(　　)

4. 建筑施工企业，应当依法为从事危险作业的职工办理工伤保险、缴纳工伤保险费。(　　)

5. 建设行政主管部门或者其他有关部门发现建设单位在竣工验收过程中有违反国家有关建设工程质量管理规定行为的，责令停止使用，重新组织竣工验收。(　　)

6. 2012 年 1 月 15 日，某住宅工程竣工验收合格，则办理竣工验收备案的截止时间是 2012 年 2 月 15 日。(　　)

7. 劳动行政主管部门认为不适合妇女的工种或岗位，在录用职工时可以以性别为由拒绝录用妇女。(　　)

8. 《失业保险条例》规定，失业人员失业前所在单位和本人按照规定累计缴费时间 10 年以上的，领取失业保险金的期限最长为 12 个月。(　　)

9. 建筑工程发包单位和承包单位应当依法订立口头或书面合同，明确双方的权利和义务。(　　)

10. 施工图的识读要将各图前后对照识读，以便提高综合读图能力。(　　)

11. 建筑物及构配件在没有装修前表面的相对标高称为建筑标高。(　　)

12. 施工图中的任何图线不得作为尺寸线。(　　)

13. 比例是指实物相对的线性尺寸与图形的大小之比。(　　)

14. 平面图中的尺寸分为外部尺寸和内部尺寸，一般在图形下方及左侧注写三道尺

寸。(　　)

15. 在建筑装立面图中，建筑的外轮廓线用粗实线表示，室外地坪用加粗实线表示。(　　)

16. 总平面图图中的尺寸以“米”为单位。(　　)

17. 相邻定位轴线之间的距离称为轴间距，相邻横向定位轴线的轴间距称为进深。(　　)

18. 石膏制品的耐水性好，防火性差。(　　)

19. 气硬性胶凝材料是指既能在空气中硬化，又能在水中硬化的胶凝材料。(　　)

20. 水胶比越大，混凝土强度越高。(　　)

21. 当构件截面较小或钢筋较密时，混凝土拌合物的坍落度可选大些。(　　)

22. 随含碳量的提高，碳素结构钢的强度．塑性均提高。(　　)

23. 钢材中磷的危害主要是引起钢材的热脆性。(　　)

24. SBS 改性沥青防水卷材按胎基可分为聚酯胎（PY）和玻纤胎（G）两种。(　　)

25. 滑石粉、石灰石粉、云母粉、石棉绒或石棉粉、硅藻土等可作为改性沥青的矿物填充料。(　　)

26. 柱平法施工图系在柱平面布置图上仅采用列表注写的方式来表达。(　　)

27. 建筑高度是建筑室外设计地坪到建筑主体檐口顶部的垂直距离。(　　)

28. 假想用一个铅垂的剖切平面沿房屋窗台以上的部位剖开，移去上部后向下投影所得的水平投影图，称为建筑平面图。(　　)

29. 土方开挖宜从上到下分层、分段、均衡进行，当基底标高不同时，应遵守先深后浅的施工顺序。(　　)

30. 填土如采用不同类填料分层填筑时，上层宜填筑透水性较大的填料，下层宜填筑透水性较小的填料。(　　)

31. 承受模板荷载的水平杆与支架立杆连接的扣件，其拧紧力矩不应小于 40N·m，且不应大于 65 N·m。(　　)

32. 侧模板拆除时的混凝土强度应能保证其表面及棱角不受损伤。(　　)

33. 钢结构工程专业承包企业应在其资质范围内从事相应的钢结构工程施工。(　　)

34. 钢结构所用防火涂料无需经有资质的检测单位检测。(　　)

35. 混凝土的抗渗等级 P8 表示混凝土抵抗 8MPa 的液体压力而不渗水。(　　)

36. 地下防水工程施工隐蔽前，应由施工单位通知有关单位进行验收，并形成隐蔽工程验收记录。(　　)

37. 建筑装饰装修工程施工，严禁违反设计文件擅自改动建筑主体、承重结构或使用功能；但可以根据需要自己拆改水、暖、电、燃气、通讯等配套设施。(　　)

38. 抹灰层的总厚度应符合设计要求，水泥砂浆可以抹在石灰砂浆层上。(　　)

39. 单位工程有分包单位时，分包工程完成后，应将工程有关资料交监理单位。(　　)

40. 后浇带混凝土强度等级及性能应符合设计要求；当设计无要求时，后浇带强度等级宜与两侧混凝土相同等级，并宜采用减少收缩的技术措施进行浇筑。(　　)

模拟试卷（A）参考答案

一、单选题

题号	1	2	3	4	5	6	7	8	9	10	11	12	13	14	15	16	17	18	19	20
答案	D	A	B	C	C	B	A	D	B	C	D	D	B	C	D	A	B	A	A	C
题号	21	22	23	24	25	26	27	28	29	30	31	32	33	34	35	36	37	38	39	40
答案	B	C	B	C	C	D	B	A	C	D	B	A	C	B	C	A	D	D	B	C
题号	41	42	43	44	45	46	47	48	49	50	51	52	53	54	55	56	57	58	59	60
答案	A	B	A	D	B	A	A	B	D	A	C	C	B	D	A	C	B	B	C	B
题号	61	62	63	64	65	66	67	68	69	70	71	72	73	74	75	76	77	78	79	80
答案	D	C	A	D	C	C	B	C	A	C	D	C	B	D	A	C	C	D	B	B

二、多选题

题号	1	2	3	4	5	6	7	8	9	10
答案	BCD	ACD	BCD	ABC	ABC	ABCD	BCD	ABCD	CD	ABC
题号	11	12	13	14	15	16	17	18	19	20
答案	AB	ACD	ABCD	BCD	ABC	ACD	BCD	AC	BCD	ABCD

三、判断题

题号	1	2	3	4	5	6	7	8	9	10	11	12	13	14	15	16	17	18	19	20
答案	A	B	B	B	A	B	B	B	B	A	B	A	B	A	A	A	B	B	B	B
题号	21	22	23	24	25	26	27	28	29	30	31	32	33	34	35	36	37	38	39	40
答案	A	B	B	B	A	B	B	B	A	B	A	A	A	B	B	A	B	B	B	B

模拟试卷（B）

一、单选题

1. 下列做法中，(　　)符合《中华人民共和国建筑法》关于建筑工程承发包的规定。

A. 某建筑施工企业超越本企业资质等级许可的业务范围承揽工程

B. 某建筑施工企业以另一个建筑施工企业的名义承揽工程

C. 某建筑施工企业持有依法取得的资质证书，并在其资质等级许可的业务范围内承揽工程

D. 某建筑施工企业答应个体户王某以本企业的名义承揽工程

2. 甲、乙、丙三家承包单位，甲的资质等级最高，乙次之，丙最低。当三家单位实行联合共同承包时，应按(　　)单位的业务许可范围承揽工程。

A. 甲　　B. 丙　　C. 乙　　D. 甲或丙

3. (　　)是安全生产领域的综合性基本法，它是我国第一部全面规范安全生产的专门法律。

A.《中华人民共和国建筑法》　　B.《中华人民共和国安全生产法》

C.《建筑工程安全生产管理条例》　　D.《建设工程质量管理条例》

4. 勘察、设计单位必须按照(　　)进行勘察、设计，并对勘察、设计的质量负责。

A. 勘察、设计合同　　B. 原始资料

C. 建设单位要求　　D. 工程建设强制性标准

5. 由建设单位采购的工程材料、构配件和设备，建设单位应向(　　)提供完整、真实以及有效的质量证明文件。

A. 设计单位　　B. 监理单位　　C. 检测单位　　D. 施工单位

6. 下列选项中，不属于劳动纪律和职业道德之间区别的是(　　)。

性质不同　　B. 直接目的不同　　C. 实现手段不同　　D. 最终目的不同

7. 项目经理责任制的核心是(　　)。

A. 项目经理负责全面组织项目生产活动

B. 项目经理负责建立项目各种专业管理体系

C. 项目经理负责对项目人员进行绩效考核

D. 项目经理承担实现项目管理目标责任书确定的责任

8. 承包方应在索赔通知发出后的(　　)天内，向工程师提出延长工期和（或）补偿经济损失的索赔报告及相关资料。

A. 14　　B. 7　　C. 28　　D. 21

9. 质量控制的循环过程指的是(　　)。

A. PDCA 循环　　B. 事前、事中、事后控制　　C. 全面质量管理

10. 施工过程中根据(　　)确定新建建筑的位置。

A. 建筑平面图　　B. 建筑总平面图　　C. 建筑立面图　　D. 建筑剖面图

11. 识读建筑总平面图时，应根据(　　)判定建筑物的朝向及当年常年风向。

A. 指北针和风玫瑰图　　B. 指北针和定位轴线

C. 详图索引和风玫瑰图　　D. 指北针和标高符号

12. 抗震设计时，关于结构抗震设防的目标，下列说法是正确的是(　　)。

A. 基本烈度下结构不坏，大震不倒　　B. 结构可以正常使用

C. 结构不破坏　　D. 结构小震不坏，中震可修，大震不倒

13. 下列建筑材料，抗震性能最好的是(　　)。

A. 砖石材料　　B. 木材　　C. 钢材　　D. 钢筋混凝土

14. 建筑施工图中的定位轴线是用(　　)来表示的。

A. 细虚线　　B. 细实线　　C. 点画线　　D. 折断线

15. 建筑总平面图中，对新建建筑物的图例说明正确的是(　　)。

A. 新建建筑物以粗实线表示与室外地坪相接触±0.00 外墙定位轮廓线

B. 新建建筑物以细实线表示与室外地坪相接触±0.00 外墙定位轮廓线

C. 新建建筑物以粗实线表示外墙定位轴线

D. 新建建筑物以中粗实线表示与室外地坪相接触±0.00 外墙定位轮廓线

16. 下列哪一项不是建筑立面图的图示内容(　　)。

A. 立面上所有投影可见的轮廓线全部绘出

B. 标注房屋总高度与各关键部位的高度，用标高标注出相对高度。同时用尺寸标注的方法标注立面图上的细部尺寸，层高及总高

C. 表现房屋的外部造型，如屋顶、外墙面装修、室外台阶、阳台、雨篷等部分的材料、色彩和做法，房屋外部门窗位置及形式

17. 梁平法施工图中 ϕ10@100（4）/200（2）表示为(　　)。

A. 箍筋为 HPB300 钢筋，直径为 ϕ10，4 个箍筋加密区间距为 100，2 个箍筋间距为 200

B. 箍筋为 HPB300 钢筋，直径为 ϕ10，加密区间距为 100，四肢箍，非加密区间距为 200，双肢箍

C. 箍筋为 HPB300 钢筋，直径为 ϕ10，非加密区间距为 100，四肢箍，加密区间距为 200，双肢箍

D. 箍筋为 HPB300 钢筋，直径为 ϕ10，2 个箍筋加密区间距为 100，4 个箍筋间距为 200

18. 采用平法整体设计方法表示时，KZZ 表示(　　)。

A. 框支柱　　B. 框架柱　　C. 梁上柱　　D. 芯柱

19. 硅酸盐系水泥的终凝时间是指(　　)。

A. 从水泥加水拌和起到水泥浆开始失去可塑性所需要的时间

B. 从水泥加水拌和时起到水泥浆完全失去可塑性，并开始产生强度所需要的时间

C. 从水泥加水拌和起到水泥浆完全硬化所需要的时间

D. 从水泥到达初凝状态后到水泥浆完全失去可塑性，并开始产生强度所需要的时间

20. 根据相关国家标准规定，硅酸盐系水泥的初凝时间不小于(　　)min，终凝时间不得超过(　　)min。

A. 30；100　　B. 45；390　　C. 40；600　　D. 90；720

21. 普通混凝土配合比设计的三个重要参数是(　　)。

A. 水胶比、砂率、最小用水量　　B. 水胶比、砂率、最小水泥用量

C. 水胶比、砂率、单位用水量　　D. 浆骨比、砂率、单位用水量

22. 混凝土拌合物的砂率是指(　　)。

A. 混凝土拌合物中砂的细度模数

B. 混凝土拌合物中砂的质量与砂石的总质量比值的百分率

C. 混凝土拌合物中砂的质量与混凝土质量的比

D. 混凝土拌合物中砂与混凝土的体积比

23. 砂浆的流动性用(　　)表示。

A. 坍落度　　B. 分层度　　C. 工作度　　D. 沉入度

24. 下列选项中，不属于烧结砖的是(　　)。

A. 黏土砖　　B. 页岩砖　　C. 煤矸石砖　　D. 碳化砖

25. 下列选项中，用于建造永久性工程，纪念性建筑的良好材料是(　　)。

A. 大理石　　B. 石灰石　　C. 花岗石　　D. 砂岩

26. 关于人造饰面石材的特点，下列各项正确的是(　　)。

A. 强度低　　B. 耐腐蚀　　C. 价格高　　D. 易污染

27. 热轧钢筋是用加热的钢坯轧制的条型成品钢材，可分为(　　)。

A. 热轧带肋钢筋和热轧光圆钢筋　　B. 热轧盘条钢筋和热轧刻痕钢筋

C. 热轧带肋钢筋和热轧盘条钢筋　　D. 热轧光圆钢筋和热轧刻痕钢筋

28. HPB300 的钢筋，其中的“300”是指材料的(　　)。

A. 屈服强度特征值　　B. 设计强度特征值

C. 标准强度特征值　　D. 含碳量特征值

29. 下列防水材料中，属于柔性防水的是(　　)。

A. 防水砂浆　　B. 防水混凝土　　C. 掺有外加剂的砂浆　　D. 密封材料

30. SBS 改性沥青防水卷材属于(　　)高聚物改性沥青防水卷材。

A. 弹性体改性沥青防水卷材　　B. 塑性体改性沥青防水卷材

C. 改性沥青防水卷材聚乙烯胎防水卷材　　D. 自粘聚酯体防水卷材

31. 下列选项中不属于有机绝热材料的是(　　)。

A. 植物纤维类绝热板　　B. 泡沫塑料

C. 泡沫玻璃　　D. 窗用绝热薄膜

32. 由于水的导热系数比封闭空气的导热系数大 20 倍，若绝热材料吸入了水分，其导热系数值会(　　)，绝热性能(　　)，因此，绝热材料在使用中应保持干燥。

A. 增大；下降　　B. 增大；上升　　C. 减少；上升　　D. 减少；下降

33. 墙体按受力情况分为(　　)。

A. 纵墙和横墙　　B. 内墙和外墙

C. 承重墙和非承重墙　　D. 空体墙和实体墙

34. 外墙四周坡度为 3%～5%排水护坡构造，称为(　　)。

A. 勒脚　　B. 散水　　C. 踢脚　　D. 墙裙

35. 刚体受三力作用而处于平衡状态，则此三力的作用线(　　)。

A. 必汇交于一点　　B. 必互相平行

C. 必皆为零　　D. 必位于同一平面内

36. 力的三要素不包括(　　)。

A. 大小　　B. 方向　　C. 力的作用点　　D. 力的作用线

37. 关于无筋扩展基础，下列表述错误的是(　　)。

A. 无筋扩展基础系指由砖、毛石、混凝土或毛石混凝土、灰土和三合土等材料组成的，且不需配置钢筋的墙下条形基础或柱下独立基础

B. 无筋扩展基础所用的材料抗压，抗拉，抗剪强度均较高

C. 通过限制基础的外伸宽度与基础高度的比值来限制其悬臂长度，防止弯曲拉裂破坏

D. 由于受构造要求的影响，无筋扩展基础的相对高度都比较大，几乎不发生挠曲变形

38. 当独立基础底板长度不小于 2500mm 时，除外侧钢筋外，底板配筋长度可取相应方向底板长度的(　　)倍。

A. 0.9　　B. 0.5　　C. 1.0　　D. 1.1

39. 钢筋混凝土梁高不大于 800mm 时，弯起钢筋的弯起角度应采用(　　)。

A. 30°　　B. 45°　　C. 55　　D. 60°

40. 在基础处需要断开的变形缝是(　　)。

A. 伸缩缝　　B. 沉降缝　　C. 防震缝　　D. 以上三种

41. 土方的边坡坡度指(　　)。

A. 挖方深度 H 与边坡底宽 B 之比　　B. 边坡底宽 B 与挖方深度 H 之比

C. 挖方深度 H 与挖方宽度之比　　D. 挖方长度与挖方深度 H 之比

42. 在土钉墙施工中，喷射混凝土面层的设计强度等级不宜低于(　　)

A. C20　　B. C15　　C. C10　　D. C25

43. 采用 CFG 桩地基处理后，一般设置的褥垫层厚度为(　　)。

A. 100～200mm　　B. 150～300mm　　C. 300～500mm　　D. 大于 500mm

44. CFG 成桩过程中，抽样做混合料试块，试块尺寸应为(　　)mm 的立方体，标准养护，测定其立方体抗压强度。

A. 100×100×100　　B. 150×150×150

C. 200×200×200　　D. 300×300×300

45. 当设计对砖基础墙的防潮层无具体要求时，防潮层宜用 1∶2 水泥砂浆加适量防水剂铺设，其厚度宜为(　　)。

A. 20mm　　B. 10mm　　C. 30mm　　D. 25mm

46. 基础大放脚的施工与基底标高不一致，砌筑时应该(　　)。

A. 先砌标高较低部分，再由低处向高处搭砌

B. 先砌标高较低部分，再由高处向低处搭砌

C. 先砌标高较高部分，由低处向高处搭砌

D. 先砌标高较高部分，由高处向低处搭砌

47. 砂浆强度等级是以边长为(　　)mm 的立方体试件，在标准养护条件下，用标准试验方法测得 28d 龄期的抗压强度值确定。

A. 50　　B. 70.7　　C. 100　　D. 150

48. 砌筑砂浆的强度等级 M10 表示 28d 抗压强度值不低于(　　)。

A. 1MPa　　B. 0.1MPa　　C. 10MPa　　D. 100MPa

49. 跨度为8m、强度为C30的现浇混凝土梁，当混凝土强度至少应达到(　　)时方可拆除底模。

A. $15N/mm^2$　　B. $21N/mm^2$　　C. $22.5N/mm^2$　　D. $30N/mm^2$

50. 悬挑长度为2m、混凝土强度为C40的现浇阳台板，当混凝土强度至少应达到(　　)时方可拆除底模板。

A. 70%　　B. 100%　　C. 75%　　D. 50%

51. 对一、二以及三级抗震等级的框架结构，当设计无具体要求时，其纵向受力钢筋检验所得的钢筋的抗拉强度实测值与屈服强度实测值的比值不应小于(　　)。

A. 1.2　　B. 1.25　　C. 1.3　　D. 1.4

52. 当发现钢筋脆断，焊接性能不良或力学性能显著不正常等现象时，应对该批钢筋进行(　　)检验或其他专项检查。

A. 屈服强度　　B. 化学成分　　C. 伸长率　　D. 抗拉强度

53. 关于混凝土施工缝的留置位置，正确的做法有(　　)。

A. 柱的施工缝留置在基础的顶面

B. 单向板的施工缝留置在平行于板的长边的任何位置

C. 有主次梁的楼板，施工缝留置在次梁跨中1/3范围内

D. 墙的施工缝留置在门洞口过梁边1/3范围内

54. 当一次连续浇筑超过$1000m^3$混凝土时，同一配合比的混凝土每(　　)取样不得少于一次。

A. $100m^3$　　B. $200m^3$　　C. $300m^3$　　D. $310m^3$

55. 现浇结构的外观质量不应有严重缺陷，对已经出现的严重缺陷，应由(　　)提出技术处理方案，并经监理（建设）单位认可后进行处理。

A. 监理单位　　B. 施工单位　　C. 设计单位　　D. 建设单位

56. 关于混凝土后浇带下列说法最合适的是，宜优先采用(　　)混凝土施工。

A. 防水性好的　　B. 流动性好的　　C. 补偿收缩的　　D. 早强的

57. 关于钢结构焊接施工，下列说法中错误的是(　　)。

A. 多层焊接时每焊完一层宜停歇一段时间，不宜连续施焊

B. 焊缝同一部位的返修次数，不宜超过两次

C. 焊缝出现裂缝时，焊工不得擅自自行处理

D. 对焊缝金属中的裂纹，在修补前应用无损检测方法确定裂纹的界限范围

58. 高强度螺栓孔不应采用气割扩孔，扩孔数量应征得设计同意，护孔后的孔径不应超过(　　)倍螺栓直径。

A. 1.1　　B. 1.2　　C. 1.5　　D. 2

59. 大体积防水混凝土，应采取保温保湿养护，混凝土中心温度与表面温度的温差不应大于(　　)。

A. 25℃　　B. 20℃　　C. 10℃　　D. 5℃

60. 防水混凝土结构表面的裂缝宽度不应大于(　　)，且不得贯通。

A. 0.2mm　　B. 0.5mm　　C. 0.4mm　　D. 0.8mm

61. 建筑装饰装修工程(　　)进行设计，并出具完整的施工图设计文件。

A. 不须　　B. 必须　　C. 应　　D. 宜

62. 建筑装饰装修工程施工环境温度不应低于(　　)℃。

A. 10　　B. 5　　C. 0　　D. −5

63. 不同材料基体交接处表面的抹灰，应采取防止开裂的加强措施，当采用加强网时，加强网与各基体的搭接宽度不应小于(　　)mm。

A. 50　　B. 100　　C. 150　　D. 200

64. 下列抹灰属于一般抹灰的是(　　)。

A. 水泥砂浆　　B. 干粘石　　C. 假面砖　　D. 斩假石

65. 玻璃幕墙应使用(　　)玻璃，其厚度不应小于 6mm。

A. 普通浮法　　B. 半钢化　　C. 安全　　D. 镀膜

66. 新建筑物的混凝土或抹灰基层在涂饰涂料前(　　)。

A. 应打胶　　B. 应涂刷抗碱封闭底漆

C. 不须特殊处理　　D. 界面剂

67. 在建设工程竣工验收后，在规定的保修期限内，因勘察、设计、施工、材料等原因造成的质量缺陷，应当由(　　)负责维修、返工或更换。

A. 建设单位　　B. 监理单位　　C. 责任单位　　D. 施工承包单位

68. 建设工程施工质量计划的编制主体是(　　)。

A. 建设单位　　B. 监理单位　　C. 施工承包企业　　D. 设计单位

69. 凡涉及安全、节能、环境保护和主要使用功能的重要材料、产品，应按各专业工程施工规范、验收规范和设计文件等规定进行复验，并应由(　　)检查认可。

A. 监理工程师　　B. 项目经理

C. 总监理工程师　　D. 施工单位技术负责人

70. 下列描述中，不符合工程质量控制基本原则的是(　　)。

A. 坚持质量第一　　B. 坚持以建筑产品为核心

C. 坚持以预防为主　　D. 坚持质量标准

71. 根据我国关于工程质量保修制度的规定，供热与供冷系统的最低保修期为(　　)。

A. 6 个月　　B. 一个采暖期、供冷期

C. 3 年　　D. 两个采暖期、供冷期

72. 施工图审查机构对建设项目施工图进行审查后，应将技术性审查报告提交给(　　)。

A. 建设单位　　B. 监理单位

C. 建设行政主管部门　　D. 工程质量监督机构

73. 凡涉及安全、节能、环境保护和主要使用功能的重要材料、产品，应按各专业工程施 工规范、验收规范和设计文件等规定进行复验，并应经(　　)检查认可。

A. 监理工程师　　B. 建设单位　　C. 监理单位　　D. 总监理工程师

74. 防水混凝土终凝后立即进行养护，养护时间不少于(　　)，始终保持混凝土表面湿润。

A. 14d　　B. 28d　　C. 30d　　D. 60d

75. 砌体工程质量控制点不包括（　　）。

A. 砖的规格、性能、强度等级　　B. 砂浆的规格、性能、配合比及强度等级

C. 砂浆的用量　　　　　　　　　　D. 砌体转角和交接处的质量

76. 见证检验是施工单位在(　　)的见证下，按照有关规定从施工现场随机抽取试样，送至具备相应资质的检测机构进行检验的活动。

A. 工程监理单位或建设单位　　　　B. 建设单位

C. 总监理工程师　　　　　　　　　D. 监理单位

77. 检验批的质量应按主控项目和(　　)验收。

A. 保证项目　　B. 一般项目　　C. 基本项目　　D. 允许偏差项目

78. 通过返修或加固处理仍不能满足安全使用要求的钢结构分部工程，(　　)。

A. 应予以验收　　　　　　　　　　B. 按协商文件进行验收

C. 按处理技术方案进行验收　　　　D. 严禁验收

79. 基槽开挖后，下列(　　)不属于应检验的内容。

A. 基坑的位置　　B. 基础尺寸　　C. 坑底标高　　D. 基坑土质

80. 施工单位对施工中出现质量问题的建设工程或者竣工验收不合格的建设工程，应当负责(　)。

A. 返工　　B. 返修　　C. 重做　　D. 加固

二、多选题

1. 根据《建筑企业资质管理规定》，建筑企业资质评定的基本条件为(　　)。

A. 企业资产　　　　　　　　　　B. 专业技术人员的人数和水平

C. 技术装备　　　　　　　　　　D. 工程业绩

2. 下列说法正确的是(　　)。

A. 建设工程实行施工总承包的，由分包单位对施工现场的安全生产负总责任

B. 建设工程实行施工总承包的，由总承包单位对施工现场的安全生产负总责

C. 分包单位应当服从总承包单位的安全生产管理，分包单位不服从管理导致生产安全事故的，由总承包单位承担主要责任

D. 总承包单位应当自行完成建设工程主体结构的施工

3. 施工单位必须按照工程设计要求、施工技术标准和合同约定，对(　　)进行检验，检验应当有书面记录；未经检验或者检验不合格的，不得使用。

A. 建筑材料　　　　　　　　　　B. 建筑构配件、设备

C. 施工机械　　　　　　　　　　D. 商品混凝土

4. 由(　　)可以读出室外设计地坪标高。

A. 一层建筑平面图　　　　　　　B. 建筑总平面图

C. 立面图　　　　　　　　　　　D. 墙身详图

5. 建筑施工图按专业不同一般可分为(　　)。

A. 建筑图　　B. 结构图　　C. 设备图　　D. 水电图

6. 建筑砂浆是由(　　)混合而成的建筑工程材料，又称为无骨料混凝土。

A. 胶凝材料　　B. 细骨料和水　　C. 适量掺合料　　D. 适量外加剂

7. 框架结构抗震构造措施中，楼梯应符合(　　)。

A. 宜采用装配式钢筋混凝土楼梯

B. 楼梯间的布置不应导致结构平面特别不规则

C. 宜采取构造措施，减少楼梯构件对主体结构刚度的影响

D. 楼梯间两侧填充墙与柱之间可以不拉结

8. 常见的预应力损失包括：(　　)应力松弛损失和混凝土收缩、形变所引起的预应力损失等。

A. 锚具变形损失　B. 摩擦损失　C. 温差损失　D. 张拉损失

9. 填土压实的影响因素有(　　)。

A. 压实机械　B. 压实功　C. 每层铺土厚度　D. 填土的含水量

10. 砖砌体的转角处和交接处应同时砌筑，对不能同时砌筑而又必须留置的临时间断处妥当的处理是(　　)。

A. 宜砌成斜槎

B. 除转角处外，可留直槎

C. 留斜槎和直槎处均应加设拉结钢筋

D. 斜槎水平投影长度不小于高度的一半

11. 属于填充墙砌体质量检验标准中主控项目的是(　　)。

A. 块材和砂浆的强度等级

B. 填充墙砌体与主体结构连接状况

C. 墙轴线偏移值

D. 填充墙与承重墙、柱、梁的链接钢筋

12. 模板及支架应根据施工过程中的各种工况进行设计，应具有足够的(　　)，并应保证其整体稳固性。

A. 承载力　B. 刚度　C. 强度　D. 严密性

13. 架立柱和竖向模板安装在基土上时，正确的说法是(　　)。

A. 应设置具有足够强度和支承面积的垫板，且应中心承载

B. 基土应坚实，并应有排水措施

C. 对湿陷性黄土，应有防水措施

D. 对冻胀性土，应有防冻融措施

14. 单层钢结构安装工程质量验收的主控项目有(　　)。

A. 构件验收　B. 主体结构尺寸

C. 地脚螺栓精度　D. 吊车梁安装精度

15. 地下主体结构防水的方法主要有(　　)。

A. 防水混凝土　B. 水泥砂浆防水层

C. 卷材防水层　D. 涂料防水层

16. 建筑装饰装修工程所使用的材料应按设计要求进行(　　)处理。

A. 防火　B. 防腐　C. 防虫　D. 防潮

17. 项目部质量管理体系主要检查的内容有(　　)。

A. 质量管理组织机构　B. 质量管理检查制度

C. 质量管理例会制度　D. 分项工程施工过程控制框图

18. 质量体系文件一般主要由(　　)几部分构成。

A. 形成文件的质量方针和质量目标

B. 质量手册

C. 质量成本的构成和经济性评价

D. 质量管理标准所要求的质量记录

19. 建筑工程施工质量验收合格应符合规定的是(　　)。

A. 主控项目条文要求是必须全部达到的

B. 符合工程勘察、设计文件的要求

C. 工程的观感质量应符合要求

D. 符合标准和相关专业验收规范的规定

20. 工程质量问题一般分为(　　)。

A. 工程质量缺陷　　　　B. 工程质量通病

C. 工程质量事故　　　　D. 工程安全事故

三、判断题（正确的选 A，错误的选 B）

1. 施工劳务序列不分类别和等级。(　　)

2. 依法批准开工报告的建设工程，建设单位应当自开工报告批准之日起 30 日内，将保证安全施工的措施报送建设工程所在地的县级以上地方人民政府建设行政主管部门或者其他有关部门备案。(　　)

3. 涉及承重结构变动的装修工程施工期前，只能委托原设计单位提交设计方案。(　　)

4. 相对标高的零点在施工图中通常以首层主要房间地面为零点，注写成±0.000。(　　)

5. 梁侧面纵向构造钢筋配置的作用是为了抵抗斜截面承载力。(　　)

6. 剖面图上剖切符号的编号数字可写在剖切位置线的任意一边。(　　)

7. 建筑平面图外部尺寸一般标三道，最外一道是总尺寸。(　　)

8. 大理石和花岗石是最常用的两种天然石材。(　　)

9. 平屋顶排水坡度的形成有材料找坡和结构找坡两种。(　　)

10. 地基是建筑物的墙或柱埋在地下的扩大部分，是建筑物地面以下的承重构件。(　　)

11. 提高受弯构件正截面受弯承载力最有效的方法是增加截面高度。(　　)

12. 基础底面钢筋保护层厚度，有混凝土垫层时应从垫层顶面算起，且不小于 70mm。(　　)

13. 钢梁的受力形式主要有轴向拉伸或压缩和偏心拉压。(　　)

14. 桩基础的作用是将上部结构传来的外力通过承台由桩传到较深的地基持力层中。(　　)

15. 土钉墙喷射混凝土时，喷头与土钉墙的墙面应保持垂直，其距离宜为 0.6～1.0m。(　　)

16. 一般情况下，土中结合水含量越多，土体越容易滑坡。(　　)

17. 不同品种、不同强度等级的水泥不得混合使用。(　　)

18. 跨度为 8.5m、强度为 C30 的现浇混凝土梁，当混凝土强度至少应达到 22.5MPa 时方可拆除底模。(　　)

19. 对跨度不小于 4m 的现浇钢筋混凝土梁板模板应按设计起拱；当设计无具体要求时，起拱高度宜为跨度的 1‰～5‰。（　　）

20. 重要钢结构工程的施工技术方案和安全应急预案，应组织专家评审。（　　）

21. 房屋建筑中的楼（屋）面梁、楼（屋）面板、雨篷板、挑檐板、挑梁等是实际工程中典型的受弯构件。（　　）

22. 钢筋混凝土板中分布钢筋的唯一作用是固定受力钢筋。（　　）

23. 为了防止受扭构件发生少筋破坏，采用限制最小配筋率方法控制。（　　）

24. 钢筋混凝土受压构件发生小偏心受压破坏的原因是在受拉区和受压区同时配置过多的钢筋。（　　）

25. 对于数量大的材料．构配件的质量检验，通常采用全数检验。（　　）

26. 建筑工程施工质量验收时，对涉及结构安全和使用功能的分部工程应进行抽样检测。（　　）

27. 将收集到的质量数据按统计分析的需要，进行的分类整理，使之系统化、规律化，以便于找到产生质量问题的原因，及时采取措施加以预防，这种方法叫调查表法。（　　）

28. 构造柱与墙连接处应砌成马牙槎，并应沿墙高每隔 500mm 设 $2\phi6$ 拉结钢筋，每边伸入墙内不宜小于 1m。（　　）

29. 剪力墙墙身应配置水平方向和竖向分布钢筋。（　　）

30. 90°钢筋锚固弯钩的技术要求是弯钩内径是 $5d$，弯后直段长度 $12d$。（　　）

31. 建设工程在超过合理使用年限后需要继续使用的，产权所有人应当委托具有相应资质等级的勘察、设计单位鉴定，并根据鉴定结果采取加固、维修等措施，重新界定使用期。（　　）

32. 建设单位在领取施工许可证或者开工报告后，应当按照国家有关规定办理工程质量监督手续。（　　）

33. 房屋建筑工程质量保修费用由施工单位承担。（　　）

34. 项目技术负责人应组织编制项目职业健康与安全管理方案，并经审批后组织实施。（　　）

35. 高空作业遇六级大风时，作业人员必须系安全带，以防刮、碰、摔伤和吹落。（　　）

36. 在楼盖平面布置图中，FB200 表示板翻边高度 200mm。（　　）

37. 柱相邻纵向钢筋连接接头应相互错开，在同一截面内钢筋接头面积百分率不宜大于 50％。（　　）

38. 柱平法施工图系在柱平面布置图上仅采用列表注写的方式来表达（　　）

39. 在温度、收缩应力较大的现浇板区域，应在板的表面双向配置防裂构造钢筋。配筋率均不宜小于 0.10％，间距不宜大于 200mm。（　　）

40. 简支板或连续板下部纵向受力钢筋伸入支座的锚固长度不应小于钢筋直径的 12 倍，且宜伸入梁支座中心线。（　　）

模拟试卷（B）参考答案

一、单选题

题号	1	2	3	4	5	6	7	8	9	10	11	12	13	14	15	16	17	18	19	20
答案	C	B	B	D	D	D	D	C	B	B	A	D	B	C	A	D	B	A	B	B
题号	21	22	23	24	25	26	27	28	29	30	31	32	33	34	35	36	37	38	39	40
答案	C	B	D	C	C	B	A	A	D	A	C	A	C	B	A	D	B	A	B	B
题号	41	42	43	44	45	46	47	48	49	50	51	52	53	54	55	56	57	58	59	60
答案	A	A	B	B	A	B	B	C	C	B	B	B	C	B	B	C	B	B	A	A
题号	61	62	63	64	65	66	67	68	69	70	71	72	73	74	75	76	77	78	79	80
答案	B	B	B	A	C	B	D	C	A	B	D	C	A	A	C	A	B	D	B	B

二、多选题

题号	1	2	3	4	5	6	7	8	9	10
答案	ABCD	BD	ABD	ACD	ABC	ABC	BC	ABC	BCD	AB
题号	11	12	13	14	15	16	17	18	19	20
答案	ABD	AB	ABCD	AB	ABCD	ABC	ABCD	ABD	BD	ABC

三、判断题

题号	1	2	3	4	5	6	7	8	9	10	11	12	13	14	15	16	17	18	19	20
答案	A	A	B	A	B	B	A	A	A	B	A	B	B	A	A	B	A	B	B	A
题号	21	22	23	24	25	26	27	28	29	30	31	32	33	34	35	36	37	38	39	40
答案	A	B	A	B	B	A	B	A	A	B	A	B	B	B	B	A	A	B	A	B

模拟试卷（C）

一、单选题

1. 按照《建筑业企业资质管理规定》，建筑业企业资质分为(　　)三个序列。

A. 特级、一级、二级　　B. 一级、二级、三级

C. 甲级、乙级、丙级　　D. 施工总承包、专业承包和劳务分包

2. 根据《中华人民共和国建筑法》的规定，工程监理单位与承包单位串通，为承包单位谋取非法利益，给建设单位造成损失的，法律后果是(　　)。

A. 由工程监理单位和承包单位承担连带赔偿责任

B. 由承包单位承担赔偿责任

C. 由建设单位自行承担损失

D. 由工程监理单位承担赔偿责任

3. 国家对严重危及生产安全的工艺、设备实行(　　)。

A. 严格审批制度　　B. 淘汰制度　　C. 登记备案制度　　D. 报告制度

4. 施工单位专职安全生产管理人员负责对安全生产进行现场监督检查，发现安全事故隐患，应当及时向(　　)报告；对违章指挥．违章操作，应当立即制止。

A. 项目负责人　　B. 安全生产管理机构

C. 县级以上人民政府D. 项目负责人和安全生产管理机构

5. 建筑施工企业在施工中偷工减料的，使用不合格的建筑材料、建筑构配件和设备的，或者有其他不按照工程设计图纸或者施工技术标准施工的行为的，则(　　)。

A. 责令改正，处以罚款

B. 责令停业整顿，降低资质等级

C. 责令停业整顿，吊销资质证书

D. 依法追究刑事责任

6.《建设工程质量管理条例》规定施工图设计文件(　　)，不得使用。

A. 未经质量监督单位同意的　　B. 未经建设单位组织会审的

C. 未经审查批准的　　D. 未经技术交底的

7. (　　)收到建设工程竣工报告后，应当组织设计、施工、工程监理等有关单位进行竣工验收。

A. 施工单位　　B. 监理单位　　C. 设计单位　　D. 建设单位

8. 在正常使用条件下，建设工程的最低保修期限为：供热与供冷系统，为(　　)。

A. 合理使用年限　　B. 5 个采暖期、供冷期

C. 3 个采暖期、供冷期　　D. 2 个采暖期、供冷期

9. 房屋建筑工程质量保修费用由(　　)承担。

A. 施工单位　　B. 房屋建筑所有人

C. 原设计单位　　　　　　　　　　　　D. 质量缺陷的责任方

10. 以下关于建筑工程竣工验收的相关说法中，不正确的是(　　)。

A. 交付竣工验收的建筑工程，必须符合规定的建筑工程质量标准

B. 建设单位同意后，可在验收前交付使用

C. 竣工验收是全面考核投资效益、检验设计和施工质量的重要环节

D. 交付竣工验收的建筑工程，需有完整的工程技术经济资料和经签署的工程保修书

11. 下列不属于无效的劳动合同是（　　）。

A. 以欺诈手段订立的劳动合同

B. 乘人之危变更的劳动合同

C. 约定报酬低于社会平均收入水平的劳动合同

D. 用人单位免除自己法定责任的劳动合同

12. 工程网络计划中，判别关键工作的条件是(　　)最小。

A. 自由时差　　B. 总时差　　C. 持续时间　　D. 时间间隔

13. 在施工进度的计划值和实际值进行比较时，如以里程碑时间的进度目标作为进度计划值，则进度实际值应该是(　　)。

A. 总进度规划的实际进度　　　　　　B. 里程碑事件的实际进度

C. 各子系统的实际进度　　　　　　　D. 各分项工作的实际进度

14. 在施工现场质量检查过程中，通常用“靠、吊、量、套”等方法进行实测检查，对于地面平整度的检查通常采用的手段是(　　)。

A. 靠　　B. 吊　　C. 量　　D. 套

15. 项目经理应组织对危险性较大的分部分项工程，编制专项施工方案，超过一定规模的，应组织进行(　　)。

A. 风险评价　　　　　　　　　　　　B. 专家论证

C. 监理单位相关人员论证　　　　　　D. 建设单位相关人员论证

16. 除建筑总平面图以外，其他建筑施工图的尺寸单位是(　　)。

A. 厘米　　B. 毫米　　C. 米　　D. 分米

17. 从建筑平面图中，不可以识读出(　　)。

A. 房屋的体形和外貌特征

B. 房屋的总长、总宽的尺寸，以及内部房间的功能关系、布置方式等

C. 房屋外部的设施，如散水、花坛、台阶等的位置及尺寸

D. 纵横定位轴线及其编号；主要房间的开间、进深尺寸；墙（或柱）的平面布置

18. 结构在使用年限超过设计基准期后(　　)。

A. 结构立即丧失其功能　　　　　　　B. 应拆除重建

C. 不失效则可靠度不变　　　　　　　D. 可靠度减少

19. 关于框架结构的变形，(　　)结论是正确的。

A. 框架结构的弯曲型变形是由梁、柱的轴向变形引起的

B. 框架结构的整体变形主要呈现为弯曲型

C. 框架结构的层间变形一般为下小上大

D. 框架结构的层间位移仅与柱的线刚度有关，而与梁的线刚度无关

20. 从(　　)图中，可以识读出房屋外墙面的装修做法。

A. 建筑总平面图　B. 建筑平面图　C. 建筑立面图　D. 建筑剖面图

21. 反映建筑内部的结构构造、垂直方向的分层情况、各层楼地面、屋顶的构造等情况的是(　　)。

A. 剖面图　B. 平面图　C. 立面图　D. 详图

22. 框架梁侧面纵向构造钢筋其锚固长度取(　　)。

A. $10d$　B. $15d$　C. $20d$　D. $30d$

23. 在剪力墙结构施工图中，LL（JX）表示(　　)。

A. 连梁（对角暗撑配筋）　B. 连梁（集中对角暗撑配筋）

C. 连梁（集中对角斜筋配筋）　D. 连梁（交叉斜筋配筋）

24. 有梁楼盖板平法施工图中，板块集中标注的内容为：板块编号、板厚、贯通纵筋，以及当板面标高不同时的(　　)。

A. 高、低处各自标高　B. 高出标高

C. 低处标高　D. 标高高差

25. 表示塑形混凝土流动性的指标是(　　)。

A. 坍落度　B. 分层度　C. 沉入度　D. 维勃稠度

26. 混凝土强度等级是根据其(　　)确定的。

A. 棱柱体抗压强度标准值　B. 立方体抗压强度标准值

C. 抗拉强度标准值　D. 抗弯强度标准值

27. 钢材的屈服强度与抗拉强度的比值越小，说明(　　)。

A 结构安全性高　B 钢材利用率高

C 结构安全性低　D 钢材的利用率无法确定

28. HRB335 属于(　　)。

A. 热轧光面钢筋　B. 热轧带肋钢筋

C. 热处理钢筋　D. 钢绞线

29. 建筑石油沥青牌号的树脂表示的是(　　)。

A. 软化点　B. 针入度　C. 延伸度　D. 黏滞度

30. 下列关于合成高分子防水卷材的相关说法中，有误的是(　　)。

A. 常用的合成高分子防水卷材如三元乙丙橡胶防水卷材、聚氯乙烯防水卷材、氯化聚乙烯-橡胶共混防水卷材等

B. 三元乙丙橡胶防水卷材是我国目前用量较大的一种卷材，使用屋面、地下防水工程和防腐工程

C. 三元乙丙橡胶防水卷材质量轻，耐老化性好，弹性和抗拉伸性能极佳，对基层伸缩变形或开裂的适应性强，耐高低温性能优良，能在严寒和酷热环境中使用

D. 氯化聚乙烯-橡胶共混防水卷材价格相较于三元乙丙橡胶防水卷材低得多，属中、高档防水材料，可用于各种建筑、道路、桥梁、水利工程的防水，尤其适用寒冷地区或变形较大的屋面

31. 下列各项中，具有良好的隔热性能，可避免暖房效应，节约室内降低空调能源的消耗，并具有单项透视性的是(　　)。

A. 阳光控制镀膜玻璃　　B. 低辐射镀膜玻璃

C. 中空玻璃　　D. 着色玻璃

32. 墙身水平防潮层应沿着建筑物内．外墙连续交圈设置，一般设置于首层室内地坪±0.000(　　)。

A. 以下60mm处　B. 以上60mm处　C. 以下30mm处　D. 以上30mm处

33. 楼板层通常由(　　)组成。

A. 面层、结构层、地坪　　B. 面层、结构层、顶棚

C. 支撑、结构层、顶棚　　D. 垫层、梁、楼板

34. 下列关于圈梁，说法错误的是(　　)。

A. 一般情况下，圈梁必须封闭　　B. 过梁可以兼作圈梁

C. 圈梁可以兼作过梁　　D. 当遇有门窗洞口时，需增设附加圈梁

35. 根据(　　)的不同，砌体结构房屋的结构布置分为横墙承重、纵墙承重、纵横墙承重及内框架承重。

A. 荷载传递路径　B. 砌体构造　C. 材料不同　D. 结构形式

36. 当房屋横墙间距较大，屋（楼）盖的水平刚度较小时，房屋的空间刚度则小，在确定内力计算简图时，可按屋（楼）盖与墙．柱顶端为铰接的．不考虑空间工作性能的平面排架计算的方案称为(　　)。

A. 刚弹性方案　B. 弹性方案　C. 刚性方案　D. 柔性方案

37. 分布钢筋的作用不包括(　　)。

A. 将板承受的荷载均匀地传给受力钢筋

B. 承受温度变化及混凝土收缩在垂直板跨方向所产生的拉应力

C. 在施工中固定受力钢筋的位置

D. 承受弯矩产生的拉力

38. 关于柱内箍筋，下列(　　)表述是错误的。

A. 箍筋与纵向钢筋构成空间骨架

B. 箍筋在施工时对纵向钢筋起固定作用外

C. 箍筋给纵向钢筋提供侧向支点，防止纵向钢筋受压弯曲而降低承压能力

D. 箍筋在柱中不能起到抵抗水平剪力的作用

39. 黏性土由可塑状态转到流动状态的界限含水量称为(　　)。

A. 塑限　B. 缩限　C. 液限　D. 流限

40. 规定剪力墙最小厚度的目的是为了保证(　　)。

A. 平面外的强度和稳定性能　　B. 平面外的刚度和稳定性能

C. 平面内的强度和稳定性能　　D. 平面内的刚度和稳定性能

41. 经纬仪的粗略整平是通过调节(　　)来实现的。

A. 微倾螺旋　B. 三脚架腿　C. 对光螺旋　D. 测微轮

42. 地形图的比例尺是1∶500，则地形图中的1mm表示地上实际的距离为(　　)。

A. 0.5m　B. 5m　C. 50m　D. 0.05m

43. 下列不是填土的压实方法的是(　　)。

A. 碾压法　B. 夯实法　C. 振动法　D. 加压法

44. 土方开挖工程质量检验标准中，基坑、基槽标高的允许差值为(　　)mm。

A. ±50　　B. −50　　C. +50　　D. 100

45. 砌筑砂浆任意一组试块不得少于(　　)。

A. 6 块　　B. 5 块　　C. 3 块　　D. 4 块

46. 砖砌体要求水平灰缝砂浆饱满度不得(　　)。

A. 小于 75%　　B. 大于 75%　　C. 小于 80%　　D. 大于 80%

47. 砖砌体工程中可设置脚手眼的墙体或部位是(　　)。

A. 120mm 厚墙　　B. 砌体门窗洞口两侧 450mm 处

C. 独立柱　　D. 宽度为 800mm 的窗间墙

48. 关于小砌块砌筑方式，正确的是(　　)。

A. 底面朝下正砌　　B. 底面朝外垂直砌

C. 底面朝上反砌　　D. 底面朝内垂直砌

49. 某跨度 6m、设计强度为 C30 的钢筋混凝土梁，可拆除横梁底模的强度是(　　)MPa。

A. 16.5　　B. 20.8　　C. 18　　D. 22.5

50. 跨度为 2m 的板，设计混凝土强度等级为 C20，其同条件养护的标准立方体试块的抗压强度标准值达到(　　)时即可拆模。

A. $5N/mm^2$　　B. $10N/mm^2$　　C. $15N/mm^2$　　D. $20N/mm^2$

51. 同一施工条件下采用同一批材料的同等级、同型式、同规格的机械连接接头，应以(　　)个为一个验收批进行检验预验收。

A. 100　　B. 300　　C. 500　　D. 600

52. 不是钢筋连接的方法是(　　)。

A. 绑扎连接　　B. 机械连接　　C. 弯钩连接　　D. 焊接连接

53. 超长大体积混凝土施工，选用跳仓法施工方法控制结构不出现有害裂缝，跳仓法的最大分块尺寸不宜大于(　　)m。

A. 10　　B. 30　　C. 40　　D. 50

54. 硅酸盐水泥拌制的混凝土养护时间不得少于(　　)天。

A. 14　　B. 21　　C. 7　　D. 28

55. 先张法预应力施工中，预应力筋放张时，混凝土强度应符合设计要求；当设计无要求时，混凝土强度不应低于设计的混凝土立方体抗压强度标准值的(　　)。

A. 70%　　B. 75%　　C. 80%　　D. 85%

56. 冬期施工中，配制混凝土用的水泥强度等级不得低于(　　)。

A. 32.5　　B. 42.5　　C. 52.5　　D. 62.5

57. 钢结构施工中，螺丝杆、螺母、垫圈应配套使用，螺纹应高出螺帽(　　)避免使用时松扣降低顶紧力。

A. 2 扣　　B. 3 扣　　C. 4 扣　　D. 5 扣

58. 钢结构柱吊装时，吊点应优先选择(　　)，以尽可能防止柱身弯曲变形。

A. 柱子中点位置　　B. 柱子全长 1/3 以上位置

C. 柱子全长 2/3 以上位置　　D. 柱子全长 2/3 以下位置

59. 细部构造中施工缝所用止水带、遇水膨胀止水条或止水胶、水泥基渗透结晶型防水涂料和预埋注浆管必须符合(　　)要求。

A. 设计　　B. 规范　　C. 构造　　D. 施工

60. 后浇带应在其两侧混凝土龄期达到(　　)天后再施工。

A. 14　　B. 28　　C. 30　　D. 42

61. 对重要建筑，其防水设防要求为(　　)。

A. 二道防水设防　　B. 三道或三道以上防水设防

C. 一道防水设防　　D. 按特殊要求设防

62. 屋面找坡应满足设计排水要求，结构找坡不应小于(　　)。

A. 1%　　B. 2%　　C. 3%　　D. 4%

63. 罩面用的磨细石灰粉的熟化期不应少于(　　)d。

A. 1　　B. 3　　C. 5　　D. 7

64. 当要求抹灰层具有防水、防潮功能时，应采用(　　)。

A. 石灰砂浆　　B. 混合砂浆　　C. 防水砂浆　　D. 聚合物砂浆

65. 同一品种、类型和规格的木、金属、塑料门窗及门窗玻璃每(　　)樘应划分为一个检验批。

A. 50　　B. 75　　C. 80　　D. 100

66. 木门窗工程应对材料(　　)指标进行复验。

A. 人造木板的苯含量　　B. 人造木板的甲醛含量

C. 人造木板的氨含量　　D. 人造木板的 TVOC 含量

67. 金属、塑料门窗安装应采用(　　)方法施工。

A. 预留洞口　　B. 边安装边砌口

C. 先安装后砌口　　D. 直接安装

68. 有防水要求的建筑基层（各构造层）和面层，应采用泼水或蓄水方法试验，蓄水时间不得少于(　　)小时。

A. 6　　B. 12　　C. 24　　D. 48

69. 细石混凝土楼地面第三遍的压光工作应在面层砂浆(　　)进行。

A. 初凝前　　B. 初凝后　　C. 终凝前　　D. 终凝后

70. 砖面层所用板块产品进入现场时，应有(　　)合格的检测报告。

A. 甲醛　　B. 放射性限量　　C. 黏结强度　　D. 抗拉强度

71. 施工单位应当建立(　　)，确定工程项目的项目经理、技术负责人和施工管理负责人。

A. 项目责任制　　B. 经理责任制　　C. 质量责任制　　D. 质量负责制

72. 以下不是工程竣工验收要求的是(　　)。

A. 完成工程设计和合同约定的各项内容

B. 建设单位已按合同约定支付工程款

C. 有部分技术档案和施工管理资料

D. 有施工单位签署的工程质量保修书

73. 建筑工程质量控制的基本原理中，(　　)是人们在管理实践中形成的基本理论方法。

A. 三阶段控制原理　　B. 三全控制管理
C. 全员参与控制　　D. PDCA 循环原理

74. 根据国家有关规定，(　　)应按照国家有关规定组织竣工验收，建设工程验收合格的，方可交付使用。

A. 建设单位　　B. 施工单位　　C. 监理单位　　D. 设计单位

75. 下列活动属于工程施工项目事前控制的是(　　)。

A. 按计划行动方案进行作业技术活动　　B. 编制施工组织设计
C. 施工质检员实施质量检查　　D. 对质量结果进行评价

76. 在进行施工项目质量控制时，坚持以预防为主的原则，最合适的描述是(　　)。

A. 出现质量问题及时进行妥善处理
B. 注重对质量结果进行检查
C. 事先对影响质量问题的各项因素加以控制
D. 坚持质量第一的管理思想

77. 隐蔽工程在隐蔽前应由施工单位通知(　　)进行验收，并应形成验收文件，验收合格后方可继续施工。

A. 监理工程师　　B. 建设单位　　C. 监理单位　　D. 总监理工程师

78. 施工前，应由施工单位制定分项工程和检验批的划分方案，并由(　　)审核。

A. 监理工程师　　B. 监理单位　　C. 建设单位　　D. 总监理工程师

79. 钢筋混凝土结构中，混凝土施工缝适宜留在结构(　　)且便于施工的部位。

A. 受弯矩较小　　B. 受轴力较小　　C. 受剪力较小　　D. 受荷载较小

80. 建筑节能工程采用的原材料在施工进场后应进行(　　)。

A. 见证取样检测　　B. 产品性能检测　　C. 型式检验　　D. 现场抽样复验

二、多选题

1. 根据《中华人民共和国安全生产法》的规定，安全生产中从业人员的权利有(　　)。

A. 批评权和检举、控告权　　B. 危险报告权
C. 紧急避险权　　D. 获得赔偿权

2. 根据《建设工程安全生产管理条例》，应编制专项施工方案，并附具安全验算结果的分部分项工程包括(　　)。

A. 深基坑工程　　B. 起重吊装工程
C. 模板工程　　D. 楼地面工程

3. 建设工程承包单位在向建设单位提交工程竣工验收报告时，应当向建设单位出具质量保修书。质量保修书中应当明确建设工程(　　)。

A. 保修费用　　B. 保修期限
C. 保修范围　　D. 保修责任

4. 结构的功能要求包括(　　)。

A. 安全性　　B. 适用性　　C. 耐久性　　D. 美观性

5. 以下图纸中以米为单位的是(　　)。

A. 建筑总平面图中的标高　　B. 建筑平面图中的尺寸

C. 建筑总平面图中的尺寸　　D. 建筑详图中的构件尺寸

6. 影响混凝土和易性的因素有(　　)。

A. 水泥强度　　B. 砂率　　C. 水胶比　　D. 外加剂

7. 天然花岗岩板材按其表面加工程度可分为(　　)。

A. 细面板材　　B. 普通型板材

C. 镜面板材　　D. 粗面板材

8. 楼梯由(　　)组成。

A. 平台　　B. 梯段　　C. 台阶　　D. 栏杆、扶手

9. 土的基本物理性质试验。包括(　　)。

A. 土的颗粒成分试验　　B. 土的密度试验

C. 土粒比重或相对密度试验　　D. 土的含水量试验

10. 焊缝代号主要由(　　)组成。

A. 图形符号　　B. 辅助符号　　C. 尺寸标注　　D. 引出线

11. 普通螺栓按力的方式可分为(　　)连接。

A. 受压螺栓连接　　B. 受剪螺栓连接

C. 受拉螺栓连接　　D. 同时受剪和受拉螺栓

12. 高层建筑物的轴线投测方法通常有(　　)等方法。

A. 立皮数杆　　B. 经纬仪投测法

C. 激光铅垂仪投测法　　D. 垂球投测法

13. 土方工程施工应经常测量和校核其(　　)。

A. 平面位置　　B. 水平标高

C. 垂直标高　　D. 边坡坡度

14. 砖砌体施工临时间断处补砌时，必须将接槎处(　　)。

A. 清理干净　　B. 浇水湿润

C. 填实砂浆　　D. 设置拉结钢筋

15. 砌砖时，皮数杆一般设立在(　　)位置。

A. 墙体的中间　　B. 房屋的四大角

C. 内外墙交接处　　D. 楼梯间

16. 对模板安装的要求下列正确的是(　　)。

A. 模板与混凝土接触面应清理干净并涂刷脱模剂，脱模剂不得污染钢筋和混凝土接槎处

B. 上、下支架的立柱应对准并铺设垫板

C. 模板安装完成后，应将模板内杂物清除干净

D. 模板内遗留的木屑可不清理

17. 属于钢结构防腐涂料质量检查一般项目的是(　　)。

A. 材料的品种、规格、性能等应符合现行国家产品标准和设计要求

B. 涂料、涂装遍数、涂层厚度均应符合设计要求

C. 涂料的型号、名称、颜色及有效期应与其质量证明文件相符

D. 构件表面不应误涂、漏涂，涂层不应脱皮和返锈等

18. 大体积防水混凝土的施工要求中正确的是(　　)。

A. 宜选用低水化热和凝结时间长的水泥

B. 混凝土内部预埋管道，宜进行水冷散热

C. 表面温度与大气温度的差值不应大于25℃

D. 养护时间不应少于14d

19. 建筑工程质量管理的特点有(　　)。

A. 影响质量的因素小　　B. 质量波动大

C. 质量的隐蔽性　　D. 终检的局限性

20. 建设工程在办理交工验收手续后，在规定的保修期限内，因各种原因造成的质量问题，均要由施工单位负责维修、更换，经济责任的承担妥当的处理方式是(　　)。

A. 无论是何原因均由施工单位承担

B. 无论是何原因均由使用单位承担

C. 因设计方面的原因，由建设单位向设计单位索赔

D. 因监理单位错误管理造成的，由建设单位向监理单位索赔

三、判断题（正确的选A，错误的选B）

1. 施工单位视情况决定是否设立安全生产管理机构，配备专职安全生产管理人员。(　　)

2.《生产安全事故报告和调查处理条例》规定，根据生产安全事故造成的人员伤亡或者直接经济损失，将生产安全事故分为特大事故、重大事故、一般事故和死亡事故四个等级。(　　)

3. 建设工程发包单位不得迫使承包方以低于成本的价格竞标，不得任意压缩工期。(　　)

4. 建设单位必须为从事危险作业的施工现场人员办理意外伤害险。(　　)

5. 平面图上横向定位轴线的编号用阿拉伯数字从左到右顺序书写。(　　)

6. 索引符号是由直径为10毫米．细实线绘制的圆及水平直径组成。(　　)

7. 石灰砂浆宜于砌筑干燥环境中的砌体。(　　)

8. 为保证砌筑砂浆和易性，应优先选用强度等级较高的砌筑水泥。(　　)

9. 沉降缝要从基础到屋顶所有构件均设缝断开。(　　)

10. 勒脚是地面与墙面交接处的构造处理。(　　)

11. 定位轴线是确定建筑物的墙、柱等主要承重构件位置的基准线，是施工定位．放线的重要依据。(　　)

12. 凡是直接承受屋顶．楼板传来的荷载的墙称为自承重墙。(　　)

13. 砖砌体的抗压强度主要取决于砖和砂浆的强度等级。(　　)

14. 数据是进行质量管理的基础，“一切用数据说话”才能做出科学的判断。(　　)

15. 边坡坡度可以用坡度尺来检查。(　　)

16. 规范所指地基强度和地基承载力是一样的。(　　)

17. 构造柱与墙连接处应砌成马牙槎，马牙槎从每层柱脚开始，应先退后进，每一马牙槎沿高度方向的尺寸不应超过500mm。(　　)

18. 砌体灰缝砂浆应密实饱满，砖墙水平灰缝的砂浆饱满度不得低于75%。(　　)

19. 对于跨度在 2m 和 8m 之间的板，模板拆除应以其强度是否达到设计强度的 100%为准。(　　)

20. 钢材复验报告是进场钢筋抽样检验的结果，它是该批钢筋能否在工程中应用的最终判断依据。(　　)

21. 同一验收批砂浆试块强度平均值必须大于或等于设计强度等级值的 0.85 倍；同一验收批砂浆试块抗压强度的最小一组平均值应大于或等于设计强度等级值的 85%。(　　)

22. 施工采用的小砌块的产品龄期不应小于 28d。(　　)

23. 当蒸压加气混凝土砌块需断开时，应采用无齿锯切割，裁切长度不应小于砌块总长度的 1/3。(　　)

24. 砖砌体灰缝的厚度为 8～10mm。(　　)

25. 弯折过的钢筋不得调直后作为受力钢筋使用。(　　)

26. 在任何情况下受拉钢筋搭接长度不得小于 300mm。(　　)

27. 钢筋保护层厚度指钢筋中心至混凝土表面的距离。(　　)

28. 箍筋弯钩的弯折角度：对一般结构，不应小于 90°；对有抗震等要求的结构，应为 135°。(　　)

29. 钢结构工程施工中采用的工程技术文件，承包合同文件对施工质量验收的要求不可高于规范的规定。(　　)

30. 钢结构工程施工各工序按施工工艺要求进行质量控制，实行工序检验。(　　)

31. 焊接球焊缝应进行无损检验，其质量应符合设计要求。(　　)

32. 地下防水工程是地基与基础分部工程的子分部工程。(　　)

33. 防水混凝土墙体水平施工缝不应留在剪力最大处或底板与侧墙的交接处。应留在高出底板表面不小于 300 mm 的墙体上。(　　)

34. 对于一般抹灰工程的表面质量要求，高级抹灰表面应光滑、洁净、接搓平整；分格缝应清晰。(　　)

35. 有排水要求的部位应做滴水线（槽）滴水线（槽）应整齐顺直，滴水线应内低外高，滴水槽的宽度和深度均不应小于 15mm。(　　)

36. 广义的工程质量管理，泛指建设全过程的质量管理。其管理的范围贯穿于工程建设的决策、勘察、设计、施工的全过程。一般意义的质量管理，指的是工程设计阶段的管理。(　　)

37. 建筑工程施工是一个十分复杂的形成建筑实体的过程，也是形成最终产品质量的重要阶段，在施工过程中对工程质量的控制是决定最终产品质量的关键，因此，要提高房屋建筑工程项目的质量，就必须狠抓施工阶段的质量管理。(　　)

38. 土方开挖时应遵循“分层开挖，严禁超挖”的原则，检查开挖的顺序，平面位置、水平标高和边坡坡度。(　　)

39. 基坑（槽）开挖深度超过 5m（含 5m）时还应单独制定土方开挖安全专项施工方案。(　　)

40. 单位工程质量验收合格后，施工单位应在规定时间内将工程竣工验收报告和有关文件报建设行政管理部门备案。(　　)

模拟试卷（C）参考答案

一、单选题

题号	1	2	3	4	5	6	7	8	9	10	11	12	13	14	15	16	17	18	19	20
答案	D	A	B	D	A	C	D	D	D	B	C	B	B	A	B	B	A	D	A	C
题号	21	22	23	24	25	26	27	28	29	30	31	32	33	34	35	36	37	38	39	40
答案	A	B	D	D	A	B	A	B	B	B	B	A	B	B	A	B	D	D	C	B
题号	41	42	43	44	45	46	47	48	49	50	51	52	53	54	55	56	57	58	59	60
答案	B	A	D	B	C	C	B	C	D	B	C	C	C	C	B	B	A	C	A	D
题号	61	62	63	64	65	66	67	68	69	70	71	72	73	74	75	76	77	78	79	80
答案	A	C	B	C	D	B	A	C	C	B	C	C	D	A	B	C	C	B	C	D

二、多选题

题号	1	2	3	4	5	6	7	8	9	10
答案	ACD	ABC	BCD	ABC	AC	BCD	ACD	ABD	BCD	ABC
题号	11	12	13	14	15	16	17	18	19	20
答案	BCD	BCD	ABD	ABC	BCD	ABC	CD	ABD	BCD	CD

三、判断题

题号	1	2	3	4	5	6	7	8	9	10	11	12	13	14	15	16	17	18	19	20
答案	B	B	A	B	A	A	A	B	A	B	A	B	A	A	A	B	B	B	B	A
题号	21	22	23	24	25	26	27	28	29	30	31	32	33	34	35	36	37	38	39	40
答案	A	A	A	B	A	A	B	A	B	A	A	A	A	B	B	B	A	A	A	B